全国一级造价工程师职业资格考试

建设工程造价案例分析考点解析与 10 年真题详解

（土木建筑工程 2011—2020）

阳翼 编著

中国建筑工业出版社
中国城市出版社

图书在版编目（CIP）数据

建设工程造价案例分析考点解析与10年真题详解.土木建筑工程：2011—2020 / 阳翼编著. —北京：中国城市出版社，2021.4

全国一级造价工程师职业资格考试

ISBN 978-7-5074-3370-8

Ⅰ.①建… Ⅱ.①阳… Ⅲ.①建筑造价管理－案例－资格考试－题解 Ⅳ.①TU723.31-44

中国版本图书馆CIP数据核字（2021）第061725号

本书根据考试大纲编写，按照考试真题的顺序分为五章：建设工程投资估算与财务评价，工程设计、施工方案技术经济分析与建设工程招标投标，工程合同价款管理，工程结算与决算，工程计量与计价应用。每章都对最近10年（2011—2020年）的真题进行了详细解答，提供了解答的分析过程（或解题依据）；从真题中提炼出考点，并对主要考点进行了深入的解析，总结相应的解题方法。

本书可作为参加一级造价工程师《案例分析》考试考生的复习备考用书，也可供高等院校工程造价等相关专业的师生教学参考之用。

责任编辑：封　毅
责任校对：姜小莲

全国一级造价工程师职业资格考试
建设工程造价案例分析考点解析与10年真题详解
（土木建筑工程　2011—2020）
阳翼　编著

*

中国建筑工业出版社、中国城市出版社出版、发行（北京海淀三里河路9号）
各地新华书店、建筑书店经销
北京红光制版公司制版
北京市密东印刷有限公司印刷

*

开本：787毫米×1092毫米　1/16　印张：23¾　字数：576千字
2021年4月第一版　2021年4月第一次印刷
定价：**75.00元**
ISBN 978-7-5074-3370-8
（904359）

版权所有　翻印必究
如有印装质量问题，可寄本社图书出版中心退换
（邮政编码 100037）

前　　言

参加过一级造价工程师职业资格考试的考生都知道，《建设工程造价案例分析》（以下简称《案例分析》）是四个考试科目中最难通过的，究其原因，主要有如下几点：

一、题目涉及概念较多：不少概念较为抽象，很难准确地理解其中的内涵。

二、题目的信息量较大：解题时，很难完整地从题目中提取相关信息用于计算。

三、题目的计算量较大：除对本科目特别熟悉并进行一定题量练习的考生外，很多考生很难在4个小时的考试时间内把题目全部做完。

编者对上述问题深有体会，本书就是站在考生的角度认识《案例分析》考试，并以便于考生学习和理解为出发点编写各章节内容，本书有如下特点：

一、紧扣历年真题：真题是很有价值的复习资料，通过反复研究历年的真题，我们可以找到学习的方向和重点，便于找到差距，并进行有针对性的学习。

二、提炼主要考点：对10年的真题试卷的主要考点进行了解析，每道真题的后面都列出了本题所涉及的考点，便于读者重点复习。

三、总结解题方法：解题方法是最重要的，本书中的计算题都编写了详尽的解题分析过程，讲解如何从所求的问题入手，逐步找到求解该问题所必需的数据。

对于解题而言，必须依据隐性条件和显性条件才能完成。隐性条件指的是法律、法规、规范或教材上的知识，题目中是不会告知的；显性条件就是题目中给定的条件和要求，包括题目中的文字表述、插图与表格等，前者需要在平时的学习中积累，后者需要准确地从题目中提取。因此，只要我们对相关专业知识的积累到位（熟知隐性条件），对题目中的信息提取准确（紧扣显性条件），并进行了一定量的解题练习，那么，通过这门考试并不是一件难事。

本书在2020年版的基础之上进行了修订。顺应考试真题的变化，将"工程设计、施工方案技术经济分析"与"建设工程招标投标"合并为一章。每章的"考点解析"之后，增加了"本章小结"，在小结中，对本章题型的整体分析、解题方法、注意事项等多方面进行了总结。新增了2020年的真题，删除了2010年的真题，使得10年真题详解的整体格局不变。此外，本书考点解析部分还增加了相应的视频讲解，读者可按封面上的提示操作，获取**免费视频讲解**。

本书由阳翼编著，可作为参加一级造价工程师《案例分析》考试考生的复习备考用书，也可供高等院校工程造价专业等相关专业的师生教学参考之用。

由于编者水平有限，不妥之处，请读者指正。如您有问题需要交流，或需要提出意见或建议，可加入读者QQ群668591390，或发邮件至2756774934@qq.com。

编者
2021年1月

本书编写与使用说明

一、编写说明

1. 由于 10 年真题的时间跨度较大，法律、法规、规范和教材等都有一定的变化，本书以现行的法律、法规、规范等为依据进行解答和编写。对于个别题目，只适用于以前的法律、法规、规范的，本书会特别说明，并指出相应条文和内容的变化。

2. 本书"真题详解"中的插图与表格，均按真题的年份及试题的顺序进行编号，例如：图 19.2.1 表示 2019 年真题试题二第 1 幅插图；表 18.1.1 表示 2018 年真题试题一第一张表格，表 18.1.1（1）表示"参考解答"中对应于表 18.1.1，且按题目要求填写了相应数据的解答后表格。

二、使用说明

1. 对于"考点解析"部分，读者应注意对知识点的理解，掌握相应的计算公式，并总结解题的步骤和方法。如何分析问题，探索解题方法，归纳总结知识要点，贯穿于本书的始终。在考点解析的末尾，指明了该考点在近 10 年真题中出现的具体年份，便于读者检索相应的真题，如果考点出现的年份数较多，一般是重要考点，在学习时应特别重视。

2. 对于"真题详解"部分，读者可先在空白的答题纸上（自备 A4 的纸、笔记本等）进行解答，再和本书的解答进行比对，本书对每道题都提供了详细的解题分析或解题依据，可给读者解题提供帮助。对于某些典型的题目，或容易做错的题目，可作出标记，多次反复练习。解题完毕之后，应注意思考和总结真题的每小题都考查了哪些知识点（考点），并寻求这类问题相应的解题方法。

编者

2021 年 1 月

目 录

第1章 建设工程投资估算与财务评价 ... 1
第1.1节 考点解析 ... 1
考点1 建设项目总投资 ... 2
考点2 预备费 ... 4
考点3 建设期贷款利息 ... 5
考点4 固定资产折旧 ... 7
考点5 运营期贷款本息偿还 ... 8
考点6 总成本 ... 11
考点7 增值税 ... 12
考点8 利润总额 ... 14
考点9 所得税 ... 15
考点10 净利润 ... 16
考点11 投资收益率 ... 16
考点12 投资回收期 ... 18
考点13 盈亏平衡 ... 19
考点14 与投资估算相关的常用表格 ... 20
本章小结 ... 22

第1.2节 真题详解 ... 25
2020年真题（试题一） ... 25
2019年真题（试题一） ... 30
2018年真题（试题一） ... 35
2017年真题（试题一） ... 39
2016年真题（试题一） ... 43
2015年真题（试题一） ... 48
2014年真题（试题一） ... 50
2013年真题（试题一） ... 53
2012年真题（试题一） ... 57
2011年真题（试题一） ... 59

第2章 工程设计、施工方案技术经济分析与建设工程招标投标 ... 65
第2.1节 考点解析 ... 65
第1部分 工程设计、施工方案技术经济分析 ... 65
考点1 价值工程 ... 65
考点2 资金的时间价值及应用 ... 71

考点3　决策树 ·· 78
考点4　网络图 ·· 79
考点5　赶工方案选择 ·· 82
第2部分　建设工程招标投标 ·· 83
考点6　招标范围与规模标准 ······································ 83
考点7　招标方式 ·· 84
考点8　招标公告 ·· 85
考点9　标段划分 ·· 85
考点10　限制或排斥投标人的行为 ·································· 86
考点11　踏勘现场 ·· 87
考点12　投标保证金 ·· 88
考点13　投标有效期 ·· 89
考点14　计价风险 ·· 90
考点15　招标工程量清单 ·· 90
考点16　招标控制价 ·· 91
考点17　投标报价 ·· 93
考点18　投标方案选择 ·· 95
考点19　投标文件的撤回与撤销 ···································· 95
考点20　联合体投标 ·· 96
考点21　开标 ·· 96
考点22　评标委员会 ·· 97
考点23　评标方法 ·· 98
考点24　标底在评标中的应用 ······································ 98
考点25　评标得分的计算 ·· 99
考点26　评标过程中的澄清 ·· 100
考点27　否决投标 ·· 100
考点28　评标报告 ·· 102
考点29　中标与合同签订 ·· 103
考点30　禁止转包和违法分包的规定 ································ 104
考点31　招标投标中有关时间的规定 ································ 104
本章小结 ·· 106
第2.2节　真题详解 ·· 107
2020年真题（试题二） ·· 107
2019年真题（试题二） ·· 111
2018年真题（试题二） ·· 114
2018年真题（试题三） ·· 117
2017年真题（试题二） ·· 120
2017年真题（试题三） ·· 123
2016年真题（试题二） ·· 126

2016年真题（试题三）	129
2015年真题（试题二）	132
2015年真题（试题三）	136
2014年真题（试题二）	138
2014年真题（试题三）	140
2013年真题（试题二）	144
2013年真题（试题三）	147
2012年真题（试题二）	149
2012年真题（试题三）	152
2011年真题（试题二）	155
2011年真题（试题三）	157

第3章 工程合同价款管理 162

第3.1节 考点解析 162
- 考点1 网络图中关键线路的确定 162
- 考点2 时标网络图及前锋线的绘制 163
- 考点3 索赔是否合理的判定 164
- 考点4 工期索赔 168
- 考点5 费用索赔 173
- 本章小结 175

第3.2节 真题详解 178
- 2020年真题（试题三） 178
- 2019年真题（试题三） 182
- 2018年真题（试题四） 189
- 2017年真题（试题四） 192
- 2016年真题（试题四） 199
- 2015年真题（试题四） 204
- 2014年真题（试题四） 209
- 2013年真题（试题四） 213
- 2012年真题（试题四） 217
- 2011年真题（试题四） 221

第4章 工程结算与决算 226

第4.1节 考点解析 226
- 考点1 合同价格 226
- 考点2 预付款 227
- 考点3 安全文明施工费 228
- 考点4 合同价款的调整 229
- 考点5 进度款 231
- 考点6 工程结算 235
- 考点7 费用偏差与进度偏差 237

本章小结 238
　第4.2节　真题详解 240
　　2020年真题（试题四） 240
　　2019年真题（试题四） 245
　　2018年真题（试题五） 250
　　2017年真题（试题五） 254
　　2016年真题（试题五） 258
　　2015年真题（试题五） 262
　　2014年真题（试题五） 267
　　2013年真题（试题五） 271
　　2012年真题（试题五） 274
　　2011年真题（试题五） 277

第5章　工程计量与计价应用 285
　第5.1节　考点解析 285
　　考点1　工程量计算 285
　　考点2　综合单价计算 288
　　考点3　工程量清单与计价表的计算与填写 291
　　考点4　价格汇总表的计算与填写 292
　　本章小结 294
　第5.2节　真题详解 295
　　2020年真题（试题五） 295
　　2019年真题（试题五） 305
　　2018年真题（试题六） 315
　　2017年真题（试题六） 322
　　2016年真题（试题六） 330
　　2015年真题（试题六） 337
　　2014年真题（试题六） 343
　　2013年真题（试题六） 351
　　2012年真题（试题六） 357
　　2011年真题（试题六） 364

第1章 建设工程投资估算与财务评价

本章考试大纲：
一、建设项目投资估算；
二、建设项目财务分析；
三、建设项目不确定性分析与风险分析。

第1.1节 考 点 解 析

投资估算与财务评价发生在正式投资之前，根据现有资料进行的估算，为是否投资和如何投资提供决策依据，其计算结果可能会与项目实际运行情况有一定的偏差。

从编制投资估算的这个时间节点往后看，一般会经历三个时间段：建设前期、建设期、运营期。

1. 建设前期

广义的建设前期工作，是从产生项目建设投资的想法开始，主要工作有资金筹措与使用计划，人员和项目管理组织形式和项目管理章程，项目申请报告，项目建设的合法手续办理，建设方案设计评比，招标采购计划等。狭义的项目前期工作包括项目建设的合法手续办理，以及为项目建成后运行所需要的水、电、气、通信等申请开通的手续办理。

考题中如果给出建设前期的年限，一般用于价差预备费的计算。

2. 建设期

建设期指的是从开始施工，至全部建成投产所需的时间。项目建设期的长短与投资规模、行业性质及建设方式有关。项目建设期内一般只有投资，通常没有产品生产和销售（试车产品销售收入除外），从投资成本及获利机会的角度看，项目建设期应在保证工程质量的前提下，尽可能缩短。

考题中如果给出项目建设期，主要用于建设期贷款利息的计算。

3. 运营期

运营期指的是从项目建成投产起，至项目计算期末所经历的时间，运营期有产品生产和销售，会产生相应的经济收益。运营期一般分为两个阶段：第一阶段为投产期（一般不会全部达到设计产能），第二阶段为达产期。

考题中常给出运营期第1年和正常年份的生产成本和营业收入的比例关系，这就增加了计算的复杂性。

计算期：一般指的是建设项目从投资建设开始，到生产运营期结束整个过程的全部时间，包括建设期和运营期。

准确理解建设工程投资估算与财务评价的工程背景，熟知每个阶段的计算内容，将为本大题的各项计算打下基础。

以上时间概念可用图 1.1 表示。

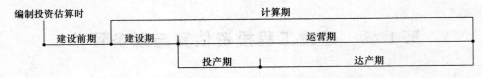

图 1.1 投资估算各个阶段时间关系示意图

考点 1　建设项目总投资

1. 建设项目总投资的组成

建设项目总投资的组成，可用表 1.1 表示。

建设项目总投资的组成　　　　　　　　　　　表 1.1

建设项目总投资	固定资产投资（工程造价）	建设投资	工程费用	设备及工器具购置费
				建筑安装工程费
			工程建设其他费用	建设单位管理费
				用地与工程准备费
				市政公用配套设施费
				技术服务费
				建设期计列的生产经营费
				工程保险费
				税费
			预备费	基本预备费
				价差预备费
		建设期利息		
	流动资产投资（流动资金）			

建设项目总投资组成内容的层次较多，在考试中，可以抓住每项费用的关键字连成一句话，进行记忆，即"总固流、固建利、建工其预、工购建安、预基价"，每句话第 1 个字后面的字表示该项目的组成内容。这种简明的记忆方法，对解答这类计算题有很大的帮助，能准确快速地找到每项费用的组成内容。

解题方法：

（1）熟记各项费用的组成内容，利用题目中给定数据，分别计算各项费用并求和。

（2）常见的计算及应用如下：

① 预备费：主要用于计算建设投资；

② 建设期利息：主要用于计算建设投资、运营期贷款的偿还、运营期的总成本；

③ 建设投资：主要用于计算固定资产投资；

④ 固定资产投资：主要用于计算折旧、运营期的总成本；
⑤ 建设项目总投资：主要用于计算总投资收益率。

已考年份：2018 年、2016 年、2014 年、2013 年、2011 年。

2. 建设投资中静态投资部分的估算方法

在建设投资中，静态投资包括工程费用、工程建设其他费用、基本预备费所谓的静态投资，指的是投资不考虑资金的时间价值，不考虑价格的波动因素。

（1）生产能力指数法

① 原理：根据已经建成的类似项目的生产能力和投资额，粗略估算同类但生产能力不同的拟建项目的静态投资，是对单位生产能力估算法的改进。

② 计算公式：

$$C_2 = C_1 \left(\frac{Q_2}{Q_1}\right)^x f$$

式中　C_1——已建类似项目的静态投资额；
　　　C_2——拟建项目的静态投资额；
　　　Q_1——已建类似项目的生产能力；
　　　Q_2——拟建项目的生产能力；
　　　x——生产能力指数：若已建类似项目和拟建建设项目规模的比值在 0.5～2 时，x 的取值近似为 1，若已建类似项目和拟建建设项目规模的比值为 2～50，且拟建项目生产规模的扩大仅靠扩大设备规模来达到时，则 x 的取值为 0.6～0.7；若是增加相同规格设备的数量来达到时，则 x 的取值为 0.8～0.9；
　　　f——不同时期、不同地点的定额、单价费用变更等的综合调整系数。

【例 1.1】某业主拟建一年产 15 万吨产品的工业项目。已知三年前已建成投产的年产 12 万吨产品的类似项目投资额为 500 万元。从三年前到现在，平均每年造价指数递增 3%。试用生产能力指数法列式计算拟建项目的静态投资额。

解答：

拟建项目的静态投资额：$C_2 = C_1 \times (Q_2/Q_1)^x \times f = 500 \times (15/12)^1 \times (1+3\%)^3 = 682.95$ 万元

（2）用类似工程估算建设投资

如果考题中计算建设投资的工程费以某一项费用为基数（如设备购置费），给出其余项目费用（如建筑工程费、安装工程费、辅助设备购置费）占该项费用的百分比，并考虑价格调整系数。这类题目，需要明确已建项目和拟建项目的关系，分别算出各项费用的组成，并考虑相应的价格调整系数。

【例 1.2】某企业拟新建一项工业生产项目。同行业同规模的已建类似项目工程造价结算资料中的主要生产项目的建筑工程费 11664.00 万元，辅助生产项目的建筑工程费 5600.00 万元，附属工程的建筑工程费 4470.00 万元，这三项工程的建筑工程费用合计 21734.00 万元。

类似项目的建筑工程费用所含的人工费、材料费、机械费和综合税费占建筑工程造价的比例分别为 13.5%、61.7%、9.3%、15.5%，因建设时间、地点、标准等不同，相应的价格调整系数分别为 1.36、1.28、1.23、1.18。拟建项目建筑工程中的附属工程的工程量与类似项目附属工程的工程量相比减少了 20%，其余工程内容不变。计算建筑工程造价综合差异系数和拟建项目建筑工程总费用。

解答：
（1）建筑工程费综合差异系数：13.5%×1.36＋61.7%×1.28＋9.3%×1.23＋15.5%×1.18＝1.27

（2）拟建项目建筑工程总费用：11664×1.27＋5600×1.27＋4470×（1－20%）×1.27＝26446.80 万元

或：拟建项目建筑工程总费用：（21734－4470×20%）×1.27＝26446.80 万元

📖 **已考年份：** 2018 年、2016 年、2013 年。

考点 2　预备费

为建设期准备的，用于建设期内各种不可预见的变化而预留的可能增加的费用，称为预备费，包括基本预备费和价差预备费两类。

不可预见的变化包含两类，一类是建设期间，难于预见的工程内容的变化；另一类是建设期间的利率、汇率或价格的变化。必须预先准备一笔费用，用于这两类不可预见的变化导致的建设投资的变化。

预备费是计算建设投资的基础之一。

1. 基本预备费

基本预备费，用于项目建设期间不可预知的工程变更及洽商、一般自然灾害的处理、地下障碍物处理、超规超限设备运输等可能增加的费用，也叫工程建设不可预见费。

基本预备费用于不可预见的工程费用支出，不涉及价格波动，因此是静态投资的组成内容之一。计算公式如下：

基本预备费＝（工程费用＋工程建设其他费用）×基本预备费费率

2. 价差预备费

价差预备费，指建设期内利率、汇率或价格等因素的变化而预留的可能增加的费用，也称为价格变动不可预见费用。价差预备费以建设期内每年的静态投资额（工程费用＋工程建设其他费用＋基本预备费）为计算基数，年涨价率按国家规定的投资综合价格指数计算。计算公式为：

$$PF = \sum_{t=1}^{n} I_t [(1+f)^m (1+f)^{0.5} (1+f)^{t-1} - 1];$$

或简化为：
$$PF = \sum_{t=1}^{n} I_t [(1+f)^{m+t-0.5} - 1]$$

式中　PF——价差预备费；

I_t——建设期中第 t 年的静态投资额；

m——建设前期年限；

n——建设期年份数；

t——建设期第 t 年；

f——年涨价率。

价差预备费的计算可用图1.2表示。

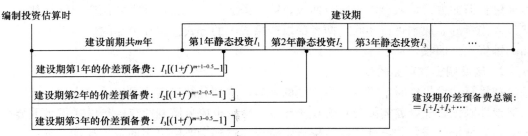

图1.2 价差预备费计算示意图

【例1.3】某拟建项目的设备购置费为3000万元，建筑安装工程费2000万元，工程建设其他费用1000万元。项目建设前期年限为1年，项目建设期第1年完成建设投资40%，第2年完成建设投资60%。基本预备费率为10%，年均投资价格上涨6%。列式计算项目的基本预备费、价差预备费。

解答：

（1）计算基本预备费：（3000＋2000＋1000）×10％＝600万元

（2）计算价差预备费：

价差预备费的计算基数（静态投资）：3000＋2000＋1000＋600＝6600万元

建设期第1年的价差预备费：$6600 \times 40\% \times [(1+6\%)^{1+1-0.5}-1]$＝241.13万元

建设期第2年的价差预备费：$6600 \times 60\% \times [(1+6\%)^{1+2-0.5}-1]$＝621.00万元

建设期的价差预备费：241.13＋621.00＝862.13万元

解题方法：

（1）各项预备费的计算基数：

基本预备费的计算基数：工程费用＋工程建设其他费用。

价差预备费的计算基数：工程费用＋工程建设其他费用＋基本预备费。

（2）将题目中的建设投资总额按给定比例分解到相应的计算年份，因建设投资并不是一次全部投入，所以价差预备费也应按相应的年度计算。

还应注意，价差预备费计算的时间起点为编制投资估算的时间点，时间终点为资金投入年份的年中。

📖 **已考年份**：2014年、2011年。

考点3 建设期贷款利息

1. 建设期贷款利息的产生

建设期利息，指在建设期内发生的为工程项目筹措资金的融资费用及债务资金利息。在建设期内，没有产品的生产，无法通过产品的销售获得经济收益。所以，建设内的贷款利息，只需要计算每年产生的利息总额，并往次年累计，不需要偿还贷款本金及利息。贷款利息计入固定资产总投资中。运营期已经有产品生产,用销售产品获得的收益还贷;在贷款一直存在的期间,每年都会产生新的利息。

建设期的贷款及其利息有两条回收途径:第一条途径,计入固定资产总投资,在运营期通过折旧的方式计入总成本进行回收;第二条途径,在运营期需要偿还的贷款利息,直接计入当年的总成本进行回收,两者都以产品成本的方式包含在产品的价格之中,通过产品的销售实现回收。

2. 建设期贷款利息的计算

在计算建设投资时,需要计算资金的缺口,这部分缺口资金可以通过贷款来解决,如果建设期限比较长,就需要分年份投资建设,贷款也应分解到相应的年份,一般不会在建设开始时就把所需要的全部贷款从银行中贷出,这样会产生更多的贷款利息。所以,在投资估算时,贷款按建设年度投入,为了便于计算,考虑在每年的年中投入。

当贷款按年度均衡发放时,当年贷款按年中发放考虑,即当年只按半年计利息,上年贷款及其产生的利息按全年计息,计算公式为:

$$q_j = (P_{j-1} + 1/2 \times A_j) \times i$$

式中 q_j——建设期第 j 年应计算的利息;
  P_{j-1}——建设期第 $(j-1)$ 年末,累计的贷款本金与利息之和;
  A_j——建设期第 j 年贷款金额;
  i——年利率。

建设期贷款利息是计算固定资产折旧、运营期贷款偿还的基础。

【例 1.4】某拟建项目的建设投资为 2000 万元,其中有 1000 万元为银行贷款,建设期为 2 年,建设期第 1 年投入贷款 400 万元,第 2 年投入贷款 600 万元,贷款年利率 6%(按年计息)。计算建设期贷款利息。

解答:
建设期第 1 年贷款利息:1/2×400×6%=12 万元
建设期第 2 年贷款利息:(400+12+1/2×600)×6%=42.72 万元
建设期贷款利息合计:12+42.72=54.72 万元

解题方法:
(1) 计算建设期每年的贷款数额。
(2) 考虑贷款在当年的年中发放,本年贷款按半年计算的利息,上年贷款及其产生的利息按全年计息,按年度依次计算,再求利息总和。

建设期第 1 年贷款利息:$q_1 = (A_1/2) \times i$
建设期第 2 年贷款利息:$q_2 = (A_1 + q_1) \times i + (A_2/2) \times i$
建设期第 3 年贷款利息:$q_3 = (A_1 + A_2 + q_1 + q_2) \times i + (A_3/2) \times i$
……
建设期贷款利息的总和:$q_1 + q_2 + q_3 + \cdots$

📖 **已考年份**:2020 年、2019 年、2017 年、2016 年、2015 年、2013 年、2012 年、2011 年。

考点 4　固定资产折旧

1. 固定资产折旧的概念

固定资产折旧，指的是固定资产在使用过程中，逐渐损耗而转移到产品中的那部分价值，也是企业在生产经营过程中，由于使用固定资产而在其使用年限内分摊的固定资产耗费。

固定资产是重要的生产资料，可以用于生产产品，它是具有价值的。在项目运营之前进行了资金投入。作为一种经济活动，这些前期投入的资金需要转移到产品的成本中去，即需要折旧，并通过产品的销售收回这部分资金，这就是固定资产要计提折旧的原因。

2. 固定资产折旧的计算

在考题中，常用直线法折旧，也叫使用年限法折旧，按照固定资产的预计使用年限平均分摊固定资产折旧额的方法，这种方法计算的折旧额在各个使用年份都是相等的，折旧的累计额所绘出的图线是直线。计算公式为：

年折旧额＝[固定资产原值×(1－残值率)]/折旧年限

计算固定资产原值时，如果建设投资中含有可抵扣的进项税，应扣除。

固定资产折旧是计算总成本的基础之一。

【例 1.5】 某建设项目的建设投资为 2000 万元，其中有 1000 万元的建设投资为银行贷款，已经计算得到建设期贷款利息合计 54.72 万元。建设投资全部形成固定资产，固定资产的使用年限为 8 年，残值率为 5%，采用直线法折旧。(1) 计算项目运营期内的固定资产年折旧额。(2) 计算运营期第 6 年末的固定资产余值。

解答：

(1) 项目运营期内的固定资产年折旧额：

(2000＋54.72)×(1－5%)/8＝244.00 万元

(2) 运营期第 6 年末的固定资产余值：

244.00×(8－6)＋(2000＋54.72)×5%＝590.74 万元

解题方法：

(1) 如果建设投资全部形成固定资产，固定资产的原值＝建设投资＋建设期利息。当建设投资中含有可抵扣的进项税时，应扣除。

(2) 年折旧额＝[固定资产原值×(1－残值率)]/折旧年限。

(3) 注意固定资产残值和余值的区别，残值指的是固定资产报废时回收的残料价值；余值除包括固定资产残值外，还包括未折旧回收的那部分价值。如果固定资产的折旧年限是 10 年，在第 8 年末的固定资产余值包括剩余 2 年的固定资产折旧和固定资产残值。

📖 **已考年份**：2020 年、2019 年、2018 年、2017 年、2016 年、2015 年、2014 年、2013 年、2012 年、2011 年。

考点 5　运营期贷款本息偿还

1. 运营期贷款本息的产生

由前述可知，在项目的建设期可能会产生贷款，用作建设投资，有贷款就会产生相应的利息。由于建设期一般没有产品生产和销售，无法获得收益，所以该部分贷款的本金和利息只好累计到运营期进行偿还。当然，运营期还可能有流动资金的贷款利息和短期贷款利息（2019年考查了流动资金的贷款利息）。

建设期末的贷款本金及其利息之和，就构成了在运营期期初贷款的本金。毫无疑问，在贷款本金存在年份内，每年都要产生利息。一般情况下，运营期每年年末都会优先偿还本年度的利息（避免再次产生利息），再偿还本年度应还的本金，在资金充足的情况下，一般在年末同时偿还本年度应还的利息和本金。

一般情况下，需要分别计算每年应还的贷款利息和本金，这是为后续的总成本计算做准备，因为总成本是由经营成本、折旧、摊销、利息和维持运营投资组成的。

2. 运营期贷款的偿还方式

（1）等额还本，利息照付

每年偿还的本金是一样的，每年还应支付当年剩余本金产生的利息，因为贷款的本金在逐年减少，每年偿还的利息也在逐年减少，每年偿还的贷款本利之和也随之减少。

【例 1.6】 某拟建建设项目，有 1000 万元的建设投资为银行贷款，贷款年利率 6%（按年计息），已经计算得到在 2 年的建设期内贷款利息合计 54.72 万元。运营期为 8 年，在运营期的前 4 年按照等额还本利息照付的方式还款。计算运营期第 1 年、第 2 年应偿还的贷款本息额。

解答：

建设期末的贷款本息之和为 1000＋54.72＝1054.72 万元，即为运营期期初贷款本金。

（1）计算运营期第 1 年应偿还的贷款本息之和：

① 运营期第 1 年应偿还的贷款利息：1054.72×6%＝63.28 万元

② 运营期第 1 年应偿还的贷款本金：1054.72/4＝263.68 万元

运营期第 1 年应偿还的贷款本息之和：63.28＋263.68＝329.96 万元

（2）计算运营期第 2 年应偿还的贷款本息之和：

① 运营期第 2 年应偿还的贷款利息：（1054.72－263.68）×6%＝47.46 万元

② 运营期第 2 年应偿还的贷款本金：1054.72/4＝263.68 万元

运营期第 2 年应偿还的贷款本息之和：47.46＋263.68＝311.14 万元

解题方法：

① 运营期期初的贷款本金为建设期期末的贷款本利之和。

② 每年应还的贷款本金，为运营期期初的贷款本金除以还款年数。

③ 每年应还利息，为当年年初的剩余本金之和乘以贷款年利率。

📖 **已考年份**：2019 年、2016 年、2013 年、2011 年。

（2）等额本息还款

每年偿还的贷款本金与利息之和是一个定值，但每年本金与利息的数额在发生变化，即还款前期，利息还得多，本金还得少；还款后期，利息还得少，本金还得多，因为本金总额在逐年减少，所以每年产生的利息也会减少。每年应偿还的贷款本息之和的计算公式为：

$$A = P \frac{i(1+i)^n}{(1+i)^n - 1}$$

式中　A——每年还款的本金与利息之和；

　　　P——计算期初贷款的本金；

　　　i——贷款的年利率；

　　　n——还款的年份数。

以上公式的证明，详见第2章的考点解析中，对"资金等值计算"公式证明。

【例1.7】某拟建建设项目，有1000万元的建设投资为银行贷款，贷款年利率6%（按年计息），已经计算得到在2年的建设期内贷款利息合计54.72万元。运营期为8年，在运营期的前4年按照等额本息的方式还款。计算运营期第1年、第2年应偿还的贷款本息额。

解答：

建设期末的贷款本息之和为1000＋54.72＝1054.72万元，即为运营期期初贷款本金。在运营期的前4年内，每年应偿还的贷款本息之和均为：1054.72×[(1+6%)⁴×6%]/[(1+6)⁴－1]＝304.38万元。

（1）运营期第1年应偿还的贷款本息之和为304.38万元，其中：

①运营期第1年应偿还的贷款利息：1054.72×6%＝63.28万元

②运营期第1年应偿还的贷款本金：304.38－63.28＝241.10万元

（2）运营期第2年应偿还的贷款本息之和为304.38万元，其中：

①运营期第2年应偿还的贷款利息：(1054.72－241.10)×6%＝48.82万元

②运营期第2年应偿还的贷款本金：304.38－48.82＝255.56万元

解题方法：

① 计算运营期期初的贷款本金（即建设期期末的贷款本利之和）。

② 利用公式 $A = P [i(1+i)^n] / [(1+i)^n - 1]$，计算每年应还的贷款本息之和。

③ 计算运营期第1年应偿还的利息：根据运营期期初的贷款本金，计算贷款利息。

④ 计算运营期第1年应偿还的本金：每年应还的贷款本息之和，减去贷款利息，即得应偿还的贷款本金。

⑤ 如还需要计算运营期其他年份应还贷款的本金和利息，按照计算运营期第1年贷款本息的方法计算即可。

已考年份：2020年、2017年、2015年、2012年。

3. 最大偿还能力还款

最大偿还能力还款，指的是每年的税后剩余的资金全部用来偿还贷款，可用于还款的资金包括折旧、摊销（如有）、利息支出（总成本计算中的利息）、净利润。也可以用营业收入减去必要的支出，即得可用于还贷的资金，这些必要的支出包括经营成本、增值税附加、所得税。

应优先偿还当年的贷款利息，剩余的资金再用来偿还贷款本金。也就是说，当年的贷款利息全部还清，贷款本金能还多少就还多少。

【例1.8】 某拟建建设项目，有1000万元的建设投资为银行贷款，贷款年利率6%（按年计息），已经计算得到在2年的建设期内贷款利息合计54.72万元。运营期为8年，已经计算得到固定资产年折旧额为244万元，在运营期第1年按照最大偿还能力还贷。运营期第1年不含税的营业收入700万元，经营成本为300万元（含可抵扣的进项税30万元）。该项目产品适用的增值税税率为13%，增值税附加综合税率为10%，适用的所得税率为25%。请计算运营期第1年偿还的贷款本金和利息分别为多少万元？

解答：

(1) 运营期第1年的收入：700万元（不含税的营业收入）

(2) 运营期第1年需要支出的费用如下：

① 经营成本：300－30＝270万元（不含可抵扣的进项税）

② 增值税附加：（700×13%－30）×10%＝6.1万元

③ 所得税的相关数据计算如下：

运营期第1年的贷款利息：（1000＋54.72）×6%＝63.28万元

运营期第1年的总成本：（300－30）＋244＋63.28＝577.28万元

运营期第1年的税前利润（利润总额）：700－6.1－577.28＝116.62万元

运营期第1年的所得税：116.62×25%＝29.16万元

④ 运营期第1年按最大偿还能力还款的贷款本息之和，设为 x 万元

(3) 运营期第1年按最大偿还能力还款，根据收入与支出相等列方程：$700＝270＋6.1＋29.16＋x$，解得：$x＝394.74$万元

即运营期第1年偿还的贷款本息之和为394.74万元，其中：还息63.28万元（已算数据）；还本394.74－63.28＝331.46万元。

其实，这394.74万元的还贷资金里，包含了总成本中的折旧、利息支出，以及净利润。

可以从另一个角度来证明以上计算结果的正确性。

折旧244万元，运营期第1年的贷款利息63.28万元，净利润（利润总额－所得税）116.62－29.16＝87.46万元。这三笔资金的总和244＋63.28＋87.46＝394.74万元。

解题方法：

最大偿还能力的计算，可用两种方法求解。

(1) 第1种方法，可称为收支平衡法，应找出（或计算出）以下数据：

① 收入方面：营业收入，一般是题目中的已知条件。

② 支出方面：

经营成本，一般是题目中的已知条件。

增值税附加，需先计算实际应纳增值税（销项税－进项税）。

所得税，由此往前倒推，需分别计算利润总额、总成本、增值税附加、利息支出、折旧等数据。

当年偿还的贷款本息之和，是未知数，可设为 x。

③ 根据收入与支出相等，列方程：营业收入＝经营成本＋增值税附加＋所得税＋偿还的贷款本息之和（x），解出 x 即可。

（2）第 2 种方法，可称为费用组成法，应找出（或计算出）以下数据：

折旧，一般会在前面的小题中已经算出。

摊销，一般没有，如有则计入。

利息支出，指的是当年应偿还的贷款利息，已计入总成本，本来就是用来还贷的。

净利润，由此往前倒推，需分别计算所得税、利润总额、总成本、增值税附加、利息支出、折旧等数据。

可用于还贷的资金＝折旧＋摊销（如有）＋利息＋净利润

（3）两种方法计算都应注意以下问题：

① 统一费用计算的口径，由于增值税是价外税，方便计算起见，可采用不含税的营业收入，相应地，经营成本也应减去可抵扣的进项税。

② 两种方法计算的难点都在"利润总额"的计算上，其计算关系较为复杂，需分别算出营业收入、总成本、增值税附加、利息支出、折旧等多项数据。

已考年份：2020 年、2019 年、2015 年、2012 年。

考点 6　总成本

成本是商品经济的价值范畴，是商品价值的组成部分。要进行生产经营活动，就必须耗费一定的资源，所耗费资源的货币表现就是成本。

在投资估算中，产品的价格中包含了成本的价值，这些成本之和，就是总成本，计算公式为：

总成本＝经营成本＋折旧＋摊销＋利息支出＋维持运营投资。可简单记忆为，总成本等于"经、折、摊、利、维"。其中：

1. 经营成本，指的是企业从事主要业务活动而发生的成本，是项目运营期的主要现金流出，包括外购原材料、燃料和动力费，工资和福利费，修理费，以及其他费用。

2. 折旧，指的是固定资产在使用过程中，逐渐损耗而转移到商品中去的那部分价值，也是企业在生产经营过程中由于使用固定资产而在其使用年限内分摊的固定资产耗费。

3. 摊销，指的是对除固定资产之外，其他可以长期使用的无形资产和其他资产，在投资方案投产后的一定期限内，分期摊销的费用。无形资产从开始使用之日起，在有效使用期限内平均摊入成本，无形资产的摊销一般采用年限平均法，不计残值。计算公式如下：

$$无形资产摊销＝无形资产/摊销年限$$

4. 利息支出，指的是运营期应偿还的贷款利息，包括运营期应偿还的建设投资贷款利息和流动资金贷款利息。

5. 维持运营投资，指的是某些项目在运营期需要投入一定的固定资产投资，才能得以维持正常运营，如设备更新的费用。

此外，总成本还可以分为固定成本和可变成本，在计算盈亏平衡时经常用到。

1. 固定成本，指的是成本总额在一定时期和一定业务量范围内，不受业务量增减变动影响，保持不变的成本。固定成本包括企业管理费用、销售费用以及车间生产管理人员工资、职工福利费、办公费、固定资产折旧费、修理费等，这些都不会因业务量的变化而变化。

2. 可变成本，指的是在总成本中，随产量的变化而变动的成本项目，主要是原材料、燃料、动力等生产要素的价值；当一定时期内的产量增大时，原材料、燃料、动力的消耗会按比例相应增多，所发生的成本也会按比例增大，故称为可变成本。

总成本是利润总额的计算基础。

【例 1.9】 某拟建建设项目，建设期为 2 年，运营期为 10 年。已经计算得到固定资产年折旧额为 500 万元，运营期内无形资产年摊销额 50 万元，运营期第 4 年应偿还的贷款利息为 30 万元，运营期第 4 年的经营成本为 325 万元，此外，运营期第 4 年还投入了 30 万元用于维持运营投资，以上费用均不含可抵扣的进项税。求项目运营期第 4 年的总成本费用。

解答：
运营期第 4 年的总成本费用：$325+500+50+30+30=935$ 万元。

解题方法：
（1）总成本＝经营成本＋折旧＋摊销（如有）＋利息支出（运营期偿还当年应偿还的贷款利息）＋维持运营投资（如有）。

（2）分别找出（或计算出）总成本的各项组成数据，折旧和利息支出一般在以前的小题中已经算出，直接利用这些数据即可。

（3）应注意以下问题：

① 到底是计算哪一年的总成本，一般来说，投产期和达产期的经营成本不一样，不同的年份，贷款利息不一样。

② 如果总成本的组成费用中含有可抵扣的进项税，当计算不含税的总成本时，应扣除。

📖 **已考年份：** 2020 年、2019 年、2018 年、2017 年、2016 年、2015 年、2014 年、2013 年、2012 年、2011 年。

考点 7　增值税

税收，是国家为了向社会提供公共产品，满足社会共同需要，按照法律的规定，参与社会产品的分配，强制、无偿取得财政收入的一种规范形式。

我国目前的主要税种有增值税、消费税、关税、企业所得税、个人所得税、房产税、契税、车船税、资源税、耕地占用税、城镇土地使用税、城市维护建设税、印花税、烟叶税、土地增值税、车辆购置税、船舶吨税、环境保护税等。此外，还有一些费用，如水利建设基金、教育费附加、工会经费、文化事业建设费、残疾人就业保障金等。

从计税原理上说，增值税是对商品生产、流通、劳务服务中多个环节的新增价值或商品的附加值征收的一种流转税，因此增值税是价外税。

在生产经营活动中，需要交纳增值税，如果有利润产生，还要按照规定交纳企业所得税。前者是根据生产经营活动的"增值额"进行征税；后者是针对经营活动的利润（即"所得"）进行征税。与盈利或亏损无关，增值税必须交纳；如果出现亏损（没有盈利，即没有"所得"），就不用交纳所得税。

1. 增值税

建筑安装工程费用中的增值税额，按税前造价乘以增值税税率确定。当采用一般计税方法时，增值税应纳税额计算公式为：

增值税应纳税额＝当期销项税－当期进项税。其中：

（1）当期销项税＝当期销售额×增值税税率；

（2）当期进项税为纳税人购进货物或者接受应税劳务支付或负担的增值税额，当期销项税额小于当期进项税额不足抵扣时，其不足部分可以结转到下期继续抵扣。

2. 增值税附加

增值税附加＝增值税应纳税额×增值税附加税率

增值税附加包括城市维护建设税、教育费附加、地方教育附加。其中：

（1）应纳城市维护建设税＝实际交纳的增值税×适用税率（纳税人所在地为城市市区的，税率为7%；纳税人所在地为县城、建制镇的，税率为5%；纳税人所在地不在城市市区、县城或建制镇的，税率为1%）。

（2）应纳教育费附加＝实际交纳的增值税×3%。

（3）应纳地方教育附加＝实际交纳的增值税×2%（各地方有不同规定的，应遵循其规定）。

【例1.10】某拟建项目建设投资1500万元（含可抵扣进项税110万元）。运营期第1年的销售收入为800万元（不含税），运营期第1年的经营成本为400万元（含可抵扣的进项税40万元）；运营期第2年的销售收入为1000万元（不含税），运营期第2年的经营成本为600万元（含可抵扣的进项税60万元）。适用的增值税税率为13%，增值税附加按增值税的10%计取，分别计算项目运营期第1年、第2年应纳的增值税额及增值税附加。

解答：

（1）计算项目运营期第1年应纳的增值税额及增值税附加：

运营期第1年的销项税：800×13%＝104万元

运营期第1年可抵扣进项税：110＋40＝150万元

运营期第1年应纳增值税额：因104－150＝－46万元，本年交纳的增值税额为0元，相应地，本年交纳的增值税附加也为0元。还剩余可抵扣的进项税46万元，可转到下年继续抵扣。

（2）计算项目运营期第2年应纳的增值税额及增值税附加：

运营期第2年的销项税：1000×13%＝130万元

运营期第2年可抵扣进项税：46＋60＝106万元

运营期第2年应纳增值税额：130－106＝24万元

运营期第2年应纳增值税附加：24×10％＝2.4万元

解题方法：

（1）应交纳的增值税＝销项税－进项税。销项税＝销售额×增值税税率；进项税一般是题目中的已知条件，由上年未抵扣完剩余的进项税，以及本年度可抵扣的进项税组成。

（2）增值税附加，以实际应交纳的增值税为基数进行计算。

（3）应注意以下问题：

① 考题中给出的增值税税率，是用于计算销项税的，企业实际交纳的增值税是销项税与进项税的差值。

② 统一费用计算的口径，由于增值税是价外税，方便计算起见，可采用不含税的销售收入，相应地，经营成本也应减去可抵扣的进项税。

已考年份： 2020年、2019年、2018年。

考点8 利润总额

利润是企业经营效果的综合反映，也是其最终成果的具体体现。

如果营业收入中含销项税，总成本中含可抵扣的进项税，利润总额的计算公式为：

利润总额（税前利润）＝营业收入（含销项税）＋补贴收入－增值税－增值税附加－总成本（含可抵扣的进项税）

销项税－进项税＝增值税，也就是说，上式营业收入中所含的销项税，与总成本中所含的可抵扣的进项税之差，就是当期应交纳的增值税，刚好抵消。由于增值税是价外税，为简化计算，并统一计算口径，可采用不含税的营业收入和不含可抵扣的进项税的总成本，计算公式为：

利润总额（税前利润）＝营业收入（不含销项税）＋补贴收入－增值税附加－总成本（不含可抵扣的进项税）

利润总额是计算所得税和净利润的基础。

【例1.11】 某拟建建设项目，建设投资3000万元（不含可抵扣的进项税），有1000万元的建设投资为银行贷款，建设期1年，运营期8年，贷款年利率6％（按年计息）。建设投资全部形成固定资产，固定资产的使用年限为8年，残值率为5％，采用直线法折旧。

运营期前4年按照等额还本，利息照付的方式还款。运营期第1年的不含税营业收入为800万元，运营期第1年经营成本为300万元（含可抵扣的进项税30万元）。

该项目产品适用的增值税税率为13％，增值税附加综合税率为10％。

计算运营期第1年的利润总额。

解答：

（1）总成本计算：

① 经营成本：300－30＝270万元

② 折旧计算：

建设期利息：$1/2 \times 1000 \times 6\% = 30$ 万元

折旧：$(3000+30) \times (1-5\%)/8 = 359.81$ 万元

③ 运营期第 1 年应偿还的贷款利息：$(1000+30) \times 6\% = 61.80$ 万元

运营期第 1 年的总成本：$270 + 359.81 + 61.80 = 691.61$ 万元

(2) 运营期第 1 年的增值税附加：$(800 \times 13\% - 30) \times 10\% = 7.4$ 万元

(3) 运营期第 1 年的利润总额：$800 - 7.4 - 691.61 = 100.99$ 万元

解题方法：

(1) 为方便计算起见，采用不含税的营业收入，总成本扣除可抵扣的进项税，统一计算的口径。

利润总额＝营业收入（不含销项税）＋补贴收入（如有）－增值税附加－总成本（不含可抵扣的进项税），其中：

① 增值税附加＝（销项税－进项税）×增值税附加税率。

② 总成本＝经营成本（不含可抵扣的进项税）＋折旧＋摊销（如有）＋利息支出＋维持运营投资（如有）。

(2) 根据计算公式，分别找出（或计算出）各项费用，在考题中，一般会将这些数据在前面的小题中分别计算，直接利用这些数据即可。

(3) 利润总额的计算是本章计算的难点，难点在于计算利润总额时，必须先计算多项前置费用作铺垫。在考试中，很少单独考查利润总额的计算，而是通过利润总额计算所得税和净利润。

 已考年份：2020 年、2019 年。

考点 9 所得税

1. 所得税

利润总额并不会完全归企业所拥有和支配，其中的一部必须交纳所得税，剩余部分（即净利润）才归企业拥有和支配。

所得税分为企业所得税和个人所得税两类。其中，企业所得税是对我国内资企业和经营单位的生产经营所得和其他所得征收的一种税。企业所得税的征税对象是纳税人取得的所得。包括销售货物所得、提供劳务所得、转让财产所得、股息红利所得、利息所得、租金所得、特许权使用费所得、接受捐赠所得和其他所得。计算公式为：

所得税＝应纳税所得额（利润总额－弥补以前年度亏损）×所得税税率。如果某年出现了亏损，则该年度的所得税为 0。

2. 调整所得税

在编制投资估算时，同一个建设项目不同的融资方案会有不同的利息支出，因此会有不同的折旧、总成本费用、税前利润和所得税。

在项目融资前分析，与融资条件无关，对现金流量表中的"所得税"要进行调整，即"调整所得税"，使其不受融资方案的影响。调整所得税以息税前利润为计算基础。计算公式为：

调整所得税＝息税前利润(利润总额＋利息支出)×所得税税率

调整所得税一般在现金流量表中考查,在2018年、2013年、2009年的第一大题中均有出现。

【例1.12】某拟建项目运营期第1年有50万元的亏损,运营期第2年的利润总额为742.4万元,所得税税率为25%。计算本项目运营期第1年、第2年的所得税。

解答:

(1) 运营期第1年的所得税:0万元

(2) 运营期第2年的所得税:(742.5－50)×25%＝173.13万元

解题方法:

(1) 所得税＝(利润总额－弥补以前年度亏损)×所得税税率。

(2) 应注意的是,如果计算出的利润为负数,表示本年度是亏损的,企业就没有"所得"(没有利润),不需交纳所得税,即所得税为0;如果计算的是调整所得税,则应采用"息税前利润"。

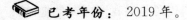 已考年份:2020年、2019年、2018年、2017年、2016年、2015年、2014年、2013年。

考点10 净利润

利润总额是针对经营活动的总收益来说的,总收益一部分交纳所得税后,剩余的部分就是净利润,净利润属于企业可以拥有和支配的净收益。计算公式为:

净利润＝利润总额－所得税＝利润总额×(1－所得税税率)

净利润是投资评价指标资本金净利润率的计算基础。

【例1.13】某拟建项目运营期某年的利润总额742.4万元,上年度无亏损,适用的所得税税率为25%,计算建设项目该年的净利润。

解答:

建设项目该年的净利润为:742.4－742.4×25%＝742.4×(1－25%)＝556.8万元

已考年份:2019年。

考点11 投资收益率

根据分析的目的不同,投资收益率又可以分为总投资收益率和资本金净利润率。

1. 总投资收益率

总投资收益率,表示项目总投资的盈利水平。若总投资收益率高于同行业的收益率参考值,表明项目的盈利能力满足要求。计算公式为:

总投资收益率＝正常年份(或运营期内年平均)息税前利润/项目总投资×100%

(1) 项目总投资。总投资＝固定资产投资＋流动资产投资。其中:

固定资产投资＝建设投资＋建设期利息,一般在建设期内投入;流动资产指各部门占用的原材料、在产品、产成品和商品库存,以及战略物资储备等,一般在运营期初投入。

（2）总投资的收益（息税前利润）。"息"指的是运营期当年应偿还的利息，"税"指的是企业所得税。可以这样理解：利息，是银行贷款取得收益，建设期贷款也是总投资的一部分；所得税，是以税收的形式上交的一部分收益。计算公式为：

息税前利润＝营业收入（不含销项税）－经营成本（不含可抵扣的进项税）－折旧－增值税附加

2. 资本金净利润率

资本金净利润率表示项目资本金的盈利水平。计算公式为：

资本金净利润率＝正常年份（或年平均）的净利润/项目资本金×100%

（1）资本金：指在投资项目总投资中，由投资者认缴的出资额，包括建设投资的资本金和流动资金的资本金，题目中会明确指出资本金的相应数额。

（2）投资者的收益（净利润）：站在投资者的角度，考虑投入的资本金能产生多少收益，这种收益就是净利润，计算公式为：

净利润＝利润总额－所得税

【例1.14】 某拟建建设项目，建设投资为2000万元，其中：资本金1500万元，银行贷款500万元，贷款年利率6%（按年计息），已经计算得到建设期的贷款利息为15万元。运营期为8年，已经计算得到固定资产年折旧为239.28万元。在运营期第1年投入300万元资本金作为流动资金。项目运营两年后为正常年份（且不需还贷），正常年份的不含税营业收入为850万元，正常年份的经营成本为340万元（含可抵扣的进项税40万元）。所得税税率为25%，增值税税率为13%，增值税附加综合税率为10%。计算正常年份的总投资收益率及资本金净利润率。

解答：

（1）计算总投资收益率：

① 建设项目总投资：2000＋15＋300＝2315万元

② 正常年份的息税前利润：850－(340－40)－239.28－(850×13%－40)×10%＝303.67万元

正常年份的总投资收益率：303.67/2315×100%＝13.12%

（2）计算资本金净利润率：

① 项目的资本金：1500＋300＝1800万元

② 计算正常年份净利润：

正常年份的利润总额：850－(340－40)－239.28－(850×13%－40)×10%＝303.67万元

正常年份的所得税：303.67×25%＝75.92万元

正常年份净利润：303.67－75.92＝227.75万元

正常年份资本金净利润率：227.75/1800×100%＝12.65%

解题方法：

（1）明确总投资收益率和资本金净利润率的区别。总投资收益率，评价的对象是项目的总投资，是对整个项目的盈利水平进行评价，其收益为息税前利润；资本金净利润率，评价的对象是资本金，即从投资人的角度进行评价，其收益应为净利润。

（2）总投资收益率，分别找出（或算出）总投资（固定资产投资＋流动资产投资）数据、收益数据（息税前利润），一般会在前面小题中已经计算出相应的数据，直接利用即可。

（3）资本金收益率，分别找出（或算出）资本金的总额（一般在题目中会给出）、收益（净利润），一般会在前面小题中已经计算出相应的数据，直接利用即可。

📖 **已考年份**：2019年、2018年、2017年、2014年、2012年。

考点 12　投资回收期

投资回收期，指的是投资方案实施后，回收初始投资，获取收益能力的重要指标。从现金流量图上看，就是累计净现金流量为0的点。投资回收期在一定程度上显示了资本的周转速度。资本周转速度越快，回收期越短，风险越小，盈利越多。

投资回收期分为静态投资回收期和动态投资回收期。

1. 静态投资回收期

静态投资回收期，指的是在不考虑资金时间价值的条件下，以项目的净收益回收其全部投资所需要的时间。投资回收期可从项目建设开始的年份算起，也可以从项目投产的年份算起，但应注明。静态投资回收期可根据现金流量表计算，分为以下两种情况：

（1）项目建成后，各年的净收益均相同。计算公式为：

$$静态投资回收期 = 项目总投资/每年净收益$$

（2）项目建成后，各年的净收益不相同，则静态投资回收期可根据累计净现金流量求得，也就是在现金流量表中累计净现金流量由负值转向正值之间的年份。计算公式为：

$$静态投资回收期 = (累计净现金流量出现正值的年份数 - 1) + (上一年累计净现金流量的绝对值/出现正值年份的净现金流量)$$

2. 动态投资回收期

动态投资回收期是将投资方案各年的净现金流量按照基准收益率折成现值后，再来推算投资回收期，考虑了资金的时间价值，这是它与静态投资回收期的根本区别。

动态投资回收期就是投资方案累计现值等于零的时间。实际应用中，一般根据项目净现金流量表进行计算。计算公式为：

$$动态投资回收期 = (累计净现金流量现值出现正值的年份数 - 1) + (上一年累计净现金流量现值的绝对值/出现正值年份的净现金流量的现值)$$

【例1.15】 某业主拟投资一工业项目，建设期为1年，运营期为6年。造价工程师已经计算出各年累计所得税后净现金流量，如表1.2所示，计算该项目的静态投资回收期。

现金流量表　（单位：万元）　　　　　　　　表1.2

序号	项目名称	计算期（年）						
		1	2	3	4	5	6	7
...	...	...	...	...	...	...	...	...
3	净现金流	-700.00	143.50	470.50	470.50	470.50	470.50	648.50
4	累计所得税后净现金流量	-700.00	-556.50	-86.00	384.50	855.00	1325.50	1974.00

解答：

静态投资回收期：$4-1+|(-86)/470.50|=3.18$ 年

另解： 从表 1.2 可以看出，静态投资回收期（累计所得税后净现金流量为 0 的点）应在计算期第 3 年和计算期第 4 年之间，作出计算简图，如图 1.3 所示。

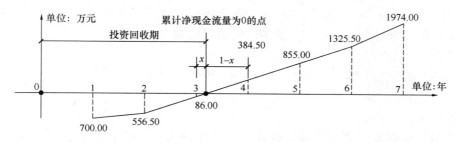

图 1.3 静态投资回收期计算示意图

利用相似三角形进行计算，设累计净现金流量为 0 的点到 3 的距离为 x 年，到 4 的距离为 $1-x$ 年，列方程：$x/86=(1-x)/384.50$，解得 $x=0.18$ 年。所以，静态投资回收期为：$3+0.18=3.18$ 年。

解题方法：

（1）应注意区分算的是静态投资回收期还是动态投资回收期，动态投资回收期还需要将各年的净现金流量用基准收益率折成现值。

（2）投资回收期一般结合现金流量表进行计算，观察现金流量表中累计所得税后净现金流量出现正值的年份，作出计算简图，可利用相似三角形对应边成相同比例的性质进行求解。

考点 13　盈亏平衡

盈亏平衡，指销售产品所获得的不含税营业收入，刚好够产品的总成本（不含可抵扣的进项税）和增值税附加的支出，利润总额为 0，既不盈利，也不亏损，因此不用考虑所得税。由于增值税是价外税，由最终消费者负担，增值税对企业的影响表现为增值税会影响以增值税为计算基础的附加税费，盈亏平衡计算时应考虑增值税附加的影响。

盈亏平衡的计算包括两类：单价盈亏平衡点和产量盈亏平衡点。

【例 1.16】 某新建工业项目，正常年份的设计生产能力为 10000 件/年，年固定成本为 5000000 元（不含可抵扣的进项税），产品的可变成本为 300 元/件（不含可抵扣的进项税），产品的不含税的销售价为 1200 元/件。企业适用的增值税税率为 13%，增值税附加按增值税的 10% 计取，产品可抵扣的进项税为 50 元/件。计算项目的产量盈亏平衡点和单价盈亏平衡点。

解答：

（1）计算项目的产量盈亏平衡点：

设该项目达到盈亏平衡点时的年产量为 x 件。销售收入为 $1200x$ 元，需支出的年固定成本为 5000000 元，需支出的年可变成本为 $300x$ 元，需要交纳的增值税附加为

$(1200 \times 13\% - 50)x \times 10\%$ 元。达到盈亏平衡点时，有以下方程：

$1200x = 5000000 + 300x + (1200 \times 13\% - 50)x \times 10\%$，解得 $x = 5622$ 件。

(2) 计算项目的单价盈亏平衡点：

该项目正常年份的设计生产能力为 10000 件/年，设达到盈亏平衡点时的销售价为 y 元/件（不含税）。销售收入为 $10000y$ 元，需支出的年固定成本为 5000000 元，需支出的年可变成本为 300×10000 元，需要交纳的增值税附加为 $(y \times 13\% - 50) \times 10000 \times 10\%$ 元。达到盈亏平衡点时，有以下方程：

$10000y = 5000000 + 300 \times 10000 + (y \times 13\% - 50) \times 10000 \times 10\%$，解得 $y = 805.47$ 元/件（不含税）。

解题方法：

利用利润总额为 0 这个条件，将产品单价或产品数量设为未知数 x 或 y，列一元一次方程即可求解。

(1) 已知产量，求单价（设为 x）盈亏平衡点：

营业收入（产量×单价 x）＝总成本（固定成本＋可变成本）＋增值税附加，解出 x 即可，此处的营业收入不含销项税，总成本不含进项税。

(2) 已知单价，求产量（设为 y）盈亏平衡点：

营业收入（单价×产量 y）＝总成本（固定成本＋可变成本）＋增值税附加，解出 y 即可，此处的营业收入不含销项税，总成本不含进项税。

📖 **已考年份**：2020 年、2014 年。

考点 14 与投资估算相关的常用表格

在考试中，常常考查投资估算的相关表格的填写，常用的表格包括项目投资现金流量表、总成本估算表和借款还本付息表等，如表 1.3、表 1.4、表 1.5 所示。

项目投资现金流量表　　　　　　　　　表 1.3

序号	项目	建设期			运营期			
		1	2	……	1	2	3	……
1	现金流入							
1.1	营业收入(不含销项税额)							
1.2	销项税额							
1.3	补贴收入							
1.4	回收固定资产余值							
1.5	回收流动资金							
2	现金流出							
2.1	建设投资							

续表

序号	项目	建设期			运营期			
		1	2	……	1	2	3	……
2.2	流动资金投资							
2.3	经营成本(不含进项税额)							
2.4	进项税额							
2.5	应纳增值税							
2.6	增值税附加							
2.7	维持运营投资							
2.8	调整所得税							
3	所得税后净现金流量							
4	累计税后净现金流量							
5	折现系数($i\%$)							
6	折现后净现金流量							
7	累计折现后净现金流量							

总成本估算表　　　　　　　　　　　　　　　　　表1.4

序号	年份＼项目	1	2	3	4	5	……
1	经营成本						
2	折旧费						
3	摊销费						
4	建设投资借款利息						
5	流动资金借款利息						
6	短期借款利息						
7	维持运营投资						
8	总成本费用						
	其中可抵扣的进项税						

借款还本付息表　　　　　　　　　　　　　　　　表1.5

项目		计算期					
		建设期			运营期		
		1	2	……	1	2	……
期初借款余额							
当期还本付息							
其中:	还本						
	付息						
期末借款余额							

解题方法：

(1)"项目投资现金流量表"的填写。注意现金流入或现金流出发生的时间。回收固定资产余值和回收流动资金发生在运营期的最后一年。表中其余各项内容应逐项计算后再填写。累计折现后现金流量涉及不同年份的折现后现金流量相加，应保证每项计算的准确性，并对表中的数据逐一复核。

"总成本估算表"的填写。年经营成本，一般会在题目中给出相应数据，注意区分投产初期和正常生产年份的数据可能会不一样。年折旧费、年摊销费（如有）、利息支出一般会在前面小题中先算出，直接填入即可。如有维持运营投资，直接填入即可，应注意其发生的年份。

"借款还本付息表"的填写。建设期只有借款，没有还款。运营期还款的方式一般有两种，即等额还本利息照付、等额本息还款。先计算出当年年初的贷款本金的总额，再根据当年年初的贷款本金的总额计算当年应还的利息。当年应还的本金，如果是等额还本利息照付的还款方式，应还本金为运营期第1年年初贷款余额除以还款年数；如果是等额本息还款，应还本金为年还款总额减去当年应还的利息。

(2) 如果考题中只需要计算表格中的部分数据，如计算某年的净现金流量，应熟记表格的组成项目有哪些，准确把握各项目发生的时间。

📖 **已考年份**：2018年、2015年、2013年、2011年。

本章小结

从本章的考点解析可知，在投资估算阶段，需计算建设项目总投资、预备费、建设期贷款利息、建设投资、固定资产折旧、运营期贷款本息的偿还、总成本、增值税、利润总额、所得税、净利润、投资收益率、投资回收期、盈亏平衡等数据。数据较多，数据之间的关联较多，这是本章计算的重点和难点。

1. 对本章题型的整体分析

从本章历年的真题来看，题目主要涉及项目建设前期、建设期、运营期这三个阶段多项数据的计算，有些数据是题目中的已知条件，有些数据需要根据题目中的已知条件进行计算。

如果把题目中的已知数据，以及需要求解的数据进行分类处理，可以帮助理清本题的整体思路。根据数据的用途不同，题目中的基础数据一般可分为四类，即投资数据、成本数据、收入数据、利税数据。

(1) 投资数据，主要包括预备费、建设投资、建设期贷款、建设期贷款利息、固定资产原值等。

(2) 成本数据，主要包括经营成本、折旧、摊销、利息、维持运营投资等。应注意的是运营期的不同年份，这些数据可能有差异，特别是经营成本和利息可能不同。

(3) 收入数据，在题目中一般以营业总收入，或单位产品的售价及产量的形式给出。收入数据比较简单，应注意的是，题目中常按投产期与达产期（正常年份），给出不同的数据。

（4）利税数据，包括利润与税收，可通过成本数据和收入数据计算得到。利润可分为利润总额与净利润，税收包括应交纳的增值税、增值税附加、所得税。受成本数据和收入数据的影响，不同的年份，这些数据一般有差异。

以上基础数据清楚了，其他需要计算的数据，如总投资收益率、资本金净利润、投资回收期、可用于还贷的资金，盈亏平衡等，就很容易计算。

2. 数据分类在解题中的应用

在以上分析中，众多数据可以分类处理。现在，我们把基础数据的分类，应用于本章的整体解题之中，算例如下：

【例1.17】将2020年真题试题一（题目见本章"第1.2节 真题详解"，此处略）中的基础数据，按投资数据、成本数据、收入数据、利税数据，以表格的形式分类整理计算，并利用表格中的数据，解答本题。

解答：

（1）投资数据有建设投资、借款总额、建设期贷款利息、固定资产原值等数据。

投资数据分析表，见表1.6。

投资数据分析表（单位：万元） 表1.6

序号	项目	数据
1	建设投资	1500，含可抵扣的进项税100
2	借款总额	1000
3	建设期贷款利息	$1/2 \times 1000 \times 8\% = 40$ 【问题1】
4	固定资产原值	$(1500-100)+40=1440$

（2）成本数据包括经营成本、折旧、利息，本题没有摊销和维持运营投资。根据题目中的条件，经营成本可分为固定成本和可变成本，固定成本每年相同，可变成本与产量有关。成本数据分析表，见表1.7。

成本数据分析表（单位：万元） 表1.7

序号	项目	运营期第1年（未达产）	运营期第2年 正常（达产）	运营期第2年 盈亏平衡
1	经营成本（不含税）	固定成本：$550-240\times 2=70$ 可变成本：$240\times(2\times 80\%)=384$ 合计：$70+384=454$ 【问题3】	550	$70+240x$ （设盈亏平衡时的产量为x万件）
2	折旧	$1440\times(1-5\%)/8=171$ 【问题1】	171	171
3	利息（利率8%）	年初本金：$1000+40=1040$ 每年偿还的本息总额： $1040\times 8\%\times(1+8\%)^5/[(1+8\%)^5-1]=260.47$ 利息：$1040\times 8\%=83.2$ 还本：$260.47-83.2=177.27$	年初本金：$1040-177.2=862.8$ 利息：$862.8\times 8\%=69.02$	
	合计（总成本）	$454+171+83.2=708.2$ 【问题3】	$550+171+69.02$ $=790.02$	$(70+240x)+171$ $+69.02$

23

（3）收入数据包括产量、单价、营业收入等。注意运营期第 1 年和第 2 年产量不同。收入数据分析表，见表 1.8。

收入数据分析表　　　　　　　　　　　　　　表 1.8

序号	项目	运营期第 1 年（未达产）	运营期第 2 年	
			正常（达产）	盈亏平衡
1	产量	2×80％＝1.6 万件	2 万件	x 万件
2	单价（不含税）	450 元	450 元	450 元
3	营业收入（不含税）	1.6×450＝720 万元	2×450＝900 万元	$450x$ 万元

（4）利税数据按计算顺序包括应交纳的增值税、增税附加、利润总额、所得税、净利润。计算应交纳的增值税，需要列出销项税和可抵扣的进项税，可抵扣的进项税由上一年剩余的可抵扣的进项税、本年销售产品的可抵扣的进项税组成。利税数据分析表，见表 1.9。

利税数据分析表（单位：万元）　　　　　　　表 1.9

序号	项目	运营期第 1 年（未达产）	运营期第 2 年	
			正常（达产）	盈亏平衡
1	销项税（税率 13％）	720×13％＝93.6	900×13％＝117	$450x×13％$
	可抵扣的进项税	100＋2×80％×15＝124	30.4＋2×15＝60.4	$30.4＋15x$
	应交纳的增值税	93.6－124＝－30.4＜0，应交 0【问题2】	117－60.4＝56.6【问题2】	$450x×13％－(30.4＋15x)$
2	增值税附加（税率 12％）	0×12％＝0	56.6×12％＝6.792	$[450x×13％－(30.4＋15x)]×12％$
3	税前利润	720－708.2－0＝11.8【问题4】	900－790.02－6.792＝103.19【问题4】	0
4	所得税（税率 25％）	11.8×25％＝2.95	不需计算	0
5	净利润	11.8－2.95＝8.85	不需计算	0

问题 1：建设期贷款利息为 40.00 万元，固定资产年折旧额为 171.00 万元。

问题 2：运营期第 1 年、第 2 年应纳增税额分别为 0.00 万元、56.60 万元。

问题 3：运营期第 1 年的经营成本为 454.00 万元，总成本费用为 708.20 万元。

问题 4：运营期第 1 年、第 2 年的税前利润分别为 11.80 万元、103.19 万元。运营期第 1 年可用于还贷的资金为 171＋83.2＋8.85＝263.05 万元（等号左边的数据依次为折旧、利息支出、净利润），大于本年应还贷款本息之和 260.47 万元，满足还款要求。

问题 5：设运营期第 2 年盈亏平衡点时的产量为 x 万件，此时有销售收入＝总成本＋增值税附加。假定应交纳的增值税 $450x \times 13\% - (30.4 + 15x) \geqslant 0$。有方程 $450x = (70 + 240x + 171 + 69.02) + [450x \times 13\% - (30.4 + 15x)] \times 12\%$，解得 $x = 1.50$ 万件，将 x 的值代入应交纳的增值税计算式验算，符合假定。

从以上分析可知，有些问题已经在表格中解答了，其余问题可以利用表格中的数据计算得到。可用于还贷的资金、盈亏平衡等较为复杂的计算，在基本数据表格化的情况下，思路变得非常清晰。

同样地，读者也可把 2019 年真题试题一的基础数据进行表格化分类处理，再与按小题分别解答对比。

3. 本章解题方法的思考与探索

在历年的真题中，投资估算涉及的数据较多。在平时的学习过程中，应熟记各项数据的计算公式，以及注意事项。针对本章题目的特点，可按以下两种思路解答。

第一种，先列出所求数据的计算公式，再找出或算出计算公式中的各项数据，逐步列式计算。这种解题方法，适用于所求的数据相对简单的题目，或对题目和计算公式比较熟悉的读者。

第二种，如果计算的数据较为复杂，计算步骤较多，甚至有些数据需要重复使用。如果把题目中的基础数据，根据题目中所需要计算的年份（如运营期第 1 年、第 2 年等），按照投资数据、成本数据、收入数据、利税数据进行表格化分类处理，可以理清解题思路。同时，表格处理数据的过程，也是解题的过程，不少小题因此得到解答。由例 1.17 可以看出，通过表格处理数据，经营成本、可用于还贷的资金、盈亏平衡点的计算难度降低了。

在考试中，两种方法可结合使用，或只把部分复杂问题的计算数据表格化，这样可提示解题思路，提高本题的得分率。

4. 其他注意事项

在本章的考题中，很多数据是相互影响的，比如折旧和利息影响到总成本、总成本影响到利润总额、利润总额影响到所得税和净利润。前面小题的计算结果，可能成为后面小题的已知数据，因此应保证各项数据计算的准确性。

第1.2节 真题详解

2020 年真题（试题一）

（一）真题（本题 20 分）

某企业拟投资建设一工业项目，生产一种市场急需的产品。该项目相关基础数据如下：

1. 项目建设期 1 年，运营期 8 年。建设投资估算 1500 万元（含可抵扣进项税 100 万元），建设投资（不含可抵扣进项税）全部形成固定资产，固定资产使用年限 8 年。期末净残值5%，按直线法折旧。

2. 项目建设投资来源为自有资金和银行贷款。借款总额1000万元，借款年利率8%（按年计息），借款合同约定的还款方式为运营期的前5年等额还本付息。自有资金和借款在建设期内均衡投入。

3. 项目投产当年以自有资金投入运营期流动资金400万元。

4. 项目设计产量为2万件/年。单位产品不含税销售价格预计450元，单位产品不含进项税可变成本估算为240元，单位产品平均可抵进项税估算为15元，正常达产年份的经营成本为550万元（不含可抵扣的进项税）。

5. 项目运营期第1年产量为设计产量的80%，营业收入亦为达产年份的80%，以后各年均达到设计产量。

6. 企业适用的增值税税率为13%，增值税附加按应纳增值税的12%计算，企业所得税税率为25%。

问题：

1. 列式计算项目建设期贷款利息和固定资产年折旧额。
2. 列式计算项目运营期第1年、第2年的企业应纳增值税额。
3. 列式计算项目运营期第1年的经营成本、总成本费用。
4. 列式计算项目运营期第1年、第2年的税前利润，并说明运营期第1年项目可用于还款的资金能否满足还款要求。
5. 列式计算项目运营期第2年的产量盈亏平衡点。

（计算过程和结果有小数的，保留2位小数）

（二）参考解答

1. 列式计算项目建设期贷款利息和固定资产年折旧额。

【分析】

（1）本题的建设期只有1年，建设期贷款利息计算公式为 $q_1=(A_1/2)\times i$。建设期第1年的贷款总额 $A_1=1000$ 万元，年利率 $i=8\%$（按年计息），建设期贷款利息=1/2×1000×8%=40万元。

（2）固定资产年折旧额=固定资产原值×（1－残值率）/折旧年限。因建设投资（不含可抵扣进项税）全部形成固定资产，固定资产原值=建设投资（1500万元）－可抵扣的进项税（100万元）+建设期利息（40万元）=1440万元，残值率为5%，折旧年限为8年，固定资产年折旧额=1440×（1－5%）/8=171万元。

【解答】

（1）建设期贷款利息：1/2×1000×8%=40.00万元

（2）固定资产年折旧额：（1500－100+40）×（1－5%）/8=171.00万元

2. 列式计算项目运营期第1年、第2年的企业应纳增值税额。

【分析】

（1）应纳增值税额=销项税－进项税，需分别算出运营期第1年、第2年的销项税和可抵扣的进项税。

（2）销项税=当期销售额×增值税税率，运营期第1年的销售额为2×450×80%=720万元，运营期第2年的销售额为2×450=900万元，增值税税率为13%。

(3) 运营期第 1 年可抵扣的进项税由两部分组成：第一部分为建设期有 100 万元可抵扣的进项税，可用于生产运营期抵扣；第二部分为本年产品可抵扣的进项税 2×80％×15＝24 万元，合计为 100＋24＝124 万元。如果抵扣有剩余，可用于运营期第 2 年继续抵扣。

运营期第 2 年可抵扣的进项税也由两部分组成：第一部分为运营期第 1 年抵扣后剩余的进项税（需经计算），第二部分为本年产品可抵扣的进项税 2×15＝30 万元。

【解答】

(1) 计算运营期第 1 年、第 2 年的销项税：

运营期第 1 年的销项税：2×450×80％×13％＝93.60 万元

运营期第 2 年的销项税：2×450×13％＝117.00 万元

(2) 计算项目运营期第 1 年、第 2 年的企业应纳增值税额：

① 计算运营期第 1 年企业应纳增值税额：

运营期第 1 年可抵扣的进项税：100＋2×80％×15＝124.00 万元

运营期第 1 年企业应纳增值税额：因 93.60－124.00＝－30.40 万元，还剩 30.40 万元的进项税未抵扣完（可用于运营期第 2 年继续抵扣），所以本年企业应纳增值税额为 0.00 万元。

② 计算运营期第 2 年企业应纳增值税额：

运营期第 2 年可抵扣的进项税：30.4＋2×15＝60.40 万元

运营期第 2 年企业应纳增值税额：117－60.4＝56.60 万元

3. 列式计算项目运营期第 1 年的经营成本、总成本费用。

【分析】

(1) 正常达产年份的经营成本 550 万元，由两部分组成，第一部分为可变成本 2×240＝480 万元，另一部分为固定成本 550－480＝70 万元。运营期第 1 年的经营成本也由固定成本和可变成本两部分组成，固定成本和正常达产年份一样，都是 70 万元，可变成本为 2×0.8×240＝384 万元，合计为 70＋384＝454 万元。

(2) 总成本＝经营成本＋折旧＋摊销（本题无）＋利息＋维持运营投资（本题无）。

① 经营成本：采用第本小题第 (1) 步的计算结果 454 万元；

② 折旧：采用第 1 题的计算结果 171 万元；

③ 利息：需计算。运营期第 1 年年初的贷款本金为 1000＋40＝1040 万元，贷款年利率为 8％，运营期第 1 年应还的贷款利息为 (1000＋40)×8％＝83.2 万元。

【解答】

(1) 运营期第 1 年的经营成本：(550－2×240)＋2×240×80％＝454.00 万元

(2) 运营期第 1 年应还的贷款利息为：(1000＋40)×8％＝83.20 万元

运营期第 1 年的总成本费用：454＋171＋83.2＝708.20 万元

4. 列式计算项目运营期第 1 年、第 2 年的税前利润，并说明运营期第 1 年项目可用于还款的资金能否满足还款要求。

【分析】

(1) 税前利润＝营业收入(不含销项税)＋补贴收入(本题无)－增值税附加－总成本(不含可抵扣的进项税)。

① 运营期第 1 年：

营业收入为 $2\times80\%\times450=720$ 万元，增值税附加为 $0\times12\%=0$ 万元，总成本 708.20 万元（第 3 小题计算结果），税前利润为 $720-0-708.20=11.8$ 万元。

② 运营期第 2 年（已是达产年份）：

营业收入为 $2\times450=900$ 万元，增值税附加为 $56.60\times12\%=6.79$ 万元，总成本＝经营成本（已知数据550万元）＋折旧（第1小题计算结果171万元）＋摊销（本题无）＋利息＋维持运营投资（本题无），因此，还需要计算运营期第 2 年的贷款利息。

贷款的还款方式为运营期的前 5 年等额还本付息，每年应偿还的贷款本息额为 $A=(1000+40)\times8\%\times(1+8\%)^5/[(1+8\%)^5-1]=260.47$ 万元。运营期第 1 年还利息 $(1000+40)\times8\%=83.2$ 万元；运营期第 1 年偿还的贷款本金为 $260.47-83.2=177.27$ 万元。运营期第 2 年应还贷款利息 $(1000+40-177.27)\times8\%=69.02$ 万元。

因此，税前利润 $=900-6.79-(550+171+69.02)=103.19$ 万元。

(2) 运营期第 1 年项目可用于还款的资金＝折旧＋摊销（本题无）＋利息＋净利润。其中折旧 171 万元（第 1 小题计算结果），利息 $(1000+40)\times8\%=83.20$ 万元，还需计算净利润。

净利润＝税前利润－所得税＝税前利润(1－所得税税率)＝$11.8\times(1-25\%)=8.85$ 万元。

因此，运营期第 1 年项目可用于还款的资金＝$171+83.20+8.85=263.05$ 万元＞260.47 万元(本年应还的贷款本息之和)，满足还款需要。

【解答】

(1) 计算项目运营期第 1 年、第 2 年的税前利润：

基础数据计算：

① 运营期每年偿还贷款的本息之和：$A=(1000+40)\times8\%\times(1+8\%)^5/[(1+8\%)^5-1]=260.47$ 万元

② 运营期第 1 年偿还的贷款利息：$(1000+40)\times8\%=83.20$ 万元；运营期第 1 年偿还的贷款本金：$260.47-83.2=177.27$ 万元

运营期第 2 年偿还的贷款利息：$(1000+40-177.27)\times8\%=69.02$ 万元

③ 运营期第 1 年的营业收入：$2\times450\times80\%=720.00$ 万元；运营期第 2 年的营业收入：$2\times450=900.00$ 万元

④ 运营期第 1 年的增值税附加：$0\times12\%=0.00$ 万元；运营期第 2 年的增值税附加：$56.60\times12\%=6.79$ 万元

⑤ 运营期第 1 年的总成本：708.20 万元（第 3 小题计算结果）；运营期第 2 年的总成本：$550+171+69.02=790.02$ 万元

综上，项目运营期第 1 年税前利润：$720-0-708.2=11.80$ 万元；项目运营期第 2 年税前利润：$900-6.79-790.02=103.19$ 万元

(2) 判断运营期第 1 年项目可用于还款的资金能否满足还款要求：

① 运营期第 1 年应偿还的贷款本息之和：260.47 万元（本小题前面已算数据）

② 运营期第 1 年可用于偿还贷款的资金：$171+83.20+11.8\times(1-25\%)=263.05$ 万元，大于应偿还的贷款本息之和 260.47 万元，满足还款要求。

【注意】

(1) 还可以利用收支关系求解项目第1年项目可用于还款的资金。

① 营业收入：$2\times0.8\times450=720$ 万元。

② 除偿还贷款外的必须支出：

经营成本：454.00 万元（第3题计算结果）；

增值税附加：$0\times12\%=0.00$ 万元；

所得税：$11.80\times25\%=2.95$ 万元。

(2) 可用于还款的资金$=720-454.00-0.00-2.95=263.05$ 万元，大于应偿还的贷款本息之和260.47万元，满足还款要求。从另一个角度验证了本题计算的正确性。

5. 列式计算项目运营期第2年的产量盈亏平衡点。

【分析】

到达盈亏平衡点时，销售收入＝总成本＋增值税附加，总利润为0，不需交纳所得税。

销售收入为$450x$万元，还需计算在盈亏平衡点（x万件）时的总成本，及相应的增值税附加。

(1) 总成本＝经营成本＋折旧＋摊销（本题无）＋利息＋维持运营投资（本题无），

折旧（171万元）和利息（69.02万元），是前面小题已经计算的数据，不用再计算；经营成本与产量有关，需重新计算，而经营成本中的固定成本（$550-2\times240=70$万元）是不变的，经营成本中的可变成本为$240x$，经营成本合计$=70+240x$。

因此，总成本$=(70+240x)+171+69.02=310.02+240x$。

(2) 增值税附加＝应交纳的增值税$\times12\%$，应纳增值税＝销项税－进项税。

在盈亏平衡点（设为x万件）时，销项税＝销售收入$\times$增值税税率（13%）$=450x\times13\%$，可抵扣的进项税仍然由两部分组成，第一本部分为运营期第1年还剩可抵扣的进项税30.40万元，第二部分为x万件产品可抵扣的进项税$15x$，合计为$30.40+15x$。

因此，应纳增值税为$450x\times13\%-(30.40+15x)$，增值税附加为$[450x\times13\%-(30.40+15x)]\times12\%$。

由于计算式中含有未知数x，并不能直接判断销项税与可抵扣的进项税之间的大小关系，可先假定销项税减可抵扣的进项税为非负数（≥0），解出x，再代入应交纳增值税的计算式进行验算。

【解答】

设运营期第2年达到盈亏平衡点的产量为x万件。

(1) 销售收入：$450x$

(2) 计算总成本：

经营成本：$(550-240\times2)+240x=70+240x$

折旧：171万元(第1小题已计算数据)

利息：69.02万元(第4小题已计算数据)

总成本：$(70+240x)+171+69.02=310.02+240x$

或总成本：$(790.02-2\times240)+240x=310.02+240x$

(3) 计算增值税附加：

销项税：$450x \times 13\%$

可抵扣的进项税：$30.40+15x$

增值税附加：$(450x \times 13\% - 30.40 - 15x) \times 12\%$

(4) 计算产量盈亏平衡点：

达到产量盈亏平衡点时，销售收入＝总成本＋增值税附加，假定应交纳的增值税 $450x \times 13\% - 30.40 - 15x \geqslant 0$，列方程如下：

$$450x = 310.02 + 240x + (450x \times 13\% - 30.40 - 15x) \times 12\%$$

解得：$x=1.50$ 万件

验算：应交纳的增值税为 $450 \times 1.50 \times 13\% - 30.40 - 15 \times 1.50 = 34.85$ 万元＞0 万元，满足题目的假定。

因此，运营期第 2 年的产量盈亏平衡点为 1.50 万件。

【注意】

本题较为复杂，关键是理清思路，达到产量盈亏平衡点（x 万件）时，销售收入销售收入＝总成本＋增值税附加，需分别计算产量 x 万件时的总成本，以及增值税附加。

注意计算总成本和增值税附加的两个前提条件：时间是运营期第 2 年，产量是 x 万件。再分别找出（或计算出）与总成本、增值税附加相关的各项数据。

从所求问题出发，逐步倒推相关数据，是求解这类问题的常用方法。

(三) 考点总结

1. 建设期贷款利息；
2. 固定资产折旧；
3. 应纳的增值税、增值税附加；
4. 经营成本、总成本；
5. 税前利润；
6. 可用于偿还贷款的资金；
7. 盈亏平衡。

2019 年真题（试题一）

(一) 真题（本题 20 分）

某企业投资新建一项目，生产一种市场需求较大的产品。项目的基础数据如下：

1. 项目建设投资估算为 1600 万元（含可抵扣的进项税 112 万元），建设期 1 年，运营期 8 年。建设投资（不含可抵扣的进项税）全部形成固定资产，固定资产使用年限 8 年，残值率 4%，按直线法折旧。

2. 项目流动资金估算为 200 万元，运营期第 1 年年初投入，在项目的运营期末全部回收。

3. 项目资金来源为自有资金和贷款，建设投资贷款利率为 8%（按年计息），流动资金贷款利息为 5%（按年计息）。建设投资贷款的还款方式为运营期前 4 年等额还本、利息照付的方式。

4. 项目正常年份的设计产能为 10 万件，运营期第 1 年的产能为正常年份产能的 70%。目前市场同类产品的不含税销售价格为 65～75 元/件。

5. 项目资金投入、收益等基础测算数据见表19.1.1。

项目资本投入、收益及成本表 （单位：万元）　　　表19.1.1

序号	年份 项目	1	2	3	4	5	6～9
1	建设投资 　其中：自有资金 　　　　贷款本金	1600 600 1000					
2	流动资金 　其中：自有资金 　　　　贷款本金		200 100 100				
3	年产销量（万件）		7	10	10	10	10
4	经营成本 　其中：可抵扣进项税		210 14	300 20	300 20	300 20	330 25

6. 该项目产品适用的增值税税率为13%，增值税附加综合税率为10%，适用的所得税率为25%。

问题：
1. 列式计算项目的建设期贷款利息及固定资产折旧额。
2. 若产品的不含税销售单价确定为65元/件，列式计算项目运营期第1年的增值税、税前利润、所得税、税后利润。
3. 若企业希望运营期第1年不借助其他资金来源能够满足建设投资贷款还款要求，产品的不含税销售单价至少应确定为多少？
4. 项目运营后期（建设期贷款偿还完成后），考虑到市场成熟后产品价格可能下降，产品拟在65元的基础上下调10%，列式计算正常年份的资本金净利润率。

（注：计算过程和结果数据有小数的，保留2位小数）

（二）参考解答

1. 列式计算项目的建设期贷款利息及固定资产折旧额。

【分析】

（1）建设期贷款总额为1000万元，贷款年利率为8%，建设期为1年，建设期贷款利息：$q=(A/2)\times i=1/2\times 1000\times 8\%=40$ 万元。

（2）固定资产折旧额＝固定资产原值×（1－残值率）/折旧年限，因建设投资（不含可抵扣的进项税）全部形成固定资产，固定资产原值＝建设投资－可抵扣的进项税＋建设期利息。其中，建设投资估算为1600万元，可抵扣的进项税112万元，建设期利息为40万元，残值率4%，折旧年限8年。

【解答】

（1）建设期贷款利息：$1000\times 1/2\times 8\%=40.00$ 万元

（2）固定资产折旧额：$[(1600-112)+40]\times(1-4\%)/8=183.36$ 万元

2. 若产品的不含税销售单价确定为 65 元/件，列式计算项目运营期第 1 年的增值税、税前利润，所得税，税后利润。

【分析】

(1) 运营期第 1 年的增值税＝销项税－进项税＝营业收入（不含销项税）×增值税税率－进项税。运营期第 1 年的销项税为 $7\times65\times13\%=59.15$ 万元，建设投资可抵扣的进项税为 112 万元，运营期第 1 年经营成本中可抵扣的进项税为 14 万元，销项税－可抵扣的进项税＝$59.15-(112+14)=-66.85$ 万元，还剩 66.85 万元可抵扣的进项税，用于以后年份继续抵扣，本年度不需要交纳增值税。

(2) 运营期第 1 年的税前利润（利润总额）＝不含税的营业收入－增值税附加－不含税的总成本。

① 不含税的营业收入为 $10\times70\%\times65=455$ 万元。

② 增值税附加为 0 万元。

③ 不含税的总成本＝经营成本（不含进项税）＋折旧＋摊销（本题无）＋利息，经营成本（不含进项税）为 $210-14=196$ 万元，折旧为 183.36 万元（第 1 小题计算结果），利息＝运营期第 1 年的建设投资贷款利息＋流动资金贷款利息，其中：

运营期第 1 年年初建设投资贷款本金为 $1000+40=1040$ 万元，利息为 $1040\times8\%=83.2$ 万元；

运营期第 1 年流动资金贷款本金为 100 万元，利息为 $100\times5\%=5$ 万元。

因此，运营期第 1 年不含税的总成本为 $196+183.36+(83.2+5)=467.56$ 万元。

税前利润（利润总额）＝$455-0-467.56=-12.56$ 万元。

(3) 因税前利润为负数，所得税为 0。

(4) 税后利润（净利润）＝税前利润－所得税＝$-12.56-0=-12.56$ 万元。

【解答】

(1) 计算运营期第 1 年的增值税：

① 销项税：$10\times70\%\times65\times13\%=59.15$ 万元

② 可抵扣的进项税：$112+14=126$ 万元

销项税－可抵扣的进项税＝$59.15-126=-66.85$ 万元，还剩 66.85 万元可抵扣的进项税，可用于以后年份继续抵扣，本年度交纳增值税为 0 万元

(2) 计算运营期第 1 年的税前利润：

① 运营期第 1 年的不含税营业收入：$10\times70\%\times65=455$ 万元

② 运营期第 1 年的增值税附加：因本年增值税为 0 万元，因此增值税附加也为 0 万元。

③ 运营期第 1 年不含税的总成本：

不含税经营成本：$210-14=196$ 万元

折旧：183.36 万元（第 1 题计算结果）

利息：$(1000+40)\times8\%+100\times5\%=88.2$ 万元

运营期第 1 年的不含税总成本：$196+183.36+88.2=467.56$ 万元

④ 运营期第 1 年的税前利润：$455-0-467.56=-12.56$ 万元

(3) 因运营期第 1 年的税前利润为负数，所以运营期第 1 年的所得税为 0 万元

（4）运营期第 1 年的净利润：$-12.56-0=-12.56$ 万元

3. 若企业希望运营期第 1 年不借助其他资金来源能够满足建设投资贷款还款要求，产品的不含税销售单价至少应确定为多少？

【分析】

本题可以借鉴"盈亏平衡"的思路，利用"收支平衡"求解，设运营期第 1 年产品的不含税销售单价为 x 元/件，刚好满足建设投资贷款还款。

（1）收入方面，仅有销售收入 1 项，即不含税销售收入 $7x$ 万元。

（2）支出方面，有以下 4 项：

① 应支出经营成本（不含税）：$210-14=196$ 万元。

② 应交纳的税收，从第 2 小题可知，可抵扣的进项税数额较大，假定在本题的条件下，实际交纳的增值税仍为 0 万元，解出 x 后再验算。还需交纳所得税，所得税＝利润总额（销售收入－增值税附加－总成本）×所得税率（25%），其中：销售收入 $7x$ 万元，增值税附加也为 0 万元，不含税的总成本 467.56 万（第 2 小题计算结果），即所得税：$(7x-0-467.56)\times 25\%$ 万元。

③ 应偿还流动资金贷款利息：$100\times 5\%=5$ 万元。

④ 应偿还的建设投资贷款本息之和：运营期第 1 年年初的贷款本金，为建设期末贷款本息之和 $1000+40=1040$ 万元，还款方式为"运营期前 4 年等额还本、利息照付的方式"，还本 $1040/4=260$ 万元，还息 $1040\times 8\%=83.2$ 万元，应还的本息之和：$260+83.2=343.2$ 万元。

（3）收支平衡时，可建立方程 $7x=196+(7x-0-467.56)\times 25\%+5+343.2$，解得 $x=81.39$ 元/件，当不含税销售单价至少确定为 81.39 元/件时，运营期第 1 年不借助其他资金来源，能够满足建设投资贷款还款要求。

【解答】

设产品的不含税销售单价为 x 元/件，运营期第 1 年不借助其他资金来源，刚好满足建设投资贷款还款。

（1）运营期第 1 年的销售收入：$7x$ 万元

（2）运营期第 1 年需要支出的费用：

① 运营期第 1 年需支出的经营成本（不含税）：$210-14=196$ 万元

② 根据第 2 题的计算与分析，可抵扣完进项税数额较大，假定在本题的条件下，增值税仍为 0 万元，相应的增值税附加也为 0 万元。

运营期第 1 年需支出的所得税为：$(7x-0-467.56)\times 25\%$

③ 运营期第 1 年需偿还的流动资金贷款利息：$100\times 5\%=5$ 万元

④ 计算运营期第 1 年需偿还的建设投资贷款本息之和：

运营第 1 年年初的贷款本金：$1000+40=1040$ 万元

运营第 1 年应偿还的贷款本金：$1040/4=260$ 万元

运营第 1 年应偿还的贷款利息：$1040\times 8\%=83.2$ 万元

运营期第 1 年需偿还的建设投资贷款本息之和：$260+83.2=343.2$ 万元

（3）当运营期第 1 年的销售收入大于本年需支出的费用时，本年不借助其他资金来源，能够满足建设投资贷款还款。

$7x \geq 343.2 + 196 + 0 + (7x - 0 - 467.56) \times 25\% + 5$,解得 $x \geq 81.39$ 元/件

验算：销项税 $7 \times 81.39 \times 13\% = 74.06$ 万元，可抵扣的进项税：$112 + 14 = 126$ 万元，销项税－可抵扣的进项税＝$74.06 - 126 = -51.94$ 万元，需交纳的增值税为 0 万元，增值税附加为 0 万元，与假定相符合。

因此，产品的不含税单价至少应确定为 81.39 元/件。

4. 项目运营后期（建设期贷款偿还完成后），考虑到市场成熟后产品价格可能下降，产品拟在 65 元的基础上下调 10%，列式计算正常年份的资本金净利润率。

【分析】

资本净利润率＝净利润/资本金×100%。

（1）资本金由两部分组成：建设投资中的自有资金 600 万元，流动资金中的自有资金 100 万元，合计 700 万元。

（2）净利润＝税前利润（利润总额）－所得税，其中：

① 税前利润（利润总额）＝不含税的销售收入－增值税附加－不含税的总成本。

不含税的销售收入 $10 \times 65 \times (1 - 10\%) = 585$ 万元；

增值税附加 $(585 \times 13\% - 25) \times 10\% = 5.11$ 万元；

不含税的总成本包括三项：经营成本（不含可抵扣的进项税）为 $330 - 25 = 305$ 万元，折旧 183.36 万元（第 1 小题计算结果），利息（无建设贷款利息，有流动资金利息）$100 \times 5\% = 5$ 万元；

税前利润（利润总额）＝$585 - 5.11 - (305 + 183.36 + 5) = 86.53$ 万元。

② 所得税＝$86.36 \times 25\% = 21.63$ 万元。

③ 净利润＝$86.53 - 21.63 = 64.90$ 万元。

【解答】

（1）资本金：$600 + 100 = 700$ 万元

（2）计算正常年份（即第 6～9 年）的净利润：

① 不含税的销售收入：$10 \times 65 \times (1 - 10\%) = 585$ 万元

② 应纳增值税：$585 \times 13\% - 25 = 51.05$ 万元

增值税附加：$51.05 \times 10\% = 5.11$ 万元

③ 不含税的总成本：$(330 - 25) + 183.36 + 100 \times 5\% = 493.36$ 万元

④ 税前利润（利润总额）：$585 - 5.11 - 493.36 = 86.53$ 万元

⑤ 所得税：$86.53 \times 25\% = 21.63$ 万元

⑥ 净利润：$86.53 - 21.63 = 64.90$ 万元

（3）正常年份（即第 6～9 年）的资本金净利润率：$64.90/700 = 9.27\%$

（三）考点总结

1. 建设期贷款利息计算；

2. 折旧计算；

3. 增值税；

4. 税前利润（利润总额）、所得税、税后利润（净利润）、资本金净利润率；

5. 贷款偿还能力计算。

2018年真题（试题一）

（一）真题（本题20分）

某企业拟新建一工业产品生产线，采用同等生产规模的标准化设计资料，项目可行性研究相关基础数据如下：

1. 按现行价格计算的该项目生产线设备购置费为720万元，当地已建同类同等生产规模生产线项目的建筑工程费用、生产线设备安装工程费用、其他辅助设备购置及安装费用占生产线设备购置费的比重分别为70%、20%、15%。根据市场调查，现行生产线设备购置费较已建项目有10%的下降，建筑工程费用、生产线设备安装工程费用较已建项目有20%的上涨，其他辅助设备购置及安装费用无变化。拟建项目的其他相关费用为500万元（含预备费）。

2. 项目建设期1年，运营期10年，建设投资（不含可抵扣进项税）全部形成固定资产。固定资产使用年限为10年，残值率为5%，直线法折旧。

3. 项目投产当年需要投入运营期流动资金200万元。

4. 项目运营期达产年份不含税销售收入为1200万元，适用的增值税税率为16%，增值税附加按增值税的10%计取。项目达产年份的经营成本为760万元（含进项税60万元）。

5. 运营期第1年达到产能的80%，销售收入、经营成本（含进项税）均按达产年份的80%计。第2年及以后年份为达产年份。

6. 企业适用的所得税税率为25%，行业平均投资收益率为8%。

问题：

1. 列式计算拟建项目的建设投资。

2. 若该项目的建设投资为2200万元（包含可抵扣进项税200万元），建设投资在建设期均衡投入。

（1）列式计算运营期第1年、第2年的应纳增值税额。

（2）列式计算运营期第1年、第2年的调整所得税。

（3）进行项目投资现金流量表（第1~4年）的编制，并填入答题卡表18.1.1项目投资现金流量表中。

项目投资现金流量表（单位：万元）　　　　表18.1.1

序号	项目	建设期	运营期		
		1	2	3	4
1	现金流入				
1.1	营业收入（含销项税额）				
1.2	回收固定资产余值				
1.3	回收流动资金				
2	现金流出				
2.1	建设投资				

续表

序号	项目	建设期	运营期		
		1	2	3	4
2.2	流动资金投资				
2.3	经营成本（含进项税额）				
2.4	应纳增值税				
2.5	增值税附加				
2.6	调整所得税				
3	所得税后净现金流量				
4	累计税后净现金流量				

（4）假定计算期第4年（运营期第3年）为正常生产年份，计算项目的总投资收益率，并判断项目的可行性。

（计算结果保留2位小数）

（二）参考解答

1. 列式计算拟建项目的建设投资。

【分析】

题目中有"当地已建同类同等生产规模生产线项目"的表述，说明拟建项目与已建项目建在同一地方，采购同样的设备，只是因为修建时间有差别，需要考虑各项费用的价差因素。建设投资＝工程费用（设备购置费＋建筑安装费）＋工程建设其他费＋预备费。其中：

（1）按现行价格计算的生产线设备购置费720万元，已建项目的设备购置费为720/(1－10%)＝800万元。

（2）已建项目的建筑工程费为生产线设备购置费（800万元）的70%，拟建项目再考虑20%的上涨，即800×70%×(1＋20%)＝672万元；

已建项目的安装工程费为生产线设备购置费（800万元）的20%，拟建项目再考虑20%的上涨，即800×20%×(1＋20%)＝192万元；

已建项目其他辅助设备购置及安装费用占生产线设备购置费（800万元）的15%，拟建项目不考虑涨价因素，与已建项目相同。即为800×15%＝120万元。

对于工程费用，如果将题目中的相关数据整理到表18.1.2中，思路会更清晰。

拟建项目工程费用计算表　　　　　　表18.1.2

项目名称	各项费用与生产线设备购置费的比例关系	已建项目费用	拟建项目与已建项目价格关系	拟建项目费用
生产线设备购置费	/	800万元（需换算）	×(1－10%)	720万元（已知）
建筑工程费	70%	560万元	×(1＋20%)	672万元
生产线设备安装工程费	20%	160万元	×(1＋20%)	192万元
其他辅助设备购置及安装费	15%	120万元	无变化	120万元
合计	/	1640万元	/	1704万元

(3) 拟建项目的其他相关费用（含预备费）为 500 万元。

【解答】

(1) 拟建项目的生产线设备购置费：720 万元；已建项目的生产设备购置费：720/(1－10%)＝800 万元

(2) 拟建项目的建筑工程费：800×70%×(1＋20%)＝672 万元

拟建项目的安装工程费：800×20%×(1＋20%)＝192 万元

拟建项目的其他辅助设备购置及安装费用：800×15%＝120 万元

(3) 拟建项目的其他相关费用(含预备费)：500 万元(题目中已知数据)

(4) 拟建项目的建设工程费：(720＋672＋192＋120)＋500＝2204 万元

【注意】

本题应特别注意拟建项目与已建项目的关系：拟建项目按照现行价格计算，已建项目与现行价格有换算关系；拟建项目和已建项目的建筑工程费、安装工程费、其他设备购置费和安装费都以生产线的设备购置费为基数进行计算；拟建项目的各组成费用按照已建项目的相应组成费用进行浮动。因此，确定已建项目的生产设备购置费是解答本题的关键。

2. 若该项目的建设投资为 2200 万元（包含可抵扣进项税 200 万元），建设投资在建设期均衡投入。

(1) 列式计算运营期第 1 年、第 2 年的应纳增值税额。

【分析】

应纳增值税额＝销项税额－进项税额。其中：

① 运营期第 1 年的销售收入为 1200×80%＝860 万元，运营期第 2 年的销售收入为 1200 万元（已达产），增值税的税率为 16%；

② 运营期第 1 年经营成本中可以抵扣的进项税为 60×80%＝48 万元，运营期第 2 年经营成本中可以抵扣的进项税为 60 万元；

③ 建设投资中包含了可抵扣的进项税 200 万元，优先用于运营期第 1 年抵扣，如有剩余可在运营期第 2 年继续抵扣。

【解答】

① 运营期第 1 年应纳增值税额：1200×80%×16%－60×80%－200＝－94.40 万元，负数表示抵扣有剩余，本年度不用交增值税。

② 运营期第 2 年应纳增值税额：1200×16%－60－94.40＝37.60 万元

(2) 列式计算运营期第 1 年、第 2 年的调整所得税。

【分析】

调整所得税＝息税前利润×适用的企业所得税税率＝[营业收入－(经营成本－当期进项税额)－折旧－增值税附加]×适用的企业所得税税率。其中：

① 运营期第 1、2 年销售收入分别为 1200×80%＝960 万元、1200 万元；

② 运营期第 1、2 年增值税附加分别为 0 和 37.60×10%＝3.76 万元；

③ 运营期第 1、2 年经营成本分别为 760×80%＝608 万元、760 万元，均包含进项税；

④ 运营期第 1、2 年折旧均为(2200－200)×(1－5%)/10＝190 万元；

⑤ 所得税税率为 25%（题目中已知数据）。

【解答】

① 运营期第 1 年不含税的销售收入：1200×80% = 960 万元

运营期第 2 年不含税的销售收入：1200 万元

② 运营期第 1 年的增值税为 0 万元；增值税附加为 0 万元

运营期第 2 年的增值税：37.60 万元（第 1 小题的计算结果）

运营期第 2 年的增值税附加：37.60×10% = 3.76 万元

③ 运营期第 1、2 年的折旧均为 (2200−200)×(1−5%)/10 = 190 万元

④ 运营期第 1 年的调整所得税：[960−0−(760−60)×80%−190]×25% = 52.50 万元

运营期第 2 年的调整所得税：[1200−3.76−(760−60)−190]×25% = 76.56 万元

(3) 进行项目投资现金流量表（第 1~4 年）的编制，并填入答题卡表 18.1.1 项目投资现金流量表中。

【分析】

① 对于营业收入，题目中给出的 1200 万元，不含销项税额；表中需要填的营业收入含销项税额，应进行换算（即应包含销项税）。

运营期第 1 年含税的营业收入为 1200×(1+16%)×0.8 = 1113.6 万元；运营期第 2 年及以后年份含税的营业收入为 1200×(1+16%) = 1392 万元。

② 运营期第 3 年（计算期第 4 年）的增值税为 1200×16%−60 = 132（万元），增值税附加为 132×10% = 13.2 万元，调整所得税为 [1200−13.2−(760−60)−190]×25% = 74.2 万元。

③ 其余数据按题目中给出的数据和第 1、2 小题中计算所得数据填入即可。

【解答】

填写项目投资现金流量表，见表 18.1.1(1)。

项目投资现金流量表（单位：万元）　　　　表 18.1.1 (1)

序号	项目	建设期 1	运营期 2	运营期 3	运营期 4
1	现金流入		1113.60	1392.00	1392.00
1.1	营业收入（含销项税额）		1113.60	1392.00	1392.00
1.2	回收固定资产余值				
1.3	回收流动资金				
2	现金流出	2200	860.50	877.92	979.40
2.1	建设投资	2200			
2.2	流动资金投资		200		
2.3	经营成本（含进项税额）		608	760	760
2.4	应纳增值税		0	37.60	132.00
2.5	增值税附加		0	3.76	13.20
2.6	调整所得税		52.50	76.56	74.20
3	所得税后净现金流量	−2200	253.10	514.08	412.60
4	累计税后净现金流量	−2200	−1946.90	−1423.42	−1020.22

(4) 假定计算期第 4 年（运营期第 3 年）为正常生产年份，计算项目的总投资收益率，并判断项目的可行性。

【分析】

总投资收益率＝（息税前利润/总投资）×100%。其中：

（1）息税前利润＝不含税的营业收入－增值税附加－不含税的经营成本－折旧－摊销－利息支出＋补贴收入。不含税的营业收入为 1200 万元，不含税的经营成本 760－60＝700 万元，折旧 190 万元（第 2（2）小题计算结果），摊销、利息和补贴本题不涉及，增值税附加可用"项目投资现金流量表"中数据。

（2）总投资＝固定资产投资＋流动资产投资＝2200＋200＝2400 万元。

【解答】

① 运营期第 3 年不含税的营业收入：1200 万元

运营期第 3 年的增值税：1200×16%－60＝132 万元，增值税附加：132×0.1＝13.2 万元

运营期第 3 年的息税前利润：1200－13.2－(760－60)－190＝296.80 万元

② 建设项目的总投资：2200＋200＝2400 万元

项目总投资收益率：296.80/2400＝12.37%＞8%（行业平均投资收益率），该项目可行。

（三）考点总结

1. 建设投资的计算（等额还本、利息照付）；
2. 总成本、增值税、调整所得税的计算；
3. 现金流量表的填写；
4. 总投资收益率的计算。

2017 年真题（试题一）

（一）真题（本题 20 分）

某城市拟建设一条免费通行的道路工程，与项目相关的信息如下：

1. 根据项目的设计方案及投资估算，该项目建设投资为 100000 万元，建设期 2 年，建设投资全部形成固定资产。

2. 该项目拟采用 PPP 模式投资建设，政府与社会资本出资人合作成立了项目公司。项目资本金为项目建设投资的 30%，其中，社会资本出资人出资 90%，占项目公司股权 90%；政府出资 10%，占项目公司股权 10%。政府不承担项目公司亏损，不参与项目公司利润分配。

3. 除项目资本金外的项目建设投资由项目公司贷款，贷款年利率为 6%（按年计息），贷款合同约定的还款方式为项目投入使用后 10 年内等额还本付息。项目资本金和贷款均在建设期内均衡投入。

4. 该项目投入使用（通车）后，前 10 年年均支出费用 2500 万元，后 10 年年均支出费用 4000 万元，用于项目公司经营、项目维护和修理。道路两侧的广告收益权归项目公司所有，预计广告业务收入每年为 800 万元。

5. 固定资产采用直线法折旧；项目公司适用的企业所得税税率为 25%；为简化计算

不考虑销售环节相关税费。

6. PPP项目合同约定，项目投入使用（通车）后连续20年内，在达到项目运营绩效的前提下，政府每年给项目公司等额支付一定的金额作为项目公司的投资回报，项目通车20年后，项目公司需将该道路无偿移交给政府。

问题：

1. 列式计算项目建设期贷款利息和固定资产投资额。
2. 列式计算项目投入使用第1年项目公司应偿还银行的本金和利息。
3. 列式计算项目投入使用第1年的总成本费用。
4. 项目投入使用第1年，政府给予项目公司的款项至少达到多少万元时，项目公司才能除广告收益外不依赖其他资金来源，仍满足项目运营和还款要求？
5. 若社会资本出资人对社会资本的资本金净利润率的最低要求为：以贷款偿还完成后的正常年份的数据计算不低于12%，则社会资本出资人能接受的政府各年应支付给项目公司的资金额最少应为多少万元？

（计算结果保留2位小数）

（二）参考解答

1. 列式计算项目建设期贷款利息和固定资产投资额。

【分析】

（1）建设期贷款利息：

① 建设投资为100000万元；

② 除项目资本金（100000×30%＝30000万元）外，其余的项目建设投资（100000×70%＝70000万元）由项目公司贷款，项目资本金和贷款均在建设期内（2年）均衡投入，即每年贷款70000/2＝35000万元；

③ 贷款年利率6%，建设期贷款利息计算公式：$q_j=(P_{j-1}+A_j/2)\times i$。

（2）固定资产投资＝建设投资＋建设期利息。

【解答】

（1）建设期贷款利息：

① 第1年和第2年贷款本金 100000×70%×1/2＝35000.00万元

② 建设期第1年贷款利息：1/2×35000×6%＝1050.00万元

③ 建设期第2年贷款利息：（35000+1050）×6%+1/2×35000×6%＝3213.00万元

④ 建设期利息为：1050+3213＝4263.00万元

（2）固定资产投资额（不含政府投资部分）：100000−(100000×30%×10%)+4263＝101263.00万元

固定资产投资额（含政府投资部分）：100000+4263＝104263.00万元

2. 列式计算项目投入使用第1年项目公司应偿还银行的本金和利息。

【分析】

（1）项目的还款方式为等额本息还款，每年应偿还的本息之和都相等，计算公式为 $A=P[i(1+i)^n]/[(1+i)^n-1]$；项目投入使用第1年年初借款本金为70000+4263＝74263万元，贷款年利率6%，还款期限为10年。

（2）项目投入使用第1年应还的利息，将项目投入使用第1年年初借款74263万元作为当年的贷款本金,计算利息。

(3) 项目投入使用的第 1 年应还的本金,等于每年等额本息还款的总额减去当年应还的利息。

【解答】

(1) 项目投入使用第 1 年年初借款本金为:70000+4263=74263 万元

(2) 项目投入使用第 1 年还本付息额为:$(1+6\%)^{10} \times 6\% / [(1+6\%)^{10} - 1] \times 74263$ =10089.96 万元

(3) 项目投入使用第 1 年应还银行利息为:74263×6%=4455.78 万元

(4) 项目投入使用第 1 年应还银行本金为:10089.96-4455.78=5634.18 万元

3. 列式计算项目投入使用第 1 年的总成本费用。

【分析】

总成本费用=经营成本+折旧+摊销+利息,其中:

(1) 经营成本为 2500 万。

(2) 折旧=固定资产原值×(1-残值率)/折旧年限,因项目运营 20 年后交给政府,所以不考虑残值,折旧年限按 20 年考虑。(此处的折旧没有考虑建设投资中政府投资的资金,详见本大题末尾的分析)

(3) 项目投入使用第 1 年利息为 4455.78 万元(第 2 小题的计算结果)。

【解答】

(1) 固定资产年折旧:101263/20=5063.15 万元

(2) 项目投入使用第 1 年的总成本费用:2500+5063.15+4455.78=12018.93 万元

4. 项目投入使用第 1 年,政府给予项目公司的款项至少达到多少万元时,项目公司才能除广告收益外不依赖其他资金来源,仍满足项目运营和还款要求?

【分析】

(1) 满足项目运营要求(按盈亏平衡考虑):营业收入(广告收入 800 万元)+补贴收入-总成本(12018.93 万元)=0,题目中要求不考虑销售环节相关税费,利润总额为 0,不需要考虑所得税。

(2) 满足项目的还款要求:营业收入(广告收入 800 万元)+补贴收入-经营成本(2500 万元)-所得税≥项目投入使用第 1 年应还的本息和(5634.18+4455.78=10089.96 万元)。其中:所得税=[营业收入(广告收入 800 万元)+补贴收入-总成本(12018.93 万元)]×所得税税率 25%。

【解答】

设政府补贴为 x 万元:

(1) 当考虑项目运营要求时(按盈亏平衡考虑):$800+x-12018.93=0$,解得 x=11218.93 万元

(2) 当考虑项目还款要求时:$800+x-2500-(800+x-12018.93)\times 25\% \geq$ 10089.96,解得 $x \geq$ 11980.30 万元

综上,政府给予项目公司的款项至少达到 11980.30 万元,项目公司才能除广告收益外不依赖其他资金来源,仍满足项目运营和还款要求。

5. 若社会资本出资人对社会资本的资本金净利润率的最低要求为:以贷款偿还完成

后的正常年份的数据计算不低于 **12%**，则社会资本出资人能接受的政府各年应支付给项目公司的资金额最少应为多少万元？

【分析】

贷款偿还完成后的正常年份（运营期 11～20 年）的资本金净利润计算式为：年平均净利润/社会资本的资本金≥12%。其中社会资本金为 100000×0.3×0.9＝27000 万元；年平均净利润＝总利润×（1－所得税税率 25%），其中：总利润＝（广告收入 800 万元＋补贴收入）－总成本（经营成本 4000 万元＋折旧 5063.15 万元）。

【解答】

(1) 资本金：100000×0.3×0.9＝27000 万元

(2) 总成本：4000＋5063.15＝9063.15 万元

(3) 设政府支付的补贴为 y 万元，$[(800+y)-9063.15]\times(1-25\%)/27000 \geq 12\%$，解得 $y \geq 12583.15$ 万元。

所以，社会资本出资人能接受的政府各年应支付给项目公司的资金额最少应为 12583.15 万元。

【注意】

以上解答，在计算第 3 小题、4 小题和 5 小题时，总成本中的折旧，未考虑政府资金的折旧。主要是基于题目中指出"政府出资 10%，占项目公司股权 10%。政府不承担项目公司亏损，不参与项目公司利润分配"。此处的总成本计算只考虑了项目公司的总成本，此处折旧只考虑了与项目公司有关的建设投资。若将政府的资本金 3000 万元也考虑到折旧中，则每年多计提 3000/20＝150 万元的折旧费，这 150 万元的折旧费应该如何处理？题目中并没有说明，按常理，折旧费应通过计入总成本的方式进行回收。

当政府的资本金 3000 万元也考虑到折旧中时，就变成了另外一种解答，第 3 小题、第 4 小题和第 5 小题的解答如下：

第 3 小题：

(1) 固定资产折旧：104263/20＝5213.15 万元

(2) 项目投入使用第 1 年的总成本费用：2500＋5213.15＋4455.78＝12168.93 万元

第 4 小题：

设政府补贴为 x 万元，

(1) 当考虑项目运营要求时（按盈亏平衡考虑）：$800+x-12168.78=0$，解得 $x=11368.78$ 万元

(2) 当考虑项目还款要求时：$800+x-2500-(800+x-12168.93)\times 25\% \geq 10089.96$，解得 $x \geq 11930.30$ 万元

综上，政府给予项目公司的款项至少达到 11930.30 万元，项目公司才能除广告收益外不依赖其他资金来源，仍满足项目运营和还款要求。

第 5 小题：

(1) 资本金：100000×0.3×0.9＝27000 万元

(2) 总成本：4000＋5213.15＝9213.15 万元

(3) 设政府支付的补贴为 y，$[(800+y)-9213.15]\times(1-25\%)/27000 \geq 12\%$，解

得 $y \geqslant 12733.15$ 万元

所以，社会资本出资人能接受的政府各年应支付给项目公司的资金额最少应为 12733.15 万元。

（三）考点总结

1. 建设期贷款利息、运营期还款的计算（等额本息）；
2. 固定资产折旧；
3. 总成本的计算；
4. 所得税的计算；
5. 还款能力的计算；
6. 资本金净利润率的计算。

2016 年真题（试题一）

（一）真题（本题20分）

某企业拟于某城市新建一个工业项目，该项目可行性研究相关基础数据下：

1. 拟建项目占地面积30亩，建筑面积11000m²。其项目设计标准、规模与该企业2年前在另一城市修建的同类的项目相同。已建同类项目的单位建筑工程费用为1600元/m²，建筑工程的综合用工量为4.5工日/m²，综合工日单价为80元/工日，建筑工程费用中的材料费占比为50%，机械使用费占比为8%，考虑地区和交易时间差异，拟建项目的综合工日单价为100元/工日，材料费修正系数为1.1，机械使用费的修正系数为1.05，人材机以外的其他费用修正系数为1.08。

根据市场询价，该拟建项目设备投资估算为2000万元，设备安装工程费用为设备投资的15%。项目土地相关费用按20万元/亩计算，除土地外的工程建设其他费用为项目建安工程费用的15%，项目的基本预备费率为5%，不考虑价差预备费。

2. 项目建设期1年，运营期10年。假定建设投资不考虑可抵扣的进项税，建设投资部形成固定资产。固定资产的使用年限为10年，残值率为5%，直线法折旧。

3. 项目运营期第1年投入自有资金200万元作为运营期的流动资金。

4. 项目正常年份不含税的销售收入为1560万元，项目正常年份经营成本为400万元（含可抵扣的进项税25万元）。项目运营期第1年产量为设计产量的85%，运营期第2年及以后各年均达到设计产量，运营期第1年的销售收入、经营成本、可抵扣的进项税均为正常年份的85%。企业适用的增值税税率为13%，增值税附加按应纳增值税的12%计算，企业所得税率为25%。

问题：

1. 列式计算拟建项目的建设投资。
2. 若该项目的建设投资为5500万元（假定不含可抵扣的进项税），建设投资来源为自有资金和贷款，贷款为3000万元，贷款年利率为7.2%（按月利息），约定的还款方式为运营期前5年等额还本，利息照付方式。分别列式计算项目运营期第1年、第2年不含税的总成本费用和净利润以及运营期第2年年末的项目累计盈余资金（不考虑企业公积金、公益金提取及投资者股利分配）。

（计算结果保留2位小数，原题中的"营业税"已按"增值税"修改）

(二) 参考解答

1. 列式计算拟建项目的建设投资。

【分析】

建设投资＝工程费＋工程建设其他费＋预备费。

(1) 工程费＝设备购置费＋建筑工程费＋安装工程费。

① 设备购置费 2000 万元（已知数据）；

② 建筑工程费与已建同类项目有关，可根据已建同类项目的单价组成，并考虑各组成部分的修正系数得到拟建项目的单价（见表 16.1.1），乘以面积后得到建筑工程费；

③ 安装工程费按设备投资的 15% 计算，即 2000×15%＝300 万元。

(2) 工程建设其他费由两部分组成：土地费按地价乘土地面积计算，地价 20 万/亩，共 30 亩；除土地以外的工程建设其他费以建安工程费为基数的 15% 计算。

(3) 预备费只考虑基本预备费，以工程费用与工程建设其他费之和为基数计算，费率 5%。

拟建项目建筑工程费单价分析表　　　　表 16.1.1

项目名称	各项费用所占比例	已建项目价格（元/m²）	拟建项目与已建项目关系（修正系数）	拟建项目价格（元/m²）
人工费	4.5×80/1600＝22.5%	4.5×80＝360（已知）	—	4.5×100＝450.00
材料费	50%（已知）	50%×1600＝800	1.1	880.00
机械费	8%（已知）	8%×1600＝128	1.05	134.40
其他费用	1−22.5%−50%−8%＝19.5%	19.5%×1600＝312	1.08	336.96
合计	1.00	1600（已知）	—	1801.36

【解答】

(1) 工程费的计算：

① 设备购置费：2000 万元（已知数据）

② 建筑工程费的计算：

已建项目的工程费用单价 1600 元/m²，单价中各组成部分所占比例：人工费所占比例为 (4.5×80)/1600＝22.50%；材料费所占比例 50%（已知数据）；机械费所占比例为 8%（已知数据）；其他费所占比例为 1−22.5%−50%−8%＝19.50%

拟建项目与已建项目相比的修正系数：人工费修正系数为 100/80＝1.25；材料费修正系数为 1.10（已知数据）；机械费修正系数为 1.05（已知数据）；其他费用修正系数为 1.08（已知数据）

拟建项目建筑工程费的单价：1600×（22.50%×1.25＋50%×1.10＋8%×1.05＋19.50%×1.08）＝1801.36 元/m²

拟建项目建筑工程费：1801.36×11000/10000＝1981.50 万元

③ 安装工程费：2000×15%＝300.00 万元

工程费：2000＋1981.50＋300＝4281.50 万元

(2) 工程建设其他费：20×30＋（1981.50＋300）×15%＝942.23 万元

(3) 预备费（基本预备费）：（4281.50＋942.23）×5%＝261.19 万元

(4) 建设投资：4281.50＋942.23＋261.19＝5484.92 万元

【注意】

(1) 本题所涉及的数据较多，应根据建设投资的组成内容逐项分析计算。

(2) 建设工程费的单价也由多项组成，且拟建项目与已建项之间存在相应的修正系数，可用表格将各数据之间的关系表达得更清楚。计算出拟建项目建筑工程的单价是解答本题的关键。

2. 分别列式计算项目运营期第1年、第2年不含税的总成本费用和净利润以及运营期第2年年末的项目累计盈余资金（不考虑企业公积金、公益金提取及投资者股利分配）。

【分析】

(1) 不含税的总成本＝不含税的经营成本＋折旧＋摊销（本题无）＋利息。其中：

① 运营期第1年不含税的经营成本为 $(400-25)\times 85\%=318.75$ 万元，运营期第2不含税的经营成本为 $400-25=375$ 万元。

② 折旧＝固定资产原值×（1－残值率）/折旧年限。因建设投资（不考虑可抵扣的进项税）全部形成固定资产，固定资产原值＝建设投资＋建设期贷款利息。

③ 运营期第1、2年利息应先计算运营期第1年年初贷款累计本金（建设期贷款本金＋建设期贷款利息），该本金按5年平均还本，再根据每年年初的累计本金计算运营期每年应还贷款的利息。

(2) 运营期第1、2年的净利润＝利润总额×（1－所得税税率），利润总额＝不含税的营业收入－增值税附加－不含税的总成本。其中：

① 运营期第1年不含税的营业收入为 $1560\times 85\%=1326$ 万元，运营期第2年（正常年份）不含税的营业收入为1560万元。

② 增值税附加＝（销项税－进项税）×增值税附加税率。

③ 不含税的总成本按本小题第（1）步的计算结果。

(3) 在项目财务计划现金流量表中，累计盈余资金＝各年净现金流量之和。本题运营期的现金流入包括营业收入（不含税）、销项税、流动资金投入；现金流出包括流动资金支出、经营成本（不含税）、进项税、应纳增值税、增值税附加、所得税、利息支出、贷款本金偿还。

这些数据可以从题目中的已知条件找出，或已在已将解答过的小题中算出，直接利用这些数据即可。准确列出现金流入和现金流出的各项组成内容是解答的关键，2019年版《案例分析》教材第一章案例八中有关于累计盈余资金的计算示例。

【解答】

(1) 相关基础数据计算：

① 建设期贷款实际利率：$(1+7.2\%/12)^{12}-1=7.44\%$

建设期贷款利息：$1/2\times 3000\times 7.44\%=111.60$ 万元

② 固定资产年折旧：$(5500+111.60)\times(1-5\%)/10=533.10$ 万元

③ 运营期第1年年初累计贷款本金：$3000+111.60=3111.60$ 万元

运营期第1～5年每年还本：$3111.60/5=622.32$ 万元

运营期第1年还利息：$3111.60\times 7.44\%=231.50$ 万元

运营期第2年还利息：$(3111.60-622.32)\times 7.44\%=185.20$ 万元

(2) 运营期第1、2年不含税的总成本计算：

① 运营期第1年不含税的总成本：$(400-25) \times 85\% + 533.10 + 231.50 = 1083.35$ 万元

② 运营期第2年不含税的总成本：$(400-25) + 533.10 + 185.20 = 1093.30$ 万元

(3) 运营期第1、2年的净利润计算：

① 增值税附加计算：

运营期第1年的增值税附加：$(1560 \times 85\% \times 13\% - 25 \times 85\%) \times 12\% = 18.14$ 万元

运营期第2年的增值税附加：$(1560 \times 13\% - 25) \times 12\% = 21.34$ 万元

② 所得税计算：

运营期第1年所得税：$(1560 \times 85\% - 18.14 - 1083.35) \times 25\% = 56.13$ 万元

运营期第2年所得税：$(1560 - 21.34 - 1093.3) \times 25\% = 111.34$ 万元

③ 净利润计算：

运营期第1年净利润：$(1560 \times 85\% - 18.14 - 1083.35) \times (1 - 25\%) = 168.38$ 万元

运营期第2年净利润：$(1560 - 21.34 - 1093.3) \times (1 - 25\%) = 334.02$ 万元

(4) 运营期第2年年末的项目累计盈余资金计算：

① 项目运营期第1年：

现金流入：$1560 \times 0.85 + 1560 \times 0.85 \times 0.13 + 200 = 1698.38$ 万元

（等号左边依次为不含税的营业收入、销项税、流动资金投入）

现金流出还需计算的数据：不含税的营业收入为 $(400-25) \times 85\% = 318.75$ 万元，进项税 $25 \times 85\% = 21.25$ 万元，应纳增值税 $1560 \times 85\% \times 0.13 - 21.25 = 151.13$ 万元，其余数据均为已知或已算数据。

现金流出：$200 + 318.75 + 21.25 + 151.13 + 18.14 + 56.13 + 231.50 + 622.32 = 1619.22$ 万元

（等号左边依次为流动资金支出、不含税的经营成本、进项税、应纳增值税、增值税附加、所得税、利息支出、贷款本金偿还）

净现金流量：$1698.38 - 1619.22 = 79.16$ 万元

② 项目运营期第2年：

现金流入：$1560 + 1560 \times 0.13 = 1762.80$ 万元

现金流出还需计算的数据：不含税的营业收入为 $400 - 25 = 375$ 万元，应纳增值税为 $1560 \times 0.13 - 25 = 177.8$ 万元，其余数据均为已知或已算数据。

现金流出：$375 + 25 + 177.8 + 21.34 + 111.34 + 185.20 + 622.32 = 1518.00$ 万元

（等号左边依次为不含税的经营成本、进项税、应纳增值税、增值税附加、所得税、利息支出、贷款本金偿还）

净现金流量：$1762.8 - 1518 = 244.80$ 万元

③ 运营期第2年年末的项目累计盈余资金：$79.16 + 244.80 = 323.96$ 万元

【注意】

(1) 累计盈余资金的计算数据较多，涉及现金流出与现金流出的多项数据，在考试中如遇到类似数据较多的题目，可在草稿纸上先画出数据简表，并填写相应数据，能帮助理清解题思路。累计盈余资金计算表，见表16.1.2。

累计盈余资金计算表（单位：万元） 表 16.1.2

序号	项目	运营期第 1 年	运营期第 2 年
1	现金流入	1698.38	1762.8
1.1	营业收入（不含税）	1560×0.85=1326	1560
1.2	销项税	1326×0.13=172.38	1560×0.13=202.8
1.3	流动资金投入	200	
2	现金流出	1619.22	1518.00
2.1	流动资金支出		200
2.2	经营成本（不含税）	(400−25)×0.85=318.75	400−25=375
2.3	进项税	25×0.85=21.25	25
2.4	应纳增值税	172.38−21.25=151.13	202.8−25=177.8
2.5	增值税附加	151.13×12%=18.14	177.8×0.12=21.34
2.6	所得税	56.13	111.34
2.7	利息支出	231.50	185.20
2.8	贷款本金偿还	622.32	622.32
3	净现金流量	1698.38−1619.22=79.16	1762.8−1518=244.8
4	累计盈余资金	79.16	79.16+244.8=323.96

（2）因现金流入中的销项税，与现金流出中的进项税、应纳增值税之和，互相抵消；又因现金流入中的流动资金投入，与现金流出中的流动资金支出发生在同一年，互相抵消，在简化列式计算时，这几项可不列在计算式中。简化计算如下：

运营期第 1 年净现金流量：1326−318.75−18.14−56.13−231.50−622.32=79.16 万元；

运营期第 2 年净现金流量：1560−375−21.34−111.34−185.20−622.32=244.80 万元；

（以上两式，等号左边依次为不含税的营业收入、经营成本、增值税附加、所得税、利息支出、贷款本金偿还）

运营期第 2 年年末的项目累计盈余资金：79.16+244.80=323.96 万元。

【说明】

2016 年及其以前年份的真题中采用的是"营业税"，在本章中，均参照最近两年的真题修改为"增值税"。为保持题目的真实性，税金以外的其他条件仍与原题保持一致。在本章 2015 年、2014 年、2013 年、2012 年、2011 年的真题详解中，将不再单独说明。

（三）考点总结

1. 建设投资的计算；
2. 建设期贷款利息，等额还本利息照付的方式还贷；
3. 折旧的计算；
4. 总成本的计算；
5. 所得税的计算；
6. 净利润的计算；

7. 累计盈余资金的计算。

2015 年真题（试题一）

（一）真题（本题 20 分）

某新建建设项目的基础数据如下：

（1）项目建设期 2 年，运营期 10 年。建设投资 3600 万元，假定不考虑可抵扣的进项税，预计全部形成固定资产。

（2）项目建设投资来源为自有资金和贷款，贷款总额 2000 万元，贷款年利率 6%（按年计息），贷款合同约定运营期第 1 年按项目最大偿还能力还款，运营期第 2~5 年将未偿还的款项按照等额本息偿还。自有资金和贷款在建设期内均衡投入。

（3）项目固定资产使用年限 10 年，残值率 5%，直线法折旧。

（4）流动资金 250 万元由项目自有资金在运营期第 1 年投入（流动资金不用于项目建设期贷款的偿还）。

（5）运营期间正常年份不含税的营业收入为 900 万元，经营成本为 280 万元（其中含可抵扣的进项税 18 万元）。企业适用的增值税税率为 13%，增值税附加按应纳增值税的 12% 计算，所得税率为 25%。

（6）运营期第 1 年达到设计产能的 80%，该年的营业收入、经营成本、可抵扣的进项税均为正常年份的 80%，以后各年均达到设计产能。

（7）在建设期贷款偿还完成之前，不计提盈余公积金，不分配投资者股利。

问题：

1. 列式计算项目建设期的贷款利息。
2. 列式计算项目运营期第 1 年偿还的贷款本金和利息。
3. 列式计算项目运营期第 2 年偿还的贷款本息额，并通过计算说明项目能否满足还款要求。
4. 项目资本金现金流量表运营期第 1 年的净现金流量是多少？

（计算结果保留 2 位小数，原题中的"营业税"已按"增值税"修改）

（二）参考解答

1. 列式计算项目建设期的贷款利息。

【分析】

贷款总额为 2000 万元，每年分别投入 1000 万元，贷款年利率为 6%。分别计算出建设期第 1 年贷款利息、建设期第 2 年贷款利息，二者之和为建设期贷款利息。

【解答】

建设期第 1 年贷款利息：$1/2 \times 1000 \times 6\% = 30.00$ 万元

建设期第 2 年贷款利息：$(1000 + 30 + 1/2 \times 1000) \times 6\% = 91.80$ 万元

建设期贷款利息合计：$30 + 91.80 = 121.80$ 万元

2. 列式计算项目运营期第 1 年偿还的贷款本金和利息。

【分析】

（1）题目要求运营期第 1 年按最大还款能力还款，也就是计算运营期第 1 年可用于还贷的资金总额（不含税的营业收入－增值税附加－不含税的经营成本－所得税）；所得税＝利润总额×所得税税率；利润总额＝不含税的营业收入－增值税附加－不含税的总成本；不含税的总成本＝不含税的经营成本＋折旧＋利息支出，这些数据会多次重复利用。

（2）计算出可用于还贷的资金后，优先偿还当年产生的贷款利息，剩余部分全部用来偿还贷款的本金。

【解答】

（1）相关基础数据计算：

① 运营期第1年不含税的营业收入：900×80％＝720.00万元

② 运营期第1年应交纳的增值税：900×80％×13％－18×80％＝79.20万元

运营期第1年的增值税附加：79.20×12％＝9.50万元

③ 运营期第1年不含税的经营成本：(280－18)×80％＝209.60万元

④ 固定资产年折旧：(3600＋121.80)×(1－5％)/10＝353.57万元

⑤ 运营期第1年的贷款利息：(2000＋121.80)×6％＝127.31万元

⑥ 运营期第1年不含税的总成本：209.60＋353.57＋127.31＝690.48万元

⑦ 运营期第1年利润总额：720－9.50－690.48＝20.02万元

⑧ 运营期第1年的所得税：20.02×25％＝5.01万元

（2）运营期第1年可用于还款的资金为720－9.50－209.60－5.01＝495.89万元，其中：偿还贷款利息127.31万元，偿还贷款本金495.89－127.31＝368.58万元

【注意】

本小题涉及很多基础数据，可根据相应公式，先算出相关基础数据。

3. 列式计算项目运营期第2年偿还的贷款本息额，并通过计算说明项目能否满足还款要求。

【分析】

（1）题目要求"运营期第2～5年按照等额本息偿还"，先计算运营期第2年年初的贷款本金总额，再根据运营期第2年初的贷款本金总额计算本年应还的贷款利息，最后用每年偿还的本息之和减去当年应偿还的利息为当年应还的本金。

（2）项目能否满足还款要求，即计算本年度可用于还款的资金总额（同第2小题的分析），并与本年应还本息总和比较。

【解答】

（1）计算运营期第2年偿还的贷款本息额：

① 运营期第2年年初的贷款本金：2000＋121.80－368.58＝1753.22万元

② 运营期第2年应偿还的贷款本息之和：$1753.22 \times 6\% \times (1+6\%)^4 / [(1+6\%)^4 - 1]$＝505.96万元。其中：还利息1753.22×6％＝105.19万元，还本金505.96－105.19＝400.77万元

（2）运营期第2年偿还贷款能力的计算：

① 运营期第2年不含税的营业收入：900.00万元

② 运营期第2年的增值税附加：(900×13％－18)×12％＝11.88万元

③ 运营期第2年不含税的经营成本：280－18＝262.00万元

④ 运营期第2年不含税的总成本：262＋353.57＋105.19＝720.76万元

⑤ 运营期第2年所得税：(900－11.88－720.76)×25％＝41.84万元

⑥ 运营期第 2 年可用于还款的资金：900－11.88－262－41.84＝584.28 万元＞505.96 万元（本年应还贷款的本息之和），满足还款要求。

4. 项目资本金现金流量表运营期第 1 年的净现金流量是多少？

【分析】

净现金流量＝现金流入－现金流出。其中：

(1) 运营期第 1 年现金流入包含营业收入（不含销项税额）、销项税额。

(2) 运营期第 1 年现金流出包括流动资金投入、借款本金偿还、借款利息支出、经营成本（不含进项税额）、进项税额、应纳增值税、增值税附加、所得税。

流动资金投入 250 万元（题目中的已知数据）；

进项税额＝18×80%＝14.4 万元；

借款本金偿还、借款利息支出、经营成本（不含税进项税）、应纳增值税、增值税附加、所得税均是第 2 小题中已经计算出的数据。

【解答】

(1) 运营期第 1 年现金流入：900×80%＋90×80%×13%＝813.60 万元

(2) 运营期第 1 年现金流出：250＋368.58＋127.31＋209.60＋18×80%＋79.20＋9.50＋5.01＝1063.6 万元

（等号左边依次为：流动资金支出、借款本金偿还、借款利息支出、不含税的经营成本、进项税额、应纳增值税、增值税附加、所得税）

(3) 运营期第 1 年的净现金流量：813.6－1063.6＝－250.00 万元

【注意】

(1) 本题现金流出的项目较多，可参看 2019 年版《案例分析》教材第一章的"项目资本金现金流量表"中的相应内容，注意现金流出的组成项目要完备。

(2) 因现金流入中的销项税，与现金流出中的进项税、应纳增值税之和，在简化列式计算时，这几项可不列在计算式中。简化计算如下：

净现金流量：900×80%－250－368.58－127.31－209.60－9.50－5.01＝－250.00 万元

（等号左边依次为：不含税的营业收入、流动资金支出、借款本金偿还、借款利息支出、不含税的经营成本、增值税附加、所得税）

(三) 考点总结

1. 建设期贷款利息计算；
2. 还贷的计算：还贷能力的计算，还贷方式（最大还款能力还款，等额本息还款）；
3. 总成本的计算：经营成本，折旧，利息；
4. 所得税的计算；
5. 净现金流量的计算（指定计算某年）。

2014 年真题（试题一）

(一) 真题（本题 20 分）

某企业投资建设一个工业项目，该项目可行性研究报告中的相关资料和基础数据如下：

(1) 项目工程费用为 2000 万元，工程建设其他费用为 500 万元（其中无形资产费用为 200 万元），基本预备费费率为 8%，预计未来 3 年的年均投资价格上涨率为 5%。

(2) 项目建设前期年限为 1 年，建设期为 2 年，生产运营期为 8 年。

(3) 项目建设期第 1 年完成项目静态投资的 40%，第 2 年完成静态投资的 60%，项目生产运营期第 1 年投入流动资金 240 万元。

(4) 项目的建设投资、流动资金均由资本金投入。

(5) 假定建设投资不考虑可抵扣的进项税。除了无形资产费用之外，项目建设投资全部形成固定资产，无形资产按生产运营期平均摊销，固定资产使用年限为 8 年，残值率为 5%，采用直线法折旧。

(6) 项目正常年份的产品设计生产能力为 10000 件/年，正常年份不含税的年总成本费用为 950 万元，其中项目单位产品不含税的可变成本为 550 元，单位产品平均可抵扣的进项税为 90 元，其余为固定成本。项目产品预计不含税的售价为 1400 元/件。企业适用的增值税税率为 13%，增值税附加按应纳增值税的 12% 计算，企业适用的所得税税率为 25%。

(7) 项目生产运营期第 1 年的生产能力为正常年份设计生产能力的 70%，第 2 年及以后各年的生产能力达到设计生产能力的 100%。

问题：

1. 分别列式计算项目建设期第 1 年、第 2 年价差预备费和项目建设投资。

2. 分别列式计算项目生产运营期的年固定资产折旧和正常年份的年可变成本、固定成本和经营成本，各项成本均按不含税计算。

3. 分别列式计算项目生产运营期正常年份的所得税和项目资本金净利润率。

4. 分别列式计算项目正常年份的产量盈亏平衡点和单价盈亏平衡点。

（除资本金净利润之外，前 3 个问题计算结果以万元为单位，产量盈亏平衡点计算结果取整，其他计算结果保留 2 位小数；原题中的"营业税"已按"增值税"修改）

（二）参考解答

1. 分别列式计算项目建设期第 1 年、第 2 年价差预备费和项目建设投资。

【分析】

(1) 价差预备费的计算基数是项目的静态投资（工程费用＋工程建设其他费＋基本预备费），基本预备费＝（工程费用＋工程建设其他费）×基本费预备费率，在建设期第 1 年、第 2 年分别按 40% 和 60% 的比例投入，还应考虑项目建设前期 1 年，再按将价差预备费分别计算再求和。

(2) 建设投资＝工程费用＋工程建设其他费＋预备费，预备费＝基本预备＋价差预备费。分别找到算出相应数据即可。

【解答】

(1) 项目价差预备费：
① 计算项目静态投资：
基本预备费：(2000＋500)×8%＝200.00 万元
建设项目的静态投资：2000＋500＋200＝2700.00 万元
建设期第 1 年的静态投资：2700×40%＝1080.00 万元

建设期第 2 年的静态投资：2700×60％＝1620.00 万元
② 计算项目价差预备费：
建设期第 1 年的价差预备费：1080×[(1+5％)$^{1.5}$－1]＝82.00 万元
建设期第 2 年的价差预备费：1620×[(1+5％)$^{2.5}$－1]＝210.16 万元
价差预备费合计：82＋210.16＝292.16 万元
(2) 建设投资：2000＋500＋(200＋292.16)＝2992.16 万元

2. 分别列式计算项目生产运营期的年固定资产折旧和正常年份的年可变成本、固定成本和经营成本，各项成本均按不含税计算。

【分析】
(1) 年固定资产折旧＝固定资产原值×(1－残值率)/折旧年限，因除无形资产费用之外的建设投资全部形成固定资产，固定资产原值＝建设投资－无形资产。其中：建设投资为 2992.16 万元（第1题计算结果），无形资产为 200 万元（已知数据），残值率 5％，折旧年限为 8 年。
(2) 可变成本＝单位产的可变成本×产品件数；固定成本＝总成本－可变成本；经营成本＝总成本－折旧－摊销－利息（本题无）。

【解答】
(1) 计算年固定资产折旧：(2992.16－200)×(1－5％)/8＝331.57 万元
(2) 计算正常年份的年可变成本、固定成本和经营成本：
① 正常年份的年可变成本（不含税）：550×10000/10000＝550.00 万元
② 正常年份的年固定成本（不含税）：950－550＝400.00 万元
③ 正常年份的年经营成本（不含税）：950－331.57－200/8＝593.43 万元

3. 分别列式计算项目生产运营期正常年份的所得税和项目资本金净利润率。

【分析】
(1) 所得税＝利润总额×所得税率，利润总额＝不含税的营业收入－增值税附加－不含税的总成本。其中：不含税的营业收入 1400 万元，增值税附加＝(销项税－可抵扣的进项税)×增值税附加税率＝(1400×13％－90)×12％×10000/10000＝11.04 万元，不含税的总成本 950 万元（已知数据）。
(2) 资本金净利润率＝净利润/资本金，其中：
① 资本金＝建设投资＋流动资金，建设投资 2992.16 万元（第1小题计算结果），流动资金 240 万元（已知数据）。
② 净利润＝利润总额－所得税＝(不含税的营业收入－增值税附加－不含税的总成本)－所得税。其中：不含税的营业收入 10000×1400/10000＝14000 万元，增值税附加按本题第1步计算结果，总成本 950 万元（已知数据），所得税按本题第1步计算结果。

【解答】
(1) 计算正常年份的所得税：
① 正常年份的增值税附加：(1400×13％－90)×12％×10000/10000＝11.04 万元
② 正常年份的所得税：(1400－11.04－950)×25％＝109.74 万元
(2) 计算运营期正常年份的资本金净利润率
① 资本金：2992.16＋240＝3232.16 万元

② 运营期正常年份的净利润：1400－11.04－950－109.74＝329.22 万元

运营期正常年份的资本金净利润率：329.22/3232.16＝10.19%

4. 分别列式计算项目正常年份的产量盈亏平衡点和单价盈亏平衡点。

【分析】

计算产量盈亏平衡点和单价盈亏平衡点，利用利润总额为 0 建立方程，不考虑所得税，不含税的营业收入－增值税附加－不含税的总成本＝0。

【解答】

(1) 计算正常年份的产量盈亏平衡点：

设正常年份达到盈亏平衡时的产量为 x 件，不含税的营业收入为 $1400x$ 元，增值税附加为 $(1400\times13\%-90)x\times12\%$ 元，不含税的总成本为 $(950-550)\times10000+550x$ 元，有以下方程：

$1400x-(1400\times13\%-90)x\times12\%-(950-550)\times10000-550x=0$，解得 $x=4768$ 件

(2) 计算正常年份的单价盈亏平衡点：

设正常年份达到盈亏平衡时的不含税的单价为 y 元/件，不含税的营业收入为 $10000y$ 元，增值税附加为 $(10000y\times13\%-10000\times90)\times12\%$ 元，不含税的总成本为 9500000 元，有以下方程：

$10000y-(10000y\times13\%-10000\times90)\times12\%-9500000=0$，解得 $y=954.08$ 元（不含税）

(三) 考点总结

1. 预备费（基本预备费、价差预备费），建设投资；
2. 固定资产折旧，总成本；
3. 所得税，资本金净利润率；
4. 盈亏平衡计算（产量盈亏平衡、单价盈亏平衡）。

2013 年真题（试题一）

(一) 真题（本题 20 分）

某生产建设项目基础数据如下：

(1) 按当地现行价格计算，项目的设备购置费为 2800 万元，已建类似项目的建筑工程费、安装工程费占设备购置费的比例分别为 45%、25%，由于时间、地点等因素引起上述两项费用变化的综合调整系数为 1.1，项目的工程建设其他费用按 800 万元估算。

(2) 项目建设期为 1 年，运营期为 10 年。

(3) 项目建设投资来源为资本金和贷款，贷款总额 2000 万元，贷款年利率为 6%（按年计息），贷款合同约定的还款方式为运营期前 5 年等额还本、利息照付方式。

(4) 假定建设投资不考虑可抵扣的进项税。建设投资全部形成固定资产，固定资产使用年限为 10 年，残值率 5%，直线法折旧。

(5) 项目流动资金 500 万元为自有资金，在运营期第 1 年投入。

(6) 项目运营期第 1 年不含税的营业收入 1650 万元、经营成本为 880 万元（其中含可抵扣的进项税 60 万元）。运营期第 2 年及以后年份为正常年份，不含税的营业收入

2300万元、经营成本为1100万元（其中含可抵扣的进项税70万元）。

（7）企业适用的增值税税率为13%，增值税附加按应纳增值税的12%计算。项目所得税税率25%。

（8）项目计算时，不考虑预备费。

问题：

1. 列式计算项目的建设投资。
2. 列式计算项目固定资产折旧额。
3. 列式计算运营期第1年应偿还银行的本息额。
4. 列式计算运营期第1年的不含税的总成本费用、税前利润和所得税。
5. 编制完成"项目投资现金流量表"（在答题卡表13.1.1中填写相应内容）。

项目投资现金流量表（单位：万元）　　　　　表13.1.1

序号	期间 项目	建设期 1	运营期 2	运营期 3	...	运营期 11
1	现金流入		1864.50	2599.00		
1.1	营业收入（不含销项税）		1650.00	2300.00		2300.00
1.2	销项税		214.50	299.00		299.00
1.3	回收流动资金					
1.4	回收固定资产余值					
2	现金流出			1528.98		1528.98
2.1	建设投资					
2.2	流动资金		500.00			
2.3	经营成本（不含进项税）		820.00	1030.00		1030.00
2.4	进项税		60.00	70.00		70.00
2.5	应纳增值税		154.50	229.00		229.00
2.6	增值税附加		18.54	27.48		27.48
2.7				172.50		172.50
3	所得税后净现金流量			1070.02		

（计算结果保留2位小数，原题中的"营业税"已按"增值税"修改）

（二）参考解答

1. 列式计算项目建设投资。

【分析】

建设投资＝工程费用＋工程建设其他费用＋预备费（本题不考虑），其中：工程费用＝设备购置费＋建筑工程费＋安装工程费；设备购置费2800万元，建筑工程费和安装费工程以设备购置费2800万元为基数进行计算，分别占45%和25%，再考虑综合调整系数1.1。

拟建项目的工程费用组成表，见表13.1.2。

拟建项目工程费用组成表　　　　　　　　　表13.1.2

项目名称	占设备购置费的关系	综合调整系数	拟建项目工程费（万元）
设备建筑购置费	—	—	2800
建筑工程费	45%	1.1	2800×45%×1.1=1386
安装工程费	25%	1.1	2800×25%×1.1=770
工程费合计			4956

【解答】
(1) 工程费用：2800+2800×45%×1.1+2800×25%×1.1=4956.00 万元
(2) 建设投资：4956+800=5756.00 万元

2. 列式计算项目固定资产折旧额。

【分析】
固定资产年折旧额=固定资产原值×（1-残值率）/折旧年限，因建设投资全部形成固定资产，固定资产原值=建设投资+建设期利息。其中：建设投资5756万元（第1小题计算结果），建设期利息1/2×2000×6%=60万元，残值率5%，固定资产使用年限为10年。

【解答】
(1) 建设期贷款利息：1/2×2000×6%=60.00 万元
(2) 固定资产原值：5756+60=5816.00 万元
(3) 固定资产年折旧额：5816×（1-5%）/10=552.52 万元

3. 列式计算运营期第1年应偿还银行的本息额。

【分析】
还款方式为：运营期前5年按等额还本、利息照付方式还贷。
(1) 运营期第1年年初贷款本金的总额（建设期贷款+建设期贷款利息），按5年平均分摊，算出每年应还的本金。
(2) 运营期第1年年初的贷款本金总额乘以贷款年利率（6%），得到本年应还的利息。以后每年的贷款本金逐年减少，利息随之减少。

【解答】
(1) 运营期第1年年初的贷款本金：2000+60=2060.00 万元
(2) 运营期第1年应偿还的贷款本金：2060/5=412.00 万元
(3) 运营期第1年应偿还的贷款利息：2060×6%=123.60 万元
(4) 运营期第1年应偿还的贷款本息额：412+123.6=535.60 万元

4. 列式计算运营期第1年不含税的总成本费用、税前利润和所得税。

【分析】
(1) 不含税的总成本=不含税的经营成本+折旧+摊销(本题无)+利息。其中：不含税的经营成本880-60=820万，折旧552.52万元(第2小题计算数据)，利息123.6万元(第3小题计算数据)。
(2) 税前利润(利润总额)=不含税的营业收入(1650万元)-增值税附加-不含税的总成本(本题第1步计算数据)，增值税附加=(销项税-进项税)×增值税附加税率。

(3)所得税＝税前利润（利润总额）×所得税税率（25%）。

【解答】

(1)运营期第1年不含税的总成本费用：(880－60)＋552.52＋123.6＝1496.12万元

(2)运营期第1年的增值税附加：(1650×13%－60)×12%＝18.54万元

运营期第1年的税前利润：1650－18.54－1496.12＝135.34万元

(3)运营期第1年的所得税：135.34×25%＝33.84万元

5. 编制完成"项目投资现金流量表"

【分析】

本题为填表题，先将题目中已给数据和第1～4小题中已计算的数据填入表中。剩余的数据需经过计算再填入。

(1)流动资金500万元在运营期最后1年回收。

(2)固定资产余值5816×5%＝290.80万元，在运营期最后1年回收。

(3)计算期第3年表格的数据是完整的，可以根据172.50＝[2300－27.48－1030－552.52]×25%＝息税前利润（不含税的营业收入－增值税附加－不含税的营业收入－折旧）×所得税税率，可知序号2.7的项目名称为"调整所得税"。因此运营期第1年的调整所得税＝[1650－18.54－820－552.52]×25%＝64.74万元。

(4)依据已填写明细数据，计算出现金流入、现金流出和税后净现金流量。

【解答】

编制项目投资现金流量表，见表13.1.1（1）。

项目投资现金流量表（单位：万元）　　　　表13.1.1（1）

序号	期间 项目	建设期	运营期			
		1	2	3	…	11
1	现金流入	0.00	1864.50	2599.00		3389.80
1.1	营业收入（不含销项税）		1650.00	2300.00		2300.00
1.2	销项税		214.50	299.00		299.00
1.3	回收流动资金					500.00
1.4	回收固定资产余值					290.80
2	现金流出	5756.00	1617.78	1528.98		1528.98
2.1	建设投资	5756.00				
2.2	流动资金		500.00			
2.3	经营成本（不含进项税）		820.00	1030.00		1030.00
2.4	进项税		60.00	70.00		70.00
2.5	应纳增值税		154.50	229.00		229.00
2.6	增值税附加		18.54	27.48		27.48
2.7	调整所得税		64.74	172.50		172.50
3	所得税后净现金流量	－5756.00	246.72	1070.02		1860.82

（三）考点总结

1. 建设投资的组成，建设期贷款利息；
2. 固定资产的折旧（直线法）；
3. 贷款的偿还计算（等额还本、利息照付）；
4. 总成本，税前利润（利润总额），所得税；
5. 项目投资现金流量表的填写。

2012 年真题（试题一）

（一）真题（本题 20 分）

某拟建工业项目建设投资 3000 万元，建设期 2 年，生产运营期 8 年。其他有关资料和基础数据如下：

（1）假定建设投资不考虑可抵扣的进项税。建设投资预计全部形成固定资产，固定资产使用年限为 8 年，残值率为 5%，采用直线法折旧。

（2）建设投资的资金来源为资本金和贷款。其中贷款为 1800 万元，贷款年利率为 6%，按年计息。贷款在两年内均衡投入。

（3）在运营期前 4 年按照等额还本付息方式偿还贷款。

（4）运营期第一年投入资本金 300 万元作为运营期的流动资金。

（5）项目运营期正常年份不含税的营业收入为 1500 万元，经营成本为 680 万元（含可抵扣的进项税 45 万元）。运营期第 1 年营业收入、经营成本、可抵扣的进项税均为正常年份的 80%，第 2 年起各年营业收入和营业成本均达到正常年份水平。

（6）企业适用的增值税税率为 13%，增值税附加按应纳增值税的 12% 计算。所得税税率为 25%。

问题：
1. 列式计算项目的年折旧额。
2. 列式计算项目运营期第 1 年、第 2 年应偿还的本息额。
3. 列式计算项目运营期第 1 年、第 2 年不含税的总成本费用。
4. 判断项目运营期第 1 年末的还款资金能否满足约定还款方式要求，并通过列式计算说明理由。
5. 列式计算项目正常年份的总投资收益率。

（计算结果均保留 2 位小数；原题中的"营业税"已按"增值税"修改）

（二）参考解答

1. 列式计算项目的年折旧额。

【分析】

固定资产年折旧额＝固定资产原值×（1－残值率）/折旧年限，因建设投资预计全部形成固定资产，固定资产原值＝建设投资＋建设期利息。其中：建设投资 3000 元（已知数据），还需计算出建设期贷款利息（贷款共计 1800 万元，两年建设期内均衡投入，每年贷款 900 万元，贷款年利率 6%），残值率 5%，固定资产使用年限为 8 年。

【解答】

（1）计算建设期利息：

建设期两年内，每年均投入贷款：1800/2＝900.00万元
① 建设期第1年贷款利息：1/2×900×6％＝27.00万元
② 建设期第2年贷款利息：(900＋27)×6％＋1/2×900×6％＝82.62万元
建设期贷款利息合计：27＋82.62＝109.62万元
(2) 固定资产原值：3000＋109.62＝3109.62万元
(3) 固定资产年折旧额：3109.62×(1－5％)/8＝369.27万元

2. 列式计算项目运营期第1年、第2年应偿还的本息额。

【分析】

还款方式为：运营期前4年按照等额还本付息方式偿还贷款。

(1) 运营期第1年年初的贷款本金(1800＋109.62＝1909.62万元)；

(2) 运营期前4年，每年等额还本付息之和按公式 $A=P(1+i)^n i/[(1+i)^n-1]$ 计算，按照当年年初的贷款本金计算计算当年应还的利息，每年等额还本付息之和减去当年偿还的贷款利息为当年应偿还的贷款本金。

【解答】

(1) 运营期第1年年初的贷款本金：1800＋109.62＝1909.62万元

(2) 运营期前4年每年应还本息之和均为：$1909.62×(1+6％)^4×6％/[(1+6％)^4-1]$＝551.10万元

(3) 运营期第1年应还的贷款本息之和为551.10万元，其中：应还贷款利息：1909.62×6％＝114.58万元，应还贷款本金：551.10－114.58＝436.52万元

(4) 运营期第2年应还的贷款本息之和为551.10万元。其中，应还利息：(1909.62－436.52)×6％＝88.39万元；应还本金：551.10－88.39＝462.71万元

3. 列式计算项目运营期第1年、第2年不含税的总成本费用。

【分析】

不含税的总成本＝不含税的经营成本＋折旧＋摊销(本题无)＋利息。其中：运营期第1、2年不含税的经营成本分别为(680－45)×80％＝508万元、680－45＝635万元；折旧369.27万元(第1小题计算结果)；运营期第1、2年的贷款利息分别为114.58万元、88.39万元(第2小题计算结果)。

【解答】

(1) 运营期第1年不含税总成本：(680－45)×80％＋369.27＋114.58＝991.85万元

(2) 运营期第2年不含税总成本：(680－45)＋369.27＋88.39＝1092.66万元

4. 判断项目运营期第1年末的还款资金能否满足约定还款方式要求，并通过列式计算说明理由。

【分析】

第2小题已算出运营期第1年末应还的贷款本息之和为551.10万元，还需计算出运营期第1年可用于还贷的资金(不含税的营业收入－增值税附加－不含税的经营成本－所得税)；所得税＝利润总额(不含税的营业收入－增值税附加－不含税的总成本)×税率(25％)，利润总额＝不含税的营业收入－增值税附加－不含税的总成本。其中：不含税的营业收入为1500×80％＝1200万元，增值税附加＝(销项税－进项税)×增值税附加税率＝(1500×80％×13％－45×80％)×12％＝14.4万元，不含税的经营成本为(680－45)×

80%＝508万元，不含税的总成本为991.85元(第3小题已计算数据)。

【解答】

(1) 运营期第1年不含税的营业收入：1500×80%＝1200.00万元；不含税的经营成本：(680－45)×80%＝508.00元

(2) 运营期第1年的应纳增值税：1500×80%×13%－45×80%＝120.00万元

运营期第1年的增值税附加：120×12%＝14.40万元

运营期第1年所得税：(1200－14.4－991.85)×25%＝48.44万元

(3) 运营期第1年可用于还贷的资金：1200－14.4－508－48.44＝629.16万元

(4) 还款能力判断：因运营期第1年可用于还贷的资金629.16万元，大于运营期第1年应还的本息之和551.10万元，能满足约定还款要求。

或：因偿债备付率629.16/551.10＝1.14＞1，能满足约定还款要求。

5. 列式计算项目正常年份的总投资收益率。

【分析】

总投资收益率＝息税前利润/总投资×100%。

(1) 息税前利润＝不含税的营业收入－增值税附加－不含税的经营成本－折旧。其中：

① 正常年份不含税的营业收入1500万元（已知数据）；

② 增值税附加＝（销项税－进项税）×增值税附加税率＝（1500×13%－45）×12%＝18万元；

③ 正常年份不含税的经营成本为680－45＝635万元；

④ 折旧369.27万元（第1小题计算结果）。

(2) 总投资＝固定资产投资（3109.62万元）＋流动资产投资（300万元）。

【解答】

(1) 正常年份的应纳增值税：1500×13%－45＝150.00万元

正常年份的增值税附加：150×12%＝18.00万元

(2) 正常年份息税前利润：1500－18－（680－45）－369.27＝477.73万元

(3) 项目总投资：3109.62＋300＝3409.62万元

项目正常年份的总投资收益率：477.73/3409.62×100%＝14.01%

(三) 考点总结

1. 固定资产折旧（直线法），建设期贷款利息；
2. 运营期还贷：等额还本利息照付的还贷方式，可用于的还贷资金的计算；
3. 总成本费用；
4. 还款能力判断（可用于还贷的资金计算）；
5. 总投资收益率。

2011年真题（试题一）

(一) 真题（本题20分）

1. 某建设项目的工程费由以下内容构成：

(1) 主要生产项目1500万元，其中建筑工程费300万元，设备购置费1050万元，安装工程费 150 万元。

(2) 辅助生产项目 300 万元，其中建筑工程费 150 万元，设备购置费 110 万元，安装工程费 40 万元。

(3) 公用工程 150 万元，其中建筑工程费 100 万元，设备购置费 40 万元，安装工程费 10 万元。

2. 项目建设前期年限为 1 年，项目建设期第 1 年完成投资 40%，第 2 年完成投资 60%。工程建设其他费为 250 万元，基本预备费率为 10%，年均投资价格上涨为 6%。

3. 项目建设期 2 年，运营期 8 年。建设期贷款 1200 万元，贷款年利率为 6%，在建设期第 1 年投入 40%，第 2 年投入 60%。贷款在运营期前 4 年按照等额还本、利息照付的方式偿还。

4. 假定建设投资不考虑可抵扣的进项税。项目固定资产投资预计全部形成固定资产，使用年限为 8 年，残值率为 5%，采用直线法折旧。运营期第 1 年投入资本金 200 万元作为流动资金。

5. 项目运营期正常年份的不含税的营业收入为 1300 万元，经营成本为 525 万元（含可抵扣的进项税为 35 万元）。运营期第 1 年的营业收入、经营成本、可抵扣的进项税均为正常年份的 70%，自运营期第 2 年起进入正常年份。

6. 企业适用的增值税税率为 13%，增值税附加按应纳增值税的 12% 计算。所得税税率为 25%。

问题：

1. 列式计算项目的基本预备费和涨价预备费。
2. 列式计算项目建设期贷款利息，并完成表 11.1.1 建设项目固定资产投资估算表。

建设项目固定资产投资估算表（单位：万元）　　　　表 11.1.1

项目名称	建筑工程费	设备购置费	安装工程费	其他费	合计
1. 工程费					
1.1 主要工程费					
1.2 辅助工程费					
1.3 公用工程					
2. 工程建设其他费					
3. 预备费					
3.1 基本预备费					
3.2 涨价预备费					
4. 建设期利息					
5. 固定资产投资					

3. 计算项目各年还本付息额，填入表 11.1.2 还本付息计划表。

还本付息计划表（单位：万元） 表11.1.2

序号	项目	计算期					
		建设期		运营期			
		1	2	3	4	5	6
1	年初借款余额						
2	当年借款						
3	当年计息						
4	当年还本						
5	当年还本付息						

4. 列式计算项目运营期第1年不含税的总成本费用。
5. 列式计算项目资本金现金流量分析中运营期第1年的净现金流量。
（填表及计算结果均保留2位小数，原题中的"营业税"已按"增值税"修改）

（二）参考解答

1. 列式计算项目的基本预备费和涨价预备费。

【分析】

（1）基本预备费的计算基数为工程费用与工程建设其他费之和。其中：工程费用为主要项目（1500万元）、辅助项目（300万元）、公用项目（150万元）三项工程费之和；工程建设其他费250万元。

（2）涨价预备费的计算基数是静态投资（工程费用＋工程建设其他费＋基本预备费），并在建设期按年投资比例分别计算，注意项目建设前期年限为1年。

【解答】

（1）计算基本预备费：

① 工程费用：1500＋300＋150＝1950.00万元

② 工程建设其他费用：250万元

基本预备费：(1950＋250)×10％＝220.00万元

（2）计算涨价预备费：

① 静态投资总额为1950＋250＋220＝2420.00万元，其中：建设期第1年的静态投资为2420×40％＝968.00万元，建设期第2年的静态投资为2420×60％＝1452.00万元

② 建设期第1年的涨价预备费：$968×[(1+6％)^{1.5}-1]=88.41$ 万元

建设期第2年的涨价预备费：$1452×[(1+6％)^{2.5}-1]=227.70$ 万元

建设期涨价预备费合计：88.41＋227.70＝316.11万元

2. 列式计算项目建设期贷款利息，并完成表11.1.1建设项目固定资产投资估算表。

【分析】

（1）建设期贷款利息按贷款年度投入分别计算再求和；建设期第1年、第2年贷款分别为1200×40％＝480.00万元、1200×60％＝720.00万元。

（2）固定资产投资＝建设投资＋建设期利息，其中建设投资包括工程费、工程建设其他费和预备费。将题目中已有数据和计算数据填入表中，并计算出相应的汇总项目，右下角表格数据为的固定资产总投资，与水平表格汇总和竖向表格汇总之和均相等，注意最后

一列竖向表格的合计，只计算工程费、工程建设其他费、预备费、建设期利息之和。

【解答】

（1）建设期贷款利息计算：

① 建设期第 1 年贷款为：1200×40%＝480.00 万元

建设期第 1 年贷款：1200×60%＝720.00 万元

② 建设期第 1 年贷款利息：1/2×480.00×6%＝14.40 万元

建设期第 2 年贷款利息：(480＋14.4)×6%＋1/2×720.00×6%＝51.26 万元

建设期贷款利息总和：14.4＋51.26＝65.66 万元

（2）编制建设项目固定资产投资估算表，见表 11.1.1（1）

建设项目固定资产投资估算表（单位：万元）　　　　　表 11.1.1（1）

项目名称	建筑工程费	设备购置费	安装工程费	其他费	合计
1. 工程费	550.00	1200.00	200.00		1950.00
1.1 主要工程费	300.00	1050.00	150.00		1500.00
1.2 辅助工程费	150.00	110.00	40.00		300.00
1.3 公用工程	100.00	40.00	10.00		150.00
2. 工程建设其他费				250.00	250.00
3. 预备费				536.11	536.11
3.1 基本预备费				220.00	220.00
3.2 涨价预备费				316.11	316.11
4. 建设期利息				65.66	65.66
5. 固定资产投资	550.00	1200.00	200.00	851.77	2801.77

3. 计算项目各年还本付息额，填入表 11.1.2 还本付息计划表。

【分析】

（1）计算期第 1、2 年为建设期，贷款只计利息；

（2）计算期第 3 年开始进入运营期，建设期贷款本息之和为 480＋14.40＋720＋51.26＝1265.66 万元，转化为计算期第 3 年年初的贷款本金。在运营期的前 4 年，按等额还本利息照付款的方式进行还贷，每年应还的贷款本金均为 1265.66/4＝316.42 万元，运营期每年年初的贷款本金相应减少，每年贷款利息按当年年初的本金计算。

【解答】

编制还本付息计划表，见表 11.1.2（1）。

还本付息计划表（单位：万元）　　　　　表 11.1.2（1）

序号	项目	计算期					
		建设期		运营期			
		1	2	3	4	5	6
1	年初借款余额		494.40	1265.66	949.24	632.82	316.40
2	当年借款	480.00	720.00				

续表

序号	项目	计算期					
		建设期		运营期			
		1	2	3	4	5	6
3	当年计息	14.40	51.26	75.94	56.95	37.97	18.98
4	当年还本			316.42	316.42	316.42	316.40
5	当年还本付息			392.36	373.37	354.39	335.38

4. 列式计算项目运营期第 1 年不含税的总成本费用。

【分析】

不含税的总成本＝不含税的经营成本＋折旧＋摊销（本题无）＋利息。其中：

（1）运营期第 1 年不含税的经营成本为（525－35）×70％＝343 万元；

（2）运营期第 1 年的贷款利息采用第 3 小题表中数据 75.94 万元；

（3）折旧＝固定资产原值×（1－残值率）/折旧年限，因固定资产投资预计全部形成固定资产，固定资产原值采用第 2 小题表中的数据 2801.77 万元，残值率 5％，固定资产使用年限为 8 年。

【解答】

（1）运营期第 1 年不含税的经营成本：（525－35）×70％＝343.00 万元

（2）折旧：2801.77×（1－5％）/8＝332.71 万元

（3）运营期第 1 年的利息：75.94 万元

（4）运营期第 1 年不含税的总成本费用：343＋332.71＋75.94＝751.65 万元

5. 列式计算项目资本金现金流量分析中运营期第 1 年的净现金流量。

【分析】

净现金流量＝现金流入－现金流出。

（1）运营期第 1 年现金流入包含营业收入（不含销项税额）、销项税额。

（2）运营期第 1 年现金流出包含流动资金投入、借款本金偿还、借款利息支出、经营成本（不含进项税额）、进项税额、应纳增值税、增值税附加、所得税。

【解答】

（1）计算现金流入：

运营期第 1 年的营业收入（不含销项税额）：1300×70％＝910.00 万元

运营期第 1 年的销项税额：910×13％＝118.30 万元

现金流入：910＋118.30＝1028.30 万元

（2）计算现金流出：

运营期第 1 年的投入的流动资金：200 万元（题目中已知数据）

运营期第 1 年的借款本金偿还：316.42 万元（第 3 小题表中数据）

运营期第 1 年的借款利息支出：75.94 万元（第 3 小题表中数据）

运营期第 1 年的经营成本（不含进项税额）：（525－35）×70％＝343.00 万元

运营期第 1 年的进项税额：35×70％＝24.50 万元

运营期第 1 年的应纳增值税：118.3－24.50＝93.80 万元

运营期第 1 年的增值税附加：93.8×12％＝11.26 万元

运营期第 1 年的所得税：(910－11.26－343－332.7－75.94)×25％＝36.78 万元

(等式左边括号内的数据依次为：不含税的营业收入、增值税附加、不含税的经营成本、折旧、利息)

现金流出：200－316.42＋75.94＋343.00＋24.50＋93.80＋11.26＋36.78＝1101.70 万元

(等号左边依次为：流动资金支出、借款本金偿还、借款利息支出、不含税的经营成本、进项税额、应纳增值税、增值税附加、所得税)

(3) 运营期第 1 年的净现金流量：1028.3－1101.7＝－73.40 万元

【注意】

(1) 本题现金流出的项目较多，可参看 2019 年版《案例分析》教材第一章的"项目资本金现金流量表"中的相应内容，注意现金流出的组成项目要完备。

(2) 因现金流入中的销项税，与现金流出中的进项税、应纳增值税之和刚好抵消，在简化列式计算时，这几项可不列在计算式中。简化计算如下：

净现金流量：910－200－316.42－75.94－343.00－11.26－36.78＝－73.40 万元

(等号左边依次为：不含税的营业收入、流动资金支出、借款本金偿还、借款利息支付、不含税的经营成本、增值税附加、所得税)

(三) 考点总结

1. 预备费 (基本预备费、价差预备费)；
2. 建设期贷款利息，等额还本利息照付的方式还贷；
3. 固定资产投资估算表；
4. 固定资产折旧的计算，总成本的计算；
5. 所得税计算，净现金流量的计算 (指定某一年)。

第2章 工程设计、施工方案技术经济分析与建设工程招标投标

本章考试大纲：
第1部分：工程设计、施工方案技术经济分析
一、工程设计、施工方案综合评价；
二、工程设计、施工方案比选与优化；
三、工程网络计划的调整与优化。
第2部分：建设工程招标投标
一、工程招标方式与程序；
二、工程招标文件的编制；
三、工程评标与定标；
四、工程投标策略与方法。

第2.1节 考 点 解 析

从2019年开始，"工程设计、施工方案技术经济分析"与"建设工程招投标"合并在一个大题中考查。顺应考试真题的变化，本书也将考试大纲中的这两章合并。从本章的真题来看，"方案技术经济分析"是融合在"建设工程招标投标"的问题之中。

方案技术经济分析主要包括价值工程、资金的时间价值及应用、决策树、网络图、赶工方案选择等。

建设工程招标投标主要考查与招标投标相关的法律、法规、规范等，如《招标投标法》、《招标投标法实施条例》、《建设工程工程量清单计价规范》（以下简称《清单计价规范》）等。理解并熟记相关条文是解题的关键。此外，本大题还涉及投标方案的选择和评标得分的计算。投标方案的选择一般结合资金时间价值和决策树，选择对投标人收益最大的投标方案；评标得分的计算，按照题目中给定的评分规则计算即可。

第1部分 工程设计、施工方案技术经济分析

考点1 价值工程

1. 价值工程的概念

价值工程是以提高产品（或作业价值）为目的，通过有组织的创造性工作，寻求用最

低的寿命周期成本，可靠地实现使用者所需功能的一种管理技术。

价值工程的计算公式：

$$V = \frac{F}{C}$$

式中　V——研究对象的价值；

　　　F——研究对象的功能；

　　　C——研究对象的成本，即周期寿命成本。

价值工程涉及价值、功能和寿命周期成本三个基本要素。这里的价值是对象的比较价值，即某种产品（或作业）所具有的功能与获得该功能的全部费用的比值，不是对象的使用价值，也不是对象的经济价值和交换价值。

2. 功能重要性系数（权重）的确定

功能重要性系数，指评价对象（如零部件等）的功能在整体功能中所占的比率，也就是该功能在整体功能中所占的权重。确定功能重要性系数（权重）的方法是对功能进行打分评价，在考题中，常考查0~1评分法和0~4评分法。

（1）0~1评分法确定功能重要性系数（权重）

0~1评分法是请5~15名对产品熟悉的人员对某项目的不同组成功能进行评价。在该项目的多个不同的功能中，按照功能的重要程度逐一对比打分，重要的打1分，相对不重要的打0分。分析的对象（零部件）自己与自己相比不得分，用"×"表示。

为了避免不重要的功能得零分，可将各功能累计得分加1分进行修正，用各功能的修正得分分别除以各功能修正得分之和，即得到功能重要性系数（权重）。

【例2.1】某咨询公司受业主的委托，对某工业厂房屋面工程的A、B、C三个方案进行评价。咨询公司评价方案中设置功能使用性（F_1）、经济合理性（F_2）、结构可靠性（F_3）、外观美观性（F_4）、环境协调性（F_5）等五项评价指标。该五项评价指标的重要性程度依次为（从大到小）：F_1、F_3、F_2、F_5、F_4。用0~1评分法确定各评价指标的功能重要性系数（权重）。

解答：

① 各功能之间的关系分析与表中数据填写，见表2.1。

五项评价指标的重要性程度依次为（从大到小）：F_1、F_3、F_2、F_5、F_4，可以转化为不等式 $F_1 > F_3 > F_2 > F_5 > F_4$，按照0~1评分法的评分规则，可以看出排在不等式最左边的 F_1 比 F_3、F_2、F_5、F_4 都重要，功能得分为 $1+1+1+1=4$；同样地，F_3 的功能得分为 $1+1+1=3$；F_2 的功能得分为 $1+1=2$；F_5 的功能得分应为1；F_4 的功能得分为0。

各评价指标的功能重要性系数（权重）表　　　表2.1

零部件	F_1	F_2	F_3	F_4	F_5	功能总分	修正得分	功能重要性系数
F_1	×	1	1	1	1	4	5	0.333
F_2	0	×	0	1	1	2	3	0.200
F_3	0	1	×	1	1	3	4	0.267
F_4	0	0	0	×	0	0	1	0.067
F_5	0	0	0	1	×	1	2	0.133
合计						10	15	1.000

② 表中数据的检查与复核：

关于带"×"连线对称的两格数据之和为"1"。功能得分为0、1、2、3、4五个连续整数，修正后的功能得分为连续整数1、2、3、4、5；功能重要性系数（权重）之和0.333+0.200+0.267+0.067+0.133=1。

通过以上检查与复核，表明表中的数据是正确的，这将为后续的各方案加权得分计算、功能指数计算和价值指数计算提供最原始的数据。

表中数据计算的正确性是大题得分的关键，要检查无误后，再进行后续题目的计算。

解题方法：

① 将各功能项目按重要程度，从左到右进行排列，或将重要程度转化为不等式，如 $F_1>F_2>F_3>F_4>F_5$。

② 两个功能相比，在不等式符号">"左边的得分为1，右边的得分为0；功能自己与自己相比不得分，用"×"表示。

③ 为了避免重要性最低的功能项目得分为0，应进行修正，即对所有功能项目都加1分。

④ 某项功能重要性系数（权重）=该项功能修正得分/各功能修正得分总和。

⑤ 检查：关于带"×"连线对称的两格数据之和为"1"；功能得分必然为0、1、2、3…的连续整数，修正后的功能得分，必然为1、2、3…的连续整数；功能重要性系数（权重）之和为1。

已考年份： 2013年。

（2）0~4评分法确定功能重要性系数（权重）

0~1评分法中的两个功能的重要程度差别仅为1分，不能拉开档次。为了弥补这一不足，将得分档扩大为4级，这就是0~4评分法。档次划分如下：

F_1 比 F_2 重要得多：F_1 得4分，F_2 得0分。关键词"重要得多"、"很重要"。

F_1 比 F_2 重要：F_1 得3分，F_2 得1分。关键词"重要"、"较重要"。

F_1 和 F_2 同等重要：F_1 得2分，F_2 得2分。关键词"同等重要"、"同样重要"。

F_1 远不如 F_2 重要：F_1 得0分，F_2 得4分。关键词"远不如"。

【例2.2】某业主邀请若干专家对某设计方案进行评价，经专家讨论确定的主要评价指标为：功能使用性（F_1）、经济合理性（F_2）、结构可靠性（F_3）、外观美观性（F_4）、环境协调性（F_5）五项评价指标。各功能之间的重要关系为：F_3 比 F_4 重要得多，F_3 比 F_1 重要，F_1 和 F_2 同等重要，F_4 和 F_5 同等重要。用0~4评分法计算各功能重要性系数（权重）。

解答：

① 各功能之间的关系分析：

"F_3 比 F_4 重要得多"可转化为不等式"$F_3\gg F_4$"；"F_3 比 F_1 重要"可转化为不等式"$F_3>F_1$"；"F_1 和 F_2 同等重要"可转化为等式"$F_1=F_2$"；"F_4 和 F_5 同等重要"可转化为等式"$F_4=F_5$"。通过对比不等式和等式之间的关系，最终可转化为数学关系式"$F_3>F_1=F_2>F_4=F_5$"，如图2.1所示。

② 功能重要性系数（权重）表的填写与计算：

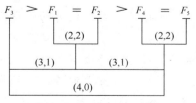

图2.1　0~4评分法功能得分关系图

根据0~4评分法的评分规则，评分如图2.1所示：

第一层级为（2，2）级，在"$F_1=F_2$"括号中第1个数字"2"，表示F_1和F_2相比，F_1的得分为"2"，在横向F_1和纵向F_2对应的表格中填写"2"；第2个数字"2"，表示F_2和F_1相比，F_2的得分为"2"，在横向F_2和纵向F_1对应的表格中填写"2"。其他关系"$F_4=F_5$"照此方法填写。

第二层级为（3，1）级，在"$F_3>F_1$"括号中第1个数字"3"，表示F_3和F_1相比，F_3的得分为"3"，在横向F_3和纵向F_1对应的表格中填写"3"；第2个数字"1"，表示F_1和F_3相比，F_1的得分为"1"，在横向F_1和纵向F_3对应的表格中填写"1"。其他关系"$F_3>F_2$"、"$F_1>F_4$"、"$F_2>F_4$"、"$F_1>F_5$"、"$F_2>F_5$"均照此方法填写。

第三层级为（4，0）级，在"$F_3\gg F_4$"括号中第1个数字"4"表示F_3和F_4相比，F_3的得分为"4"，在横向F_3和纵向F_4对应的表格中填写"4"；第2个数字"0"表示F_4和F_3相比，F_4的得分为"0"，在横向F_4和纵向F_3对应的表格中填写"0"。其他关系"$F_3\gg F_5$"照此方法填写。

上述方法，将用文字表述的功能关系，转化成了简单的数学关系式，可以快速、准确地填写表中相应的数据。各评价指标的功能重要性系数（权重），见表2.2。

各评价指标的功能重要性系数（权重）表 表2.2

	F_1	F_2	F_3	F_4	F_5	得分	权重
F_1	×	2	1	3	3	9	0.225
F_2	2	×	1	3	3	9	0.225
F_3	3	3	×	4	4	14	0.350
F_4	1	1	0	×	2	4	0.100
F_5	1	1	0	2	×	4	0.100
合计						40	1.000

③ 功能重要性系数（权重）表的检查与复核：

关于带"×"连线对称的两格数据之和为"4"；各功能得分之和为4的倍数（因每两个功能相比得分之和为4，即2+2=4、3+1=4、4+0=4）；功能重要性系数（权重）之和0.225+0.225+0.350+0.100+0.100=1。

通过以上检查与复核，表明表中的数据是正确的，这将为后续的各方案加权得分计算、功能指数计算和价值指数计算提供最原始的数据。

表中数据计算的正确性是大题得分的关键，要检查无误后，再进行后续题目的计算。

解题方法：

① 将题目中给定的功能之间的关系转化为数学关系式；如$F_1>F_2=F_3>F_4=F_5$；

② 将不等式转化为功能得分关系简图；

③ 在关系简图上对功能项目评分；

④ 将功能评分填入评分表中；

⑤ 检查：关于带"×"连线对称的两格总分之和等于4，各功能得分之和为4的倍数，各功能重要性系数之和为1。

已考年份：2015年、2013年。

3. 加权评分法计算各方案的整体得分

单个方案可采用多个不同的功能评价指标进行评价，有的指标很重要（权重较大），有的指标可能并不太重要（权重较小）。当有多个方案可供选择时，如果采用同一评分制度（如 10 分制），对不同的方案的不同功能指标进行评分，由于这些指标的重要性（权重）是不一样的，不能简单地将每个方案的各项功能评价指标的得分直接相加，而应该考虑每项评价指标的权重，这样算得评分就是各方案的加权评分，就是方案的总得分。

【例 2.3】某业主邀请若干专家对某工程的设计方案进行评价，经专家讨论确定的主要评价指标为：功能使用性（F_1）、经济合理性（F_2）、结构可靠性（F_3）、外观美观性（F_4）、环境协调性（F_5）五项评价指标。通过 0～4 评分法已经计算得到功能评价指标的权重分别为：F_1(0.225)，F_2(0.225)、F_3(0.350)、F_4(0.100)、F_5(0.100)。通过筛选后，最终对 A、B、C 三个设计方案进行评价，三个设计方案评价指标的评价得分见表 2.3。计算各方案各功能的加权得分。

各方案评价指标的评价结果表　　　　　　　　　　　　表 2.3

功能	方案 A	方案 B	方案 C
功能适用性（F_1）	9	8	10
经济合理性（F_2）	8	10	8
结构可靠性（F_3）	10	9	8
外形美观性（F_4）	7	8	9
与环境协调性（F_5）	8	9	8

解答：

各方案功能得分见表 2.4。

各方案功能加权得分计算表　　　　　　　　　　　　表 2.4

方案功能	功能权重	A	B	C
F_1	0.225	9×0.225=2.025	8×0.225=1.8	10×0.225=2.25
F_2	0.225	8×0.225=1.8	10×0.225=2.25	8×0.225=1.8
F_3	0.350	10×0.35=3.5	9×0.35=3.15	8×0.35=2.8
F_4	0.100	7×0.1=0.7	8×0.1=0.8	9×0.1=0.9
F_5	0.100	8×0.1=0.8	9×0.1=0.9	8×0.1=0.8
合计		8.825	8.900	8.550

【注意】

两类评分的区别：

（1）0～1 评分法和 0～4 评分法，一般是对评价对象（方案）自身不同子功能项目的重要性评分，计算的是子功能的权重，是评价对象（方案）整体加权得分的计算基础。

（2）加权评分法，是对评价对象整体评分，由于评价对象（方案）由不同的子功能项目组成，分别对不同的子功能项目进行评分（一般为题目中的已知条件），再考虑不同子功能的权重，计算得到评价对象（方案）的总得分。

也就是说，0～1 评分法和 0～4 评分法常是加权评分法的一个重要的计算步骤。这两类评分方法常出现在同一道题目中，应注意区分它们的评分对象是不同的。

已考年份：2017 年、2013 年。

4. 多方案功能指数、成本指数、价值指数的计算

如果某评价对象有多个备选方案，每个方案可以分别计算其功能得分，并测算出各方案相应的成本，则可计算出各方案的功能指数、成本指数、价值指数。

（1）多方案功能指数的计算

某方案的功能指数＝该方案的功能得分/各方案功能得分之和。各方案的功能得分一般需要经过计算得到（如采用加权评分法，算术平均值法），有时题目中也可能将各方案的功能得分以已知条件的形式给出。

（2）多方案成本指数计算

某方案的成本指数＝该方案的成本/各方案的成本之和。各方案的成本，题目中一般会给出相应的数据，通常以单价或总价的形式给出。

（3）多方案价值指数的计算

某方案的价值指数＝该方案的功能指数/该方案相应的成本指数。某方案的价值指数越高，即性价比越高，应优先选择；某方案的价值指数越低，方案改进时应优先改进。

【例 2.4】 某业主邀请若干专家对某商务楼的 A、B、C 三个设计方案进行评价，A 方案的功能得分之和为 8.875 分，B 方案的功能得分之和为 8.750 分，C 方案的功能得分之和为 8.625 分。A 方案的估算总造价为 6500 万元，B 方案的估算总造价为 6600 万元，C 方案的估算总造价为 6650 万元。用价值指数法选择最佳设计方案。

解答：

（1）各方案功能指数计算：

A 方案的功能指数：8.875/(8.875＋8.750＋8.625)＝0.338

B 方案的功能指数：8.750/(8.875＋8.750＋8.625)＝0.333

C 方案的功能指数：8.625/(8.875＋8.750＋8.625)＝0.329

（2）各方案成本指数计算：

A 方案的成本指数：6500/(6500＋6600＋6650)＝0.329

B 方案的成本指数：6600/(6500＋6600＋6650)＝0.334

C 方案的成本指数：6650/(6500＋6600＋6650)＝0.337

（3）各方案价值指数计算：

A 方案的价值指数：0.338/0.329＝1.027

B 方案的价值指数：0.333/0.334＝0.997

C 方案的价值指数：0.329/0.337＝0.976

根据以上计算，因 A 方案的价值指数最大，选择 A 方案。

【注意】

（1）两处"功能指数"的不同含义

在 2019 年版教材《建设工程造价管理》第四章第三节"价值工程"中（第 210 页），有这样的表述"功能重要性系数又称功能系数或功能指数，是指评价对象（如零部件）的功能在整体功能中所占的比率"。也就是说，"功能指数"既可用于某评价对象内部各功能占该方案整体功能的比率，也可用于多个方案中，某单个方案的功能得分占各方案得分之和的比率。

① 对某一评价对象内部不同的子功能项目进行评价时，功能指数指的是不同的功能

在整体功能中所占的比率。为了便于区别和理解，本书一般将这类功能指数称为功能重要性系数或功能权重。

② 对某一评价对象有多个不同的选择方案进行评价时，功能指数指的是某一方案的功能得分在所有方案得分总和中所占的比率。为了便于区别和理解，本书一般将这类功能指数称为方案的功能指数。

（2）各项"指数"的不同含义

① 功能指数、成本指数中的"指数"应理解为个体占整体的"比率"，单个指数均小于1，指数之和为1。

② 价值指数中的"指数"，应理解为单位成本所能实现的功能，也就是成本与功能的匹配程度，此处的"指数"仅仅是一个"数值"，可以大于1、等于1或小于1。价值指数大于1，性价比高；价值指数等于1，性能和价格刚好匹配；价值指数小于1，性价比低，应降低成本或提高功能。

📖 **已考年份**：2020年、2018年、2017年、2015年、2014年、2013年、2011年。

考点 2　资金的时间价值及应用

1. 现金流量

（1）现金流量的概念

在工程经济中，常将分析的对象视为一个独立的经济系统，现金流量包括现金流入量、现金流出量、净现金流量。

① 现金流入：在某一时点 t 流入系统的资金称为现金流入。

② 现金流出：在某一时点 t 流出系统的资金称为现金流出。

③ 净现金流量：同一时点上现金流入与现金流出之差称为净现金流量。

（2）现金流量图

图 2.2　现金流量图

在经济系统中，反映资金运动状态的图式，称为现金流量图。现金流量图可形象、直观地表示现金流量的三要素：大小（资金数额）、方向（资金流入或流出）和作用点（资金流入或流出的时间点）。

现金流量图的绘制规则如下：

① 横轴为时间轴，0 表示时间序列的起点，n 表示时间序列的终点。轴上每一间隔表示一个时间单位（计息周期，可取月、季、半年或年）。横轴表示系统的寿命周期。

② 垂直箭线代表不同时点的现金流入或现金流出。现金流入用横轴上方的箭线表示；现金流出用横轴下方的箭线表示。

③ 各时点现金流量的大小，用垂直箭线的长度表示；在各箭线上方（或下方），注明其现金流量的数值。

④ 现金流量发生的时间点（作用点），用垂直箭线与时间轴的交点表示。

现金流量图如图 2.2 所示。

2. 资金的时间价值

（1）资金时间价值的产生

将一笔资金存入银行，会获得存款利息；将该笔资金进行投资，可获得收益。向银行借款，也需要向银行支付相应的贷款利息。也就是说，资金的数量会随着时间的变化而变动，这部分变动增加的资金，就是原有资金的时间价值。

（2）资金时间价值的意义

由于资金具有时间价值，不同时点上发生的现金流量无法直接比较。只有通过一系列的换算，分别计算出不同时间点上发生的资金在同一时点上的数值，才具有可比性。由于考虑了资金的时间价值，方案的评价和选择，变得更加现实和可靠。

3. 利息和利率

资金时间价值的一种重要表现形式就是利息，甚至可以用利息代表资金的时间价值。利息是衡量资金时间价值的绝对尺度，利率是衡量资金时间价值的相对尺度。

（1）利息

在借贷过程中，债务人支付给债权人的超过原借款本金的部分就是利息，计算公式为：

$$I = F - P$$

式中　I——利息；

　　　F——还本付息总额；

　　　P——本金。

（2）利率

在单位时间内（如日、周、月、季、半年、年等）所得利息与借款本金之比，就是利率，常用百分数表示，计算公式为：

$$i = \frac{I_t}{P} \times 100\%$$

式中　i——利率；

　　　I_t——单位时间内的利息；

　　　P——借款本金。

（3）利息的计算方法

① 单利计算

单利指的是在计算每个周期的利息时，只计算最初的本金产生的利息，不计入在先前计息周期中所累积增加利息产生的新利息，即"利不生利"的计息方法。计算公式为：

$$I_t = P \times i_d$$

式中　I_t——第 t 个计息期的利息额；

　　　P——本金；

　　　i_d——计息周期单利利率。

② 复利计算

复利指的是将其上期利息结转为本金,一并计算本期的利息,即"利生利"的计息方法。计算公式为:
$$I_t = i \times F_{t-1}$$
式中　　I_t——第 t 个计息周期利息额;

　　　　i——计息周期利率;

F_{t-1}——第 ($t-1$) 年末复利本利和。

(4) 名义利率与有效利率

① 名义利率

名义利率指的是计息周期利率 i,乘以一个利率周期内的计息周期数 m 所得的利率周期利率,名义利率忽略了前面各期利息再生利息的因素,与单利计算相同,名义利率 r 的计算公式为:
$$r = i \times m$$

② 利率周期有效利率

利率周期有效利率,指的是资金在利率周期中所发生的实际利率,当名义利率为 r,计息周期数为 m 时,利率周期的有效利率 i_{eff} 的计算公式为:
$$i_{\text{eff}} = \left(1 + \frac{r}{m}\right)^m - 1$$

【例 2.5】某拟建项目的建设投资为 1000 万元,其中 500 万元需从银行贷款,贷款的年利率为 7.2%(按月计息)。计算利率周期的有效利率。

解答:

利率周期的有效利率:$(1+7.2\%/12)^{12}-1=7.44\%$。

 已考年份: 2016 年(第一大题)。

4. 资金的等值计算

由于资金具有时间价值,相同数额的资金发生在不同的时间,具有不同的价值。这些不同时期、不同数额的资金的价值等效,称为资金的等效值。

现值(Present value),即现在的资金价值(或本金),指资金发生在(或折算为)某一特定的时间序列起点时的价值。

终值(Final value),即未来的资金价值(或本利和),指资金发生在(或折算为)某一特定的时间序列终点时的价值。

年金(Annuity),即发生在(或折算为)某一特定的时间序列各计息期末(不包括 0 期)的等额资金序列的价值。

现值(P)、终值(F)与年金(A),可以相互进行换算。

(1) 终值(F)与现值(P)的换算关系

如图 2.3 所示,已知资金现值(P),年利率为 i,按复利计算,则 n 年末的本利和(F)按下式计算:
$$F = P \times (1+i)^n$$

同理,如果已知 n 年后资金终值(F),年利率为 i,按复利计算,资金的现值为:
$$P = \frac{F}{(1+i)^n}$$

图 2.3 现值(P)与终值(F)的关系图

(2) 终值（F）与年金（A）的换算关系

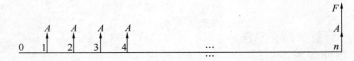

图 2.4 终值（F）与年金（A）关系图

如图 2.4 所示，已知年金（A），年利率为 i，年份数为 n，按复利计算，资金的终值（F）按下式计算：

$$F = A\frac{(1+i)^n - 1}{i}$$

本公式可证明如下：
年金 A 在 n 年后的终值为 F：
$$F = A(1+i)^{n-1} + A(1+i)^{n-2} + \cdots + A(1+i) + A \qquad ①$$
在①式两边分别乘以（$1+i$）得：
$$(1+i)F = A(1+i)^n + A(1+i)^{n-1} + \cdots + A(1+i)^2 + A(1+i) \qquad ②$$
②式变形为：
$$(1+i)F = A[(1+i)^n + (1+i)^{n-1} + \cdots + (1+i)^2 + (1+i)] \qquad ③$$
③式再变形为：
$$(1+i)F = A[(1+i) + (1+i)^2 + \cdots + (1+i)^{n-1} + (1+i)^n] \qquad ④$$
利用等比数列的求和公式 $S_n = a_1(1-q^n)/(1-q)(q \neq 1)$，
④式变形为：
$$(1+i)F = A\{(1+i)[1-(1+i)^n]/[1-(1+i)]\} \qquad ⑤$$
⑤式两边同时约去（$1+i$）得：
$$F = A[1-(1+i)^n]/[1-(1+i)] \qquad ⑥$$
⑥式进一步变形化简为：
$$F = A[(1+i)^n - 1]/i \qquad ⑦$$

同理，如果已知资金终值（F），年利率为 i，按复利计算，年份数为 n，年金（A）按下式计算：

$$A = F\frac{i}{(1+i)^n - 1}$$

【注意】

① 年金（A）分别发生的时间是第 1 年末、第 2 年末、第 3 年末、$\cdots$、第 n 年末，终值（F）发生在第 n 年末。

② 如果等额资金发生的时间不是以"年"为单位，而是以"月"、"周"等为时间单位，同样适用于这个公式，这是广义的年金。

③ 只需要记住公式"$F = A[(1+i)^n - 1]/i$"即可，年值（A）与终值（F）的关系可以从本公式中变形得到。

【例 2.6】某企业在 5 年内，每年的年末都向银行存入 100 万元，年利率 3%，按复利计算，则第 5 年年末本利之和为多少万元？

解答：

第5年年末本利之和（F）：$100\times[(1+3\%)^5-1]/3\% = 530.91$ 万元

【**例2.7**】某企业在5年内，每年的年末都向银行存入相等的一笔款项，年利率3%，按复利计算，希望第5年年末本利之和为500万元，则每年末应向银行存入多少万元？

解答：

每年末应向银行存入的资金（A）：$500\times3\%/[(1+3\%)^5-1] = 94.18$ 万元

（3）现值（P）与年金（A）的换算关系

如图2.5所示，已知年金（A），年利率为i，年份数为n，按复利计算，资金的现值（P）按下式计算：

$$P = A\frac{(1+i)^n-1}{i(1+i)^n}$$

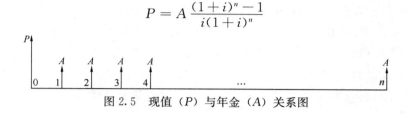

图2.5 现值（P）与年金（A）关系图

本公式可证明如下：

现值（P）在n年后的终值为F_1，$F_1 = P(1+i)^n$ ①

年金（A）在n年后的终值为F_2，$F_2 = A[(1+i)^n-1]/i$ ②（已证明）

由①＝②，得：$P(1+i)^n = A[(1+i)^n-1]/i$ ③

由③式变形得，

$$P = A[(1+i)^n-1]/[i(1+i)^n]$$ ④

同理，如果已知资金现值（P），年利率为i，年份数为n，按复利计算，年金（A）按下式计算：

$$A = P\frac{i(1+i)^n}{(1+i)^n-1}$$

【**注意**】

① 年金（A）分别发生的时间是第1年末、第2年末、第3年末、…、第n年末，现值（F）发生在起始时间"0"处。

② 同样地，如果等额资金发生的时间不是以"年"为单位，而是以"月"、"周"等为时间单位，也适用于这个公式，这是广义的年金。

③ 只需要记住公式"$P = A[(1+i)^n-1]/[i(1+i)^n]$"即可，年值（$A$）与现值（$P$）的关系可以从本公式中变形得到。

【**例2.8**】某企业在第1年的年初存入一笔资金，希望在未来5年内的每年年末都可以从银行取回100万元，年利率3%，按复利计算，则第1年的年初应存入多少万元？

解答：

第1年年初应存入资金（P）：$100\times[(1+3\%)^5-1]/[3\%\times(1+3\%)^5] = 457.97$ 万元。

【**例2.9**】某企业在第1年的年初存入500万元，年利率3%，按复利计算，希望在未来5年内每年的年末取回相同的资金，则每年的年末应取回多少万元？

解答：

每年年末应取回资金 (A)：$500 \times [3\% \times (1+3\%)^5]/[(1+3\%)^5 - 1] = 109.18$ 万元。

【注意】

资金时间价值的换算公式十分重要，在第 1 章的"等额还本付息"、第 2 章的"寿命周期最小费用法选择方案"，以及第 3 章的"投标方案的选择"都可能用到。

本书给出了资金时间价值的换算公式证明过程，可帮助读者加强对公式的理解和记忆。有些考题中会给出相应的资金等值换算系数，直接代入相应的系数进行计算即可，但应注意相关数据的含义，不能把数据代错了。

比较已知年金 (A) 求终值 (F) 的公式 $F = A[(1+i)^n - 1]/i$，与已知年金 (A) 求现值 (P) 的公式 $P = A[(1+i)^n - 1]/[i(1+i)^n]$，不难发现，这两个公式在等号的右边都含有相同项 "$A[(1+i)^n - 1]/i$"，只是已知年金 (A) 求现值 (P) 的公式在等号右边多除以 "$(1+i)^n$"，这样更方便对这两个公式的记忆。

资金的等值计算在本章题目中的分值较大，应结合换算关系图，熟记等值换算公式，并能准确应用。

5. 资金时间价值在方案选择中的应用

在考题中，常考查计算期相同的互斥方案的选择，一般采用费用现值法或费用年值法进行计算，这两种方案都涉及资金时间价值的计算。

（1）费用现值法选择方案

将各投资方案各年的费用，按照行业基准收益率或设定的折现率，折算到项目建设初期（建设起点）的现值之和，费用最小的方案为最优方案，这是针对投资人（或建设单位）来说的。也可以用费用现值法计算承包单位的收益，将工程进度款、赶工费用、工期奖励等折算到开工之初的现值，现值最大的方案为最优方案。

费用现值法的换算关系，包括年值 (A) 折算成现值 (P)，以及终值 (F) 折算成现值 (P)。

【例 2.10】 某业主邀请若干专家对某商务楼的 A、B、C 三个设计方案进行评价。A 方案的估算总造价为 6500 万元，B 方案的估算总造价为 6600 万元，C 方案的估算总造价为 6650 万元，若 A、B、C 三个方案的年度使用费分别为 340 万元、300 万元、350 万元，设计使用年限均为 50 年，基准折现率为 10%，用现值法选择最佳设计方案。

解答：

每个方案的总造价为现值 (P)，只需把每个方案的年度使用费（年值 A），换算成现值 (P)，利用公式 $P = A[(1+i)^n - 1]/[i(1+i)^n]$ 进行换算。

① A 方案现值：$6500 + 340 \times [(1+10\%)^{50} - 1]/[10\% \times (1+10\%)^{50}] = 9871.03$ 万元

② B 方案现值：$6600 + 300 \times [(1+10\%)^{50} - 1]/[10\% \times (1+10\%)^{50}] = 9574.44$ 万元

③ C 方案现值：$6650 + 350 \times [(1+10\%)^{50} - 1]/[10\% \times (1+10\%)^{50}] = 10120.18$ 万元

根据以上计算，B 方案的现值最低，选择 B 方案。

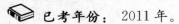 已考年份：2011 年。

(2) 寿命周期年费用法选择方案

工程寿命周期经济成本，指的是工程从项目构思、产品建成投入使用，直到工程寿命终结过程，发生的一切可体现为资金消耗的投入总和，包括建设成本和使用成本。建设成本，指的是建筑产品从筹建到竣工验收为止所投入的全部成本费用；使用成本，指的是建筑产品在使用过程中发生的各种费用，包括各种能耗成本、维修成本和管理成本等。

在考题中，工程的全寿命周期成本主要考查工程建设成本、年度使用和维修成本、大修费用、残值回收、使用过程中收益等因素。

【例 2.11】 某业主邀请若干专家对某商务楼的 A、B、C 三个设计方案进行评价，A 方案的估算总造价为 6500 万元，B 方案的估算总造价为 6600 万元，C 方案的估算总造价为 6650 万元，若 A、B、C 三个方案的年度使用费分别为 340 万元、300 万元、350 万元，设计年限均为 50 年，基准折现率为 10%，用寿命周期年费用法选择最佳设计方案。

解答：

每个方案的总造价为现值（P），按 50 年换算成年值（A），基准折现率为 10%，年值 $A=P[i(1+i)^n]/[(1+i)^n-1]$。每个方案的寿命周期年费用由两部分组成，一部分是总造价按 50 年换算成年值，另一部分是年度使用费（也是年值）。

① A 方案年费用：$6500\times[10\%\times(1+10\%)^{50}]/[(1+10\%)^{50}-1]+340=995.58$ 万元

② B 方案年费用：$6600\times[10\%\times(1+10\%)^{50}]/[(1+10\%)^{50}-1]+300=965.67$ 万元

③ C 方案年费用：$6650\times[10\%\times(1+10\%)^{50}]/[(1+10\%)^{50}-1]+350=1020.71$ 万元

根据以上计算，B 方案的年费用最低，选择 B 方案。

以上两个例题，基本数据一样，分别将年值换算成现值进行比较、现值换算成年值进行比较，二者换算的对象不一样，最终选择的方案是一样的。

解题方法：

① 工程建设成本：题目中一般以总造价（或单价、总面积）的形式给出，总造价为现值（P），按工程使用年限折算成年值（A_1）。

② 大修费用：在工程使用期限内，一般会发生几次大修（如 10 年后，20 年后，30 年后……），应注意在使用期终结时，不需要再进行大修。应将各次大修费用（终值）折算成现值，再将现值折算成年值（A_2）。

③ 残值：是在使用期满才可以回收的资金（终值），应先折算成现值，再将现值折算成年值，这笔费用可以抵扣成本，应减去，为年值（$-A_3$）。

④ 年度使用和维修成本：在使用期内每年都要投入的资金（题目中会给出相应数据，一般每年的费用相同），为年值（A_4）。

⑤ 年收益值：有些项目每年会产生一定的收益（如广告收入、门票收入等），题目中会给出相应数据，这笔收入，也可以用来抵扣成本，应减去，为年值（$-A_5$）。

所以，寿命周期年费用为 $A_1+A_2-A_3+A_4-A_5$，如果有多个方案可供选择，年费用最小的方案为最优方案。

已考年份：2017 年、2012 年。

考点 3　决策树

1. 决策树的概念

决策树是以方框"□"和圆圈"○"为节点，并由直线连接而成的一种像树枝形状的结构，其中，方框"□"表示决策点，圆圈"○"表示机会点；从决策点画出每条直线代表一个方案，叫作方案枝，从机会点画出每条直线代表一种自然状态，叫作概率枝。

如果只进行一次决策就可以解决，称为单级决策问题；对于较为复杂的问题，需要多次决策才能解决，称为多级决策问题。

2. 决策树的绘制与计算

决策树的绘制是自左向右（决策点和机会点的编号左小右大，上小下大），计算则是自右向左。各机会点的期望值计算结果应标在该机会点上方，最后将淘汰的方案枝用两条短线排除。

【例 2.12】某企业拟开拓国内某大城市工程承包市场。经调查，该市目前有 A、B 两个 BOT 项目将要招标，两个项目建成后的运营期均为 15 年。

投 A 项目中标概率为 0.7，中标后总收益的净现值为 13351.73 万元，不中标费用损失 80 万元。

投 B 项目中标概率为 0.65，中标后总收益的净现值为 11495.37 万元，不中标费用损失 100 万元。若投 B 项目中标并建成经营 5 年后，可以自行决定是否扩建，如果扩建，扩建后总收益的净现值为 14006.71 万元。

请将各方案总收益净现值和不中标费用损失作为损益值，绘制投标决策树。

解答：

绘制决策树如图 2.6 所示。

因 B 项目扩建后的收益值 14006.71 万元，大于不扩建的收益值 11495.37 万元，B 项目应选择扩建，点"①"的期望值为：$0.7 \times 13351.73 + 0.3 \times (-80) = 9322.21$ 万元；

点"②"的期望值为：$0.65 \times 14006.71 + 0.35 \times (-100) = 9069.36$ 万元。

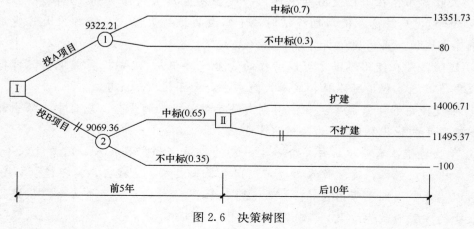

图 2.6　决策树图

解题方法：
（1）从决策点（用"□"表示）开始，分别绘出方案枝，并将方案的名称标在方案枝的斜线上。
（2）每个方案枝的末端都有一个机会点（用"○"表示），绘出每个机会点的概率枝（各种情况的概率之和为1），概率的各种情况分别标在相应的概率枝横线上；各种情况的收益值分别标在概率枝的末端。
（3）分别计算各机会点的期望值。
（4）方案选择：根据期望值的大小选择方案，将被淘汰的方案用两条短线排除。
（5）如果某个概率枝需进行二次决策，决策方法同上。

 **已考年份：** 2019年、2016年。

考点4　网络图

1. 网络图的基本概念
（1）网络图
网络图是由箭线和节点组成，用来表示工作流程的有向、有序的网状图形。网络图的特点如下：
① 一个网络图只表示一项计划任务。
② 网络图中的节点都必须有编号，其编号严禁重复，并应使每一条箭线上箭尾节点编号小于箭头节点编号。
③ 在双代号网络图中，有时存在虚箭线，称为虚工作，虚工作不消耗时间和资源，主要用来表示相邻两项工作的先后关系。
（2）紧前工作、紧后工作和平行工作
① 紧前工作：在网络图中，相对于某工作而言，紧排在该工作之前的工作称为该工作的紧前工作。
② 紧后工作：在网络图中，相对于某工作而言，紧排在该工作之后的工作称为该工作的紧后工作。
③ 平行工作：在网络图中，相对于某工作而言，可以与该工作同时进行的工作称为该工作的平行工作。
（3）先行工作和后续工作
① 先行工作：相对于某工作而言，从网络图的第一个节点（起点节点）开始，顺着箭头方向，经过一系列箭线与节点，到达该工作为止的各条通路上的所有工作，都称为该工作的先行工作。
② 后续工作：相对于某工作而言，从该工作之后开始，顺箭头方向，经过一系列箭线与节点，到达网络图最后一个节点（终点节点）的各条通路上的所有工作，都称为该工作的后续工作。
（4）线路、关键线路和关键工作
① 线路：网络图中从起点节点开始，沿箭头方向顺序，通过一系列箭线与节点，最

后到达终点节点的通路称为线路。线路依次用该线路上的节点编号（或工作名称）来表示。

② 关键线路和关键工作：

线路上所有工作的持续时间总和称为该线路的总持续时间，总持续时间最长的线路称为关键线路，关键线路的总持续时间就是网络计划的总工期。在网络计划中，关键线路可能不止一条；在网络计划执行过程中，因某些工作持续时间的调整，或增加新工作，关键线路还可能会发生转移。

关键线路上的工作称为关键工作。在网络计划的实施过程中，关键工作的实际进度提前或拖后，均会对总工期产生影响。因此，关键工作的实际进度是工程进度控制的重点。

2. 网络图的时间参数

（1）工作持续时间和工期

① 工作持续时间：指一项工作从开始到完成的时间。

② 工期：泛指完成某一项任务所需要的时间。

计算工期：根据网络时间参数计算得到的工期。

要求工期：任务委托人提出的指令性工期。

计划工期：根据计算工期和要求工期所确定的作为实施目标的工期。

（2）工作的六个时间参数

① 最早开始时间和最早完成时间

最早开始时间：指本工作所有紧前工作全部完成后，其可能开始的最早时刻。

最早完成时间：指本工作所有紧前工作全部完成后，其可能完成的最早时刻。

② 最迟完成时间和最迟开始时间。

最迟完成时间：指在不影响整个任务按期完成前提下，本工作必须完成的最迟时刻。

最迟开始时间：指在不影响整个任务按期完成前提下，本工作必须开始的最迟时刻。

③ 总时差和自由时差

总时差：指在不影响总工期的前提下，本工作可以利用的机动时间。

自由时差：指在不影响本工作的紧后工作的前提下，本工作可利用的自由时间。

3. 网络图的识读与应用

在考试中，除了本章（第 2 章）涉及网络图以外，在第 3 章"施工合同管理"与第 4 章"工程结算与决算"中也会涉及。

在本章（第 2 章）的考题中，主要考查网络进度计划的调整与优化；在第 3 章"施工合同管理"主要考查关键线路和总工期的判断和计算，由此分析工期索赔和费用索赔的理由及其计算；第 4 章"工程结算与决算"主要结合时标网络图考查绘制前锋线及检查工程的进度偏差（有的年份在第 3 章中考查）。

对于网络图的应用，本章主要讲解网络进度计划的调整与优化。为便于读者归类学习和总结考点，第 3 章与第 4 章中所涉及的网络图应用，分别在相应的章节中讲解。

共用工作班组（2015 年），共用施工机械（2007 年），以及新增工作（2017 年），是网络进度计划的调整与优化的常见考查形式，都需要重新分析和调整工作之间的先后关系。

【例 2.13】某大型建设项目，施工合同中的部分内容如下：

合同工期160天，承包人编制的初始网络进度计划，如图2.7所示。

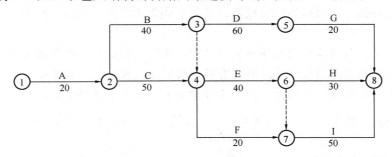

图2.7 初始网络进度计划图（单位：天）

由于施工工艺要求，该计划中C、E、I三项工作施工需使用同一台运输机械；B、D、H三项工作施工需使用同一台吊装机械。上述工作由于施工机械的限制，只能按顺序施工，不能同时平行进行。

请对承包人的初始网络进度计划进行调整，使得调整后的网络图能满足施工工艺和施工机械对施工作业顺序制约的要求。调整后的网络进度计划总工期为多少天？关键工作有哪些？

解答：

（1）调整网络图：

C、E、I三项工作施工需使用同一台运输机械，原网络计划图已满足要求，不需调整；B、D、H三项工作施工需使用同一台吊装机械，说明H工作应是D工作的紧后工作，需要用虚箭线相连；同时在E和H之间增加一个虚工作，用虚箭线相连。调整后的网络进度计划图，如图2.8所示。

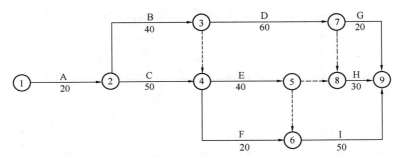

图2.8 调整后的网络进度计划图（单位：天）

（2）计算总工期并确定关键工作：

根据网络图的箭线走向，从节点"1"到节点"9"，线路如下：

① 线路A→B→D→G，工期：20+40+60+20=140（天）；
② 线路A→B→D→H，工期：20+40+60+30=150（天）；
③ 线路A→B→E→H，工期：20+40+40+30=130（天）；
④ 线路A→B→E→I，工期：20+40+40+50=150（天）；
⑤ 线路A→C→E→H，工期：20+50+40+30=140（天）；
⑥ 线路A→C→E→I，工期：20+50+40+50=160（天）；

⑦ 线路 A→C→F→I，工期：20+50+20+50=140（天）。

根据以上分析，调整后的网络进度计划总工期为 160 天，关键工作为 A、C、E、I。

【注意】

为稳妥起见，关键线路的判断可采用"穷举法"进行分析，即顺着箭头的方向，从左到右，找出从起始节点到最终节点的所有不同的线路，分别算出每条线路的工期，工期最大的线路就是关键线路。这种方法虽然工作量略大，但是直观简单，准确性高。

📖 **已考年份**：2019 年（第三大题）、2017 年（第四大题）、2015 年。

考点 5　赶工方案选择

施工过程中，常常需要赶工，也就是要压缩工期，只有压缩关键工作的持续时间，才能压缩总工期。压缩工期必然会产生赶工费用，同时工期缩短又可以得到工期奖励。这时，就需要比较压缩工期所支出的费用与获得的工期奖励，如果获得的工期奖励大于压缩工期产生的赶工费用，则应该采取赶工措施；反之，则不应采取赶工措施。

【例 2.14】 某建设项目，承包人编制的网络进度计划图（已由发包人批准），如图 2.9 所示。施工合同规定，工期每提前（或延后）1 天，奖励（或罚款）1 万元。承包人经过测算，各项工作可压缩的天数及相应增加的费用，见表 2.5。如果承包人打算尽可能多地获得工期奖励，请问承包人应该如何压缩相关工作的工期。

各工作可压缩的工期及相应增加费用表　　　　　　　　　表 2.5

工作	可压缩工期（天）	压缩 1 天增加费用（万元）	工作	可压缩工期（天）	压缩 1 天增加费用（万元）
A	2	1.2	E	3	0.4
B	3	0.5	F	3	0.4
C	1	0.3	G	1	0.3
D	3	0.4			

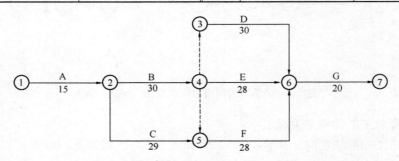

图 2.9　网络进度计划图（单位：天）

解答：

（1）原网络图的关键工作为 A、B、D、G，总工期为 15+30+30+20=95 天。

（2）压缩工期分析：

关键工作 A 压缩 1 天的费用大于工期奖励，不压缩。其余关键工作压缩费用由低到高分别为 G、D、B。

① 压缩 G 工作 1 天，新增费用 0.3 万元；

② 压缩 D 作 2 天，新增费用 0.4×2＝0.8 万元；

③ 如果再继续压缩 D 工作 1 天，必须同时压缩 E、F 工作 1 天，将新增费用 0.4＋0.4＋0.4＝1.2 万元，大于工期奖励，不考虑此种压缩方式；

④ 压缩 B 工作 1 天，新增费用 0.5 万；

⑤ 同时压缩 B、C 工作 1 天，新增费用 0.5＋0.3＝0.8 万元；

由以上分析可知，一共可压缩工期 1＋2＋1＋1＝5 天，新增费用 0.3＋0.8＋0.5＋0.8＝2.4 万元，可获得工期奖励 1×5＝5 万元。

解题方法：

（1）根据网络进度图，找出关键线路和关键工作。

（2）分别找出各关键工作所能压缩的工期，再算出压缩每项关键工作所产生的费用，汇总计算压缩工期产生的赶工费用之和。如果压缩工期的总天数为题目中的固定条件，则选择单位时间赶工成本最低的关键工作的工期进行压缩，然后选择单位时间赶工成本次低的关键工作的工期进行压缩。

（3）计算工期奖励金额。

（4）赶工方案选择：如果获得的工期奖励大于压缩工期产生的赶工费用，则应该采取赶工措施，反之，则不应该采取赶工措施。

（5）总之，站在承包人的角度考虑，收益大、支出小的方案是最优方案。

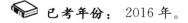已考年份：2016 年。

第 2 部分　建设工程招标投标

考点 6　招标范围与规模标准

1. 在中华人民共和国境内进行下列工程建设项目包括项目的勘察、设计、施工、监理以及与工程建设有关的重要设备、材料等的采购，必须进行招标：

（1）大型基础设施、公用事业等关系社会公共利益、公众安全的项目；

（2）全部或者部分使用国有资金投资或者国家融资的项目；

（3）使用国际组织或者外国政府贷款、援助资金的项目。

任何单位和个人不得将依法必须进行招标的项目化整为零或者以其他任何方式规避招标。

2. 勘察、设计、施工、监理以及与工程建设有关的重要设备、材料等的采购达到下列标准之一的，必须招标：

（1）施工单项合同估算价在 400 万元人民币以上；

（2）重要设备、材料等货物的采购，单项合同估算价在 200 万元人民币以上；

(3) 勘察、设计、监理等服务的采购，单项合同估算价在 100 万元人民币以上。

同一项目中可以合并进行的勘察、设计、施工、监理以及与工程建设有关的重要设备、材料等的采购，合同估算价合计达到前款规定标准的，必须招标。

条文出处：《招标投标法》第三条、第四条；《必须招标的工程项目规定》（国家发展改革委令第 16 号，2018 年 6 月 1 日起施行）第五条。

【例 2.15】某高校拟在校园内建设两栋教学楼，建设资金全部为国有资金，且属于同一项目。其中一栋教学楼设计费估算为 70 万元，另一栋教学楼的设计费估算为 80 万元，业主认为每栋教学楼的设计费估算均未超过 100 万元，决定两栋教学楼的设计不招标。请问业主的说法是否妥当，并说明理由。

解答：

业主的做法不妥当。理由：根据《必须招标的工程项目规定》，每栋教学楼的设计费估算均未超过 100 万元，但这两栋教学楼属于同一个项目，且可以合并进行设计，合并后的设计费估算价为 150 万元（超过 100 万元），必须招标。

考点 7　招标方式

1. 公开招标

公开招标指招标人以招标公告的方式邀请不特定的法人或者其他组织投标。国有资金占控股或者主导地位的依法必须进行招标的项目，应当公开招标。

2. 邀请招标

邀请招标指招标人以招标邀请书的方式邀请特定法人或组织投标。有下列情形之一的，可以邀请招标：

(1) 技术复杂、有特殊要求或者受自然环境限制，只有少量潜在投标人可供选择；

(2) 采用公开招标方式的费用占项目合同金额的比例过大。

【注意】

公开招标和邀请招标的区别在于，公开招标邀请"不特定"的法人或组织投标，邀请招标邀请"特定"的法人或组织投标。邀请招标，必须是特殊情况，只有"少量"的潜在投标人可以选择；公开招标，满足招标条件的投标人多，参与面较广。

3. 不招标的情形

(1) 需要采用不可替代的专利或专业技术；

(2) 采购人依法能够自行建设、生产或者提供；

(3) 已通过招标方式选定的特许项目投资人依法能够自行建设生产或提供；

(4) 需要向原中标人采购工程、货物或者服务，否则将影响施工或者功能配套要求；

(5) 国家规定的其他特殊情形的。（如：涉及国家安全、国家秘密、抢险救灾或者属于利用扶贫资金实行以工代赈、需要使用农民工等特殊情况，不适宜进行招标的项目）

条文出处：《招标投标法》第十条、第十一条、第六十六条；《招标投标法实施条例》第八条、第九条。

【例 2.16】某业主拟采用国有资金新建一栋建筑面积为 10000m² 的多层办公大楼，因考虑工期较紧，为节省招标时间，拟采用邀请招标的方式进行施工招标。请问业主的做法是否妥当，并说明理由。

解答：

业主的做法不妥当。理由：根据《招标投标法》的相关规定，多层办公楼是常见的普通施工项目，不属于"技术复杂、有特殊要求或者受自然环境限制，只有少量潜在投标人可供选择"的情形，应当采用公开招标方式招标。

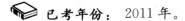已考年份：2011年。

考点8 招标公告

1. 招标人采用公开招标方式的，应当发布招标公告。
2. 发布的媒体：国家指定的报刊、信息网络或者其他媒介发布。
3. 内容：应当载明招标人的名称和地址、招标项目的性质、数量、实施地点和时间以及获取招标文件的办法等事项。

条文出处：《招标投标法》第十六条；《招标投标法实施条例》第十五条。

【例2.17】某业主拟建一大型工程项目，该项目由国有资金投资，业主认为潜在的投标人太多，项目招标公告只在本市的日报上发布。请问业主的做法是否妥当，并说明理由。

解答：

业主的做法不妥当。理由：根据《招标投标法》的相关规定，招标公告应该在国家指定的媒体上发布。

考点9 标段划分

招标人对招标项目划分标段的，应当遵守招标投标法的有关规定，不得利用划分标段限制或者排斥潜在投标人。依法必须进行招标的项目的招标人不得利用划分标段规避招标。

1. 招标人可以根据实际需要划分标段。招标项目划分标段或标包，通常基于以下两个方面的客观要求：一是适应不同资格能力的投标人，二是满足分阶段实施的需要。
2. 标段划分通常需要考虑的因素。一是法律法规的规定，《合同法》第272条第1款和《建筑法》第24条均规定，招标人划分标段时，不得将应由一个承包人完成的建筑工程肢解成若干部分分别招标发包给几个承包人投标。二是经济因素，招标项目应当在市场调研的基础上，通过科学划分标段，使标段具有合理适度的规模，保证足够竞争数量的单位满足投标资格能力条件，并满足经济合理要求。三是招标人的合同管理能力，四是项目技术和管理要求。
3. 不得利用标段划分实行非法目的。即不得利用划分标段限制或者排斥潜在投标人。依法必须进行招标的项目的招标人不得利用划分标段规避招标。

条文出处：《招标投标法实施条例》第二十四条；《招标投标法实施条例释义》第二十四条。

【例2.18】某市政府拟投资建一大型垃圾焚烧发电站工程项目。该项目除厂房及有关设施的土建工程外,还有全套进口垃圾焚烧发电设备及垃圾处理专业设备的安装工程。厂房范围内地质勘查资料反映地基条件复杂,地基处理采用钻孔灌注桩。请问该项目应该如何划分施工标段。

解答:

本项目可根据招标项目的专业要求划分标段,即可分为地基处理工程(桩基工程)标段、厂房及有关设施的土建工程标段、垃圾焚烧发电及垃圾处理专业设备采购及安装工程标段(或将设备的采购和安装工程再分成两个标段)。

考点10 限制或排斥投标人的行为

招标人不得以不合理的条件限制、排斥潜在投标人或者投标人。招标人有下列行为之一的,属于以不合理条件限制、排斥潜在投标人或者投标人:

1. 就同一招标项目向潜在投标人或者投标人提供有差别的项目信息。

向投标人一视同仁地提供项目信息,是保证公平竞争的前提。

2. 设定的资格、技术、商务条件与招标项目的具体特点和实际需要不相适应或者与合同履行无关。

招标人可以在招标公告、投标邀请书和招标文件中要求潜在投标人具有相应的资格、技术和商务条件,但不得脱离招标项目的具体特征和实际需要,随意和盲目地设定招标人要求,否则既可能排斥合格的潜在投标人,也可能导致社会资源的浪费。

3. 依法必须进行招标的项目以特定行政区域或者特定行业的业绩、奖项作为加分条件或者中标条件。

投标人来自不同的地区和行业,其所积累的业绩和获得的奖项通常有地域性和行业性,如果以特定行政区域和特定行业的业绩、奖项作为评标加分条件,会限制和排斥本地区和本行业之外的潜在投标人。

如果招标项目需要以投标人的类似项目业绩、奖项作为评标加分条件,则可以设置全国性的奖项(如鲁班奖等)作为评标加分条件。还可以从项目本身具有的技术管理特点需要,以及所处自然环境条件的角度,对潜在投标人提出类似项目业绩要求或评标加分标准。

4. 对潜在投标人或者投标人采取不同的资格审查或者评标标准。

例如,要求本地区或本行业外的投标人必须经过本地工商部门或行业主管部门注册、登记、备案等。

5. 限定或者指定特定的专利、商标、品牌、原产地或者供应商。

这种情形主要发生在货物招标中。如果必须引用某一品牌或生产供应商才能准确清楚地说明招标项目的技术标准和要求,应当在引用的品牌或生产供应商名称前加上"参照或相当于"的字样。

6. 依法必须进行招标的项目非法限定潜在投标人或者投标人的所有制形式或者组织形式。

7. 以其他不合理条件限制、排斥潜在投标人或者投标人。

条文出处:《招标投标法实施条例》第三十二条;《招标投标法实施条例释义》第三十二条。

【例 2.19】 某建设项目,由国有资金投资 2000 万建设。施工招标文件规定,投标人必须是国有企业并具有二级及以上施工总承包资质,并要求投标人近 3 年在项目所在地具有 1 项以上类似业绩。

解答:

(1)"要求投标人必须为国有企业"不妥。理由:根据《招标投标法实施条例》的相关规定,依法必须进行招标的项目不得非法限制投标人的所有制形式。

(2)"要求投标人在项目所在地具有 1 项以上类似业绩"不妥。理由:根据《招标投标法实施条例》的相关规定,依法必须进行招标的项目不得以特定行政区域的业绩排斥潜在投标人。

已考年份: 2017 年、2015 年、2014 年、2011 年。

考点 11 踏勘现场

1. 招标人根据招标项目的需要,可以组织踏勘项目现场,也可以不组织踏勘项目现场。

2. 招标人不得组织单个或部分的潜在投标人踏勘项目现场。这是为了防止招标人向潜在投标人有差别地提供信息,造成投标人之间的不公平竞争。

确需组织踏勘项目现场的,招标人可以分批次组织潜在投标人踏勘。

招标人组织全部投标人踏勘现场的,应采取相关的保密措施并对投标人提出相关保密要求,不得采用集中签到甚至采用点名等方式,防止潜在投标人在踏勘项目现场中暴露身份,影响投标竞争,或者相互沟通信息串通投标。

3. 组织现场踏勘应注意的问题:

(1)时间应尽可能安排在招标文件规定发出澄清文件的截止时间之前,以便在澄清文件中统一解答潜在投标人在踏勘中提出的问题。

(2)潜在投标人应全面踏勘项目现场。

(3)潜在投标人对踏勘项目现场后自行作出的判断负责。

(4)招标人统一解答潜在投标人踏勘现场中的提问。招标人应当以书面的形式答复并作为招标文件的澄清说明,提供给所有购买招标文件的潜在投标人。

条文出处:《招标投标法实施条例》第二十八条;《招标投标法实施条例释义》第二十八条。

【例 2.20】 某国有资金投资的建设项目,业主组织了自己熟悉的五个投标人(以前有项目合作)进行现场踏勘,并在项目现场以口头的方式回答了投标人的提问。请问业主的做法是否妥当,并说明理由。

解答:

(1)"业主组织了自己熟悉的五个投标人进行现场踏勘"不妥。理由:根据《招标投标法实施条例》的相关规定,招标人不得组织单个或部分的潜在投标人踏勘项目现场。

(2)"业主口头的方式回答了投标人的提问"不妥。理由:根据《招标投标条例》的相关规定，招标人应统一解答潜在投标人踏勘现场中的提问，并以书面的形式答复并作为招标文件的澄清说明，提供给所有购买招标文件的潜在投标人。

📖 **已考年份**：2017年、2012年。

考点12 投标保证金

1. 数额：投标保证金不得超过招标项目估算价的2%。
2. 有效期：投标保证金有效期应与投标有效期一致。
3. 转出方式：依法必须进行招标的项目的境内投标单位，以现金或支票形式提交的投标保证金应当从其基本账户转出。
4. 递交时间：投标保证金在投标截止时间之前递交，并作为投标文件的重要组成部分载入投标文件中（提供保证金的转账凭证复印件）。
5. 退还：招标人最迟应在书面合同签订后五日内，向中标人和未中标的投标人一次性退还投标保证金及银行同期存款利息。

条文出处：《招标投标法实施条例》第二十六条、第五十七条。

【注意】

（1）关于"投标保证金"的数额：

《招标投标法实施条例》中规定"投标保证金不得超过招标项目估算价的2%"，即投标保证金可以等于招标项目估算价的2%，也可以小于招标项目估算价的2%。

行政规章中还对投标保证金的最高数额作出了规定：

《工程建设项目勘察设计招标投标办法》第二十四条规定"保证金不得超过勘察设计估算费用的百分之二，最多不超过十万元人民币。"

《工程建设项目施工招标投标办法》第三十七条规定"投标保证金不得超过项目估算价的百分之二，但最高不得超过八十万元人民币。"

《工程建设项目货物招标投标办法》第二十七条规定"投标保证金不得超过投标项目估算价的百分之二，但最高不得超过八十万元人民币。"

（2）关于"投标保证金从基本账户转出"的理解：

企业账户一般分为基本存款账户、一般存款账户、专用存款账户、临时存款账户等。基本存款账户是存款人因办理日常转账结算和现金收付需要开立的银行结算账户，一个企业单位只能在一家银行开立一个基本存款账户，要求投标保证金应当从其基本账户转出，对遏制围标串标行为发挥了积极作用。

（3）关于"投标保证金的有效期"的规定：

《招标投标法实施条例》，属于法律法规，于2012年2月1日起施行，该条例第二十六条规定"投标保证金的有效期应当与投标有效期一致"。

《工程建设项目施工招标投标办法》，属于行政章程，2003年5月1日施行，已于2013年4月修订，该办法的第三十七条已经将原来的规定"投标保证金有效期应当超出投标有效期三十天"修改为"投标保证金的有效期应当与投标有效期一致"。

也就是说，《工程建设项目施工招标投标办法》中关于"投标保证金有效期"的规定，已经修改到和《招标投标法实施条例》中的规定一致，二者并不矛盾。

【例 2.21】某建设项目由国有资金投资，该项目的施工估算价为 1200 万元。招标文件规定，投标保证金为 25 万元。某境内投标人从公司的专用存款账户转出投标保证金。招标人在合同签订后的五日内退还了所有未中标人的投标保证金及银行同期存款利息。请问以上规定与做法有哪些不妥之处，并说明理由。

解答：

（1）招标文件规定"投标保证金 25 万元"不妥。理由：根据《招标投标法实施条例》的相关规定，投标保证金不得超过招标项目估算价的 2%，即本项目的投标保证金不得超过 1200×2%＝24 万元。

（2）"投标人从公司的专用存款账户转出投标保证金"不妥。理由：根据《招标投标法实施条例》的相关规定，境内投标人的投标保证金应当从投标人的基本账户转出。

（3）"招标人在合同签订后的第五日内退还了所有未中标人的投标保证金及银行同期存款利息"不妥。理由：根据《招标投标法实施条例》的相关规定，招标人最迟应在书面合同签订后五日内，向中标人和未中标的投标人一次性退还投标保证金及银行同期存款利息。

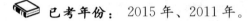已考年份：2015 年、2011 年。

考点 13　投标有效期

1. 投标有效期的定义：为保证招标人有足够的时间在开标后完成评标、定标、合同签订等工作而要求投标人提交的投标文件在一定时间内保持有效的期限。

2. 投标有效期的计算起始时间：从提交投标文件的截止之日起开始计算。

3. 投标有效期的天数：一般项目投标有效期为 60～90 天。（2019 年版《建设工程计价》教材第 211 页）

4. 确定投标有效期的因素：组织评标委员会完成评标需要的时间，确定中标人需要的时间，签订合同需要的时间。

5. 投标有效期延长：出现特殊情况，需要延长投标有效期的，招标人以书面形式通知所有投标人延长投标有效期。投标人同意延长的，应相应延长其投标保证金的有效期，但不得要求或被允许修改或撤销其投标文件；投标人拒绝延长的，其投标失效，但投标人有权收回其投标保证金。

6. 关于投标有效期的其他规定：投标保证金的有效期应与投标有效期保持一致。

条文出处：《招标投标法实施条例》第二十五条、第二十六条。

【例 2.22】某建设工项目由国有资金投资，原施工招标文件规定投标有效期为 90 天，投标保证金的有效期为 100 天，均从发售招标文件的截止时间开始计算。因出现特殊情况，业主书面通知所有投标人延长投标有效期，投标人 A 不同意延长投标有效期，书面向招标人要求撤回其投标文件，并要求退还投标保证金，招标人没有答应投标人 A 的要求。请问招标文件的规定以及招标人的做法有哪些不妥当之处，并说明理由。

解答：

（1）"投标保证金从发售招标文件的截止时间开始计算"不妥，"投标保证金的有效期与投标有效期不一致不妥"。理由：根据《招标投标法实施条例》的相关规定，投标有效期从提交投标文件的截止之日起开始计算，投标保证金的有效期应与投标有效期保持一致。

(2) "招标人没有答应投标人 A 的要求不妥。理由：根据《招标投标法实施条例》的相关规定，当招标过程中出现特殊情况，需要延长投标有效期的，招标人以书面形式通知所有投标人延长投标有效期。投标人拒绝延长的，其投标失效，但投标人有权收回其投标保证金。

已考年份：2018 年、2017 年、2014 年、2013 年、2012 年。

考点 14　计价风险

建设工程发承包，必须在招标文件、合同中明确计价中的风险内容，不得采用无风险、所有风险或类似语句规定计价中的风险内容及范围。

合同履行期间，因人工、材料、工程设备、机械台班价格波动影响合同价款的，应根据合同的约定按《清单计价规范》GB 50500—2013 附录 A 的方法之一调整合同价款。

承包人采购材料和工程设备的，应在合同中约定主要材料、工程设备价格变化的范围或幅度；当没有约定，且材料、工程设备单价变化超过 5% 时，超过部分的价格应按照《清单计价规范》GB 50500—2013 附录 A 的方法计算调价材料、工程设备费。

条文出处：《清单计价规范》GB 50500—2013 3.4.1 条、9.8.1 条、9.8.2 条。

【例 2.23】某国有资金投资的建设项目，业主为了便于投资管理，且工期较短，只有 4 个月，在招标文件中规定，本项目在实施过程中，人材机费用如遇市场行情波动，均不作调整，所有风险均由承包人承担。请问以上规定是否妥当，请说明理由。

解答：

以上规定不妥当。理由：根据《清单计价规范》的相关规定，建设工程发承包，必须在招标文件、合同中明确计价中的风险内容，不得采用无风险、所有风险或类似语句规定计价中的风险内容及范围。

已考年份：2017 年、2012 年。

考点 15　招标工程量清单

1. 编制：具有编制能力的招标人或受其委托、具有相应资质的工程造价咨询人编制。
2. 负责：准确性和完整性由招标人负责。
3. 作用：必须作为招标文件的组成部分。
4. 编制依据：
(1) 建设工程工程量清单计价规范，以及相关工程的国家计量规范；
(2) 国家或省级、行业建设行政主管部门颁发的计价定额和办法；
(3) 建设工程的设计文件及相关资料；
(4) 与建设工程有关的标准、规范、技术资料；
(5) 拟定的招标文件；

（6）施工现场情况、地勘水文资料、工程特点及常规施工方案；
（7）其他相关资料。
5. 相关规定：
（1）分部分项工程量清单：必须载明项目编码、项目名称、项目特征、计量单位和工程量。
（2）措施清单：必须根据相关工程现行国家计量规范的规定编制，并根据拟建项目的实际情况列项。
（3）其他项目清单：暂列金额应根据工程特点按有关计价规范规定估算；暂估价中的材料、工程设备暂估单价应根据工程造价信息或参照市场价格估算，列出明细表；专业工程暂估价应分不同专业，按有关计价规定估算，列出明细表；计日工应列出项目名称、计量单位和暂估数量；总承包服务费应列出服务项目及内容。
条文出处：《清单计价规范》GB 50500—2013 第 4.1.1 条、第 4.1.2 条、第 4.1.5 条、第 4.2.1 条、第 4.3.1 条、第 4.4.2 条、第 4.4.3 条、第 4.4.4 条、第 4.4.5 条。

【例 2.24】某国有资金投资的建设项目，业主委托某咨询公司编制施工招标工程量清单，其中计日工列出了项目名称、计量单位、暂估数量和单价，并在招标文件规定招标人不对清单的准确性和完整性负责。请问以上做法和规定哪些不妥之处，并说明理由。

解答：
（1）"招标工程量清单中的计日工列出了单价"不妥当。理由：根据《清单计价规范》的规定，招标工程量清单中的计日工应列出项目名称、计量单位、暂估数量。计日工的单价由投标人在已标价的清单中填写。
（2）"招标人不对清单的准确性和完整性负责"不妥当。理由：根据《清单计价规范》的规定，招标工程量清单必须作为招标文件的组成部分，其准确性和完整性由招标人负责。

【注意】
招标工程量清单，除暂列金额和暂估价外，其余项目的单价和总价均为空白，类似一张空白的试卷。

基于招标工程量清单，业主自己或委托咨询单位，按照计价定额、工程造价信息、常规施工方案等资料填报的价格，并以此计算的总价，体现了行业的平均水平，就是招标控制价，是业主能接受的最高限价。

基于招标工程量清单，投标人自己或委托咨询单位，按照企业定额、市场价格信息、企业自己拟定的施工方案等资料填报的价格，并以此计算的总价，体现了企业自己的水平和能力，就是投标报价，是投标人能接受的适合自身条件的工程造价。

📖 **已考年份：** 2018 年、2017 年、2015 年、2014 年、2013 年、2012 年。

考点 16　招标控制价

1. 编制：国有资金投资的建设工程招标，必须编制招标控制价。
2. 公布：招标人应在发布招标文件的同时公布招标控制价。
3. 编制依据：

(1) 建设工程清单计价规范；
(2) 国家或省级、行业建设主管部门颁发的计价定额和计价办法；
(3) 建设工程设计文件及相关资料；
(4) 拟定的招标文件及招标工程量清单；
(5) 与建设项目相关的标准、规范、技术资料；
(6) 施工现场情况、工程特点及常规施工方案；
(7) 工程造价管理机构发布的工程造价信息；当工程造价信息没有发布时，参照市场价；
(8) 其他的相关资料。

4. 相关规定：

(1) 分部分项工程和单价措施相中的单价项目，应根据拟定的招标文件和招标工程量清单中的特征描述及有关要求确定综合单价；

(2) 措施项目中的总价项目，应根据拟定的招标文件和常规的施工方案按照《建设工程清单计价规范》第3.1.4条（即工程量清单应采用综合单价计价。）和第3.1.5条的规定计价（即措施项目中的安全文明施工费必须按照国家或省级、行业建设主管部门的规定计算，不得作为竞争性费用）。

(3) 其他项目的计价：

① 暂列金额应按招标工程量清单中列出的金额填写；（《清单计价规范》GB 50500—2013 第5.2.5条的条文说明：暂列金额由招标人根据工程特点、工期长短，按有关计价规定进行估算确定，一般可以用分部分项工程费的10%～15%作为参考。）

② 暂估价中的材料、工程设备单价应按招标工程量清单中列出的单价计入综合单价；暂估价中的专业工程金额应按招标工程量清单中列出的金额填写；

③ 计日工应按招标工程量清单中列出的项目根据工程特点和有关计价依据确定综合单价计算；

④ 总承包服务费应根据招标工程量清单列出的内容和要求估算。（《清单计价规范》GB 50500—2013 第5.2.5条的条文说明：总承包服务费计算时，若招标人仅要求对分包的专业工程进行总承包管理和协调时，按分包的专业工程估算造价的1.5%计算；若除总承包管理、协调外，并同时要求提供配合服务时，按分包的专业工程估算造价的3%～5%计算；招标人自行供应材料的，按招标人供应材料价值的1%计算。）

5. 其他要求：

(1) 招标控制价不应上调或下浮。

(2) 工程造价咨询人接受招标人委托编制招标控制价，不得再就同一工程接受投标人委托编制投标报价。

条文出处：《清单计价规范》GB 50500—2013 第5.1.1条、5.1.3条、5.1.6条、5.2.1条、5.2.3条、5.2.4条、5.2.5条。

【注意】

关于"招标控制价"与"最高投标限价"的理解：

《清单计价规范》GB 50500—2013 第2.0.45条对"招标控制价"的定义为：招标人根据国家或省级、行业建设主管部门颁布的有关计价依据和办法，以及拟定的招标文件和招标工程量清单，结合工程具体情况编制的招标工程的最高投标限价。本条的条文说明指出,"招标控制价"的作用是招标人对招标工程发包的最高投标限价。

在《清单计价规范》和《标准施工招标文件》中均称为"招标控制价",在《招标投标法实施条例》中称为"最高投标限价"(见第五十一条)。

2019 年版《建设工程计价》教材第 191 页,"《招标投标法实施条例》中规定的最高投标限价基本等同于《建设工程工程量清单计价规范》GB 50500 中规定的招标控制价,因此招标控制价的编制要求和方法也同样适用于最高投标限价。"

在本章的真题中,称为"招标控制价"的有 2017 年、2012 年、2011 年,称为"最高投标限价"的有 2018 年、2015 年、2014 年、2013 年。

【例 2.25】 某国有资金投资的建设项目,业主委托某咨询公司编制施工招标控制价。

为了控制成本,咨询公司将已经按照相关规定编制的控制价再下浮 10%,作为在招标文件中公布的招标控制价。同时,该咨询企业又接受某投标人的委托,为其编制本项目的投标报价。请问咨询公司的做法有哪些不妥之处,并说明理由。

解答:

(1)"控制价下浮 10%"不妥当。理由:根据《清单计价规范》的相关规定,招标控制价不应上调或下浮。

(2)"咨询企业为某投标人编制本项目的投标报价"不妥当。理由:根据《清单计价规范》的相关规定,工程造价咨询人接受招标人委托编制招标控制价,不得再就同一工程接受投标人委托编制投标报价。

📖 **已考年份:** 2020 年、2018 年、2017 年、2015 年、2014 年、2013 年、2012 年。

考点 17 投标报价

1. 投标报价时,对招标控制价有异议的处理:

(1)投标人经复核认为,招标人公布的招标控制价未按照《建设工程工程量清单计价规范》的规定进行编制的,应当在招标控制价公布后 5 天内,向招投标监督机构和工程造价管理机构投诉。

(2)工程造价管理机构应当在受理投诉的 10 天内完成复查,特殊情况下可适当延长,并作出书面结论通知投诉人、被投诉人及负责工程招标监督的招投标管理机构。

(3)当招标控制价复查结论与原公布的招标控制价误差>±3%的,应当责成招标人改正。

(4)招标人根据招标控制价复查结论需要重新公布招标控制价的,其最终公布的时间至招标文件要求的提交投标文件截止时间不足 15 天的,应相应延长投标文件的截止时间。

条文出处:《清单计价规范》GB 50500—2013 第 5.3.1 条、第 5.3.7 条、第 5.3.8 条、第 5.3.9 条。

2. 投标报价的编制依据:

(1)建设工程工程量清单计价规范;

(2)国家或省级、行业建设主管部门颁发的计价办法;

(3)企业定额,国家或省级、行业建设主管部门颁发的计价定额;

(4) 招标文件、工程量清单及其补充通知、答疑纪要；
(5) 建设工程设计文件及相关资料；
(6) 施工现场情况、工程特点及拟定的投标施工组织设计或施工方案；
(7) 与建设项目相关的标准、规范等技术资料；
(8) 市场价格信息或工程造价管理机构发布的工程造价信息；
(9) 其他的相关资料。
条文出处：《清单计价规范》GB 50500—2013 第 6.2.1 条。

3. 投标报价时，其他项目的投标报价编制规定：
(1) 暂列金额应按招标工程量清单中列出的金额填写；
(2) 材料、工程设备暂估价应按招标工程量清单中列出的单价计入综合单价；
(3) 专业工程暂估价应按招标工程量清单中列出的金额填写；
(4) 计日工应按招标工程量清单中列出的项目和数量，自主确定综合单价并计算计日工总额；
(5) 总承包服务费应根据招标工程量清单中列出的内容和提出的要求自主确定。
条文出处：《清单计价规范》GB 50500—2013 第 6.2.5 条。

4. 关于"不可竞争性费用"的报价规定：
(1) 措施费中的安全文明施工费：必须按照国家或省级、行业建设主管部门的规定计算，不得作为竞争性费用。
(2) 规费和税金：必须按照国家或省级、行业建设主管部门的规定计算，不得作为竞争性费用。
条文出处：《清单计价规范》GB 50500—2013 第 3.1.5 条、第 3.1.6 条。

5. 其他规定：
(1) 单价和合价未填写：
未填写单价和合价的项目，视为此项费用已包含在已标价工程量清单中其他项目的单价和合价之中，竣工结算时，此项目不得重新组价予以调整。
条文出处：《清单计价规范》GB 50500—2013 第 6.2.7 条。
(2) 项目特征不符：
① 发包人在招标工程量清单中对项目特征的描述，应被认为是准确的和全面的，并且与施工要求相符合。承包人应按照发包人提供的工程量清单，根据其项目特征描述的内容及有关要求实施合同工程，直到其被改变为止。
② 若合同履行期间，出现实际施工设计图纸（含设计变更）与招标工程量清单任一项目的特征描述不符，且该变化引起该项目的工程造价增减变化的，应按照实际施工的项目特征重新确定相应工程量清单项目的综合单价，计算调整的合同价款。
条文出处：《清单计价规范》GB 50500—2013 第 9.4.1 条、第 9.4.2 条。

6. 投标报价的策略：
可能较早施工的项目（可较早收到进度款），可适当提高报价，以提高资金的时间价值；在项目实施过程中，工程量可能增加的项目，应适当提高报价；工程量可能减少的项目，应适当降低报价。
教材出处：2019 年版《建设工程造价管理》教材第六章第三节中"施工投标报价策

略"中的相应内容（第 331 页）。

【例 2.26】某投标人参与某国有资金投资的建设项目的投标。编制投标报价时，将安全文明施工费下浮 10%、材料暂估价下浮 10%后计入综合单价；将较早施工的基础工程报低价；将可能增加工程量的抹灰工程报低价。评标委员会在评标过程中发现，该投标人的散水工程未填写单价和合价，评标委员会将该投标人的投标文件作为废标处理。请问该投标人的投标报价，以及评标委员会的做法，有哪些不妥之处，并分别说明理由。

解答：
（1）"安全文明施工费下浮 10%"不妥当。理由：根据《清单计价规范》的相关规定，措施费中的安全文明施工费是不可竞争性费用。必须按照国家或省级、行业建设主管部门的规定计算，不得下浮。

（2）"材料暂估价下浮 10%后计入综合单价"不妥当。根据《清单计价规范》的相关规定，材料暂估价应按招标工程量清单中列出的单价计入综合单价。

（3）"较早施工的基础工程报低价"不妥当。理由：因基础工程较早施工，会较早得到基础工程的进度款，基础工程应适当提高报价，才能使该部分进度款的现值更高。

（4）"可能增加工程量的抹灰工程报低价"不妥当。理由：对可能增加工程量的项目应适当提高报价，这样才可使投标人具有较多的收益。

（5）"评标委员会将该投标人的投标文件作为废标处理"不妥当。理由：根据《清单计价规范》的相关规定，未填写单价和合价的项目，视为此项费用包含在已标价工程量清单的其他项目的单价和合价之中，竣工结算时，此项目不得重新组价予以调整。

已考年份：2020 年、2019 年、2018 年、2017 年、2016 年、2014 年。

考点 18　投标方案选择

考题中如果给出几个投标方案，常常结合决策树（计算各方案的收益期望值），以及资金的现值和年值进行考查，根据题目给定的条件进行计算，选择对投标人收益最大的方案。

详见第 2 章"资金的时间价值"和"决策树"的考点解析，并参看这两个考点解析的相关例题。

已考年份：2019 年、2017 年、2014 年。

考点 19　投标文件的撤回与撤销

1. 投标文件的撤回：在投标截止时间之前，投标人撤回已提交的投标文件，应当在投标截止时间前书面通知招标人，招标人已收取投标保证金的，应当自收到投标人书面撤回申请通知之日起 5 日内退还。

2. 投标文件的撤销：在投标截止后，投标人撤销投标文件的，投标人可以不退还投标保证金。

条文出处：《招标投标法实施条例》第三十五条。

【例 2.27】某投标人拟参加国有资金投资的建设项目的投标，在投标截止时间的前 1 天书面通知招标人，该投标人决定放弃参与本项目的投标，要求撤回投标文件，并退还其已交的投标保证金，对此，招标人应该如何处理？

解答：

招标人应当同意该投标人撤回投标文件，并在收到该投标人书面撤回申请通知之日起 5 日内退还其投标保证金。

已考年份：2017 年、2013 年。

考点 20　联合体投标

1. 资质规定：联合体各方均应具备承担招标项目的相应能力，由同一专业组成的联合体，按照资质等级较低的单位确定资质等级。
2. 联合体协议：联合体各方应当共同签订投标协议明确约定各方应承担的工作和责任。
3. 联合体协议递交时间：连同投标文件一并提交给招标人（一般作为投标文件的组成部分，载入投标文件中）。
4. 合同的签订（如中标）：联合体各方共同与招标人签订合同。
5. 其他要求：
（1）招标人不得强制投标人组成联合体投标，不得限制投标人之间的竞争。
（2）招标人接受联合体投标并进行资格审查的，联合体应当在提交资格审查预审申请文件前组成，资格预审后联合体增减、更换成员的，其投标无效。
（3）联合体各方在同一招标项目中，以自己的名义单独投标或者参加其他联合体投标的，相关投标均无效。

条文出处：《招标投标法》第三十一条；《招标投标法实施条例》第三十七条。

【例 2.28】投标人 A 和投标人 B 组成联合体，参加某国有资金投资的建设项目的投标，在联合体协议中规定投标人 A 为牵头人，如果本项目中标，由牵头人与招标人签订合同。在评标过程中，评标委员会发现投标人 C 又与投标人 B 组成了联合体参与本项目的投标。请问投标人 A 和 B 的联合体协议有哪些不妥之处？评标委员会应当如何处理？

解答：

（1）"如果本项目中标，由牵头人与招标人签订合同"不妥当。理由：根据《招标投标法》的相关规定，中标后，联合体各方共同与招标人签订合同。

（2）评标委员会应当否决由投标人 B 所参与的两个联合体的投标。理由：根据《招标投标法实施条例》的规定，联合体各方在同一招标项目中以自己的名义参加其他联合体的投标的，相关投标均无效。

已考年份：2019 年、2014 年。

考点 21　开标

1. 时间：提交投标文件截止时间的同一时间。

2. 地点：招标文件中预先确定的地点。
3. 主持：招标人主持，邀请所有投标人参加。
4. 程序：
(1) 检查：投标人或投标人代表检查投标文件密封情况（或公证机关检查并公证）；
(2) 拆封：当众拆封；
(3) 宣读：宣读投标人名称、投标价格和投标文件的其他主要内容；
(4) 记录：记录开标过程。
5. 其他规定：投标人少于3个的，不得开标，招标人应重新招标。
条文出处：《招标投标法》第三十四条、第三十五条、第三十六条；《招标投标法实施条例》第四十四条。

【例 2.29】某国有资金投资的建设项目，在提交投标文件截止时间的同一时间，由招标监督人员主持开标。请问开标过程有哪些不妥之处，并说明理由。

解答：
"由招标监督人员主持开标"不妥当，理由：根据《招标投标法》的相关规定，应由招标人主持开标。

考点 22　评标委员会

1. 组建：由招标人组建。
2. 组成：依法必须进行招标的项目，评标委员会由招标人的代表和有关技术经济方面的专家组成，成员的人数为五人以上的单数，其中技术、经济等方面的专家不得少于成员总数的三分之二。
3. 抽取：一般项目随机抽取；技术复杂、专业性强或国家有特殊要求的项目，采取随机抽取方式确定的专家难以保证胜任的，可以由招标人直接确定。
4. 回避：
(1) 招标人或投标人主要负责人的近亲属；
(2) 项目主管部门或行政监督部门的人员；
(3) 与投标人有经济利益关系，可能影响对投标公正评审的；
(4) 曾因在招标评标以及其他与招投标有关活动从事违法行为而受行政处罚或刑事处罚的。
条文出处：《招标投标法》第三十七条；《招标投标法实施条例》第四十六条；《评标委员会和评标方法暂行规定》第八条、第九条、第十条、第十二条。

【例 2.30】某国有资金投资的建设项目施工招标，由招标监督部门组织了评标委员会，成员人数为5人，其中，技术和经济专家3人，本项目招标监督部门人员1人。请问本项目的评标委员会的组建有哪些不妥之处，并说明理由。

解答：
(1) "由招标监督部门组建评标委员会"不妥当。理由：根据《招标投标法》的相关规定，评标委员会应由招标人组建。
(2) "评标委员会有本项目招标监督部门人员1人"不妥当。理由：根据《评标委员会和评标方法暂行规定》，项目主管部门或行政监督部门的人员应当回避。

📖 已考年份：2011年。

考点23　评标方法

1. 经评审的最低投标价法：一般适用于具有通用技术、性能标准或者招标人对其技术、性能没有特殊要求的招标项目。
2. 综合评估法：不宜采用经评审的最低投标价法的项目，一般采用综合评分法。

评标委员会应当按照招标文件规定的评标标准和方法，客观、公正地对投标文件提出评审意见。招标文件没有规定的评标标准和方法不得作为评标的依据。

条文出处：《评标委员会和评标方法暂行规定》第三十条、第三十五条；《招标投标法》第四十条。

【例2.31】某国有资金投资的普通行政办公楼建设项目施工招标。在评标过程中，评标委员会认为投标人A的注册地就在项目所在城市，便于协调和配合，建议优选投标人A作为中标候选人。请问以上做法是否正确，并说明理由。

解答：

"因投标人A的注册地在项目所在的城市，建议优选投标人A作为中标候选人"不妥当。理由：根据《招标投标法》的相关规定，评标委员会应当按照招标文件规定的评标标准和方法进行评标，招标文件没有规定的评标标准和方法不得作为评标的依据。

📖 已考年份：2018年、2016年、2015年。

考点24　标底在评标中的应用

1. 设置：是否设置标底由招标人确定（自愿）。
2. 保密：标底必须保密。
3. 公布：设有标底的，招标人应当在开标时公布。
4. 用途：只能作为评标时的参考，不得以投标报价是否接近标底作为中标条件，也不得以投标报价超过标底上下浮动的范围作为否决投标的条件。

标底的参考作用主要表现在以下三个方面：

（1）分析投标报价；
（2）纠正招标文件的差错；
（3）减少串标和招标失误；

5. 其他：接受委托编制标底的中介机构不得参加受托编制标底项目的投标，也不得为该项目的投标人编制投标文件或者提供咨询。

条文出处：《招标投标法》第二十二条；《招标投标法实施条例》第二十七条、第五十条。

【注意】

标底与招标控制价的区别：

（1）标底是招标人认为合理的价格，也是招标人的心理期望价格，在评标时只具参考价值，是否编制标底，由招标人自愿决定。如设置标底，在开标之前是保密的，并在开标时公布。招标控制价在开标之前就公开了。

（2）招标控制价，是招标项目的最高限价，投标报价超过最高限价就会被废标，投标报价超过或低于标底，并不是中标条件，更不构成废标条件。

【例 2.32】某国有资金投资的建设项目施工招标，业主委托某咨询单位编制了标底，该咨询单位又为投标人 A 编制了本项目的投标报价。在评标过程中，评标委员会发现投标人 B 的投标报价最接近标底，建议优先将投标人 B 列为中标候选人。请问咨询单位和评标委员会的做法是否妥当，并说明理由。

解答：

（1）"咨询单位为同一项目编制标底和投标报价"不妥当。理由：根据《招标投标法实施条例》的相关规定，接受委托编制标底的中介机构不得参加受托编制标底项目的投标，也不得为该项目的投标人编制投标文件或者提供咨询。

（2）"因投标人 A 的投标报价最接近标底，建议优先将投标人 A 列为中标候选人"不妥当。理由：根据《招标投标法实施条例》的相关规定，标底只能作为评标时的参考，不得以投标报价是否接近标底作为中标条件。

考点 25　评标得分的计算

计算投标人的得分，题目中会给出相应的得分计算规则，只需按照给定的得分计算规则评分即可，并按照得分的高低排出中标候选人的顺序。

【例 2.33】某国有资金投资的建设项目，招标控制价为 600 万元，招标文件中规定本项目采用综合评分法，其中技术标共 40 分，商务标共 60 分。商务标评标办法规定，以符合要求的商务报价的算术平均值作为基准价（60 分），报价比基准价每减少 1% 扣 1 分；最多扣 10 分，报价比基准价每增加 1% 扣 2 分，扣分不保底。

投标人 A 的投标报价为 550 万元，投标人 B 的投标报价为 580 万元，投标人 C 的投标报价为 560 万元，投标人 D 的投标报价为 540 万元，投标人 E 的投标报价为 565 万元。

评标委员会已经对技术标进行了评分，投标人 A 的技术标得分 32 分，投标人 B 的技术标得分 35 分，投标人 C 的技术标得分 34 分，投标人 D 的技术标得分 35 分，投标人 E 的技术标得分 36 分。

评标过程中没有发现废标文件，均为有效标。请计算各投标人的得分，推荐合格的中标候选人，并排序。

解答：

（1）计算各投标人的商务得分：

投标报价的算术平均值为：$(550+580+560+540+565) \times 1/5 = 559$ 万元

① 投标人 A 的投标报价得分为：$60-(559-550)/559 \times 100 \times 1 = 58.39$ 分

② 投标人 B 的投标报价得分为：$60-(580-559)/559 \times 100 \times 2 = 52.49$ 分

③ 投标人 C 的投标报价得分为：$60-(560-559)/559 \times 100 \times 2 = 59.64$ 分

④ 投标人 D 的投标报价得分为：$60-(559-540)/559 \times 100 \times 1 = 56.60$ 分

⑤ 投标人 E 的投标报价得分为：$60-(565-559)/559 \times 100 \times 2 = 57.85$ 分

(2) 计算各投标人的总得分：
① 投标人 A 的总得分：32＋58.39＝90.39 分
② 投标人 B 的总得分：35＋52.49＝87.49 分
③ 投标人 C 的总得分：34＋59.64＝93.64 分
④ 投标人 D 的总得分：35＋56.60＝91.60 分
⑤ 投标人 E 的总得分：36＋57.85＝93.85 分
(3) 中标候选人排序：
中标候选人：第 1 名，投标人 E；第 2 名，投标人 C；第 3 名，投标人 D。

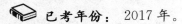已考年份：2017 年。

考点 26　评标过程中的澄清

1. 内容：投标文件中有含义不明确的内容、明显文字或者计算错误，评标委员会认为需要投标人作出必要澄清、说明的。
2. 方式：评标委员会应发书面澄清通知，投标人应当书面回复。
3. 其他规定：
(1) 评标委员会不得暗示或者诱导投标人作出澄清、说明；
(2) 不得接受投标人主动提出的澄清；
(3) 投标人的澄清、说明应不得超出投标文件范围或者改变投标文件的实质性内容。
条文出处：《招标投标法实施条例》第五十二条。

【例 2.34】某国有资金投资的建设项目，在评标过程中，评标委员会发现投标人 A 的投标文件有含义不明确的内容，评标委员会以口头方式通知该投标人对此进行澄清；投标人 B 认为自己报价偏低，主动向评标委员会提交了一份澄清对此进行说明。请问以上做法有哪些不妥之处，并分别说明理由。

解答：
(1) "评标委员会口头通知投标人 A 对投标文件含义不明确的内容进行澄清"不妥当。理由：根据《招标投标法实施条例》的相关规定，澄清通知应采用书面形式。
(2) "投标人 B 主动向评标委员会提交一份澄清对自己的投标报价进行说明"不妥当。理由：根据《招标投标法实施条例》的相关规定，评标委员会不得接受投标人主动提出的澄清。

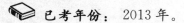已考年份：2013 年。

考点 27　否决投标

否决投标的情形有：
1. 投标文件未经投标单位盖章和单位负责人签字；
2. 投标联合体没有提交共同投标的协议；

3. 投标人不符合国家或者招标文件规定的资格条件；
4. 同一投标人提交两个以上不同的投标文件或者投标报价，但招标文件要求提交备选投标的除外；
5. 投标报价低于成本或者高于招标文件设定的最高投标限价；
6. 投标文件没有对招标文件的实质性要求和条件作出响应；
7. 投标人有串通投标、弄虚作假、行贿等违法行为。
（1）属于投标人相互串通投的情形有：
① 投标人之间协商投标报价等投标文件的实质性内容；
② 投标人之间约定中标人；
③ 投标人之间约定部分投标人放弃投标或者中标；
④ 属于同一集团、协会、商会等组织成员的投标人按照该组织要求协同投标；
⑤ 投标人之间为谋取中标或者排斥特定投标人而采取的其他联合行动。
（2）视为投标人相互串通投标的情形有：
① 不同投标人的投标文件由同一单位或者个人编制；
② 不同投标人委托同一单位或者个人办理投标事宜；
③ 不同投标人的投标文件载明的项目管理成员为同一人；
④ 不同投标人的投标文件异常一致或者投标报价呈规律性差异；
⑤ 不同投标人的投标文件相互混装；
⑥ 不同投标人的投标保证金从同一单位或者个人的账户转出。
条文出处：《招标投标法实施条例》第五十一条、第三十九条、第四十条。

【注意】

关于"投标报价低于成本"的理解：

（1）"投标报价低于成本"在《评标委员会和评标方法暂行规定》第二十一条有规定：在评标过程中明显低于其他投标报价或者在设有标底时明显低于标底，使得其投标报价可能低于其个别成本的；应当要求该投标人作出书面说明并提供相关证明材料。投标人不能合理说明或者不能提供相关证明材料的，由评标委员会认定该投标人低于成本报价竞标，应当否决其投标。

（2）《招标投标法实施条例释义》第五十一条对"投标报价低于成本"的解释：投标人报价低于成本指的是投标人个别成本，而不是社会平均成本，也不是行业平均成本。投标人以低于社会平均成本但不低于其个别成本的价格投标，是应该允许和鼓励的，有利于促使投标人挖掘内部潜力，改善经营管理，提高管理水平。

【例 2.35】 某国有资金投资的建设项目，最高投标限价为 1500 万元，招标文件的工期要求为 360 天。在评标过程中，评标委员会发现投标人 A 的投标函既没有单位盖章也没有单位负责人签字；投标人 B 和 C 组成联合体参与投标，缺少联合体协议；投标人 D 的投标报价为 1503 万元；投标人 E 的工期为 365 天。评标委员会应当如何处理上述投标文件？请说明理由。

解答：

（1）评标委员会应当否决投标人 A 的投标文件。理由：根据《招标投标法实施条例》的相关规定，未经投标单位盖章和单位负责人签字的投标文件应当否决。

(2) 评标委员会应当否决投标人 B 和 C 的投标文件。理由：根据《招标投标法实施条例》的相关规定，投标联合体没有提交共同投标的协议的投标文件应当否决。

(3) 评标委员会应当否决投标人 D 的投标文件。理由：根据《招标投标法实施条例》的相关规定，投标报价高于最高投标限价的投标文件应当否决（投标人 D 的报价 1503 万元高于最高投标限价 1500 万元）。

(4) 评标委员会应当否决投标人 E 的投标文件。理由：根据《招标投标法实施条例》的相关规定，没有对招标文件的实质性要求和条件作出响应的投标文件应当被否决，工期为招标文件的实质性要求，投标人 E 的投标工期 365 天超过了招标工期 360 天。

【例 2.36】某国有资金投资的建设项目，在评标过程中，评标委员会发现投标人 A 和投标人 B 委托代理人为同一人；投标人 C 和投标人 D 的投标文件中，装饰装修工程的各分部分项工程的单价和总价完全一样。评标委员会应当如何处理上述投标文件？请说明理由。

解答：

(1) 投标人 A 和投标人 B 的投标文件均应被否决。理由：根据《招标投标法实施条例》的相关规定，不同投标人委托同一个人办理投标的应当视为相互串通投标，投标人有串通投标行为的，其投标文件应当被否决。

(2) 投标人 C 和投标人 D 的投标文件均应被否决。理由：根据《招标投标法实施条例》的相关规定，不同投标人的投标文件异常一致的，应当视为相互串通投标；投标人有串通投标行为的，其投标文件应当被否决。

【例 2.37】某国有资金投资的建设项目，在评标过程中，评标委员会发现某投标人的投标报价明显低于标底。评标委员会应当如何处理？

解答：

评标委员会应当要求该投标人对其报价作出书面说明，并提供相关证明材料。如果该投标人不能合理说明，或者不能提供相关证明材料的，评标委员会应当认定该投标人低于成本报价竞标，并否决其投标。

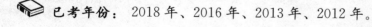
已考年份：2018 年、2016 年、2013 年、2012 年。

考点 28　评标报告

1. 推荐中标候选人：应当不超过 3 个，并标明排序。
2. 签字：评标报告应当由评标委员会全体成员签字。对评标结果有不同意见的评标委员会成员应当以书面形式说明其不同意见和理由，评标报告应当注明该不同意见。评标委员会成员拒绝在评标报告上签字又不书面说明其不同意见和理由的，视为同意评标结果。

条文出处：《招标投标法实施条例》第五十三条。

【例 2.38】某国有资金投资的建设项目，五名评标委员会的成员完成了评标工作，其中某评标专家对评标结果持有不同意见，该评标专家拒绝在评标报告上签字，且不书面说明其不同意见和理由，因此该评标报告只有其余的四位评标专家签字。请问该评标报告是否有效，并说明理由。

解答：

该评标报告有效。理由：根据《招标投标法实施条例》的相关规定，评标委员会成员拒绝在评标报告上签字又不书面说明其不同意见和理由的，视为同意评标结果。

考点 29　中标与合同签订

1. 中标候选人：1~3 名，由评标委员会在评标报告中载明，并注明排序。

2. 中标候选人公示：招标人自收到评标报告之日起 3 日内公示中标候选人，公示期不得少于 3 日。投标人或者其他利害关系人对依法必须进行招标的项目评标结果有异议的，应当在中标候选人公示期间提出。招标人应当自收到异议之日起 3 日内，作出答复；作出答复前，应当暂停招标活动。

3. 中标人确定的原则：国有资金占控股或者主导地位的依法必须进行招标的项目，招标人应当确定排名第一的中标候选人为中标人。排名第一的中标候选人放弃中标、因不可抗力不能履行合同、不按照招标文件要求提交履约保证金，或者被查实存在影响中标结果的违法行为等情形，不符合中标条件的，招标人可以按照评标委员会提出的中标候选人名单排序依次确定其他中标候选人为中标人，也可以重新招标。

4. 中标人：1 名，招标人根据评标委员会提出的书面报告和推荐的中标候选人确定中标人，招标人也可以直接委托评标委员会确定中标人。

中标人确定前，招标人不得与投标人就投标价格、投标方案等实质性内容进行谈判。

5. 中标通知书：中标人确定后，招标人应当向中标人发中标通知书，并同时将中标结果通知所有未中标的投标人。

6. 履约保证金的提交：中标人应当按照招标文件的要求提交履约保证金，履约保证金不得超过中标合同金额的 10%。履约保证金通常作为合同订立的条件，要在合同签订前提交。（《招标投标法实施条例释义》第五十七条）

7. 合同的签订：自中标通知书发出之日起 30 日内，按照招标文件和中标人的投标文件订立书面合同；招标人和中标人不得再行订立背离合同实质性内容的其他协议。

8. 投标保证金的退还：招标人应当在书面合同签订后的 5 日内，向中标人和未中标人退还投标保证金及银行同期存款利息。

条文出处：《招标投标法》第四十三条、第四十五条、第四十六条；《招标投标法实施条例》第五十三条、第五十四条、第五十五条、第五十七条、第五十八条；《招标投标法实施条例释义》第五十七条；《评标委员会和评标方法暂行规定》第四十五条、第四十七条、第四十八条、第四十九条、第五十二条。

【例 2.39】 某国有资金投资的建设项目，评标报告载明中标候选人的第 1~3 名分别为投标人 A、投标人 B、投标人 C。在中标人确定之前，招标人和投标人 A 进行了商谈，招标人认为投标人 A 对某单项工程的报价过高，要求投标人 A 在中标价的基础上再优惠 10 万元。

招标人按相应程序确定投标人 A 为中标人，投标人 A 认为本项目有 80 万的工程预付款，大于履约保证金 50 万元，在签订合同之前，投标人 A 提出用预付款抵扣履约保证金，即招标人只需付 30 万元的预付款即可。以上做法是否妥当，并说明理由。

解答：

（1）"招标人要求投标人 A 在中标价的基础上再优惠 10 万元"不妥当。理由：根据《招标投标法实施条例》的相关规定，中标人确定前，招标人不得与投标人就投标价格等实质性内容进行谈判。

（2）"投标人 A 要求用预付款抵扣履约保证金"不妥当。理由：根据《招标投标法实施条例》的相关规定，中标人应当按照招标文件的要求提交履约保证金，履约保证金应当在合同签订前提交，预付款要在签订合同之后才能支付。

已考年份：2020 年、2019 年、2016 年、2015 年、2011 年。

考点 30　禁止转包和违法分包的规定

1. 禁止中标人转让合同：中标人应当按照合同约定履行义务，完成中标项目。中标人不得向他人转让中标项目，也不得将中标项目肢解后分别向他人转让。

2. 允许中标人依法分包：中标人按照合同约定或者经招标人同意，可以将中标项目的部分非主体、非关键性工作分包给他人完成。接受分包的人应当具备相应的资格条件，并不得再次分包。

条文出处：《招标投标法实施条例》第五十九条。

【例 2.40】某国有资金投资的建设项目，承包人 A 拟将主体工程分包给承包人 B，承包人 B 又将其转包给承包人 C。请问以上做法有哪些不妥之处，请说明理由。

解答：

"承包人 A 拟将主体工程分包给承包人 B"不妥当，"承包人 B 又将主体工程转包给承包人 C"不妥当。理由：根据《招标投标法实施条例》的相关规定，承包人只能将中标项目的部分非主体、非关键性工作分包给他人完成，且接受分包的人不得再次分包。

已考年份：2019 年。

考点 31　招标投标中有关时间的规定

1. 招标文件的发售时间：资格预审文件或者招标文件的发售期不得少于 5 日。

2. 招标人预留给投标人编制标书的合理时间：招标文件开始发出之日起至投标人递交投标文件截止之日至，最短不得少于 20 天。

也就是说，如果招标文件的发售期按最少 5 天考虑，当投标人在招标文件发售的最早时间购买招标文件，编制投标文件的时间不少于 20 天；当投标人在招标文件发售的最晚时间购买招标文件，编制投标文件的时间不少于 15 天。

3. 招标文件的澄清或修改的时间：递交投标文件截止时间至少 15 日之前，不足 15 日的，招标人应当顺延提交投标文件的截止时间。（这是为了保证编制投标文件的时间至少 15 天）

4. 投标人对招标控制价有异议的投诉时间：投标人经复核认为招标人公布的招标控

制价未按本规范（即《清单计价规范》GB 50500—2013）的规定进行编制的，应在招标控制价公布后 5 天内，向招投标监督机构和工程造价管理机构投诉。

工程造价管理机构应当在受理投诉后的 10 天内完成复核，特殊情况下可适当延长。

招标人根据招标控制价的复查结论，需要重新公布招标控制价的，其最终公布时间至提交投标文件的截止时间不足 15 天的，应当延长提交投标文件的截止时间。（同样是为了保证编制投标文件的时间至少 15 天）

5. 投标人对招标文件有异议提出的时间：应当在投标截止时间 10 日前提出，招标人应当自收到异议 3 日内作出答复，作出答复前应当暂停招标活动。

6. 投标有效期：从提交投标文件的截止之日起开始计算。一般项目投标有效期为 60～90 天。（2019 年版《建设工程计价》教材第 211 页）

7. 投标人撤回已经提交的投标文件的时间：应当在投标截止时间前书面通知招标人。招标人已收取投标保证金的，应当自投标人收到书面撤回通知之日起 5 日内退还。投标截止后，投标人撤销投标文件的，招标人可以不退还投标保证金。

8. 用于评标的时间：招标人应当根据项目的规模和复杂程度等因素，合理确定评标时间。超过 1/3 的评标委员会成员认为评标时间不够的，招标人应当适当延长。

9. 中标候选人的公示的时间：招标人应当自收到评标报告 3 日内公示中标候选人，公示的时间不得少于 3 日，公示期间，招标人如收到异议，招标人应当在收到异议之日起 3 日内作出答复，作出答复之前，应当暂停招标投标活动。

10. 签订合同的时间：投标有效期内以及中标通知书发出之日起 30 日之内签订合同。（《评标委员会和评标方法的暂行规定》第四十九条，规定应在"投标有效期内"签订合同）

11. 退投标保证金的时间：招标人最迟应在书面合同签订后 5 日内，向中标人和未中标的投标人一次性退还投标保证金及银行同期存款利息。

条文出处：《招标投标法》第二十四条、第四十六条；《招标投标法实施条例》第二十一条、第二十五条、第三十五条、第四十八条、第五十四条、第五十七条；《评标委员会和评标方法的暂行规定》第四十九条。《清单计价规范》GB 50500—2013 第 5.3.1 条、第 5.3.7 条、第 5.3.9 条。

【例 2.41】某国有资金投资的建设项目，招标文件的发售时间为 2018 年 6 月 4 日至 2018 年 6 月 7 日，递交投标文件的截止时间为 2018 年 6 月 27 日 10 时 30 分。招标人于 2018 年 6 月 18 日对招标文件要求的某项技术标准进行了修改（投标截止时间不变），并通知了所有投标人。请问以上做法有哪些不妥，并说明理由。

解答：

（1）"招标文件的发售时间只有 4 日"不妥当。根据《招标投标法实施条例》的相关规定，资格预审文件或者招标文件的发售期不得少于 5 日。

（2）"投标截止时间不变"不妥当。根据《招标投标法实施条例》的相关规定，招标人修改招标文件距离投标截止时间不足 15 日，招标人应当顺延提交投标文件的截止时间。

【例 2.42】某国有资金投资的建设项目，招标文件规定投标有效期为 60 天，投标截止时间为 2018 年 6 月 1 日 10 时 30 分。招标人于 2018 年 7 月 9 日发出中标通知书，于 2018 年 8 月 2 日与中标人签订了施工合同。请问以上做法有哪些不妥，并说明理由。

解答：

"招标人与中标人签订合同的时间不妥当"。理由：根据《评标委员会和评标方法的暂行规定》，招标人和中标人应在投标有效期内，以及中标通知书发出之日起 30 日之内，签订施工合同，本项目签订合同的时间已经超出了投标有效期 60 天。

已考年份： 2020 年、2018 年、2017 年、2016 年、2014 年、2013 年、2012 年、2011 年。

本章小结

2019 年以来，"工程设计、施工方案技术经济分析"与"建设工程招标投标"在一个大题中考查。

1. 对本章题型的整体分析

从最近两年的真题来看，本章的考题以"建设工程招标投标"为背景，在问题中涉及"方案选择"的问题，这是这考纲的两章在考题中相结合的模式。

题目一般涉及招投标中不同的人在不同事件的做法，问题要求对这些做法是否妥当进行判断，并说明理由，有时会涉及一些计算，每个小题相对独立，小题之间的关联较少。

抓住招标投标工作流程这条主线，很多考点都贯穿在招标阶段、投标阶段、开标阶段、评标阶段和中标阶段等时段。

2. 注意相关法律、法规、规范、规章、文件中的重要条文

（1）《招标投标法》《招标投标法实施条例》中重要的条文应熟记，并理解条文的含义，若对某些条文理解起来较困难，可参看《招标投标法实施条例释义》，这本书对《招标投标法实施条例》的条文解释得很透彻，可以帮助理解条文。

（2）《清单计价规范》GB 50500—2013 中关于招标投标的内容也是历年考察的重点，特别是"工程量清单的编制""招标控制价""投标报价"等章节，更应熟记，还应注意这几章的"条文说明"，"条文说明"可以帮助理解相应条文的含义。

（3）《必须招标的工程项目规定》规定了招标的范围与规模标准。

（4）《评标委员会和评标方法暂行规定》对评标阶段应注意的问题规定得很详细，如评标委员会的组建、评标方法的选择、低于成本报价的处理等。

（5）《标准施工招标文件》《房屋建筑和市政工程标准施工招标文件》，可以帮助熟悉招标过程、理解招标投标中的相关规定。

关于招标投标，可考查的知识点较多，常有新的考点出现，如 2020 年考查了《标准施工招标文件》中的相关规定，2016 年考查了与清标相关的规定。所以，在本章的学习中，除了掌握常考的考点外，还应多了解与招标投标相关的知识。

3. 注意"方案选择"与"招标投标"的结合点

方案选择的考查一般出现在题目的问题之中，应注意以下结合点：

（1）价值工程中的成本指数、功能指数、价值指数的计算方法，以及 0~1 评分法、0~4 评分法，结合某个投标方案考查。2020 年的真题中就考查了价值工程。

（2）资金时间价值的计算，如资金的现值、年值和终值的计算，应熟练掌握，不同的投标方案，工程款的时间价值可能有差别，在 2011 年以前的真题中出现过。

（3）决策树可以帮助投标人作出投标决策，在 2019 年的真题已经出现过。

4. 其他注意事项

本章的题目以问答题居多，如要找出某事件或做法中的不妥之处，应对照题目中的表述，逐一找出（有时有多个不妥之处），回答"不妥之处"的理由时，尽量依据相关法律、法规、规范、规章和文件中条文的规定答题。

第2.2节 真 题 详 解

2020 年真题（试题二）

（一）真题（本题 20 分）

某国有资金投资的施工项目，采用工程量清单公开招标，并按规定编制了最高投标限价。同时，该项目采用单价合同，工期为 180 天。

招标人在编制招标文件时，使用了九部委联合发布的《标准施工招标文件》，并对招标人认为某些不适于本项目的通用条款进行了删减。招标文件中对竣工结算的规定是：工程量按实结算，但竣工结算价款总额不得超过最高投标限价。

共有 A、B、C、D、E、F、G、H 八家投标人参加了投标。

投标人 A 针对 2 万 m^2 的模板项目提出了两种可行方案进行比选。方案一的人工费为 12.5 元/m^2，材料费及其他费用为 90 万元。方案二的人工费为 19.5 元/m^2，材料费及其他费用为 70 万元。

投标人 D 对某项用量大的主材进行了市场询价，并按其含税供应价格加运费作为材料单价用于相应清单项目的组价计算。

投标人 F 在进行报价分析时，降低了部分单价措施项目的综合单价和总价措施项目中的二次搬运费率，提高了夜间施工费率，统一下调了招标清单中材料暂估单价 8% 计入工程量清单综合单价报价中，工期为六个月。

中标候选人公示期间，招标人接到投标人 H 提出的异议。第一中标候选人的项目经理业绩为在建工程，不符合招标文件要求的"已竣工验收"的工程业绩的要求。

问题：

1. 编制招标文件时，招标人的做法是否符合相关规定？招标文件中对竣工结算的规定是否妥当？并分别说明理由。

2. 若从总费用的角度考虑，投标人 A 应选用哪种模板方案？若投标人 A 经过技术指标分析后得出的方案一、方案二的功能指数分别为 0.54 和 0.46，以单方模板费用作为成本比较对象，试用价值指数法选择比较经济的模板方案。（计算过程和计算结果均保留 2 位小数）

3. 投标人 D、投标人 F 的做法是否有不妥之处？并分别说明理由。

4. 针对投标人 H 提出的异议，招标人应在何时答复？应如何处理？若第一中标人不再符合中标条件，招标人应如何确定中标人？

(二) 参考解答

1. 编制招标文件时,招标人的做法是否符合相关规定?招标文件中对竣工结算的规定是否妥当?并分别说明理由。

【依据】

(1) 关于标准施工招标文件中"通用条款"的相关规定。

《标准施工招标文件》的"使用说明"有如下内容:

"……,二《标准施工招标文件》用相同需要标识的章、节、条、款、目,供招标人和投标人选择使用,以空格标示的由招标人填写内容,招标人应根据招标项目具体特点和实际需要具体化,确实没有需要填写的,在空格中用'/'标示……"

《房屋建筑和市政工程标准施工招标文件》(2010年版)的"使用说明"有如下内容:

"一、《房屋建筑和市政工程标准施工招标文件》(以下简称"行业标准施工招标文件")是《标准施工招标文件》(国家发展和改革委员会、财政部、原建设部等九部委56号令发布)的配套文件,适用于一定规模以上,且设计和施工不是由同一承包人承担的房屋建筑和市政工程的施工招标。

二、《标准施工招标文件》第二章"投标人须知"和第三章"评标办法"正文部分以及第四章第一节"通用合同条款"是《行业标准施工招标文件》的组成部分。《行业标准施工招标文件》的第二章"投标人须知"、第三章"评标办法"正文部分以及第四章第一节"通用合同条款"均直接引用《标准施工招标文件》相同序号的章节。

三、《行业标准施工招标文件》用相同序号标示的章、节、条、款、项、目,供招标人和投标人选择使用;以空格标示的由招标人填写的内容,招标人应根据招标项目具体特点和实际需要具体化,确实没有需要填写的,在空格中用'/'标示。

……

七、《行业标准施工招标文件》第四章第一节"通用合同条款"和第二节"专用合同条款"(除以空格标示的由招标人填空的内容和选择性内容外),均应不加修改地直接引用。填空内容由招标人根据国家和地方有关法律法规的规定以及招标项目具体情况确定。

……"

(2) 关于"招标控制价、竣工结算价"的规定:《清单计价规范》GB 50500—2013 第2.0.45条"招标控制价,招标人根据国家或省级、行业建设行政主管部门颁发的有关计价依据和办法,以及拟定的招标文件和招标工程量清单,结合工程具体情况编制的招标工程的最高投标限价。"第2.0.51条"竣工结算价,发承包双方依据国家有关法律、法规和标准规定,按照合同约定确定的,包括在履行合同过程中按合同约定进行的合同价款调整,是承包人按合同约定完成了全部承包工作后,发包人应付给承包人的合同总金额。"

【解答】

(1) 编制招标文件时,招标人"删减某些不适合于本项目的通用条款"做法不符合相关规定。理由:根据《标准施工招标文件》及《房屋建筑与市政工程标准施工招标文件》的相关规定,招标人应根据招标项目具体特点和实际需要,将标准施工招标文件具体化,确实没有需要填写的,在空格中用"/"标示;如果是"通用合同条款",应不加修改地直接引用。

(2) "竣工结算价款总额不得超过最高投标限价"不妥当，理由：根据《清单计价规范》的相关规定，竣工结算价款总额，是承包人按合同约定完成了全部承包工作后，发包人应付给承包人的合同总金额，即按照承包人实际完成的工程总造价支付。

2. 若从总费用的角度考虑，投标人 A 应选用哪种模板方案？若投标人 A 经过技术指标分析后得出的方案一、方案二的功能指数分别为 0.54 和 0.46，以单方模板费用作为成本比较对象，试用价值指数法选择比较经济的模板方案。

【分析】

（1）分别算出方案一、方案二的人工费、材料费及其他费用之和，费用最低的方案作为选择方案。

（2）价值指数＝功能指数/成本指数，功能指数是已知数据，先计算出两种方案的单方模板费用，再计算成本指数，成本指数＝某方案的成本/各方案的成本之和。

【解答】

（1）方案一的总费用为 12.5×2＋90＝115.00 万元，方案二的总费用为 19.5×2＋70＝109.00 万元。若从总费用的角度考虑，投标人应选择方案二。

（2）方案一单方模板费为 115.00/2＝57.50 元/m²，方案二单方模板费为 109.00/2＝54.50 元/m²。

方案一的成本指数为 57.50/(57.50＋54.50)＝0.51，方案二的成本指数为 54.50/(57.50＋54.50)＝0.49。

方案一的价值指数为 0.54/0.51＝1.06，方案二的价值指数为 0.46/0.49＝0.94。因方案一价值指数较大，选择方案一。

3. 投标人 D、投标人 F 的做法是否有不妥之处？并分别说明理由。

【依据】

（1）关于"材料费"的规定：2019 年版《建设工程计价》教材第 68～69 页，材料单价是指建筑材料从其来源地运到施工工地仓库，直至出库形成的综合平均单价，包括材料原价（或供应价格）、材料运杂费、运输损耗、采购及保管费。

若材料供货价格为含税价格，则材料原价应以购进货物适用的税率（13%或9%）或征收率（3%）扣除增值税进项税额。

（2）关于"材料暂估价"的规定：《清单计价规范》GB 50500—2013 第 6.2.5 条第 2 款规定"材料、工程设备的暂估价应按招标工程量清单中列出的单价计入综合单价。"

关于评标中"工期"评审的规定：在《房屋建筑和市政工程标准施工招标文件》（2010 年版）第三章的评标办法中，"工期"属于"响应性评审"的评审因素。招标文件规定的工期为 180 天，投标文件的工期为六个月，已经超过 180 天，不满足招标文件的要求。假定总工期中包含天数最少的 2 月（非闰年），例如，从 2 月 1 日至 7 月 31 日，总工期为 28＋31＋30＋31＋30＋31＝181 天，超过 180 天。

应注意的是，在《房屋建筑和市政工程标准施工招标文件》（2010 年版）第二章"投标人须知"第 1.3.2 条，工期的单位是"日历天"。

【解答】

（1）投标人 D 的做法有不妥之处，即"按其含税供应价格加运费作为材料单价用于相应清单项目的组价计算"不妥。

理由：材料单价材料应采用从其来源地运到施工工地仓库，直至出库形成的综合平均单价，包括材料原价（或供应价格）、材料运杂费、运输损耗、采购及保管费等。若材料供货价格为含税价格，则材料原价应以购进货物适用的税率（13%或9%）或征收率（3%）扣除增值税进项税额。

（2）投标人D的做法有不妥之处，即"下调了招标清单中材料暂估单价8%计入工程量清单综合单价报价中"不妥，"工期为六个月"不妥。

理由：①根据《清单计价规范》的相关规定，材料暂估价应按招标工程量清单中列出的单价计入综合单价。

②根据《房屋建筑和市政工程标准施工招标文件》的评标办法，工期属于响应性评审的评审因素。招标文件规定的工期为180天，投标文件的工期为六个月（总天数已经超过180天），不满足招标文件的要求。

4. 针对投标人H提出的异议，招标人应在何时答复？应如何处理？若第一中标人不再符合中标条件，招标人应如何确定中标人？

【依据】

（1）关于"中标候选人公示期间有异议"的规定：《招标投标法实施条例》第五十四条"依法必须进行招标的项目，招标人应当自收到评标报告之日起3日内公示中标候选人，公示期不得少于3日。投标人或者其他利害关系人对依法必须进行招标的项目的评标结果有异议的，应当在中标候选人公示期间提出。招标人应当自收到异议之日起3日内作出答复；作出答复前，应当暂停招标投标活动。"

（2）关于"确定中标人"的规定：《招标投标法实施条例》第五十五条"国有资金占控股或者主导地位的依法必须进行招标的项目，招标人应当确定排名第一的中标候选人为中标人。排名第一的中标候选人放弃中标、因不可抗力不能履行合同、不按照招标文件要求提交履约保证金，或者被查实存在影响中标结果的违法行为等情形，不符合中标条件的，招标人可以按照评标委员会提出的中标候选人名单排序依次确定其他中标候选人为中标人，也可以重新招标。"

【解答】

（1）针对投标人H提出的异议，招标人应招标人应当自收到异议之日起3日内作出答复；作出答复前，应当暂停招标投标活动。

（2）若第一中标人不再符合中标条件，招标人可以按照评标委员会提出的中标候选人名单排序，依次确定其他中标候选人为中标人，也可以重新招标。

【注意】

国有资金占控股或主导地位的依法必须进行招标的项目，当排名第一的中标候选人出现了不再符合中标条件的情形，招标人可以按照评标委员会提出的中标候选人名单排序，依次确定中标人，也可以重新招标，在《招标投标法实施条例释义》第五十五条有如下解释：

《招标投标法实施条例》并没有规定招标人必须选择排名第二的中标候选人为中标人，主要是为了与《招标投标法》第六十四条保持一致，防范中标人候选人之间互相串通，以及减少恶意投诉。在其他中标候选人符合中标条件，能够满足需求的情况下，招标人应尽量依次确定中标人，以节约时间和成本，提高效率。当然，在其他中标候选人与预期差距较大，或者依次选择中标人对招标人明显不利时，招标人可以选择重新招标。例如，排名在后的中标候选人报价偏高，或已在其他合同标段中标，履约能力受到限制，或同样存在串通投标等违法行为等，招标人可以重新招标。

（三）考点总结

1. 招标环节：招标文件的编制、招标控制价；
2. 投标环节：材料单价、材料暂估价的填报；
3. 中标环节：中标候选人公示期间有异议的处理、中标候选人的确定；
4. 方案选择：成本指数、价值指数的计算。

2019 年真题（试题二）

（一）真题（本题 20 分）

某工程，业主采用公开招标方式选择施工单位，委托具有工程造价咨询资质的机构编制了该项目的招标文件和最高投标限价（最高投标限价为 600 万元，其中暂列金额为 50 万元）。该招标文件规定，评标采用经评审的最低投标价法。A、B、C、D、E、F、G 共 7 家企业通过了资格审查（其中：D 企业为 D 和 D_1 组成的联合体），且均在投标截止日前提交了投标文件。

A 企业结合自身情况和投标经验，认为该工程项目投高价标的中标概率为 40%，投低价标的中标概率为 60%，投高价标后，收益效果好、中、差三种可能性的概率分别为 30%、60%、10%，计入投标费后的净损益值分别为 40 万元、35 万元、30 万元；投低价标中标后，收益效果好、中、差三种可能性的概率分别为 15%、60%、25%，计入投标费后的净损益值分别为 30 万元、25 万元、20 万元；投标发生的相关费用为 5 万元。A 企业经测算、评估后，最终选择了投低价标，投标价为 500 万元。

在该工程项目开标、评标、合同签订与执行过程中发生了以下事件：

事件 1：B 企业的投标报价为 560 万元，其中暂列金额为 60 万元；

事件 2：C 企业的投标报价为 550 万元，其中对招标工程量清单中的"照明开关"项目未填报单价和合价；

事件 3：D 企业的投标报价为 530 万元，为增加投标竞争实力，投标时联合体成员变更为 D、D_1、D_2 企业组成；

事件 4：评标委员会按照招标文件的评标办法对各投标企业的投标文件进行了价格评审，A 企业经评审的投标报价最低，最终被推荐为中标单位。合同签订前，业主与 A 企业进行了合同谈判，要求在合同中增加一项原招标文件中未包含的零星工程，合同额相应增加 15 万元；

事件 5：A 企业与业主签订合同后，又在外地中标了某大型工程项目，遂选择将本合同项目全部工作转让给了 B 企业，B 企业又将其中三分之一工程量分包给了 C 企业。

问题：

1. 绘制 A 企业投标决策树，列式计算并说明 A 企业选择投低价标是否合理？
2. 根据现行《招标投标法》《招标投标法实施条例》和《建设工程工程量清单计价规范》，逐一分析事件 1~3 中各企业的投标文件是否有效，分别说明理由。
3. 事件 4，业主的做法是否妥当？如果与 A 企业签订施工合同，合同价应为多少？

请分别判断,说明理由。

4. 分别说明事件 5 中 A、B 企业做法是否正确。

(二) 参考解答

1. 绘制 A 企业投标决策树,列式计算并说明 A 企业选择投低价标是否合理?

【分析】

(1) 从决策点(用"□"表示)开始,分别绘出 2 个方案枝(投高标、投低标),并将方案的名称标在方案枝的斜线上。

(2) 每个方案枝的末端都有一个机会点(用"○"表示),绘出每个机会点的概率枝,有 2 种可能情况(中标、不中标),分别标在相应的概率枝横线上;中标后又有一个机会点,该机会点有 3 种情况(好、中、差),分别标在相应的概率枝横线上。

(3) 分别计算各机会点的期望值。净损益是企业的净利润或净亏损,各机会点的期望值等于各概率枝的净损益值乘以相应的概率之和。

(4) 方案选择:期望值最高的方案作为选择方案,将其余的方案作为排除方案用两条短线排除。

【解答】

(1) 期望值计算:

机会点"4"的期望值:$30\times15\%+25\times60\%+20\times25\%=24.5$ 万元

机会点"3"的期望值:$40\times30\%+35\times60\%+30\times10\%=36$ 万元

机会点"2"的期望值:$24.5\times60\%-5\times40\%=12.7$ 万元

机会点"1"的期望值:$36\times40\%-5\times60\%=11.4$ 万元

(2) 绘制决策树图,如图 19.2.1 所示。

(3) 投低标的期望值大于投高标的期望值,因此投标人 A 选择投低标是正确的。

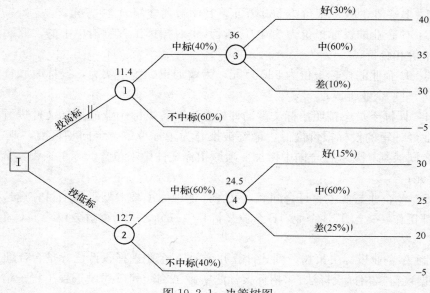

图 19.2.1 决策树图

2. 根据现行《招标投标法》《招标投标法实施条例》和《建设工程工程量清单计价规范》，逐一分析事件1~3中各企业的投标文件是否有效，分别说明理由。

【依据】

（1）关于"投标报价中暂列金额"的规定：《清单计价规范》GB 50500—2013 第6.2.5条"暂列金额应按招标工程量清单中列出的金额填写。"

（2）关于"未填报单价和合价"的规定：《清单计价规范》GB 50500—2013 第6.2.7条"未填写单价和合价的项目，视为此项费用已包含在已标价工程量清单中其他项目的单价和合价之中，竣工结算时，此项目不得重新组价予以调整。"

（3）关于"联合体"的规定：《招标投标法实施条例》第三十七条"招标人接受联合体投标并进行资格审查的，联合体应当在提交资格审查预审申请文件前组成，资格预审后联合体增减、更换成员的，其投标无效。"

【解答】

（1）B企业的投标文件无效。理由：根据《清单计价规范》的相关规定，投标报价中的暂列金额应按招标工程量清单中列出的金额填写。

（2）C企业的投标有效。理由：根据《清单计价规范》的相关规定，未填写单价和合价的项目，视为此项费用已包含在已标价工程量清单中其他项目的单价和合价之中，竣工结算时，此项目不得重新组价予以调整。因此"照明开关"项目未填报单价和合价，并不构成投标无效。

（3）D企业的投标无效。理由：根据《招标投标法实施条例》的相关规定，招标人接受联合体投标并进行资格审查的，联合体应当在提交资格审查预审申请文件前组成，资格预审后联合体增减、更换成员的，其投标无效。

3. 事件4，业主的做法是否妥当？如果与A企业签订施工合同，合同价应为多少？请分别判断，说明理由。

【依据】

关于"中标后合同的签订"的规定：《招标投标法》第四十六条"招标人和中标人应当自中标通知书发出之日起三十日内，按照招标文件和中标人的投标文件订立书面合同。招标人和中标人不得再行订立背离合同实质性内容的其他协议。"《招标投标法实施条例》第五十七条"招标人和中标人应当依照招标投标法和本条例的规定签订书面合同，合同的标的、价款、质量、履行期限等主要条款应当与招标文件和中标人的投标文件的内容一致。招标人和中标人不得再行订立背离合同实质性内容的其他协议。"

【解答】

业主的做法不妥当，如果与A企业签订施工合同，合同价应为500万元。理由：根据《招标投标法实施条例》的相关规定，招标人和中标人签订的书面合同，合同价款应与中标人的投标文件的内容一致（即与中标价500万元一致）；招标人和中标人不得再行订立背离合同实质性内容的其他协议，原招标文件中未包含的零星工程，可以在施工过程中通过签证的方式解决。

4. 分别说明事件5中A、B企业做法是否正确。

【依据】

关于"转包和分包"的规定：《招标投标法实施条例》第五十九条"中标人应当按照合

同约定履行义务,完成中标项目。中标人不得向他人转让中标项目,也不得将中标项目肢解后分别向他人转让。中标人按照合同约定或者经招标人同意,可以将中标项目的部分非主体、非关键性工作分包给他人完成。接受分包的人应当具备相应的资格条件,并不得再次分包"。

【解答】

A企业做法不正确。理由:根据《招标投标法实施条例》的相关规定,中标人应当按照合同约定履行义务,完成中标项目。中标人不得向他人转让中标项目,也不得将中标项目肢解后分别向他人转让。

B企业做法不正确。理由:根据《招标投标法实施条例》的相关规定,接受分包的人应当具备相应的资格条件,并不得再次分包。

(三)考点总结

1. 决策树的绘制与计算
2. 投标环节:暂列金额的填报、未填写单价和合价项目的处理、联合体成员的组成;
3. 中标环节:合同的签订;
4. 实施环节:工程转包与分包。

2018年真题(试题二)

(一)真题(本题20分)

某设计院承担了长约1.8km的高速公路隧道工程项目的设计任务。为控制工程成本,拟对选定的设计方案进行价值工程分析。专家组选取了四个主要功能项目,7名专家进行了功能项目评价,其打分结果见表18.2.1。

功能项目评价得分表　　　　　　　　　　表18.2.1

项目功能＼专家	A	B	C	D	E	F	G
石质隧道挖掘工程	10	9	8	10	10	9	9
钢筋混凝土内衬工程	5	6	4	6	7	5	7
路基及路面工程	8	8	6	8	7	8	6
通风照明监控工程	6	5	4	4	4	4	5

经测算,该四个功能项目的目前成本见表18.2.2,其目标总成本拟限定在18700万元。

各功能项目目前成本表(单位:万元)　　　表18.2.2

成本＼功能项目	石质隧道挖掘工程	钢筋混凝土内衬工程	路基及路面工程	通风照明监控工程
目前成本	6500	3940	5280	3360

问题:

1. 根据价值工程基本原理,简述提高产品价值的途径。
2. 计算该设计方案中各功能项目得分,将计算结果填写在答题卡表18.2.3中。

功能项目评价得分表 表 18.2.3

专家 项目功能	A	B	C	D	E	F	G	功能得分
石质隧道挖掘工程	10	9	8	10	10	9	9	
钢筋混凝土内衬工程	5	6	4	6	7	5	7	
路基及路面工程	8	8	6	8	7	8	6	
通风照明监控工程	6	5	4	6	4	4	5	

3. 计算该设计方案中各功能项目的价值指数、目标成本和目标成本降低额，将计算结果填写在答题卡表 18.2.4 中。

价值指数、目标成本和目标成本降低额计算表 表 18.2.4

功能项目	功能评分	功能指数	目前成本（万元）	成本指数	价值指数	目标成本（万元）	成本降低额（万元）
石质隧道挖掘工程							
钢筋混凝土内衬工程							
路基及路面工程							
通风照明监控工程							
合计							

4. 确定功能改进的前两项功能项目。

（计算过程保留 4 位小数，计算结果保留 3 位小数）

（二）参考解答

1. 根据价值工程基本原理，简述提高产品价值的途径。

【依据】

详见 2019 年版《建设工程造价管理》教材，第四章"工程经济"第三节"价值工程"中的相关内容（第 203 页）。

【解答】

提高产品价值的途径有以下 5 种：

（1）在提高产品功能的同时，又降低产品成本。

（2）在产品成本不变的条件下，通过提高产品的功能，提高利用资源的效果或效用，达到提高产品价值的目的。

（3）在保持产品功能不变的前提下，通过降低产品的寿命周期成本，达到提高产品价值的目的。

（4）产品功能有较大幅度提高，产品成本有较少提高。

（5）在产品功能略有下降、产品成本大幅度降低的情况下，也可以达到提高产品价值的目的。

2. 计算该设计方案中各功能项目得分，将计算结果填写在答题卡表 18.2.3 中。

【分析】

7 名专家对四项功能进行评分，不涉及权重，功能得分采用 7 名专家评分的算术平均值。

【解答】

功能项目评价得分表　　　　　　　　　　　　　　　　表 18.2.3（1）

专家 项目功能	A	B	C	D	E	F	G	功能得分
石质隧道挖掘工程	10	9	8	10	10	9	9	9.286
钢筋混凝土内衬工程	5	6	4	6	7	5	7	5.714
路基及路面工程	8	8	6	8	7	8	6	7.286
通风照明监控工程	6	5	4	6	4	4	5	4.857

3. 计算该设计方案中各功能项目的价值指数、目标成本和目标成本降低额，将计算结果填写在答题卡表 18.2.4 中。

【分析】

（1）功能指数＝某功能项目得分/各功能得分之和，采用题目中第 2 小题表中的功能得分进行计算。

（2）成本指数＝某功能项目的成本/各功能项目成本之和；采用题目中表 18.2.2 中的数据进行计算。

（3）价值指数＝某功能指数/该功能对应的成本指数；功能指数和成本指数分别采用前面两步的计算结果进行计算。

（4）各功能项目的目标成本＝功能指数×目标总成本（18700 万元），即功能和成本要相匹配，按功能指数分配成本。

（5）成本降低额＝目前成本－目标成本。

【解答】

价值指数、目标成本和目标成本降低额计算，见表 18.2.4（1）。

价值指数、目标成本和目标成本降低额计算表　　　　　表 18.2.4(1)

功能项目	功能评分	功能指数	目前成本（万元）	成本指数	价值指数	目标成本（万元）	成本降低额（万元）
石质隧道挖掘工程	9.286	0.3421	6500	0.3407	1.0041	6397.270	102.730
钢筋混凝土内衬工程	5.714	0.2105	3940	0.2065	1.0194	3936.350	3.650
路基及路面工程	7.286	0.2684	5280	0.2767	0.9700	5019.080	260.920
通风照明监控工程	4.857	0.1789	3360	0.1761	1.0159	3345.430	14.570
合计	27.143	0.9999	19080	1.0000	/	18700	381.870

4. 确定功能改进的前两项功能项目。

【分析】

成本降低额较大的功能项目应优先改进。

【解答】

功能改进的前两项功能项目为：路基及路面工程、石质隧道挖掘工程。

（三）考点总结

1. 提高产品价值的途径；
2. 功能评分的计算（算术平均值）；

3. 价值指数、成本指数、功能指数、目标成本和成本降低额的计算；
4. 确定功能改进的顺序。

2018年真题（试题三）

（一）真题（本题20分）

某依法必须公开招标的国有资产建设投资项目，采用工程量清单计价方式进行施工招标，业主委托具有相应资质的某咨询企业编制了招标文件和最高投标限价。

招标文件部分规定或内容如下：

（1）投标有效期自投标人递交投标文件时开始计算。

（2）评标方法采用经评审的最低投标价法，招标人将在开标后公布可接受的项目最低投报价或最低投标报价测算方法。

（3）投标人应当对招标人提供的工程量清单进行复核。

（4）招标工程量清单中给出的"计日工表（局部）"，见表18.3.1。

计日工表   表18.3.1

工程名称：× 标段：××××   第 页，共 页

编号	项目名称	单位	暂定数量	实际数量	综合单价（元）	合价（元）	
						暂定	实际
一	人工						
1	建筑与装饰工程普工	工日	1		120		
2	混凝土工、抹灰工、砌筑工	工日	1		160		
3	木工、模板工	工日	1		180		
4	钢筋工、架子工	工日	1		170		
	人工小计						
二	材料						
…	…	…	…				

在编制最高投标限价时，由于某分项工程使用了一种新型材料，定额及造价信息均无该材料消耗和价格的信息。编制人员按照理论计算法计算了材料净用量，并以此净用量乘以向材料生产厂家询价确认的材料出厂价格，得到该分项工程综合单价中新型材料的材料费。

在投标和评标过程中，发生了下列事件：

事件1：投标人A发现分部分项工程量清单中某分项工程特征描述和图纸不符。

事件2：投标人B的投标文件中，有一工程量较大的分部分项工程清单项目未填写单价与合价。

问题：

1. 分别指出招标文件中（1）～（4）项的规定或内容是否妥当？并说明理由。

2. 编制最高投标限价时，编制人员确定综合单价中新型材料费的方法是否正确？并说明理由。

3. 针对事件1，投标人A应如何处理？

4. 针对事件 2，评标委员会是否可否决投标人 B 的投标，并说明理由。

（二）参考解答

1. 分别指出招标文件中（1）~（4）项的规定或内容是否妥当？并说明理由。

【依据】

（1）关于"投标有效期"的规定：《招标投标法实施条例》第二十五条"招标人应当在招标文件中载明投标有效期。投标有效期从提交投标文件的截止之日起算。"

（2）关于"评标方法"的规定：《评标委员会和评标方法的暂行规定》第三十条"经评审的最低投标价法一般适用于具有通用技术、性能标准或者招标人对其技术、性能没有特殊要求的招标项目。"

关于"最高投标限价"的规定：《招标投标法实施条例》第二十七条"……招标人设有最高投标限价的，应当在招标文件中明确最高投标限价或者最高投标限价的计算方法。招标人不得规定最低投标限价。"

（3）关于"招标清单责任"的规定：《清单计价规范》GB 50500—2013 第 4.1.2 条"招标工程量清单必须作为招标文件的组成部分，其准确性和完整性应由招标人负责。"

（4）关于"计日工"的规定：《清单计价规范》GB 50500—2013 第 4.4.4 条"计日工应列出项目名称、计量单位和暂估数量。"第 6.2.5 条"……4. 计日工应按招标工程量清单中列出的项目和数量，自主确定综合单价并计算计日工金额……"

【解答】

招标文件第（1）条规定不妥当。理由：根据《招标投标法实施条例》的相关规定，投标有效期应从提交投标文件的截止之日起算。

招标文件第（2）条中"经评审的最低投标价法"妥当，理由：根据《评标委员会和评标方法的暂行规定》，经评审的最低投标价法一般适用于具有通用技术、性能标准或者招标人对其技术、性能没有特殊要求的招标项目。

"在开标后公布可接受的项目最低投报价或最低投标报价测算方法"不妥当，理由：根据《招标投标法实施条例》的相关规定，招标人不得规定最低投标限价。

招标文件第（3）条规定不妥当。理由：根据《清单计价规范》的规定，招标工程量清单必须作为招标文件的组成部分，其准确性和完整性由招标人负责。

招标文件第（4）条中"计日工的综合单价由招标人填写"不妥当。理由：根据《清单计价规范》的相关规定，在招标工程量清单只需列出计日工的项目名称、计量单位和暂估数量；计日工的综合单价应由投标人在投标文件中自主确定。

【注意】

对于第（3）项规定，投标人可以把招标工程量清单复核结果作为选择投标报价策略的依据，并不是投标人一定要做的工作。实际工程中，如果出现工程量偏差，《清单计价规范》GB 50500—2013 对此有相应的调整规定。

2. 编制最高投标限价时，编制人员确定综合单价中新型材料费的方法是否正确？并说明理由。

【依据】

（1）"综合单价"的规定：《清单计价规范》GB 50500—2013 第 2.0.8 条"完成一个

规定计量单位的分部分项工程和措施清单项目所需的人工费、材料和工程设备费、施工机具使用费和企业管理费、利润以及一定范围内的风险费用。"

(2) 关于"材料费"的规定：2019年版《建设工程计价》教材第64页"确定材料定额消耗量的基本方法"中规定，"施工中材料的消耗量分为必须消耗的材料和损失的材料两类性质。确定材料消耗量的基本方法有……（4）理论计算法，理论计算法是根据施工图和建筑构造的要求，用理论计算公式计算出材料净用量的方法，这种计算方法比较适合于易产生损耗，且容易确定废料的材料消耗量的计算。"第68页"材料单价的编制依据和确定方法"中规定，材料的单价包括材料原价、材料运杂费、运输损耗、采购及保管费。

【解答】

(1) "编制人员按照理论计算法计算了材料净用量"正确，理由：可以根据施工图和建筑构造的要求，用理论计算的方法确定材料的净用量。

(2) "并以此净用量乘以向材料生产厂家询价确认的材料出厂价格，得到该分项工程综合单价中新型材料的材料费。"不正确。理由：材料的消耗量除了材料的净用量外，还包括材料损耗量；材料的单价除了包括出厂价外，还应包括材料的运杂费、运输损耗、采购及保管费。

3. 针对事件1，投标人A应如何处理？

【依据】

关于"项目特征不符"的规定：《清单计价规范》GB 50500—2013 第9.4.1条"发包人在招标工程量清单中对项目特征的描述，应被认为是准确的和全面的，并且与施工要求相符合。承包人应按照发包人提供的工程量清单，根据其项目特征描述的内容及有关要求实施合同工程，直到其被改变为止。"第9.4.2条"合同履行期间，出现实际施工设计图纸（含设计变更）与招标工程量清单任一项目的特征描述不符，且该变化引起该项目的工程造价增减变化的，应按照实际施工的项目特征按本规范第9.3节相关条款的规定，重新确定相应工程量清单项目的综合单价，并调整合同价款。"

【解答】

投标人A可以作出如下处理：

(1) 投标人A可以在规定时间内向招标人书面提出质疑，招标人若对项目特征进行书面更正，按更正后的项目特征进行报价。

(2) 投标人A也可按照招标工程量清单的特征描述进行报价，按图纸进行施工，并按照合同约定的办法，以实际施工的项目特征重新确定综合单价，并调整合同价款。

4. 针对事件2，评标委员会是否可否决投标人B的投标，并说明理由。

【依据】

关于"未填报单价和合价"的规定：《清单计价规范》GB 50500—2013 第6.2.7条"未填写单价和合价的项目，视为此项费用已包含在已标价工程量清单中其他项目的单价和合价之中，竣工结算时，此项目不得重新组价予以调整。"

【解答】

评标委员会不能否决投标人B的投标。理由：根据《清单计价规范》的相关规定，未填写单价和合价的项目，视为此项费用已包含在已标价工程量清单中其他项目的单价和合价之中。竣工结算时，此项目不得重新组价予以调整。

(三) 考点总结

1. 招标环节：投标有效期、评标方法、招标清单、计日工的规定、招标控制价中材料费的计算方法；
2. 投标环节：项目特征不符的处理；
3. 评标环节：未填写单价与合价的处理。

2017 年真题（试题二）

(一) 真题（本题 20 分）

某企业拟建一座节能综合办公楼，建筑面积为 25000m²，其工程设计方案部分资料如下：

A 方案：采用装配式钢结构框架体系，预制钢筋混凝土叠合板楼板，装饰、保温、防水三合一复合外墙，双玻断桥铝合金外墙窗，叠合板上现浇珍珠岩保温屋面。单方造价为 2020 元/m²。

B 方案：采用装配式钢筋混凝土框架体系，预制钢筋混凝土叠合板楼板，轻质大板外墙体，双玻铝合金外墙窗，现浇钢筋混凝土屋面板上铺水泥蛭石保温屋面。单方造价为 1960 元/m²。

C 方案：采用现浇钢筋混凝土框架体系，现浇钢筋混凝土楼板，加气混凝土砌块铝板装饰外墙体，外墙窗和屋面做法同 B 方案。单方造价为 1880 元/m²。

各方案功能权重及得分，见表 17.2.1。

各方案功能权重及得分表　　　　　　　　　　表 17.2.1

功能项目		结构体系	外窗类型	墙体材料	屋面类型
功能权重		0.30	0.25	0.30	0.15
各方案功能得分	A 方案	8	9	9	8
	B 方案	8	7	9	7
	C 方案	9	7	8	7

问题：

1. 简述价值工程中所述的"价值（V）的含义"。对于大型复杂的产品，应用价值工程的重点是在其寿命周期的哪些阶段？
2. 运用价值工程原理进行计算，将计算结果分别填入答题卡表 17.2.2、表 17.2.3、表 17.2.4 中，并选择最佳设计方案。

功能指数计算表　　　　　　　　　　表 17.2.2

功能项目		结构体系	外窗类型	墙体材料	屋面类型	合计	功能指数
功能权重		0.30	0.25	0.30	0.15		
加权得分	A 方案	2.4	2.25	2.7	1.2		
	B 方案	2.4	1.75	2.7	1.05		
	C 方案	2.7	1.75	2.4	1.05		

成本指数计算表　　　　　　　　　　　　　　　　　　　　表 17.2.3

方案	成本	成本指数
A方案		
B方案		
C方案		
合计		

价值指数计算表　　　　　　　　　　　　　　　　　　　　表 17.2.4

方案	功能指数	成本指数	价值指数
A方案			
B方案			
C方案			

3. 三个方案设计使用寿命均按 50 年计，基准折现率为 10%，A 方案年运行和维修费用为 78 万元，每 10 年大修一次，费用为 900 万元，已知 B、C 方案年度寿命周期经济成本分别为 664.222 万元和 695.400 万元，其他有关数据资料见表 17.2.5 "年金和现值系数表"。列式计算 A 方案的年度寿命周期经济成本，并运用最小年费用法选择最佳设计方案。

年金和现值系数表　　　　　　　　　　　　　　　　　　表 17.2.5

n	10	15	20	30	40	45	50
$(A/P, 10\%, n)$	0.1627	0.1315	0.1175	0.1061	0.1023	0.1014	0.1009
$(P/F, 10\%, n)$	0.3855	0.2394	0.1486	0.0573	0.0221	0.0137	0.0085

（计算过程保留 4 位小数，计算结果保留 3 位小数）

（二）参考解答

1. 简述价值工程中所述的"价值（V）"的含义。对于大型复杂的产品，应用价值工程的重点是在其寿命周期的哪些阶段？

【依据】

详见 2019 年版《建设工程造价管理》教材，第四章"工程经济"第三节"价值工程"中的相关内容（第 202 页、第 204 页）。

【解答】

（1）价值工程中所述的"价值"是指作为某种产品（或作业）所具有的功能与获得该功能全部费用的比值，是对象的比较价值，即：$V=F/C$。

（2）对于大型复杂的产品，应用价值工程的重点是在产品的研究、设计阶段。

2. 运用价值工程原理进行计算，将计算结果分别填入答题卡表 17.2.2、表 17.2.3、表 17.2.4 中，并选择最佳设计方案。

【分析】

（1）功能指数＝某方案的功能加权得分/各方案的功能加权得分之和。其中，各方案各功能的权重系数在题目中已给出，权重系数乘以方案的功能得分为加权得分（题目中已给出），各功能的加权得分之和为该方案的得分。

(2) 成本指数＝某方案的成本/各方案的成本之和；各方案的成本在题目中是已知数据，填入表中即可。

(3) 价值指数＝功能指数/成本指数；功能指数和成本指数分别采用前面两步的计算结果即可。

价值指数最大的方案是最佳设计方案。

【解答】

功能指数、成本指数、价值指数计算，见表17.2.2(1)、表17.2.3(1)、表17.2.4(1)。

功能指数计算表　　　　　　　　　　　　　　表17.2.2(1)

功能项目		结构体系	外窗类型	墙体材料	屋面类型	合计	功能指数
功能权重		0.30	0.25	0.30	0.15		
加权得分	A方案	2.4	2.25	2.7	1.2	8.5500	0.351
	B方案	2.4	1.75	2.7	1.05	7.9000	0.324
	C方案	2.7	1.75	2.4	1.05	7.9000	0.324

成本指数计算表　　　　　　　　　　　　　　表17.2.3(1)

方案	成本	成本指数
A方案	2020	0.345
B方案	1960	0.334
C方案	1880	0.321
合计	5860	1.000

价值指数计算表　　　　　　　　　　　　　　表17.2.4(1)

方案	功能指数	成本指数	价值指数
A方案	0.351	0.345	1.017
B方案	0.324	0.334	0.970
C方案	0.324	0.321	1.009

因A方案的价值指数最大，选择A方案。

3. 列式计算A方案的年度寿命周期经济成本，并运用最小年费用法选择最佳设计方案。

【分析】

A方案年度寿命周期经济成本＝总造价（现值P）按50年换算成年值（A_1）＋使用过程中的大修费用折算成年值（A_2）＋年运行和维修费（年值A_3）。其中：

(1) 总造价(现值P)＝单方造价(2020元/m²)×建筑面积(25000m²)＝5050万元，再换算成（年值A_1）。

(2) 各次大修费用终值（F＝900万元）要分别折算成现值（P），每10年大修一次，在寿命周期50年内需大修4次（到50年时报废，不需要大修），因此应选用n＝10、20、30、40时的现值系数。再将各次大修费的现值之和换算成年值（A_2）。

(3) A方案年运行和维修费用（A_3）为78万元。

【解答】

(1) A方案年度寿命周期经济成本：$\{2020×250000/10000+[900×(P/F,10\%,10)+900×(P/F,10\%,20)+900×(P/F,10\%,30)+900×(P/F,10\%,40)]×(A/$

P，10%，50)}+78=[5050+900×(0.3855+0.1486+0.0573+0.0221)]×0.1009+78
=643.257 万元。

(2) 最佳设计方案选择：在 A、B、C 三个方案中，A 方案年度寿命周期经济成本最低，选择 A 方案。

(三) 考点总结

1. 价值工程的含义及应用；
2. 功能指数、成本指数、价值指数的计算，用价值工程原理选择方案；
3. 年度寿命周期经济成本的计算，用最小年费用法选择方案。

2017 年真题（试题三）

(一) 真题（本题 20 分）

国有资金投资依法必须公开招标的某建设项目，采用工程量清单计价方式进行施工招标，招标控制价为 3568 万元，其中暂列金额 280 万元。招标文件中规定：

(1) 投标有效期 90 天，投标保证金有效期与其一致。
(2) 投标报价不得低于企业平均成本。
(3) 近三年施工完成或在建的合同价超过 2000 万元的类似工程项目不少于 3 个。
(4) 合同履行期间，综合单价在任何市场波动和政策变化下均不得调整。
(5) 缺陷责任期为 3 年，期满后退还预留的质量保证金。

投标过程中，投标人 F 在开标前 1 小时口头告知招标人，撤回了已提交的投标文件，要求招标人 3 日内退还其投标保证金。

除 F 外还有 A、B、C、D、E 五个投标人参加了投标，其总报价（万元）分别为：3489、3470、3358、3209、3542。评标过程中，评标委员会发现投标人 B 的暂列金额按 260 万元计取，且对招标清单中的材料暂估单价均下调 5% 后计入报价；发现投标人 E 报价中混凝土梁的综合单价为 700 元/m^3，招标清单工程量为 520m^3，合价为 36400 元。其他投标人的投标文件均符合要求。

招标文件中规定的评分标准如下：商务标中的总报价评分 60 分，有效报价的算术平均数为评标基准价，报价等于评标基准价者得满分（60 分），在此基础上，报价比评标基准价每下降 1%，扣 1 分；每上升 1%，扣 2 分。

问题：

1. 请逐一分析招标文件中规定的 (1)~(5) 项内容是否妥当，并对不妥之处分别说明理由。
2. 请指出投标人 F 行为的不妥之处，并说明理由。
3. 针对投标人 B、投标人 E 的报价，评标委员会应分别如何处理？并说明理由。
4. 计算各有效报价投标人的总报价得分。（计算结果保留 2 位小数）

(二) 参考解答

1. 请逐一分析招标文件中规定的 (1)~(5) 项内容是否妥当，并对不妥之处分别说明理由。

【依据】
(1) 关于"投标有效期"的规定：《招标投标法实施条例》第二十五条"招标人应当

在招标文件中载明投标有效期。投标有效期从提交投标文件的截止之日起算。"第二十六条"……投标保证金有效期应当与投标有效期一致。"2019年版《建设工程计价》教材第211页"投标有效期的期限可根据项目特点确定，一般项目的投标有效期为60~90天。"

（2）关于"投标报价"的规定：《招标投标法实施条例》第五十一条"有下列情形之一的，评标委员会应当否决其投标：……（五）投标报价低于成本或者高于招标文件设定的最高投标限价……"《评标委员会和评标方法暂行规定》第二十一条"在评标过程中，评标委员会发现投标人的报价明显低于其他投标报价或者在设有标底时明显低于标底，使得其投标报价可能低于其个别成本的，应当要求该投标人作出书面说明并提供相关证明材料。投标人不能合理说明或者不能提供相关证明材料的，由评标委员会认定该投标人以低于成本报价竞标，应当否决其投标。"

应注意的是，这里的成本指的是投标企业的个别成本，不是社会平均成本。

（3）关于"限制或排斥潜在投标人"的规定：《招标投标法实施条例释义》第三十二条"招标项目需要以投标人的类似项目业绩、奖项作为评标加分条件，则可以设置全国性的奖项作为评标加分条件。还可以从项目本身具有的技术管理特点需要和所处自然环境条件的角度对潜在投标人提出类似项目业绩要求或评标加分标准。"

（4）关于"计价风险"的规定：《清单计价规范》GB 50500—2013 第3.4.1条"建设工程发承包，必须在招标文件、合同中明确计价中的风险内容及其范围，不得采用无风险、所有风险或类似语句规定计价中的风险内容及范围。"

（5）关于"缺陷责任期"的规定：《建设工程施工合同（示范文本）》（GF—2017—0201）第二部分"通用合同条款"第15.2.1条规定"缺陷责任期自实际竣工日期起计算，合同当事人应在专用合同条款约定缺陷责任期的具体期限，但该期限最长不超过24个月。"

【解答】

（1）妥当。

（2）不妥。理由：根据《招标投标法实施条例》的相关规定，报价不得低于企业个别成本。

（3）妥当。

（4）不妥。根据《清单计价规范》的相关规定，建设工程发承包，必须在招标文件、合同中明确计价中的风险内容及其范围，不得采用无风险、所有风险或类似语句规定计价中的风险内容及范围。

（5）不妥。理由：根据《建设工程施工合同（示范文本）》的相关规定，缺陷责任期最长不超过24个月。

2. 请指出投标人F行为的不妥之处，并说明理由。

【依据】

关于"投标文件撤回"的规定：《招标投标法实施条例》第三十五条"投标人撤回已提交的投标文件，应当在投标截止时间前书面通知招标人。招标人已收取投标保证金的，应当自收到投标人书面撤回通知之日起5日内退还。投标截止后投标人撤销投标文件的，招标人可以不退还投标保证金。"

【解答】

"口头告知招标人，撤回已提交的投标文件"不妥；"要求招标人3日内退还其投标保证金"也不妥。

理由：根据《招标投标法实施条例》的相关规定，撤回已提交的投标文件应书面通知招标人。招标人应当自收到投标人书面撤回通知之日起 5 日内退还该投标人的投标保证金。

3. 针对投标人 B、投标人 E 的报价，评标委员会应分别如何处理？并说明理由。

【依据】

（1）关于投标报价中的"暂列金额、暂估价"的规定：《清单计价规范》GB 50500—2013 第 6.2.5 条"其他项目费应按下列规定报价：1. 暂列金额应按招标工程量清单中列出的金额填写；2. 材料、工程设备暂估价应按招标工程量清单中列出的单价计入综合单价……"

（2）关于"投标文件算术错误修正"的规定：《招标投标法实施条例》第五十二条"投标文件中有含义不明确的内容、明显文字或者计算错误，评标委员会认为需要投标人作出必要澄清、说明的，应当书面通知该投标人。投标人的澄清、说明应当采用书面形式，并不得超出投标文件的范围或者改变投标文件的实质性内容……"《评标委员会和评标方法暂行规定》第十九条"评标委员会可以书面方式要求投标人对投标文件中含义不明确、对同类问题表述不一致或者有明显文字和计算错误的内容作必要的澄清、说明或者补正……总价金额与单价金额不一致的，以单价金额为准……"

（3）关于"投标报价"的规定：《招标投标法实施条例》第五十一条"有下列情形之一的，评标委员会应当否决其投标……（五）投标报价低于成本或者高于招标文件设定的最高投标限价……"

【解答】

（1）评标委员会应当将投标人 B 的投标文件按废标处理。理由：根据《清单计价规范》的相关规定，暂列金额应按招标工程量清单中列出的金额（280 万）填写；暂估价应按招标工程量清单中列出的单价计入综合单价（不应下浮）。

（2）评标委员会应当对投标人 E 的投标文件中"混凝土梁的总价"的计算错误进行修正：即混凝土梁的总价修正为 $700 \times 520 = 364000 = 36.40$ 万元，投标人 E 的投标报价修正为 $3542 - 3.64 + 36.40 = 3574.76$ 万元。

评标委员会应将修正的结果书面通知投标人 E，并让其书面签字确认。若投标人 E 拒绝书面签字确认，评标委员会应当将其投标文件按废标处理；若投标人 E 书面签字确认了该修正结果，其投标报价为 3574.76 万元，超过了招标控制价 3568 万元，评标委员会仍应将其投标文件按废标处理。

4. 计算各有效报价投标人的总报价得分。

【分析】

按照题目中给定的评分标准进行计算，注意评标价是以"有效报价"的算术平均数为基准；投标人 B、E 的投标文件已作为废标处理了，不是有效标，只有投标人 A、C、D 的投标文件是有效标。

【解答】

（1）评标基准价为 $(3489 + 3358 + 3209)/3 = 3352$ 万元

（2）各投标人商务报价的得分如下：

A 投标人：3489/3352＝104.09％，得分为 60－(104.09－100)×2＝51.82 分
C 投标人：3358/3352＝100.18％，得分为 60－(100.18－100)×2＝59.64 分
D 投标人：3209/3352＝95.73％，得分为 60－(100－95.73)×1＝55.73 分

（三）考点总结

1. 招标环节：投标有效期，投标报价，限制或排斥潜在投标人，计价风险，缺陷责任期；
2. 投标环节：投标文件的撤回、暂估价的处理；
3. 评标环节：投标报价的修正、报价得分的计算。

2016 年真题（试题二）

（一）真题（本题20分）

某隧洞工程，施工单位与项目业主签订了 120000 万元的施工总承包合同，合同约定：每延长（或缩短）1 天工期，处罚（或奖励）金额 3 万元。

施工过程中发生了以下事件：

事件1：施工前，施工单位拟定了三种隧洞开挖施工方案，并测定了各方案的施工成本，见表 16.2.1。

各施工方案施工成本（单位：万元）　　　表 16.2.1

施工方案	施工准备工作成本	不同地质条件下的施工成本	
		地质较好	地质不好
先拱后墙法	4300	10100	102000
台阶法	4500	99000	106000
全断面法	6800	93000	/

当采用全断面法施工时，在地质条件不好的情况下，须改用其他施工方法。如果改用先拱后墙法施工，需再投入 3300 万元的施工准备工作成本；如果改用台阶法施工，需再投入 1100 万元的施工准备工作成本。

根据对地质勘探资料的分析评估，地质情况较好的可能性为 0.6。

事件2：实际开工前发现地质情况不好，经综合考虑施工方案采用台阶法，造价师测算了按计划工期施工的施工成本：间接成本为 2 万元/天，直接成本每压缩工期 5 天增加 30 万元，每延长工期 5 天减少 20 万元。

问题：

1. 绘制事件 1 中施工单位施工方案的决策树。
2. 列式计算事件 1 中施工方案选择的决策过程，并按成本最低原则确定最佳施工方案。
3. 事件 2 中，从经济的角度考虑，施工单位应压缩工期、延长工期还是按计划工期施工？说明理由。
4. 事件 2 中，施工单位按计划工期施工的产值利润率为多少万元？若施工单位希望实现 10％的产值利润率，应降低成本多少万元？

（二）参考解答

1. 绘制事件1中施工单位施工方案的决策树。

【分析】

（1）从决策点（用"□"表示）开始，分别绘出3个方案枝，并将方案的名称标在方案枝的斜线上。

（2）每个方案枝的末端都有一个机会点（用"○"表示），绘出每个机会点的概率枝（各种情况的概率之和为1，题目中只给出了地质情况较好的概率为0.6，本题的地质条件只有两种情况，地质情况不好的概率为0.4（即1－0.6＝0.4），各种可能情况分别标在相应的概率枝横线上；各种可能情况的收益值分别标在概率枝的末端。

（3）分别计算各机会点的期望值。不同地质条件下的施工成本分别乘以相应概率并求和，再加上施工准备工作成本就是机会点的期望值。各机会点的期望值计算过程详见第2小题的解答。

（4）方案选择：望值最高的方案作为选择方案，将其余的方案作为排除方案用两条短线排除。

（5）应特别注意，本题中第三种情况"地质情况差"，要进行二次决策。也就是在"地质情况差"的前提下，到底是选择"先拱后墙法"，还是"台阶法"，需要从这二者之间选一个施工成本较低的方案，作为当"地质情况差"时，"全断面法"的实施方案。

【解答】

绘制决策树图如图16.2.1所示：

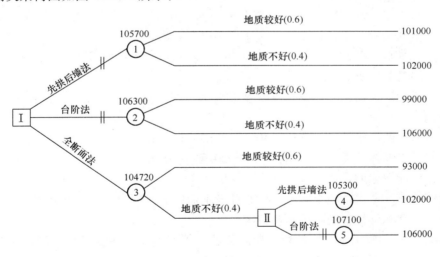

图16.2.1 决策树图

【注意】

对于"全断面法"，不管地质较好，还是地质不好，都需要投入6800万元的施工准备工作成本，可以理解为在作二次决策之前就已经投入了。如果"全断面法"在遇到地质不好的条件，又需要改成其他施工方法，即"先拱后墙法"和"台阶法"，这两种方法在地质不好的条件下施工成本分别需要102000万元和106000万元，同时还需分别再增加施工准备成本 3300 万元和 1100 万元。

也就是说，本题的难点在于理解施工过程，全断面法在地质不好的情况下，需要投入两次施工准备成本。

2. 列式计算事件 1 中施工方案选择的决策过程，并按成本最低原则确定最佳施工方案。

【分析】

分析同第 1 小题，本题计算的数据是第 1 小题中绘制决策树图的依据。

【解答】

(1) 先拱后墙法"1"点的期望值：4300+(101000×0.6+102000×0.4)=105700 万元

(2) 台阶法"2"点的期望值：4500+(99000×0.6+106000×0.4)=106300 万元

(3) 全断面法"3"点的期望值计算：

① 全断面法地质条件不好时，第二级决策过程如下：先拱后墙法"4"点的期望值：3300+10200=106300 万元；选用台阶法"5"点的期望值：1100+106000=107100 万元 因此，全断面法如果遇到地质不好的情况时，应选用先拱后墙法（成本最低）。

② 全断面法"3"点的期望值：

6800+(93000×0.6+105300×0.4)=104720 万元

综合以上分析，全断面法的成本期望值最低，选择全断面法。

3. 事件 2 中，从经济的角度考虑，施工单位应压缩工期、延长工期还是按计划工期施工？说明理由。

【分析】

本题赶工方案的选择，应分别计算三种方案的费用增减情况：

(1) 压缩工期：每天增加直接成本支出 30/5=6 万元；每天减少间接成本支出 2 万元；每天获工期奖励 3 万元，可折算为减少支出 3 万元。

(2) 延长工期，每天减少费用支出 20/5=4 万元，每天增加间接成本支出 2 万元，每天会增加工期罚款支出 3 万元。

(3) 按原计划工期施工，每天新增费用为 0。

【解答】

(1) 压缩工期，每天增加支出：30/5−2−3=1 万元

(2) 延长工期，每天增加支出：2+3−20/5=1 万元

(3) 按原计划工期，每天增加支出：0 万元

从经济的角度考虑，施工单位应按原计划工期施工。理由是：按原计划施工不会新增费用，压缩工期和延长工期都会新增费用。

4. 事件 2 中，施工单位按计划工期施工的产值利润率为多少万元？若施工单位希望实现 10% 的产值利润率，应降低成本多少万元？

【分析】

(1) 产值利润率=(产值−成本)/产值，其中：产值为 120000 万元(合同价)，成本=施工准备工作成本+施工成本，施工准备工作成本为 4500 万元(实际用台阶法)，施工成本为 106000 万元(实际地质不好)；实际的成本是 4500+106000=110500 万元。

(2) 实际产值利润率为 (120000−110500)/120000=7.92%，利润率提高到 10%，成本必然要降低，根据产值利润率的公式列方程即可求解。

【解答】
(1) 产值为 120000 万元，成本为 4500＋106000＝110500 万元，产值利润率为 (120000－110500)/120000＝7.92%

(2) 设成本降低额为 x 万元，$[120000-(110500-x)]/120000=10\%$，解得 $x=2500$ 万元，即应降低成本 2500 万元。

(三) 考点总结
1. 决策树的绘制；
2. 决策树各方案期望值的计算；
3. 不同条件下，工程赶工与否的判断；
4. 产值利润率的计算。

2016 年真题（试题三）

(一) 真题（本题 20 分）

某国有资金投资建设项目，采用公开招标方式进行施工招标，业主委托具有相应招标代理和造价咨询资质的中介机构编制了招标文件和招标控制价。

该项目招标文件包括如下规定：
(1) 招标人不组织项目现场勘查活动。
(2) 投标人对招标文件有异议的，应当在投标截止时间 10 日前提出，否则招标人拒绝回复。
(3) 投标人报价时必须采用当地建设行政管理部门造价管理机构发布的计价定额中分部分项工程人工、材料、机械台班消耗量标准。
(4) 招标人将聘请第三方造价咨询机构在开标后评标前开展清标活动。
(5) 投标人报价低于招标控制价幅度超过 30% 的，投标人在评标时须向评标委员会说明报价较低的理由，并提供证据；投标人不能说明理由，提供证据的，将认定为废标。

在项目的投标及评标过程中发生了以下事件：

事件1：投标人 A 为外地企业，对项目所在区域不熟悉，向招标人申请，希望招标人安排一名工作人员陪同踏勘现场，招标人同意安排一名普通工作人员陪同投标人 A 踏勘现场。

事件2：清标发现，投标人 A 和投标人 B 的总价和所有分部分项工程综合单价相差相同的比例。

事件3：通过市场调查，工程量清单中某材料暂估单价与市场调查价格有较大偏差，为规避风险，投标人 C 在投标报价计算相关分布分项工程项目综合单价时采用了该材料市场调查的实际价格。

事件4：评标委员会某成员认为投标人 D 与招标人曾经在多个项目上合作过，从有利于招标人的角度，建议优先选择投标人 D 为中标候选人。

问题：
1. 请逐一分析项目招标文件包括的 (1)~(5) 项规定是否妥当，并分别说明理由。
2. 事件1中，招标人的做法是否妥当？并说明理由。

3. 针对事件2，评标委员会应该如何处理？并说明理由。
4. 事件3中，投标人C的做法是否妥当？并说明理由。
5. 事件4中，评标委员会成员的做法是否妥当？并说明理由。

(二) 参考解答

1. 请逐一分析项目招标文件包括的 (1)~(5) 项规定是否妥当，并分别说明理由。

【依据】

(1) 关于"踏勘现场"的规定：《招标投标法》第二十一条"招标人根据招标项目的具体情况，可以组织潜在投标人踏勘项目现场"。《招标投标法实施条例》第二十八条"招标人不得组织单个或者部分潜在投标人踏勘项目现场"。《招标投标法实施条例释义》第二十八条"根据招标项目情况，招标人可以组织潜在投标人踏勘项目现场，也可以不组织踏勘项目现场。"

(2) 关于"对招标文件有异议"的规定：《招标投标法实施条例》第二十二条"潜在投标人或者其他利害关系人对资格预审文件有异议的，应当在提交资格预审申请文件截止时间2日前提出；对招标文件有异议的，应当在投标截止时间10日前提出。招标人应当自收到异议之日起3日内作出答复；作出答复前，应当暂停招标投标活动。"

(3) 关于"投标报价依据"的规定：《清单计价规范》GB 50500—2013 第6.2.1条，投标报价应根据下列依据编制和复核：①本规范；②国家或省级、行业建设主管部门颁发的计价办法；③企业定额，国家或省级、行业建设主管部门颁发的计价定额；④招标文件、工程量清单及其补充通知、答疑纪要；⑤建设工程设计文件及相关资料；⑥施工现场情况、工程特点及拟定的投标施工组织设计或施工方案；⑦与建设项目相关的标准、规范等技术资料；⑧市场价格信息或工程造价管理机构发布的工程造价信息；⑨其他的相关资料。

(4) 关于"清标"的规定：《建设工程造价咨询规范》GB/T 51095—2015 第2.0.6条"清标，指招标人或工程造价咨询企业在开标后且评标前，对投标人的报价是否响应招标文件、违反国家有关规定，以及报价的合理性、算术性错误等进行审查并提出意见的活动。"本条的条文说明"为避免评标专家来不及发现不响应招标文件、违反国家有关规定的，以及严重不平衡报价、算术性错误、设置报价陷阱等严重问题，招标人可组织工程造价咨询企业对投标报价进行全面分析，并提出具体问题，供专家质疑和评标参考。"

(5) 关于"低于成本报价"的规定：《评标委员会和评标方法的暂行规定》第二十一条"在评标过程中，评标委员会发现投标人的报价明显低于其他投标报价或者在设有标底时明显低于标底，使得其投标报价可能低于其个别成本的，应当要求该投标人作出书面说明并提供相关证明材料。投标人不能合理说明或者不能提供相关证明材料的，由评标委员会认定该投标人以低于成本报价竞标，应当否决其投标。"

【解答】

招标文件的 (1) 项规定，妥当。理由：根据《招标投标法及实施条例》的相关规定，招标人可以（也可以不）组织踏勘现场，是否组织踏勘现场由招标人根据实际情况自行确定。

招标文件的 (2) 项规定，妥当。理由：根据《招标投标法实施条例》的相关规定：

投标人对招标文件有异议的，应当在投标截止时间 10 日前提出。

招标文件的（3）项规定，不妥当。理由：根据《清单计价规范》的相关规定：投标人可以根据自己的企业定额、国家或省级、行业建设主管部门颁发的计价定额报价。招标人不能指定投标人采用特定的定额编制投标文件。

招标文件的（4）项规定，妥当。理由：根据《建设工程造价咨询规范》的相关规定，招标人可组织工程造价咨询企业在开标后评标前进行清标活动。

招标文件的（5）项规定，妥当。理由：根据《评标委员会和评标方法的暂行规定》，以投标人的报价明显低于其他投标报价或者在设有标底时明显低于标底，作为判别低于成本的依据。可用投标人报价"低于招标控制价的 30%"作为低于成本报价的初步判别依据，并要求投标人说明报价较低的理由，并提供证据，供评标委员会进一步判别。

【注意】

对于第（3）项的规定，招标控制价编制的依据才是"国家或省级、行业建设主管部门颁发的计价定额"；投标报价的编制依据采用"企业定额"才能真正体现招投标的竞争性原则。

对于第（5）项的规定，应注意"招标人不得规定最低投标限价"与"投标人不得低于成本报价"的区别。

本题将"报价低于招标控制价幅度超过 30%"认定为投标人有"低于成本报价"的嫌疑，并要求说明"报价较低的理由，并提供证据"，如果投标人能合理说明其报价较低的理由，并提供了相应证据，评标委员会通过对其提供的材料进行判定，认为没有低于投标人自己的成本，该投标仍然是有效的。

本题涉及的是"低于成本报价"的判定及如何处理，并不是以此设置"最低投标报价"，因此，本项规定是妥当的。

2. 事件 1 中，招标人的做法是否妥当？并说明理由。

【依据】

同第 1 题中关于"踏勘现场"的规定。招标人如果组织"单个"或者"部分"潜在投标人踏勘现场，招标人可能会向投标人有差别地提供信息，造成投标人之间不公平的竞争。

【解答】

招标人的做法不妥当。理由：根据《招标投标法实施条例》的相关规定：招标人不得组织单个或者部分潜在投标人踏勘项目现场。

3. 针对事件 2，评标委员会应该如何处理？并说明理由。

【依据】

（1）关于"串通投标"的认定：《招标投标法实施条例》第四十条"有下列情形之一的，视为投标人相互串通投标：……（四）不同投标人的投标文件异常一致或者投标报价呈规律性差异。……"

（2）关于"串通投标"的处理：《评标委员会和评标方法的暂行规定》第二十条"在评标过程中，评标委员会发现投标人以他人的名义投标、串通投标、以行贿手段谋取中标或者以其他弄虚作假方式投标的，应当否决该投标人的投标。"

【解答】

评标委员会应将投标人 A 和投标人 B 视为串通投标，并否决其投标。理由：根据

《招标投标法实施条例》规定，不同投标人的投标文件异常一致或者投标报价呈规律性差异视为串通投标；根据《评标委员会和评标方法的暂行规定》，在评标过程中，评标委员会发现投标人串通投标的，应当否决该投标人的投标。

4. 事件3中，投标人C的做法是否妥当？并说明理由。

【依据】

关于投标文件对"暂估价"的处理：《清单计价规范》GB 50500—2013 第 6.2.5 条第 2 款 "材料、工程设备暂估价应按招标工程量清单中列出的单价计入综合单价。"

【解答】

投标人C的做法不妥当。理由：根据《清单计价规范》相关规定，材料、工程设备暂估价应按招标工程量清单中列出的单价计入综合单价。

5. 事件4中，该评标委员会成员的做法是否妥当？并说明理由。

【依据】

关于"评标的标准和方法"的规定，《招标投标法》第四十条"评标委员会应当按照招标文件确定的评标标准和方法，对投标文件进行评审和比较"；《招标投标法实施条例》第四十九条"评标委员会成员应当依照招标投标法和本条例的规定，按照招标文件规定的评标标准和方法，客观、公正地对投标文件提出评审意见。招标文件没有规定的评标标准和方法不得作为评标的依据。"

【解答】

该评标委员会成员的做法不妥当。理由：根据《招标投标法实施条例》的相关规定，评标委员会成员应当按照招标文件规定的评标标准进行评标并确定中标候选人。招标文件没有规定的评标标准和方法不得作为评标的依据（招标文件并没有规定投标人与招标人有合作先例的作为优先考虑的条件）。

（三）考点总结

1. 招标环节：踏勘现场、对招标文件有异议的处理；
2. 投标环节：投标报价编制依据、暂估价的处理；
3. 评标环节：清单、低于成本报价认定与处理、串标认定与处理、评标标准和方法。

2015年真题（试题二）

（一）真题（本题20分）

某承包人在一多层厂房工程施工中，拟定了三个可供选择的施工方案，专家组为此进行技术经济分析。对各方案的技术经济指标打分见表15.2.1，并一致认为各经济指标重要程度为：F_1 相对于 F_2 很重要，F_1 相对于 F_3 较重要，F_2 和 F_4 同等重要，F_3 和 F_5 同等重要。

各方案技术经济指标得分　　　　　　　　　表 15.2.1

指标＼方案	A	B	C
F_1	10	9	9
F_2	8	10	10
F_3	9	10	9
F_4	8	9	10
F_5	9	9	8

问题：

1. 采用 0～4 评分法计算各技术经济指标的权重，将计算结果填入答题卡上表 15.2.2 中。

各方案技术经济指标的权重　　　　　　　　　　　表 15.2.2

项目	F_1	F_2	F_3	F_4	F_5	得分	权重
F_1							
F_2							
F_3							
F_4							
F_5							
合　计							

2. 列表计算各方案的功能指数，将计算结果填入答题卡上表 15.2.3 中。

各方案的功能指数计算　　　　　　　　　　　表 15.2.3

功能	权重	方案功能加权得分		
		A	B	C
F_1				
F_2				
F_3				
F_4				
F_5				
合计				
功能指数				

3. 已知 A、B、C 三个施工方案的成本指数分别为 0.3439、0.3167、0.3394，采用价值指数法选择最佳施工方案。

4. 该合同的工期为 20 个月，承包人报送并已获得监理工程师审批的施工网络进度计划如图 15.2.1 所示。开工前，因承包人工作班组调整，工作 A 和工作 E 需由同一班组分别施工，承包人应该如何调整施工网络进度计划（绘制调整后的网络进度计划）？新的网络进度计划的工期是否满足合同的要求？关键工作有哪些？

（功能指数和价值指数的计算结果保留 4 位小数）

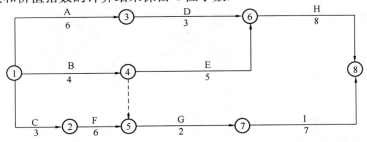

图 15.2.1　施工网络进度计划图（单位：月）

(二) 参考解答

1. 采用 0～4 评分法计算各技术经济指标的权重，将计算结果填入答题卡上表 15.2.2 中。

【分析】

(1) 将功能之间的重要性关系转化为数学关系式："$F_1 \gg F_2$，$F_1 > F_3$，$F_2 = F_4$，$F_3 = F_5$"，进一步转化为 $F_1 > F_3 = F_5 > F_2 = F_4$。

(2) 画出功能得分关系图，如图 15.2.2 所示：

(3) 根据功能关系图，将得分填入表 15.2.2(1) 中。

(4) 验算功能得分：关于"×"的表格的对角线对称的两格得分之和为 4，得分合计为 4 的倍数；含有"＝"的两个项目得分相同，在不等式最左边的项目得分最大，在不等式最右边的项目得分最小。

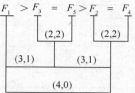

图 15.2.2 0～4 评分法功能得分关系图

【解答】

各方案技术经济指标的权重，见表 15.2.2(1)

各方案技术经济指标的权重　　　　　　　　　　　　表 15.2.2(1)

项目	F_1	F_2	F_3	F_4	F_5	得分	权重
F_1	×	4	3	4	3	14	0.3500
F_2	0	×	1	2	1	4	0.1000
F_3	1	3	×	3	2	9	0.2250
F_4	0	2	1	×	1	4	0.1000
F_5	1	3	2	3	×	9	0.2250
合　　计						40	1.0000

2. 列表计算各方案的功能指数，将计算结果填入答题卡上表 15.2.3 中。

【分析】

(1) 各方案的加权得分＝功能得分×功能权重。各功能的权重采用第 1 小题表中的数据。

(2) 功能指数＝某方案功能加权得分／各方案功能加权得分之和。

【解答】

各方案的功能指数计算，见表 15.2.3(1)

各方案的功能指数计算　　　　　　　　　　　　表 15.2.3(1)

功能	权重	方案功能加权得分		
		A	B	C
F_1	0.350	10×0.350＝3.500	9×0.350＝3.150	9×0.350＝3.150
F_2	0.100	8×0.100＝0.800	10×0.100＝1.000	10×0.100＝1.000
F_3	0.225	9×0.225＝2.025	10×0.225＝2.250	9×0.225＝2.025
F_4	0.100	8×0.100＝0.800	9×0.100＝0.900	10×0.100＝1.000
F_5	0.225	9×0.225＝2.025	9×0.225＝2.025	8×0.225＝1.800
合计		9.150	9.325	8.975
功能指数		9.150/27.45 ＝0.3333	9.325/27.45 ＝0.3397	8.975/27.45 ＝0.3270

3. 已知 A、B、C 三个施工方案的成本指数分别为 0.3439、0.3167、0.3394，采用价值指数法选择最佳施工方案。

【分析】

（1）价值指数＝功能指数/成本指数，功能指数采用第 2 小题的计算结果。

（2）价值指数最大的方案是最佳方案。

【解答】

（1）A 方案的价值指数：$V_A=0.3333/0.3439=0.9692$

（2）B 方案的价值指数：$V_B=0.3397/0.3167=1.0726$

（3）C 方案的价值指数：$V_C=0.3270/0.3394=0.9635$

B 方案的价值指数最大，选择 B 方案。

4. 承包人应该如何调整施工网络进度计划（绘制调整后的网络进度计划）？新的网络进度计划的工期是否满足合同的要求？关键工作有哪些？

【分析】

（1）因 A、E 需用同一个班组施工，必为 A 先 E 后，A、E 之间用虚线相连，B、E 之间也用虚线相连，虚箭线表示工作的先后顺序。

（2）调整网络图，关键线路变为 A→E→H。

（3）调整后的网络图上关键线路的工作均为关键工作。

【解答】

（1）绘制调整后的网络计划图如图 15.2.3 所示：

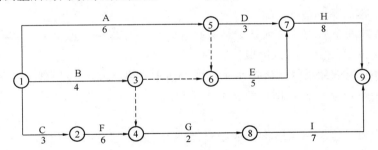

图 15.2.3　调整后的施工网络进度计划图（单位：月）

（2）新的网络进度计划工期为 6＋5＋8＝19 个月，小于合同工期 20 个月，满足合同要求。

（3）网络进度计划图调整后关键工作为 A、E、H。

（三）考点总结

1. 价值工程：

（1）0～4 评分法计算功能指标的权重；

（2）功能指数计算；

（3）价值指数计算。

2. 网络图的调整（共用一个班组）。

2015年真题（试题三）

（一）真题（本题20分）

某省属高校投资建设一幢建筑面积为 30000m² 的普通教学楼，拟采用工程量清单以公开招标方式进行施工招标。业主委托具有相应招标代理和造价咨询资质的某咨询企业编制招标文件和最高投标限价（该项目的最高投标限价为5000万元）。

咨询企业编制招标文件和最高投标限价过程中，发生如下事件：

事件1：为了响应业主对潜在投标人择优选择的高要求，咨询企业的项目经理在招标文件中设置了以下几项内容：

（1）投标人资格条件之一为：投标人近5年必须承担过高校教学楼工程；
（2）投标人近5年获得过鲁班奖、本省省级质量奖等奖项作为加分条件；
（3）项目的投标保证金为75万元，且投标保证金必须从投标企业的基本账户转出；
（4）中标人的履约保证金为最高投标限价的10%。

事件2：项目经理认为招标文件中的合同条款是基本的粗略条款，只需将政府有关管理部门出台的施工合同示范文本添加项目基本信息后附在招标文件中即可。

事件3：在招标文件编制人员研究本项目的评标办法时，项目经理认为所在咨询企业以往代理的招标项目更常采用综合评估法，遂要求编制人员采用综合评估法。

事件4：该咨询企业技术负责人在审核项目成果文件时发现项目工程量清单中存在漏项，要求做出修改。项目经理解释认为第二天需要向委托人提交成果文件且合同条款中已有关于漏项的处理约定，故不用修改。

事件5：该咨询企业的负责人认为最高投标限价不需保密，因此，又接受了某拟投标人的委托，为其提供该项目的投标报价咨询。

事件6：为控制投标报价的价格水平，咨询企业和业主商定，以代表省内先进水平的A施工企业的企业定额作为依据，编制了本项目的最高投标限价。

问题：

1. 针对事件1，逐一指出咨询企业项目经理为响应业主要求提出的（1）～（4）项内容是否妥当，并说明理由。
2. 针对事件2～6，分别指出相关人员的行为或观点是否正确或妥当，并说明理由。

（二）参考解答

1. 针对事件1，逐一指出咨询企业项目经理为响应业主要求提出的（1）～（4）项内容是否妥当，并说明理由。

【依据】

（1）～（2）关于"限制或排斥潜在投标人"的规定：《招标投标法实施条例》第三十二条"招标人不得以不合理的条件限制、排斥潜在投标人或者投标人。招标人有下列行为之一的，属于以不合理条件限制、排斥潜在投标人或者投标人……（二）设定的资格、技术、商务条件与招标项目的具体特点和实际需要不相适应或者与合同履行无关；（三）依法必须进行招标的项目以特定行政区域或特定行业的业绩、奖项作为加分条件或者中标条件……"《招标投标法实施条例释义》第三十二条"招标项目需要以投标人的类似项目业绩、奖项作为评标加分条件，则可以设置全国性的奖项作为评标加分条件。还可以从项目本身具有的技术管理特点需要和所处自然环境条件的角度对潜在投标人提出类似项目业绩要求或评标加分标准。"

(3) 关于"投标保证金"的规定：《招标投标法实施条例》第二十六条"招标人在招标文件中要求投标人提交投标保证金的，投标保证金不得超过招标项目估算价的2％。投标保证金有效期应当与投标有效期一致。依法必须进行招标的项目的境内投标单位，以现金或者支票形式提交的投标保证金应当从其基本账户转出。"

(4) 关于"履约保证金"的规定：《招标投标法实施条例》第五十八条"招标文件要求中标人提交履约保证金的，中标人应当按照招标文件的要求提交。履约保证金不得超过中标合同金额的10％。"

【解答】

第(1)项内容不妥当。理由：根据《招标投标法实施条例》的相关规定，招标人不得以不合理的条件限制、排斥潜在投标人或者投标人。设定的资格与招标项目的具体特点和实际需要不相适应属于排斥潜在投标人。本工程是普通教学楼，属普通公共建筑，没有必要将业绩限定在特定的"高校教学楼工程"，采用类似业绩即可。

第(2)项内容中"获得鲁班奖"作为加分条件妥当；"本省省级质量奖"作为加分条件不妥当。理由：根据《招标投标法实施条例》的相关规定，招标人不得以不合理的条件限制、排斥潜在投标人或者投标人；依法必须进行招标的项目以特定行政区域奖项作为加分条件属于排斥潜在投标人的行为。"鲁班奖"是全国性奖项（非特定行政区域），"本省省级质量奖"属于特定行政区域的奖项。

第(3)项内容妥当。理由：根据《招标投标法实施条例》的相关规定，投标保证金不得超过招标项目估算价的2％（本工程投标保证金75万元，未超过5000×2％＝100万元），且投标保证金应当从其基本账户转出。

第(4)项内容不妥。理由：根据《招标投标法实施条例》的相关规定，履约保证金不得超过中标合同金额的10％（不是最高投标限价的10％）。

【注意】

投标保证金的计算基数是"项目估算价"，不得超过招标项目估算价的2％（可以少于2％），对所有投标人都是一样的。

履约保证金只针对中标人（签订合同后，中标人就成为承包人），所以计算基数为"中标合同金额"，不得超过中标合同金额的10％。

一般情况下，"中标合同金额"要比"项目估算价"低。

2. 针对事件2~6，分别指出相关人员的行为或观点是否正确或妥当，并说明理由。

【依据】

(1) 关于"招标文件的组成部分"的规定：《招标投标法》第十九条"招标人应当根据招标项目的特点和需要编制招标文件。招标文件应当包括招标项目的技术要求、对投标人资格审查的标准、投标报价要求和评标标准等所有实质性要求和条件以及拟签订合同的主要条款。"

(2) 关于"评标方法"的规定：《评标委员会和评标方法的暂行规定》第三十条"经评审的最低投标价法一般适用于具有通用技术、性能标准或者招标人对其技术、性能没有特殊要求的招标项目。"

(3) 关于"招标清单责任"的规定：《清单计价规范》GB 50500—2013 第4.1.2条

"招标工程量清单必须作为招标文件的组成部分,其准确性和完整性应由招标人负责"

(4) 关于"招标控制价编制单位职业行为"的规定:《招标投标法实施条例》第二十七条"……接受委托编制标底的中介机构不得参与受托编制标底项目的投标,也不得为该项目的投标人编制投标文件或提供咨询……"《清单计价规范》GB 50500—2013 第 5.1.3 条"工程造价咨询人接受招标人委托编制招标控制价,不得再就同一工程接受投标人委托编制投标报价。"

(5) 关于"招标控制价编制依据"的规定:《清单计价规范》GB 50500—2013 第 5.2.1 条"招标控制价应根据下列依据进行编制和复核……2. 国家或省级、行业建设主管部门颁发的计价定额和计价办法……"

【解答】

(1) 事件2中,项目经理的观点不正确。理由:根据《招标投标法》的相关规定,拟签合同的主要条款是招标文件的重要组成部分。

(2) 事件3中,项目经理的观点不正确。理由:根据《评标委员会和评标方法的暂行规定》,经评审的最低投标价法一般适用于具有通用技术、性能标准或者招标人对其技术、性能没有特殊要求的招标项目。本项目是普通教学楼,施工只需采用通用技术,应采用经评审的最低投标价法。

(3) 事件4中,技术负责人的观点正确,项目经理的观点不正确。理由:根据《清单计价规范》的相关规定,招标工程量清单必须作为招标文件的组成部分,其准确性和完整性应由招标人负责。

(4) 事件5中,企业负责人的行为不正确。理由:根据《招标投标法实施条例》的相关规定:工程造价咨询人接受招标人委托编制招标控制价,不得再就同一工程接受投标人委托编制投标报价。

(5) 事件6中,咨询企业和业主行为不正确。理由:根据《清单计价规范》的相关规定:招标控制价应根据国家或省级、行业建设主管部门颁发的计价定额和计价办法编制。

(三) 考点总结

招标环节:限制或排斥潜在投标人的规定、投标保证金的规定、履约保证金的规定、招标文件的组成、评标方法、招标清单的责任、招标控制价的编制依据、咨询企业职业行为的规定。

2014 年真题(试题二)

(一) 真题(本题20分)

某施工单位制定了严格详细的成本管理制度,建立了规范长效的成本管理流程,并构建了科学实用的成本数据库。该施工单位拟参加某一公开招标项目的投标,根据本单位成本数据库中类似工程项目的成本经验数据,测算出该工程项目不含规费和税金的报价为8100万元,其中,企业管理费费率为8%(以人材机费用之和为计算基数),利润率为3%(以人材机费用与管理费之和为计算基数)。造价工程师对拟投标工程项目的具体情况进一步分析后,发现该工程项目的材料费尚有降低成本的可能性,并提出了若干降低成本的措施。该工程项目有 A、B、C、D 四个分部工程组成,经造价工程师定量分析,其功能指数分别为 0.1、0.4、0.3、0.2。

问题：

1. 施工成本管理流程由哪几个环节构成？施工单位成本管理最基础的工作是什么？

2. 在报价不变的前提下，若要实现利润率为5%的盈利目标，该工程项目的材料费需降低多少万元？（计算结果保留2位小数）

3. 假定A、B、C、D四个分部分项工程的目前成本分别为864万元、3048万元、2515万元和1576万元，目标成本降低总额为320万元，试计算各分部工程的目标成本及其可能降低的额度，并确定各分部工程功能的改进顺序。

（将计算结果填入答题纸表14.2.1中，成本指数和价值指数计算结果保留3位小数）

各分部工程的目标成本及成本降低额　　　　表14.2.1

分部工程	功能指数	目前成本（万元）	成本指数	价值指数	目标成本（万元）	成本降低额（万元）
A	0.1	864				
B	0.4	3048				
C	0.3	2512				
D	0.2	1576				
合计	1.0	8000				320

（二）参考解答

1. 施工成本管理流程由哪几个环节构成？其中，施工单位成本管理最基础的工作是什么？

【依据】

详见2019年版《建设工程造价管理》教材第六章"工程建设全过程造价管理"第四节"施工阶段造价管理"的内容（第341～348页）。

【解答】

（1）施工成本管理流程构成环节：成本预测、成本计划、成本控制、成本核算、成本分析、成本考核。

（2）施工单位成本管理最基础的工作是：成本核算。

2. 在报价不变的前提下，若要实现利润率为5%的盈利目标，该工程项目的材料费需降低多少万元？

【分析】

本题中的报价＝人材机费＋管理费＋利润＝人材机费×（1＋管理费费率）×（1＋利润率），不含规费和税金。在报价不变的情况下，利润率由3%调高到5%，材料费必然要降低，根据这两种情况的报价不变列方程。

【解答】

设原来的人材机费为 x 元，材料费降低额为 y 元。

$x \times (1+8\%) \times (1+3\%) = 8100$，解得 $x = 7281.55$ 万元（原人材机费用）。

$(7281.55 - y) \times (1+8\%) \times (1+5\%) = 8100$，解得 $y = 138.69$ 万元（材料费降低额）。

3. 计算各分部工程的目标成本及其可能降低的额度，并确定各分部工程功能的改进顺序。

【分析】

（1）成本指数＝某分部工程的成本/各分部工程的成本之和；价值指数＝功能指数/成

本指数；目标成本＝8000－320＝7680万元，将7680万元的目标成本按A、B、C、D相应的功能指数分配得到各分项工程的目标成本，使功能与成本相匹配；成本降低额＝目前成本－目标成本。

（2）各分部功能的改进顺序，按成本降低额从大到小的顺序进行改进。

【解答】

（1）各分部工程的目标成本及成本降低额，见表14.2.1(1)。

各分部工程的目标成本及成本降低额　　　　　表14.2.1(1)

分部工程	功能指数	目前成本（万元）	成本指数	价值指数	目标成本（万元）	成本降低额（万元）
A	0.1	864	0.108	0.926	768	96
B	0.4	3048	0.381	1.050	3072	－24
C	0.3	2512	0.314	0.955	2304	208
D	0.2	1576	0.197	1.015	1536	40
合计	1.0	8000	1.000	/	7680	320

（2）各分部工程功能的改进顺序为：C、A、D、B。

（三）考点总结

1. 成本降低的计算；
2. 价值工程：
（1）功能指数、成本指数、价值指数的计算；
（2）功能的改进顺序。

2014年真题（试题三）

（一）真题（本题20分）

某开发区国有资金投资办公楼建设项目，业主委托具有相应招标代理和造价咨询资质的机构编制了招标文件和招标控制价，并采用公开招标方式进行项目施工招标。

该项目招标公告和招标文件中的部分规定如下：

（1）招标人不接受联合体投标。
（2）投标人必须是国有企业或进入开发区合格承包商信息库的企业。
（3）投标人报价高于最高投标限价和低于最低投标限价的，均按废标处理。
（4）投标保证金的有效期应当超出投标有效期30天。

在项目投标及评标过程中发生了以下事件：

事件1：投标人A在对设计图纸和工程量清单复核时发现分部分项工程量清单中某分项工程的特征描述与设计图纸不符。

事件2：投标人B采用不平衡报价的策略，对前期工程和工程量可能减少的工程适度提高了报价，对暂估价材料采用了与招标控制价中相同材料的单价计入了综合单价。

事件3：投标人C结合自身情况，并根据过去类似工程投标经验数据，认为该工程投高标的中标概率为0.3，投低标的中标概率为0.6，投高标中标后，经营效果可分为好、中、差三种可能，其概率分别为0.3、0.6、0.1，对应的损益值分别为500万元、400万元、250万元，投低标中标后，经营效果同样可分为好、中、差三种可能，其概率分别为0.2、0.6、0.2，对应的损益值分别为300万元、200万元、100万元。编制投标文件以及参加投标的相关费用为3万元。经过评估，投标人C最终选择了投低标。

事件4：评标中评标委员会成员普遍认为招标人规定的评标时间不够。

问题：

1. 根据招标投标法及实施条例，逐一分析项目招标公告和招标文件中（1）～（4）项规定是否妥当，并分别说明理由。
2. 事件1中，投标人A应当如何处理？
3. 事件2中，投标人B的做法是否妥当？并说明理由。
4. 事件3中，投标人C选择投低标是否合理？并通过计算说明理由。
5. 针对事件4，招标人应当如何处理？并说明理由。

（二）参考解答

1. 根据招标投标法及实施条例，逐一分析项目招标公告和招标文件中（1）～（4）项规定是否妥当，并分别说明理由。

【依据】

（1）关于"联合体投标"的规定：《招标投标法》第三十一条"……招标人不得强制投标人组成联合体共同投标，不得限制投标人之间的竞争。"《招标投标法实施条例》第三十七条"招标人应当在资格预审公告、招标公告或者投标邀请书中载明是否接受联合体投标……"

（2）关于"排斥潜在投标人"的规定：《招标投标法实施条例》第三十二条"招标人不得以不合理的条件限制、排斥潜在投标人或者投标人。招标人有下列行为之一的，属于以不合理条件限制、排斥潜在投标人或者投标人……（六）依法必须进行招标的项目非法限定潜在投标人或者投标人的所有制形式或者组织形式……"《招标投标法实施条例释义》第三十二条"除法律法规对工程承包人和货物、服务供应商的所有制形式主组织形式提出要求外，招标人不得限定潜在投标人或者投标人的所有制形式或者组织形式，不得歧视、排斥不同所有制性质、不同组织形式的企业参加投标竞争。"

（3）关于"最高投标限价"的规定：《招标投标法实施条例》第二十七条"……招标人设有最高投标限价的，应当在招标文件中明确最高投标限价或者最高投标限价的计算方法。招标人不得规定最低投标限价。"第五十一条"有下列情形之一的，评标委员会应当否决其投标……（五）投标报价低于成本或者高于招标文件设定的最高投标限价……"

（4）关于"投标有效期"的规定：《招标投标法实施条例》第二十五条"招标人应当在招标文件中载明投标有效期。投标有效期从提交投标文件的截止之日起算。"第二十六条"……投标保证金有效期应当与投标有效期一致。"

【解答】

第（1）项规定妥当。理由：《招标投标法》并没有对是否接受联合体作出限定，招标人可根据项目的实际情况自行决定是否接受联合体。

第（2）项规定不妥当。理由：根据《招标投标法实施条例》的相关规定，招标人不得以不合理的条件排斥潜在投标人。

第（3）项规定中，"报价高于最高投标限价"按废标处理妥当；"报价低于最低投标限价"按废标处理不妥当。理由：根据《招标投标法实施条例》的相关规定，投标报价高于招标文件设定的最高投标限价应否决其投标，招标人不得规定最低投标限价。

第（4）项规定不妥当。理由：根据《招标投标法实施条例》的相关规定，投标保证金有效期应当与投标有效期一致。

2. 事件1中，投标人A应当如何处理？

【依据】

（1）关于"对招标文件有异议"的规定：《招标投标法实施条例》第二十二条"潜在投标人或者其他利害关系人对招标文件有异议的，应当在投标截止时间10日前提出"。

（2）关于"投标报价"的规定：《清单计价规范》GB 50500—2013第6.1.4条"投标人必须按招标工程量清单填报价格。项目编码、项目名称、项目特征、计量单位、工程量必须与招标工程量清单一致。"

关于"项目特征不符"的规定：《清单计价规范》GB 50500—2013第9.4.1条"发包人在招标工程量清单中对项目特征的描述，应被认为是准确的和全面的，并且与施工要求相符合。承包人应按照发包人提供的工程量清单，根据其项目特征描述的内容及有关要求实施合同工程，直到其被改变为止。"第9.4.2条"合同履行期间，出现实际施工设计图纸（含设计变更）与招标工程量清单任一项目的特征描述不符，且该变化引起该项目的工程造价增减变化的，应按照实际施工的项目特征，按照本规范9.3节相关条款的规定重新确定相应工程量清单项目的综合单价，计算调整合同价款。"

【解答】

（1）投标人A可以在招标文件规定的时间内，以书面的形式向招标人提出异议，若招标人对此进行修改，投标人应按修改后的项目特征进行报价。

（2）若投标人A没有向招标人提出异议，或提出异议后招标人未对此进行修改，投标人仍按原项目特征报价，结算时再按实际的项目特征进行调整。

3. 事件2中，投标人B的做法是否妥当？并说明理由。

【依据】

（1）关于"投标报价的策略"：2019年版《建设工程造价管理》教材331页"能够早日结算的项目（如前期措施费、基础工程、土石方工程等）可以适当提高报价、以利资金周转，提高资金的时间价值。后期工程项目（如设备安装、装饰工程等）的报价可适当降低。"

（2）关于投标文件中"暂估价"的规定：《清单计价规范》GB 50500—2013第6.2.5条第2款规定"材料、工程设备暂估价应按招标工程量清单中列出的单价计入综合单价"。

【解答】

（1）"前期工程适度提高报价"妥当。理由：前期工程报价高，收到的工程款多，资金的时间价值高。

（2）"工程量可能减少的工程适度提高报价"不妥。理由：工程量可能减少的工程适度提高报价，会给投标人带来更大的损失。

（3）"暂估价材料采用了招标控制价中相同材料的单价计入了综合单价"不妥。

理由：根据《清单计价规范》的相关规定，材料暂估价应按招标工程量清单中列出的单价计入综合单价。

【注意】

招标工程量清单是招标文件的重要组成部分，招标工程量清单中会给出某些材料的暂估价。《清单计价规范》GB 50500—2013 第 5.1.1 条"国有资金投资的建设工程招标，招标人必须编制招标控制价"，在招标文件中会给出招标控制价的总价，投标人一般不会知道招标控制价中的材料单价。

4. 事件 3 中，投标人 C 选择投低标是否合理？并通过计算说明理由。

【分析】

本题应分别计算投高标的和投低标的期望值，这需要用到"概率论与数理统计"中的知识，题目告知"投高标中标概率为 0.3，投低标的中标概率为 0.6"，那就隐含着条件"投高标不中标概率为 0.7，投低标的不中标概率为 0.4"，而且两种情况下即使不中标都会支出"编制投标文件以及参加投标的相关费用为 3 万元。"

【解答】

（1）投标人 C 选择投低标不合理。

（2）理由：投高标的期望值为 $0.3\times(0.3\times500+0.6\times400+0.1\times250)-0.7\times3=122.40$ 万元；投低标的期望值为 $0.6\times(0.2\times300+0.6\times200+0.2\times100)-0.4\times3=118.80$ 万元。投低标的期望值小于投高标的期望值，应选择投高标。

【注意】

（1）损益值指的是利润表上的损失或利润，题目中给出的中标后的损益值，应已经考虑了"编制投标文件以及参加投标的相关费用 3 万元。"因为不管中标与否，都有编制投标文件等相关的投标费用。

（2）本题是根据期望值的大小选择投标方案。在实际工作中，考虑的因素可能会更多，在期望值差别不大的情况下（如本题期望值只差 3.6 万元），有时会更多地考虑中标的概率。

（3）本题还可以用决策树图进行分析，如图 14.3.1 所示。

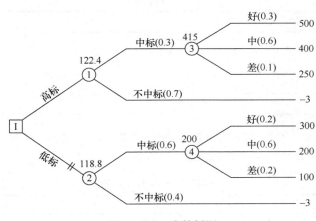

图 14.3.1　决策树图

5. 针对事件 4，招标人应当如何处理？并说明理由。

【依据】

关于"评标时间"的规定：《招标投标法实施条例》第四十八条"……，招标人应当根据项目规模和技术复杂程度等因素合理确定评标时间。超过三分之一的评标委员会成员认为评标时间不够的，招标人应当适当延长。……"

【解答】

招标人应当同意延长评标时间。理由：根据《招标投标法实施条例》的相关规定，超过三分之一的评标委员会成员认为评标时间不够的，招标人应当适当延长。

（三）考点总结

1. 招标环节：联合体的规定、是否排斥潜在投标人的判断、最高投标限价、投标有效期；
2. 投标环节：对清单有异议的处理、暂估价材料的处理、报价的策略、投标方案的选择；
3. 评标环节：评标时间的规定。

2013年真题（试题二）

（一）真题（本题20分）

某工程有A、B、C三个设计方案，有关专家决定从四个功能（分别以F_1、F_2、F_3、F_4表示）对不同方案进行评价，并得到以下结论：A、B、C三个方案中，F_1的优劣顺序依次为B、A、C；F_2的优劣顺序依次为A、C、B；F_3的优劣顺序依次为C、B、A；F_4的优劣顺序依次为A、B、C。经进一步研究，专家确定三个方案各功能的评价计分标准均为：最优者得3分，居中者得2分，最差者得1分。

据造价工程师估算，A、B、C三个方案的造价分别为8500万元、7600万元、6900万元。

问题：

1. 将A、B、C三个方案各功能的得分填入答案纸表13.2.1中。

各方案功能得分表 表13.2.1

功能项目	方案A	方案B	方案C
F_1			
F_2			
F_3			
F_4			

2. 若四个功能之间的重要性关系排序为$F_2 > F_1 > F_4 > F_3$，采用0～1评分法确定各功能的权重，并将计算结果填入答题纸表13.2.2中。

各功能项目权重计算表 表13.2.2

功能项目	F_1	F_2	F_3	F_4	得分	修正得分	权重
F_1							
F_2							
F_3							
F_4							
合计							

3. 已知 A、B 两方案的价值指数分别为 1.127、0.961，在 0～1 评分法的基础上计算 C 方案的价值指数，并根据价值指数的大小选择最佳设计方案。

4. 若四个功能之间的重要性关系为：F_1 与 F_2 同等重要，F_1 相对 F_4 较重要，F_2 相对 F_3 很重要。采用 0～4 评分法确定各功能的权重，并将计算结果填入答题纸表 13.2.3 中。

0～4 评分法确定各功能的权重　　　　　　　　　　表 13.2.3

功能项目	F_1	F_2	F_3	F_4	得分	权重
F_1						
F_2						
F_3						
F_4						
合计						

（计算结果保留 3 位小数）

（二）参考解答

1. 将 A、B、C 三个方案各功能的得分填入答案纸表 13.2.1 中。

【分析】

各方案的各功能得分，只需按题目中的评分标准"最优者得 3 分，居中者得 2 分，最差者得 1 分"，按照各功能项目的优劣顺序，填入得分表即可。

【解答】

各方案功能得分，见表 13.2.1(1)。

各方案功能得分表　　　　　　　　　　表 13.2.1(1)

功能项目	方案 A	方案 B	方案 C
F_1	2	3	1
F_2	3	1	2
F_3	1	2	3
F_4	3	2	1

2. 若四个功能之间的重要性关系排序为 $F_2 > F_1 > F_4 > F_3$，采用 0～1 评分法确定各功能的权重，并将计算结果填入答题纸表 13.2.2 中。

【分析】

（1）在 0～1 评分法中，两个项目相比，在符号">"的左边得 1 分，在符号">"的右边得 0 分；其总得分必然分别有"0、1、2、…、n-1"；修正得分是为了避免总得分为"0"，让每个功能项目都分别加 1 分；各功能的权重按修正得分计算。

（2）由于功能得分的计算关系到后续题目计算的准确性，应对各功能得分进行检查复核，方法为：关于带"×"连线对称的两格数据之和为 1。

【解答】

各功能项目权重计算，见表 13.2.2(1)。

各功能项目权重计算表　　　　　表13.2.2(1)

功能项目	F_1	F_2	F_3	F_4	得分	修正得分	权重
F_1	×	0	1	1	2	3	0.300
F_2	1	×	1	1	3	4	0.400
F_3	0	0	×	0	0	1	0.100
F_4	0	0	1	×	1	2	0.200
合计					6	10	1.000

3. 已知 A、B 两方案的价值指数分别为 1.127、0.961，在 0~1 评分法的基础上计算 C 方案的价值指数，并根据价值指数的大小选择最佳设计方案。

【分析】

（1）价值指数＝功能指数/成本指数；功能指数＝某方案的功能加权得分/各方案的功能加权得分之和，因此必须先计算 A、B、C 方案的加权得分，各功能得分采用第 1 小题表中的数据，各功能的权重采用第 2 小题表中的数据。成本指数＝某方案的成本/各方案的成本之和，A、B、C 方案的成本在题目中已经给出。

（2）价值指数最大的方案作为最佳设计方案。

【解答】

（1）计算 C 方案的功能指数：

① A 方案的功能加权得分：2×0.3＋3×0.4＋1×0.1＋3×0.2＝2.500 分

② B 方案的功能加权得分：3×0.3＋1×0.4＋2×0.1＋2×0.2＝1.900 分

③ C 方案的功能加权得分：1×0.3＋2×0.4＋3×0.1＋1×0.2＝1.600 分

C 方案的功能指数：1.6/(2.5＋1.9＋1.6)＝0.267

（2）C 方案的成本指数：6900/(8500＋7600＋6900)＝0.300

（3）C 方案的价值指数：0.267/0.300＝0.890

在 A、B、C 三个方案中，A 方案的价值指数最大，选择 A 方案。

4. 若四个功能之间的重要性关系为：F_1 与 F_2 同等重要，F_1 相对 F_4 较重要，F_2 相对 F_3 很重要。采用 0~4 评分法确定各功能的权重，并将计算结果填入答题纸表 13.2.3 中。

【分析】

（1）将功能之间的重要性关系转化为数学关系式：$F_1＝F_2$、$F_1>F_4$、$F_2≫F_3$，进一步转化为：$F_1＝F_2>F_4>F_3$。

（2）画出各功能得分关系图，如图 13.2.1 所示。

（3）根据各功能得分关系图，将得分填入表 13.2.3(1)中。

（4）验算功能得分：关于"×"的表格的对角线对称的两格得分之和为 4，得分合计为 4 的倍数；含有"＝"的两个项目得分相同，在不等式最左边的项目得分最大，在不等式最右边的项目得分最小。

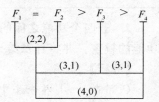

图 13.2.1　0~4 评分法各功能得分关系图

【解答】

0~4 评分法确定各功能的权重，见表 13.2.3(1)。

0~4 评分法确定各功能的权重　　　　表 13.2.3(1)

功能项目	F_1	F_2	F_3	F_4	得分	权重
F_1	×	2	4	3	9	0.375
F_2	2	×	4	3	9	0.375
F_3	0	0	×	1	1	0.042
F_4	1	1	3	×	5	0.208
合计					24	1.000

（三）考点总结

1. 功能各指标的评分；
2. 功能各指标的权重计算方法：0~1 评分法、0~4 评分法；
3. 价值工程：功能指数、成本指数、价值指数的计算。

2013 年真题（试题三）

（一）真题（本题 20 分）

某国有投资的大型建设项目，建设单位采用工程量清单公开招标方式进行了施工招标。

建设单位委托具有相应资质的招标代理机构编制了招标文件，招标文件包括如下规定：

（1）招标人设有最高投标限价和最低投标限价，高于最高投标限价和低于最低投标限价的投标文件均按废标处理。

（2）投标人应对工程量清单进行复核，招标人不对工程量清单的准确性和完整性负责。

（3）招标人将在投标截止日后的 90 日内完成评标和公布中标候选人。

投标和评标过程中发生了如下事件：

事件 1：投标人 A 对工程量清单中某分项工程的工程量的准确性有异议，并于投标截止时间 15 日前向招标人书面提出了澄清申请。

事件 2：投标人 B 在投标截止时间前 10 分钟以书面形式通知招标人撤回已提交的投标文件，并要求招标人 5 日内退还已提交的投标保证金。

事件 3：在评标过程中，投标人 D 主动对自己的投标文件向评标委员会提出了书面澄清、说明。

事件 4：在评标过程中，评标委员会发现投标人 E 和 F 的投标文件中载明项目管理成员中有一人为同一人。

问题：

1. 招标文件中，除了投标人须知、图纸、技术标准和要求、投标文件格式外，还应包括哪些内容？
2. 分析招标代理机构编制的招标文件中（1）~（3）项规定是否妥当？说明理由。
3. 针对事件 1 和事件 2，招标人应如何处理？
4. 针对事件 3 和事件 4，评标委员会应如何处理？

(二)参考解答

1. 招标文件中,除了投标人须知、图纸、技术标准和要求、投标文件格式外,还应包括哪些内容?

【依据】

关于"招标文件"的组成:《招标投标法》第十九条"招标文件应当包括招标项目的技术要求、对投标人资格审查的标准、投标报价要求和评标标准等所有实质性要求和条件以及拟签订合同的主要条款。"《标准招标文件》目录"第一章招标公告、第二章投标人须知、第三章评标办法、第四章合同条款及格式、第五章工程量清单、第六章图纸、第七章技术标准和要求、第八章投标文件格式"。

【解答】

招标文件中,除了投标人须知、图纸、技术标准和要求、投标文件格式外,还应包括的内容有:招标公告、评标办法、合同条款及格式、工程量清单。

2. 分析招标代理机构编制的招标文件中(1)~(3)项规定是否妥当?说明理由。

【依据】

(1)关于"最高投标限价"的规定:《招标投标法实施条例》第二十七条"……招标人设有最高投标限价的,应当在招标文件中明确最高投标限价或者最高投标限价的计算方法。招标人不得规定最低投标限价。";第五十一条"有下列情形之一的,评标委员会应当否决其投标……(五)投标报价低于成本或者高于招标文件设定的最高投标限价……"

(2)关于"招标清单责任"的规定:《清单计价规范》GB 50500—2013 第 4.1.2 条"招标工程量清单必须作为招标文件的组成部分,其准确性和完整性应由招标人负责"

(3)关于"评标时间"的规定:《招标投标法实施条例》第四十八条"……招标人应当根据项目规模和技术复杂程度等因素合理确定评标时间……"

关于"投标有效期"的规定:《工程建设项目施工招投标办法》第二十九条"招标文件应当规定一个适当的投标有效期,以保证招标人有足够的时间完成评标和与中标候选人签订合同,投标有效期从投标人递交投标文件截止之日计算。"2019年版《建设工程计价》教材第311页"一般项目的投标有效期为60~90天。"

【解答】

第(1)项中,"招标人设有最高投标限价,高于最高投标限价的投标文件均按废标处理"妥当;"招标人设有最低投标限价,低于最低投标限价的投标文件均按废标处理"不妥当。理由:根据《招标投标法实施条例》的相关规定,投标报价高于招标文件设定的最高投标限价应否决;招标人不得规定最低投标限价。

第(2)项中,"投标应对工程量清单复核,招标人不对工程量清单的准确性和完整性负责"不妥当,根据《清单计价规范》的相关规定,招标工程量清单必须作为招标文件的组成部分,其准确性和完整性应由招标人负责。投标人可根据报价策略决定是否复核清单,没有强制要求投标人一定要复核清单。

第(3)项规定妥当。理由:根据《招标投标法实施条例》的相关规定,招标人应当根据项目规模和技术复杂程度等因素合理确定评标时间,本工程招标文件规定的评标和公布中标候选人的时间不违规。

3. 针对事件 1 和事件 2，招标人应如何处理？

【依据】

（1）关于对"招标文件有异议"处理的规定：《招标投标法实施条例》第二十二条"……对招标文件有异议的，应当在投标截止时间 10 日前提出。招标人应当自收到异议之日起 3 日内作出答复；作出答复前，应当暂停招标投标活动。"

（2）关于"投标文件的撤回"的规定：《招标投标法实施条例》第三十五条"投标人撤回已提交的投标文件，应当在投标截止时间前书面通知招标人。招标人已收取投标保证金的，应当自收到投标人书面撤回通知之日起 5 日内退还。投标截止后投标人撤销投标文件的，招标人可以不退还投标保证金。"

【解答】

（1）针对事件 1：招标人应当自收到异议之日起 3 日内作出答复；作出答复前，应当暂停招标投标活动。同时将书面答复送达所有投标人。

（2）针对事件 2：招标人应允许投标人撤回投标文件，并在收到投标人书面撤回通知之日起 5 日内退还该投标人的投标保证金。

4. 针对事件 3 和事件 4，评标委员会应如何处理？

【依据】

（1）关于"投标文件的澄清"的规定：《招标投标法实施条例》第五十二条"投标文件中有含义不明确的内容、明显文字或者计算错误，评标委员会认为需要投标人作出必要澄清、说明的，应当书面通知该投标人。投标人的澄清、说明应当采用书面形式，并不得超出投标文件的范围或者改变投标文件的实质性内容。评标委员会不得暗示或者诱导投标人作出澄清、说明，不得接受投标人主动提出的澄清、说明。"

（2）关于"串通投标"的认定：《招标投标法实施条例》第四十条"有下列情形之一的，视为投标人相互串通投标……（三）不同投标人的投标文件载明的项目管理成员为同一人……"

关于"串通投标"的处理：《评标委员会和评标方法的暂行规定》第二十条"在评标过程中，评标委员会发现投标人以他人的名义投标、串通投标、以行贿手段谋取中标或者以其他弄虚作假方式投标的，应当否决该投标人的投标。"

【解答】

（1）针对事件 3，评标委员会不接受投标人 D 的主动澄清、说明。

（2）针对事件 4，评标委员会应将投标人 E 和 F 视为串通投标，并否决投标人 E 和 F 的投标。

（三）考点总结

1. 招标环节：最高投标限价、招标清单的责任、招标文件异议的处理、投标有效期；
2. 投标环节：投标文件的撤回；
3. 评标环节：对投标文件澄清的处理、对串通投标的判定与处理。

2012 年真题（试题二）

（一）真题（本题 20 分）

某智能大厦的一套设备系统有 A、B、C 三个采购方案，其有关数据见表 12.2.1。现值系数见表12.2.2。

设备系统各方案采购数据　　　　　　　　　　　　　　　　　表12.2.1

项目＼方案	A	B	C
购置费和安装费（万元）	520	600	700
年度使用费（万元/年）	65	60	55
使用年限（年）	16	18	20
大修周期（年）	8	10	10
大修费（万元/次）	100	100	110
残值（万元）	17	20	25

现值系数表　　　　　　　　　　　　　　　　　　　　　　　表12.2.2

n	8	10	16	18	20
$(P/A, 8\%, n)$	5.747	6.710	8.851	9.372	9.818
$(P/F, 8\%, n)$	0.540	0.463	0.292	0.250	0.215

问题：

1. 拟采用加权评分法选择采购方案，对购置费和安装费、年度使用费、使用年限三个指标进行打分评价，打分规则为：购置费和安装费最低的方案得10分，每增加10万元扣0.1分；年度使用费最低的方案得10分，每增加1万元扣0.1分；使用年限最长的方案得10分，每减少1年扣0.5分；以上三指标的权重依次为0.5、0.4和0.1。应选择哪种采购方案较合理？（计算过程和结果直接填入答题纸上表12.2.3中）

综合得分计算表　　　　　　　　　　　　　　　　　　　　　表12.2.3

指标	权重	A方案	B方案	C方案
购置费和安装费				
年度使用费				
使用年限				
合计				

2. 若各方案年费用仅考虑年度使用费、购置费和安装费，且已知A方案和C方案相应的年费用分别为123.75万元和126.30万元，列式计算B方案的年费用，并按照年费用法作出采购方案比选。

3. 若各方案年费用需进一步考虑大修费和残值，且已知A方案和C方案相应的年费用分别为130.41万元和132.03万元，列式计算B方案的年费用，并按照年费用法作出采购方案比选。

4. 若C方案每年设备的劣化值均为6万元，不考虑大修费，该设备系统的静态经济寿命为多少年？

(问题 4 计算结果取整数，其余计算结果保留 2 位小数)

(二) 参考解答

1. 应选择哪种采购方案较合理？

【分析】

(1) 各方案各指标的得分按题目中给定的打分规则打分，即"购置费和安装费最低的方案得 10 分，每增加 10 万元扣 0.1 分；年度使用费最低的方案得 10 分，每增加 1 万元扣 0.1 分；使用年限最长的方案得 10 分，每减少 1 年扣 0.5 分。"还要考虑各指标的权重。

(2) 综合得分最高的方案作为优选方案。

【解答】

综合得分计算，见表 12.2.3(1)。

综合得分计算表　　　　　　　　　　　　　　表 12.2.3(1)

指标	权重	A方案	B方案	C方案
购置费和安装费	0.5	10×0.5=5.00	[10−(600−520)/10×0.1]×0.5=4.60	[10−(700−520)/10×0.1]×0.5=4.10
年度使用费	0.4	[10−(65−55)/1×0.1]×0.4=3.60	[10−(60−55)/1×0.1]×0.4=3.80	10×0.4=4.00
使用年限	0.1	[10−(20−16)/1×0.5]×0.1=0.80	[10−(20−18)/1×0.5]×0.1=0.90	10×0.1=1.00
合计	1.0	5.0+3.6+0.8=9.40	4.6+3.8+0.9=9.30	4.1+4.0+1.0=9.10

因 A 方案的综合得分最高，选择 A 方案。

2. 若各方案年费用仅考虑年度使用费、购置费和安装费，且已知 A 方案和 C 方案相应的年费用分别为 123.75 万元和 126.30 万元，列式计算 B 方案的年费用，并按照年费用法作出采购方案比选。

【分析】

本题要求年费用仅考虑年度使用费、购置费和安装费两项，其中：B 方案的年度使用费为 60 万元；B 方案的购置费和安装费为 600 万元（现值），需将购置费和安装费按 18 年折算成年值即可，$(A/P, 8\%, 18) = 1/9.372 = 0.1067$，注意年值和现值的转化关系。

【解答】

(1) B 方案的年费用：$60 + 600 \times (A/P, 8\%, 18) = 60 + 600 \times (1/9.372) = 124.02$ 万元

(2) 在 A、B、C 三个方案中，A 方案的年费用最低，选择 A 方案。

3. 若各方案年费用需进一步考虑大修费和残值，且已知 A 方案和 C 方案相应的年费用分别为 130.41 万元和 132.03 万元，列式计算 B 方案的年费用，并按照年费用法作出采购方案比选。

【分析】

本题要求各方案年费用需进一步考虑大修费和残值，也就是在第 2 题计算数据

124.02万元的基础上，即已考虑年度使用费、购置费和安装费两项费用的基础上，再考虑大修费和残值。其中：

（1）在18年的使用年限中，大修只有1次，发生在第10年，支出100万元（终值），应先折算成现值，再将现值折算成年值。

（2）残值是20万元（终值），在第18年才可回收，也应先折算成现值，再将现值折算成年值（按收入费用考虑，应从年费用总值中减去）。

【解答】

（1）B方案大修费的现值：$100×(P/F,8\%,10)=100×0.463=46.30$ 万元

B方案大修费的年值：$46.30×(A/P,8\%,18)=46.3×(1/9.372)=4.94$ 万元

（2）B方案残值的现值：$20×(P/F,8\%,18)=20×0.250=5.00$ 万元

B方案残值的年值：$5.00×(A/P,8\%,18)=5.00×(1/9.372)=0.53$ 万元

（3）B方案的年费用：$124.02+4.94-0.53=128.43$ 万元

因B方案的年费用最小，应选择B方案。

【注意】

本题应注意表中给定年值的计算是依据现值，大修费和残值都是终值，应先折算成现值，再折算成年值。还应注意现值和终值计算的系数是采用哪年的系数，大修发生在第10年，应采用$n=10$的系数；残值回收发生在第18年，应采用$n=18$的系数；使用年限为18年，年值计算采用$n=18$的系数。

4. 若C方案每年设备的劣化值均为6万元，不考虑大修费，该设备系统的静态经济寿命为多少年？

【分析】

设备系统的静态经济寿命（单位：年）计算公式为$\sqrt{2(P-Ln)/\lambda}$，其中：P是设备C方案的设备购置费和安装费700万元，Ln是C方案设备的残值25万元，λ是每年设备的劣化值均为6万元。这是以前教材中的公式，2019年版《建设工程造价管理》教材已删除此内容。

【解答】

设备系统的静态经济寿命$=\sqrt{2×(700-25)/6}=15$年

（三）考点总结

1. 加权评分法计算方案得分；
2. 用年费用法选择方案，资金的现值与年值的计算；
3. 设备系统的静态经济寿命。

2012年真题（试题三）

（一）真题（本题20分）

某国有资金投资办公楼建设项目，业主委托某具有相应招标代理和造价咨询资质的招标代理机构编制该项目的招标控制造价，并采用公开招标方式进行项目施工招标。招标投标过程中发生以下事件：

事件1：招标代理人确定的自招标文件出售之日起至停止出售之日止的时间为10个工作日；投标有效期自开始发售招标文件之日起计算，招标文件确定的投标有效期为30天。

事件2：为了加大竞争，以减少可能的围标而导致竞争不足，招标人（业主）要求招标代理人对已根据计价规范、行业主管部门颁发的计价定额、工程量清单、工程造价管理机构发布的造价信息或市场造价信息等资料编制好的招标控制价再下浮10%，并仅公布了招标控制价的总价。

事件3：招标人（业主）要求招标代理人在编制招标文件中的合同条款时不得有针对市场价格波动的调价条款，以便减少未来施工过程中的变更，控制工程造价。

事件4：应潜在招标人的要求，招标人组织最具竞争力的一个潜在投标人勘察项目现场，并在现场口头解答了该潜在投标人提出的疑问。

事件5：投标中，评标委员会发现某投标人的报价明显低于其他投标人的报价。

问题：

1. 指出事件1中的不妥之处，并说明理由。
2. 指出事件2中招标人行为的不妥之处，并说明理由。
3. 指出事件3中招标人行为的不妥之处，并说明理由。
4. 指出事件4中招标人行为的不妥之处，并说明理由。
5. 针对事件5，评标委员会应如何处理？

（二）参考解答

1. 指出事件1中的不妥之处，并说明理由。

【依据】

（1）关于"招标文件发售时间"的规定：《招标投标法实施条例》第十六条"……资格预审文件或者招标文件的发售期不得少于5日。"

（2）关于"投标有效期"的规定：《招标投标法实施条例》第二十五条"招标人应当在招标文件中载明投标有效期。投标有效期从提交投标文件的截止之日起算。"2019年版《建设工程计价》教材第311页"一般项目的投标有效期为60～90天。"

【解答】

"投标有效期自开始发售招标文件之日起计算"不妥，"招标文件确定的投标有效期为30天"不妥。理由：根据《招标投标法实施条例》的相关规定，投标有效期从提交投标文件的截止之日起算。一般项目的投标有效期为60～90天。

2. 指出事件2中招标人行为的不妥之处，并说明理由。

【依据】

关于"招标控制价"的规定：《清单计价规范》GB 50500—2013第5.1.4条规定"招标控制价应按照本规范第5.2.1条的规定编制，不应上调或下浮"；《招标投标法实施条例》第二十七条"……招标人设有最高投标限价的，应当在招标文件中明确最高投标限价或者最高投标限价的计算方法……"

【解答】

"招标控制价再下浮10%"不妥，"仅公布了招标控制价的总价"不妥。理由：根据《清单计价规范》的相关规定，招标控制价不应上调或下浮。除公布招标控制价的总价外，还应公布招标控制价各组成部分的详细内容。

【注意】

关于"招标控制价公布各组成部分的详细内容"，出自《清单计价规范》GB 50500—

2008 的《宣贯辅导教材》第 4.2.8 条的"要点说明",原文如下:招标控制价的编制特点和作用决定了招标控制价不同于标底,无需保密。为体现招标的公开、公平、公正性,防止招标人有意抬高或压低工程造价,给投标人以错误信息,因此规定招标人应在招标文件中如实公布招标控制价,不得对所编制的招标控制价进行上浮或下调。招标人在招标文件中公布招标控制价时,应公布招标控制价各组成部分的详细内容,不得只公布招标控制价。并应将招标控制价报工程所在地工程造价管理机构备案。

3. 指出事件 3 中招标人行为的不妥之处,并说明理由。

【依据】

关于"计价风险"的规定:《清单计价规范》GB 50500—2013 第 3.4.1 条规定"建设工程发承包,必须在招标文件、合同中明确计价中的风险内容及其范围,不得采用无风险、所有风险或类似语句规定计价中的风险内容及范围。"

【解答】

"合同条款不得有针对市场价格波动的调价条款"不妥。根据《清单计价规范》的相关规定,建设工程发承包,必须在招标文件、合同中明确计价中的风险内容及其范围,不得采用无风险、所有风险或类似语句规定计价中的风险内容及范围。

4. 指出事件 4 中招标人行为的不妥之处,并说明理由。

【依据】

关于"现场踏勘"的规定:《招标投标法实施条例》第二十八条"招标人不得组织单个或者部分潜在投标人踏勘项目现场。"《工程建设项目招标投标办法》第三十三条"对于潜在投标人在阅读招标文件和现场踏勘中提出的疑问,招标人可以书面形式或召开投标预备会的方式解答,但同时将解答以书面方式通知所有购买招标文件的潜在投标人。该解答的内容为招标文件的组成部分。"

【解答】

"招标人组织最具竞争力的一个潜在投标人勘察项目现场"不妥,"口头解答投标人提出的疑问"不妥。理由:根据《招标投标法实施条例》的相关规定,招标人不得组织单个或者部分潜在投标人踏勘项目现场。现场踏勘中提出的疑问,招标人应以书面形式解答,同时将解答以书面方式通知所有购买招标文件的潜在投标人。该解答的内容为招标文件的组成部分。

5. 针对事件 5,评标委员会应如何处理?

【依据】

关于"低于成本报价"的规定:《评标委员会和评标方法的暂行规定》第二十一条"在评标过程中,评标委员会发现投标人的报价明显低于其他投标报价或者在设有标底时明显低于标底,使得其投标报价可能低于其个别成本的,应当要求该投标人作出书面说明并提供相关证明材料。投标人不能合理说明或者不能提供相关证明材料的,由评标委员会认定该投标人以低于成本报价竞标,应当否决其投标。"

【解答】

评标委员会应当要求该投标人作出书面说明并提供相关证明材料,若该投标人不能合理说明或者不能提供相关证明材料的,由评标委员会认定该投标人以低于成本报价竞标,应当否决其投标。

（三）考点总结

1. 招标环节：招标文件发售时间的规定、投标有效期的规定、招标控制价的规定、计价风险的规定、现场踏勘；
2. 评标环节：低于成本报价的处理。

2011 年真题（试题二）

（一）真题（本题 20 分）

某咨询公司受业主委托，对某设计院提出屋面工程的三个设计方案进行评价。相关信息见表 11.2.1：

设计方案信息表　　　　　　　　　　　　　　　表 11.2.1

序号	项目	方案一	方案二	方案三
1	防水层综合单价（元/m²）	合计 260.00	90.00	80.00
2	保温层综合单价（元/m²）		35.00	35.00
3	防水层寿命（年）	30	15	10
4	保温层寿命（年）		50	50
5	拆除费用（元/m²）	按防水层、保温层费用的 10%计	按防水层费用的 20%计	按防水层费用的 20%计

拟建工业厂房的使用寿命为 50 年，不考虑 50 年后其拆除费用及残值，不考虑物价变动因素。基准折现率为 8%。

问题：

1. 分别列式计算拟建工业厂房寿命期内屋面防水保温工程各方案的综合单价现值。用现值比较法确定屋面防水保温工程经济最优方案。（计算结果保留 2 位小数）

2. 为控制工程造价和降低费用，造价工程师对选定的方案，以 3 个功能层为对象进行价值工程分析。各功能项目得分及其目前成本见表 11.2.2。

功能项目得分及其目前成本表　　　　　　　　　表 11.2.2

功能项目	得分	目前成本/万元
找平层	14	16.8
保温层	20	14.5
防水层	40	37.4

计算各功能项目的价值指数，并确定各功能项目的改进顺序。（结果保留 3 位小数）

（二）参考解答

1. 分别列式计算拟建工业厂房寿命期内屋面防水保温工程各方案的综合单价现值。用现值比较法确定屋面防水保温工程经济最优方案。

【分析】

（1）方案一的保温层和防水层在 50 年使用寿命期内只维修 1 次（30 年），应计算拆除费用（按防水层、保温层费用的 10%计，即 260×0.1＝26 元/m²）、新做保温层和防水层费用（合计 260.00 元/m²），并将 30 年后的终值换算成现值。

（2）方案二保温层不需要更换，但防水层在 50 年使用寿命期内应更换 3 次（15 年、30 年、45 年），每次都应计算防水层的拆除费用（按防水层费用的 20% 计，即 90×20%＝18 元/m²）、新做防水层的费用（90.00 元/m²），并将 15 年后、30 年后、45 年后的终值换算成现值。

（3）方案三保温层不需要更换，但防水层在 50 年使用寿命期内应更换 4 次（10 年、20 年、30 年、40 年），每次都应计算防水层的拆除费用（按防水层费用的 20% 计，即 80×20%＝16 元/m²）、新做防水层的费用（80.00 元/m²），并将 10 年后、20 年后、30 年后、40 年后的终值换算成现值。

【解答】

（1）各方案的综合单价现值：

① 方案一综合单价现值：$260+(260\times0.1+260)/(1+8\%)^{30}=288.42$ 元/m²

② 方案二综合单价现值：$(90+35)+(90+90\times20\%)\times[1/(1+8\%)^{15}+1/(1+8\%)^{30}+1/(1+8\%)^{45}]=173.16$ 元/m²

③ 方案三综合单价现值：$(80+35)+(80+80\times20\%)\times[1/(1+8\%)^{10}+1/(1+8\%)^{20}+1/(1+8\%)^{30}+1/(1+8\%)^{40}]=194.02$ 元/m²

（2）最优方案选择：

方案二的综合单价现值最低，方案二为最优方案。

【注意】

对工程背景及施工工艺的理解是解答本题的关键，应清楚每种方案屋面维修发生的时间，以及相应的工作内容。还应注意方案三在 50 年的使用寿命期满时，该厂房不再使用，也不再需要对屋面进行维修。

2. 计算各功能项目的价值指数，并确定各功能项目的改进顺序。

【分析】

（1）价值指数＝功能指数/成本指数，功能指数＝某方案的功能得分/各方案的功能得分之和；成本指数＝某方案的成本/各方案的成本之和；各功能项目得分和目前成本均采用"功能项目得分及其目前成本表"中的数据。

（2）按价值指数从低到高的顺序改进功能项目。

【解答】

（1）计算功能项目的价值指数：

① 计算各功能项目的功能指数：

找平层的功能指数：$14/(14+20+40)=0.189$

保温层的功能指数：$20/(14+20+40)=0.270$

防水层的功能指数：$40/(14+20+40)=0.541$

② 计算各功能项目的成本指数：

找平层的成本指数：$16.8/(16.8+14.5+37.4)=0.245$

保温层的成本指数：$14.5/(16.8+14.5+37.4)=0.211$

防水层的成本指数：$37.4/(16.8+14.5+37.4)=0.544$

③ 计算各功能项目的价值指数：
找平层的价值指数：0.189/0.245＝0.771
保温层的价值指数：0.270/0.211＝1.280
防水层的价值指数：0.541/0.544＝0.994
（2）各功能项目的改进顺序为：找平层、防水层、保温层。

（三）考点总结

1. 用现值法选择方案；
2. 价值工程：
（1）功能指数、成本指数、价值指数的计算；
（2）用价值指数判断功能改进的先后顺序。

2011年真题（试题三）

（一）真题（本题20分）

某市政府投资一建设项目，法人单位委托招标代理机构采用公开招标方式代理施工招标，并委托有资质的工程造价咨询企业编制了招标控制价。招投标过程中发生了如下事件：

事件1：招标信息在招标信息网上发布后，招标人考虑到该项目建设工期紧，为缩短招标时间，而改为邀请招标方式，并要求在当地承包商中选择中标人。

事件2：资格预审时，招标代理机构审查了各个潜在投标人的专业、技术资格和技术能力。

事件3：招标代理机构设定招标文件出售的起止时间为3个工作日；要求投标保证金为120万元。

事件4：开标后，招标代理机构组建了评标委员会，由技术专家2人、经济专家3人、招标人代表1人、该项目主管部门主要负责人1人组成。

事件5：招标人向中标人发出中标通知书后，向其提出降价要求，双方经多次谈判，签订了书面合同，合同价比中标价降低2%。招标人在与中标人签订合同3周后，退还了未中标的其他投标人的投标保证金。

问题：
1. 说明编制招标控制价的主要依据。
2. 指出事件1中招标人行为的不妥之处，说明理由。
3. 事件2中还应审查哪些内容？
4. 指出事件3、事件4中招标代理机构行为的不妥之处，说明理由。
5. 指出事件5中招标人行为的不妥之处，说明理由。

（二）参考解答

1. 说明编制招标控制价的主要依据。

【依据】
关于"招标控制价"的编制依据：《清单计价规范》GB 50500—2013 第5.2.1条"招

标控制价应根据下列依据编制与复核：1. 本规范；2. 国家或省级、行业建设主管部门颁发的计价定额和计价办法；3. 建设工程设计文件及相关资料；4. 拟定的招标文件及招标工程量清单；5. 与建设项目相关的标准、规范、技术资料；6. 施工现场情况、工程特点及常规施工方案；7. 工程造价管理机构发布的工程造价信息；当工程造价信息没有发布时，参照市场价；8. 其他的相关资料。"

【解答】

招标控制价的主要依据有：（1）《建设工程工程量清单计价规范》；（2）国家或省级、行业建设主管部门颁发的计价定额和计价办法；（3）建设工程设计文件及相关资料；（4）拟定的招标文件及招标工程量清单；（5）与建设项目相关的标准、规范、技术资料；（6）施工现场情况、工程特点及常规施工方案；（7）工程造价管理机构发布的工程造价信息；当工程造价信息没有发布时，参照市场价；（8）其他的相关资料。

2. 指出事件1中招标人行为的不妥之处，说明理由。

【依据】

（1）关于"招标方式"的规定：《招标投标法实施条例》第八条"国有资金占控股或者主导地位的依法必须进行招标的项目，应当公开招标；但有下列情形之一的，可以邀请招标：（一）技术复杂、有特殊要求或者受自然环境限制，只有少量潜在投标人可供选择；（二）采用公开招标方式的费用占项目合同金额的比例过大。有前款第二项所列情形，属于本条例第七条规定的项目，由项目审批、核准部门在审批、核准项目时作出认定；其他项目由招标人申请有关行政监督部门作出认定。"

（2）关于"限制和排斥潜在投标人"的规定：《招标投标法》第六条"依法必须进行招标的项目，其招标投标活动不受地区或者部门的限制。任何单位和个人不得违法限制或者排斥本地区、本系统以外的法人或者其他组织参加投标，不得以任何方式非法干涉招标投标活动。"《招标投标法实施条例》第三十二条"招标人不得以不合理的条件限制、排斥潜在投标人或者投标人。招标人有下列行为之一的，属于以不合理条件限制、排斥潜在投标人或者投标人……（二）设定的资格、技术、商务条件与招标项目的具体特点和实际需要不相适应或者与合同履行无关……"；《招标投标法实施条例》第三十三条"投标人参加依法必须进行招标的项目的投标，不受地区或者部门的限制，任何单位和个人不得非法干涉。"

【解答】

（1）"改为邀请招标方式"不妥。理由：市政府投资的建设项目，属于国有资金项目，根据《招标投标法实施条例》的相关规定，国有资金项目应当公开招标。采用邀请招标必须符合相关规定，不能为了缩短招标时间，将招标方式改为邀请招标。

（2）"在当地承包商中选择中标人"不妥。理由：根据《招标投标法》的相关规定，依法必须进行招标的项目，其招标投标活动不受地区或者部门的限制。任何单位和个人不得违法限制或者排斥本地区、本系统以外的法人或者其他组织参加投标。

3. 事件2中还应审查哪些内容？

【依据】

关于"资格审查"的规定：《工程建设项目施工招标投标办法》第十六条"招标人可

以根据招标项目本身的特点和需要,要求潜在投标人或者投标人提供满足其资格要求的文件,对潜在投标人或者投标人进行资格审查;法律、行政法规对潜在投标人或者投标人的资格条件有规定的,依照其规定。"第十七条"资格审查分为资格预审和资格后审。资格预审,是指在投标前对潜在投标人进行的资格审查。资格后审,是指在开标后对投标人进行的资格审查……"第二十条"资格审查应主要审查潜在投标人或者投标人是否符合下列条件:(一)具有独立订立合同的权利;(二)具有履行合同的能力,包括专业、技术资格和能力,资金、设备和其他物质设施状况,管理能力,经验、信誉和相应的从业人员;(三)没有处于被责令停业,投标资格被取消,财产被接管、冻结,破产状态;(四)在最近三年内没有骗取中标和严重违约及重大工程质量问题;(五)法律、行政法规规定的其他资格条件……"

【解答】

招标代理机构还应审查:(1)是否具有独立签订合同的权利;(2)资金、设备和其他物质设施状况,管理能力,经验、信誉和相应从业人员;(3)是否处于被责令停业,投标资格被取消,财产被接管、冻结,破产状态;(4)在最近三年内是否有骗取中标和严重违约及重大工程质量问题;(5)是否符合法律、行政法规规定的其他资格条件。

4. 指出事件3、事件4中招标代理机构行为的不妥之处,说明理由。

【依据】

(1)关于"招标文件发售时间"的规定:《招标投标法实施条例》第十六条"……资格预审文件或者招标文件的发售期不得少于5日。"

(2)关于"投标保证金"的规定:《工程建设项目招标投标办法》第三十七条"投标保证金不得超过项目估算价的百分之二,但最高不得超过八十万元人民币"。《招标投标法实施条例》第二十六条"招标人在招标文件中要求投标人提交投标保证金的,投标保证金不得超过招标项目估算价的2%……"

(3)关于"评标委员会组建及组成"的规定:《评标委员会和评标方法的暂行规定》第八条"评标委员会由招标人负责组建。评标委员会名单一般应于开标前确定。评标委员会成员名单在中标结果确定前应当保密。"第九条"评标委员会由招标人或其委托的招标代理机构熟悉相关业务的代表,以及有关技术、经济等方面的专家组成,成员人数为五人以上单数,其中技术、经济等方面的专家不得少于成员总数的三分之二。"第十二条"有下列情形之一的,不得担任评标委员会成员……(二)项目主管部门或者行政监督部门的人员……"

【解答】

(1)事件3中:

"招标文件出售的起止时间为3个工作日"不妥。理由:根据《招标投标法实施条例》的规定,招标文件的发售期不得少于5日。

"投标保证金为120万元"不妥。理由:根据《工程建设项目招标投标办法》的规定,投标保证金最高不得超过80万元。

(2)事件4中:

"招标代理机构组建了评标委员会"不妥,理由:根据《评标委员会和评标方法的暂行规定》,评标委员会应由招标人负责组建。

"评标委员会包括该项目主管部门主要负责人 1 人"不妥,理由:根据《评标委员会和评标方法的暂行规定》,项目主管部门的人员不得担任评标委员会成员。

【注意】

(1) 关于投标保证金的数额规定:

行政规章《工程建设项目招标投标办法》第三十七条规定"投标保证金不得超过项目估算价的百分之二,但最高不得超过八十万元人民币",类似地,在行政规章《工程建设项目勘察设计招标投标办法》第二十四条规定"保证金不得超过项目估算价的百分之二,最高不得超过十万元人民币。"《工程建设项目货物招标投标办法》第二十七条规定"投标保证金不得超过项目估算价的百分之二,但最高不得超过八十万元人民币。"

《招标投标法实施条例》属于法律法规,在第二十六条中只规定了"投标保证金不得超过项目估算价的 2%",并未做出具体数额的上限规定。由于该条例比各种招投标办法应用范围更广,没法规定一个统一的具体数额上限。

《工程建设项目施工招标投标办法》于 2003 年 5 月 1 日起施行,《招标投标法实施条例》于 2012 年 2 月 1 日施行。本题是 2011 年的考题,应该按照《工程建设项目施工招标投标办法》的规定进行解答。

(2) 关于评标委员的组建时间,《评标委员会和评标方法的暂行规定》第八条"评标委员会成员名单一般应于开标前确定。"这里只是规定了"一般"应于"开标前"确定,说明在开标后组建评委会也不违规。实际工作中,也有在开标后通过网络平台在评标专家库中随机抽取专家组成评标委员会的做法。

5. 指出事件 5 中招标人行为的不妥之处,说明理由。

【依据】

(1) 关于"合同签订"的规定:《招标投标法实施条例》第五十七条"招标人和中标人应当依照招标投标法和本条例的规定签订书面合同,合同的标的、价款、质量、履行期限等主要条款应当与招标文件和中标人的投标文件的内容一致。招标人和中标人不得再行订立背离合同实质性内容的其他协议……"

(2) 关于"投标保证金退还"的规定:《招标投标法实施条例》第五十七条"……招标人最迟应当在书面合同签订后 5 日内向中标人和未中标的投标人退还投标保证金及银行同期存款利息。"

【解答】

(1) "招标人向中标人发出中标通知书后,向其提出降价要求"不妥;"合同价比中标价降低 2%"不妥。理由:根据《招标投标法实施条例》的相关规定,合同的价款应与中标人投标文件的内容一致,招标人和中标人不得再行订立背离合同实质性内容的其他协议。

(2) "签订合同 3 周后退还投标保证金"不妥;"只退还了未中标的其他投标人的投标保证金"不妥。理由:根据《招标投标法实施条例》的相关规定,招标人最迟应当在书面合同签订后 5 日内退还投标保证金,应退还所有投标人(包括中标人和未中标)的投标保证金及银行同期存款利息。

【说明】

《招标投标法》于 2000 年 1 月 1 日起施行,《工程建设项目施工招标投标办法》于 2003 年 5 月 1 日起施行,《招标投标法实施条例》于 2012 年 2 月 1 日施行。《工程建设项目施工招标投标办法》与《招标投标法实施条例》的很多规定是相同的,为了便于读者复习,对于 2011 年的题目,本书主要依据《招标投标法实施条例》进行解答,如《招标投标法实施条例》中没有规定的,则按照《工程建设项目施工招标投标办法》解答。

(三)考点总结

1. 招标环节:招标方式的选择、排斥或限制潜在投标人、资格预审的内容、招标文件的发售时间、投标保证金;

2. 评标环节:评标委员会的组建和组成;

3. 中标环节:合同的签订、投标保证金的退还。

第 3 章　工程合同价款管理

本章考试大纲：
一、工程合同价的类型及其适用条件；
二、工程变更的处理；
三、工程索赔的计算与审核；
四、工程合同争议的处理。

第3.1节　考 点 解 析

本章主要考查施工过程中的合同管理，一般结合网络图考查，先判断索赔是否成立，如果索赔成立，再分别计算费用索赔和工期索赔。

本章题目的难度不是太大，关键在于判断索赔是否成立，这是定性的判断。计算费用索赔时，要逐项分别进行计算；并注意是否计算与此相关的管理费和利润，以及规费和税金。计算工期索赔时，同样是逐项分别计算；并注意由于索赔事件的发生，关键线路是否发生了变化。

考点1　网络图中关键线路的确定

本章题目一般会放在一个网络图（包括时标网络图）中考查。在网络图中，最重要的是找出关键线路、关键工作、总工期等信息，这是工期索赔计算中最重要的一步。

快速熟练地识读网络图，准确理解网络图的内涵，对提高本章的得分率具有十分重要的意义。

本考点所涉及的基本概念及时间参数，详见第 2 章"网络图"的考点解析。

【例 3.1】某工程开工前，承包商提交了施工网络进度计划图，如图 3.1 所示。请问施工网络进度计划图的关键工作有哪些？

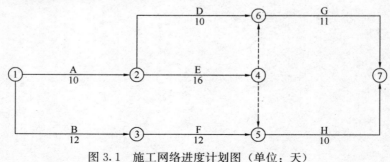

图 3.1　施工网络进度计划图（单位：天）

解答：

(1) 本工程的网络进度计划图的路线如下：

① 线路 A→D→G，工期 10+10+11＝31 天；

② 线路 A→E→G，工期 10+16+11＝37 天；

③ 线路 A→E→H，工期 10+16+10＝36 天；

④ 线路 B→F→H，工期 12+12+10＝34 天。

(2) 由以上分析可知，线路 A→E→G 的总工期最长（37 天），是关键线路，关键工作为 A、E、G。

解题方法：

(1) 用"穷举法"找出从"初始节点"到"最终节点"的所有线路。

(2) 分别计算每条线路上各工作持续时间的总和。

(3) 持续时间最长的线路为关键线路，关键线路上的工作为关键工作，关键线路的工期为网络图的总工期。

📖 **已考年份：** 2020 年、2019 年、2018 年、2017 年、2016 年、2015 年、2014 年、2013 年、2012 年、2011 年。

考点 2 时标网络图及前锋线的绘制

1. 时标网络图

(1) 时标网络图的识读：以实箭线表示工作，实箭线的水平投影长度，表示该工作的持续时间；以虚箭线表示虚工作，由于虚工作的持续时间为零，所以箭线只能垂直画；以波形线表示该工作与其紧后工作的时间间隔。

(2) 关键线路：从终节点开始，逆着箭线的方向，不出现波形线的线路为关键线路。

(3) 计算工期：终节点所对应的时标值与起节点所对应的时标值之差。

2. 实际进度前锋线的绘制

从时标网络图上方时间坐标的检查日期开始绘制，依次连接相邻工作的实际位置进展点，最后与时标网络计划图下方坐标的检查日期连接。

3. 进度偏差的判定

进度偏差常常结合时标网络计划图进行考查。实际进展位置点落在检查日期的左侧，表明该工作实际进度拖后，拖后的时间为二者之差；实际进展位置点与检查日期重合，表明该工作实际进度与计划进度一致；实际进展位置点落在检查日期的右侧，表明该工作实际进度超前，超前的时间为二者之差。

【例 3.2】 某承包商承建一基础设施项目，施工网络进度计划如图 3.2 所示。工程实施到第 5 个月末检查时，A_2 工作刚好完成，B_1 工作已进行了 1 个月。请标出第 5 个月末的实际进度前锋线，如果后续工作按原进度计划执行，工期将是多少个月？

解答：

(1) 绘制实际进度前锋线图如图 3.3 所示：

(2) A_2 刚好全部完成，由于 A_2 有一个月的自由时差，不会影响总工期；B_1 拖后 2 个

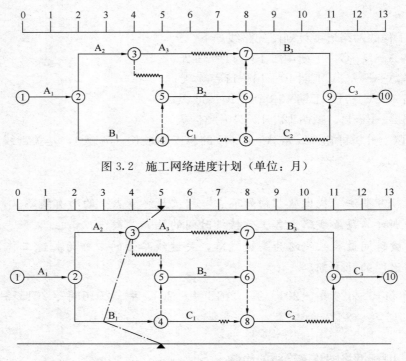

图 3.2 施工网络进度计划（单位：月）

图 3.3 第 5 个月末进度前锋线图（单位：月）

月，由于 B_1 是关键工作，将会影响总工期 2 个月。如果后续工作按原进度计划执行，工期将是 13＋2＝15 个月。

📖 已考年份：2020 年、2014 年、2010 年（第五大题）。

考点 3　索赔是否合理的判定

1. 承包人可以向发包人索赔的事件

这类事件具有共同的特点，即不是由承包人自己的原因造成的损失，承包人不应承担相应的责任，可以向发包人索赔。承包人可以向发包人索赔的常见事件如下：

（1）延迟提供图纸

图纸由发包人提供，延迟提供图纸是发包人的责任，可以索赔。

（2）施工中发现文物、古迹

承包人无法预测场地中是否有文物、古迹，如果在施工过程中发现有文物、古迹而导致工程停工或采取了其他保护措施，可以索赔。

（3）延迟提供施工场地

施工场地由发包人提供，延迟提供施工场地是发包人的责任，可以索赔。

（4）施工中遇到不利的物质条件

施工中是否会遇到不利的物质条件，是承包人无法预测的，不是承包人应承担的责任，可以索赔。

在考试中，不利物质条件主要为实际条件与地勘报告不符合的情况，2018 年、2017

年、2016年、2012年均涉及了与地质条件相关的不利物质条件。

（5）发包人提供的材料、工程设备不合格或延迟提供

发包人提供的材料、工程设备不合格或延迟提供，是发包人的责任，可以索赔。

（6）异常恶劣的气候条件

异常恶劣的气候条件是指在施工过程中遇到的，有经验的承包人在签订合同时不可预见的，对合同履行造成实质性影响的，但尚未构成不可抗力事件的恶劣气候条件。

承包人应采取克服异常恶劣的气候条件的合理措施继续施工，并及时通知发包人和监理人。

监理人经发包人同意后应当及时发出指示，指示构成变更的，按变更约定办理。承包人因采取合理措施而增加的费用和（或）延误的工期由发包人承担。

也就是说，异常恶劣的天气，是不可预见的，但可采取措施克服，因此新增的费用应由发包人承担。

（7）监理人对已经覆盖的隐蔽工程要求重新检查且检查结果合格

监理人对已经覆盖的隐蔽工程要求重新检查，如果检查结果合格，说明承包人没有质量问题，承包人不应承担相应的责任，可以向发包人索赔与此相关的损失（工期延误、人员窝工和机械闲置、重新恢复工程的费用）。

如果是承包人私自覆盖的隐蔽工程，监理人要求检查，不管检查结果是否合格，都不能索赔。

（8）基准日后法律的变化

招标工程以投标截止日前28天、非招标工程以合同签订前28天为基准日，其后因国家的法律、法规、规章和政策发生变化引起工程造价增减变化的，发承包双方应按照省级或建设行业主管部门或其授权的工程造价管理机构据此发布的规定，调整合同价款。（《清单计价规范》GB 50500—2013第9.2.1条）

（9）变更新增工作

变更新增工作是发包人的行为或指令，不是承包人的责任，承包人可以索赔因新增工作造成的损失（如人员窝工、机械闲置），以及新增工作的相应费用。

（10）工程量增加

某项工作的实际工程量的增加，不是承包人的责任。某项工程量增加，可能导致工期延长，后续相关工作会受到影响（如引起共用施工机械闲置等），都可以向发包人索赔，应特别注意题目中对工作量增加调价的相关要求。

（11）因发包人原因造成分包人的损失

因发包人原因造成分包人的损失的，分包人向承包人索赔，承包人再向发包人索赔。

（12）因其他承包人原因造成承包人损失

当一个建设项目有多个承包人时，如果由于甲承包人原因造成乙承包人损失的，甲包人应向发包人索赔，再由发包人向乙承包人索赔。

2. 承包人不能向发包人索赔的事件

凡是由于承包人自己的原因造成的损失，只能由承包人自己承担责任，不能向发包人索赔。承包人不能向发包人索赔的常见事件如下：

（1）施工机械、施工设备，出现故障或进场延迟

施工机械问题是承包人应承担的责任。

（2）合同规定应由承包人提供的材料或工程设备出现问题

材料或设备由承包人采购，属于承包人应承担的责任。

（3）承包人为了保证工程质量而增加的措施费用

保证工程质量是承包人应承担的责任。

（4）因承包人原因造成的工程质量缺陷

这是承包人应承担的责任，不能索赔。

（5）监理人要求重新检查，检查的结果不合格

承包人应保证工程质量合格，若检查不合格，属于承包人自己的责任。

（6）承包人自己决定赶工

承包人自己决定赶工产生的费用，不能索赔，但可以获得工期提前的奖励。

（7）逾期（超过28天）索赔

承包人应在知道或者应当知道索赔事件发生后28天内，向发包人提交索赔意向通知书，说明发生索赔事件的事由。承包人在规定的期限内未发出索赔意向通知书，丧失索赔的权利。（《清单计价规范》GB 50500—2013 第9.13.2条）

承包人不能索赔的事件具有共性：施工机械、施工材料（承包人采购）、施工质量、自行赶工。

3. 不可抗力事件中，发承包双方各自应承担的风险

（1）不可抗力事件的定义：合同双方在合同履行中出现的不能预见、不能避免、不能克服的自然灾害和社会性突发事件。（均不是由发承包任一方引起的事件，注意"三不"）

（2）不可抗力事件的实例：山体滑坡和泥石流（2017年），特大暴雨（2015年），台风侵袭（2012年），强台风、特大暴雨（2010年）、飓风（2008年）、特大暴雨（2007年）。这是以前考题中出现的不可抗力事件，主要以自然灾害为主。

社会性突发事件包括战争、暴乱、非合同双方引起的罢工等。

可以预见的事件，如季节性大雨不属于不可抗力事件（如：2017年"遇到了持续10天的季节性大雨"，2009年"石材厂所在地连续遭遇季节性大雨"）。注意关键词"季节性"，说明每年都会发生，这是有经验的承包商可以预测得到的。

（3）不可抗力事件中发承包双方各自应承担的损失。

不可抗力因素引起的损失，属于客观原因，谁也不能怪谁，只能各自承担自己的损失，即"各人自扫门前雪"。所以，找出"门前雪"的归属，此类问题迎刃而解。

发包人应承担的常见损失：

① 合同工程本身的损害（这是发包人的工程）；

② 运至施工场地用于施工的材料和待安装的设备（用于工程的实体材料和设备，已运到施工现场，属于发包人的；待安装的设备指构成永久工程的机电设备等，是工程本身不可缺少的组成部分）；

③ 工程所需要的清理和修复费用（工程是发包人的，清理和修复工程是为发包人工作）；

④ 停工期间，应发包人要求留在施工现场的必要的管理人员及保卫人员的费用（这些人员为工程服务，工程是发包人的，应由发包人承担费用）；

⑤ 发包人及监理人的办公室损坏（这是提供给发包人和监理人使用的，发包人应承担这部分费用）。

承包人应承担的常见损失：
① 承包人的施工设备损害、施工机械闲置（承包人自己的设备和机械，自行负责）；
② 周转材料的损失（如脚手架、模板等不构成工程实体，还可以用于其他工程，属于承包人的财产，自行负责）；
③ 施工办公设施的损坏（承包人自己使用的办公室，自行负责）；
④ 人员窝工（承包人的工人，自行负责）。

也就是说，发包人的财产包括工程本身（及清理和修复），用于工程实体的材料（必须是运到了工地现场），发包人及监理人的办公用房等。承包人的财产包括施工机械设备，周转材料，承包人的办公用房等。（见《清单计价规范》GB 50500—2013 第 9.10.1 条）

【例 3.3】某工程项目，在施工之前承包人提交了网络施工进度图，如图 3.4 所示，并得到发包人的批准。

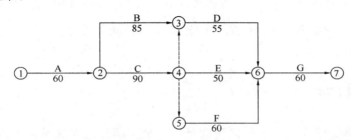

图 3.4 网络施工进度图（单位：天）

在施工期间发生了如下事件：

（1）因勘察报告不详，基坑开挖后出现了障碍物，清理该障碍物导致 A 工作持续时间增加 2 天，增加人材机械费 1.5 万元。

（2）因不可抗力因素，导致 B 工作停工 6 天，承包人的施工机械损失 1 万元，
修复发包人、承包人、监理人的办公室各 2 万元，已运到施工现场拟用于本工程的灯具（承包人购买）损失 1 万元。

（3）发包人要求对 F 工作修改设计，导致该工作延长 3 天，人员窝工机械闲置共计 1.5 万元。

（4）承包人为了保证在工程按合同规定的时间之前完成，决定增加 G 工作的作业人数，将 G 工作的持续时间压缩为 52 天，由此增加人工费 1.2 万元。

以上事件发生后，承包人及时向发包人提出了索赔。请问以上事件中承包人可以提出哪些索赔，并说明理由。

解答：

本工程的关键工作为 A、C、F、G，总工期 60+90+60+60=270 天。

（1）事件 1：可以索赔 2 天工期，可以索赔清除障碍物增加的费用。理由：施工中遇到不利的物质条件（障碍物）是发包人应承担的风险，且 A 工作为关键工作。

（2）事件 2：不可以索赔工期，理由：B 工作的总时差为(90+60)-(85+55)=10 天，大于工期延误时间 6 天。

可以索赔修复发包人和监理人办公室的费用、待安装灯具损失的费用，不可索赔机械损失的费用和修复承包人办公室的费用。理由：因不可抗力因素造成的损失，发承包双方各自承担相应的损失。

（3）事件3：可索赔3天的工期，可索赔人员窝工机械闲置的费用。理由：发包人要求修改设计，是发包人应承担的责任，且F工作是关键工作。

（4）事件4：不可以索赔工期和费用。理由：承包人自行决定赶工，自己承担相应费用，但可以获得相应的工期提前奖励。

解题方法：

（1）找出事件发生的原因。题目中一般表述为"由于……""因……""……负责采购的……"等。

（2）划分人员和财产的归属。这主要是针对不可抗力事件而言，各自承担自己的损失。

（3）不属于承包人的责任（或承担的风险），承包人均可向发包人索赔。

已考年份： 2020年、2019年、2018年、2017年、2016年、2015年、2014年、2012年、2011年。

考点4 工期索赔

工期索赔必须是以下三个条件同时满足：一是工期延误不是承包人的原因或应承担的风险（一般原因有：提供场地延迟、地勘原因、地下有文物、图纸延迟、设计变更增加工作、发包人采购的材料和设备问题、不可抗力因素等）；二是必须对总工期有延误（在关键线路上的工作，或延误的时间大于了该工作的总时差，改变了关键线路）；三是承包人已按照施工合同规定的索赔期限和程序提交了索赔意向通知、索赔报告及相关证明材料。

1. 共同延误

在实际施工过程中，工期延误很少是只由一方造成的，往往是多个事件先后发生（或相互作用）而形成的，称为"共同延误"。

（1）首先判断造成延误的哪个事件是最先发生的，即确定"初始延误"者，它应对工程延误负责，在初始延误发生作用期间，其他并发的延误者不承担工期延误的责任；初始延误事件结束，其他延误事件才开始对工期延误负责。

（2）如果初始延误者是发包人原因，则在发包人原因造成的延误期内，承包人既可得到工期延长，又可得到经济补偿。

如果初始延误者是客观原因，则在客观因素发生影响的延误期内，承包人可以得到工期延长，但很难得到费用补偿。

如果初始延误者是承包人原因，则在承包人原因造成的延误期内，承包人既不能得到工期补偿，也不能得到费用补偿。

【例3.4】 某工程在施工过程中发生了以下事件：

（1）事件1：8月1日清晨到8月2日傍晚，均为特大暴雨。

(2) 事件 2：8 月 2 日清晨承包人的施工机械出现故障，直到 8 月 6 日傍晚才修好。

(3) 事件 3：按合同约定，业主应于 8 月 5 日清晨提供的施工材料，直到 8 月 11 日清晨才提供。

上述事件发生后，从 8 月 1 日到 8 月 10 日，工程均处于停工状态。承包人总计可以获得多少天的工期补偿？

解答：

为使解题过程更直观，各事件的发生时间，可以用横道图表示，如图 3.5 所示。

时间 事件	8.1	8.2	8.3	8.4	8.5	8.6	8.7	8.8	8.9	8.10
事件 1 （特大暴雨）										
事件 2 （机械故障）										
事件 3 （甲供材料延迟）										
工期索赔	√	√					√	√	√	√

图 3.5 共同延误分析示意图

(1) 事件 1 和事件 2 相比，事件 1 是"初始延误者"，事件 1 是不可抗力事件，可以索赔工期 2 天。

(2) 事件 2 和事件 3 相比，事件 2 是"初始延误者"，事件 2 应由承包人负责，不能索赔工期；事件 3 是业主应承担的责任，可以索赔 4 天的工期。

承包人总计可以索赔：2+4=6 天。

解题方法：

(1) 找出各事件发生的起止时间，作出各事件持续时间的横道图。

(2) 找出共同延误事件的"初始延误者"，分析各事件的索赔天数。

已考年份： 2014 年。

2. 共用机械

在网络图中，如果出现 A、B 两个工作先后共用一台施工机械，这一般是隐含条件。如果在 B 工作之前新增一个工作，或其他原因导致 A 工作延误，都可能导致这两个工作共同使用的施工机械在施工现场的时间延长，施工机械比原网络计划图多余的在场时间，可以索赔机械闲置。

2013 年真题第四大题，题目指出"该工程的 D 工作和 H 工作安排使用同一台施工机械，机械每天工作一个台班"；在后续发生的事件中指出"业主设计变更新增 F 工作，F 工作为 D 工作的紧后工作，为 H 工作的紧前工作，持续时间为 6 周。"显然，H 工作在 D 工作和 H 工作之间，必然会对共用施工机械的在场时间产生影响。

2011 年真题第四大题，题目指出"工作 B 和 I 需要使用同一台施工机械，只能顺序施工，不能同时进行。"在后续发生的事件中，因 C 工作延误，导致 I 工作最早开始时间推迟，因此共用施工机械在场时间延长。

【例 3.5】 某工程开工前，承包商提交了施工网络进度计划图，如图 3.6 所示。根据施工安排，E 工作和 H 工作必须使用同一台大型施工机械（该机械不能移动，一直到 H 工作完成后才离场），施工机械每天工作 1 个台班。在施工过程中，根据发包人要求，需新增工作 J（持续时间为 4 天，不使用该机械），J 是 E 的紧后工作，是 H 的紧前工作。承包人可向业主索赔多少个台班的大型机械闲置费？

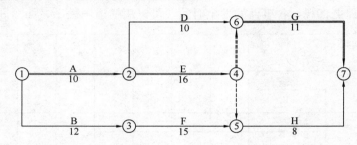

图 3.6 施工网络进度计划图（单位：天）

解答：

绘出新增工作 J 后的网络进度计划图，如图 3.7 所示。

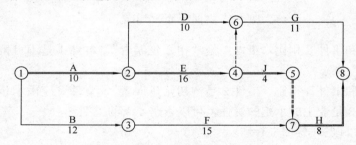

图 3.7 施工网络进度计划图（单位：天）

（1）按原网络进度计划，因 E 工作是关键工作，施工机械最迟必须在第 11 天进场，连续工作 16 天完成 E 工作，闲置 1 天（待 F 工作完成），才能开始 H 工作。共用施工机械在场的最短时间为 16+1+8=25 天。

（2）因新增 J 工作，A、E、J、H 工作全部变成了关键工作，共用机械在场的最短时间为 16+4+8=28 天。

（3）机械闲置 28－25=3 天，因此承包人可索赔 3 个台班的大型机械闲置费。

另解：

（1）按原网络进度计划，H 工作的最早开始时间为第 28 天。

（2）因新增工作 J 后，H 工作的最早开始时间为第 31 天。

（3）机械闲置 31－28=3 天，因此承包人可索赔 3 个台班的大型机械闲置费。

解题方法：

（1）作出新增工作后的网络进度计划图。

（2）共用机械的工作中，一般至少有一个工作在关键线路上，是关键工作，因此共用机械在关键工作上的作业时间是固定的。

(3) 在网络图调整前后，共用机械在后一个工作的作业时间，可按最早开始时间进行工作。分别计算共用机械在网络图调整前后的最短在场时间，或分别计算后一个工作的最早开始时间。

(4) 网络图调整前后，共用机械在场的最短时间之差，就是可以索赔的共用机械闲置时间；或后一个工作最早开始时间之差，也是可以索赔的共用机械闲置时间。

📖 **已考年份**：2020年、2019年、2013年、2011年。

3. 工期索赔

(1) 原合同总工期（或称为计划工期）：指的是合同中计划开工日期和计划竣工日期计算出的工期总日历天数。

题目中一般会给出（或根据网络图算出）合同工期，应注意工期的单位，常见的单位月、周、天，如有工期奖罚计算，应统一工期计算的单位。

题目中常有"经批准（或经审批或经确认）的网络进度计划图"等表述，既然是已经被"批准"了的网络进度计划图，表明发承包双方均认可按照网络图计算的工期，网络图中关键线路的总工期就成了合同总工期。

(2) 索赔工期：通过各索赔事件对工期的索赔，经发包人确认可以给承包人延长的工期。

(3) 新合同总工期（或修正后的合同工期）＝原合同工期＋索赔工期。

(4) 实际总工期：根据实际开工日期和实际竣工日期，计算得到的总工期的日历天数。实际总工期可由题目中给定的条件（包括承包人自己延误的工期）计算得到。

实际总工期＝原合同工期＋关键线路上延误的工期（索赔工期＋关键线路上不能索赔的延误工期）。

(5) 奖罚工期：新合同工期（或修正后的合同工期）－实际工期，取绝对值。

(6) 工期奖励：奖罚工期×单位时间工期的奖罚数额，工期奖励是否含规费和税金，应根据题目中的要求作答。

【例3.6】某工程开工前，承包商提交了施工网络进度计划图，如图3.8所示，并得到了监理工程师的批准。

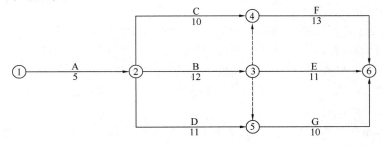

图3.8 经批准的网络进度计划图（单位：天）

施工合同规定，工期每提前（或延后）1天，奖励（或罚款）5000元（含规费和税金）。在施工过程中发生了如下事件：

事件1：因业主提供的材料未及时到场，A工作延误3天。

事件2：因施工机械故障，B工作延误2天。

事件 3：因工程设计变更，E 工作的工程量增加，导致 E 工作的作业时间增加 4 天。
请解答以下问题：
(1) 本工程的合同工期是多少天？
(2) 各事件发生后，承包人总计可向业主索赔多少天的工期？并说明理由。
(3) 本工程的实际工期是多少天？
(4) 承包人的工期奖励（或罚款）为多少元？

解答：

标出原网络计划图的关键线路，如图 3.9 所示；标出各事件对工期的影响，如图 3.10 所示。

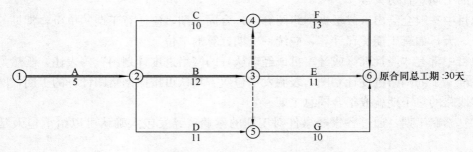

图 3.9 原网络计划的关键线路图（单位：天）

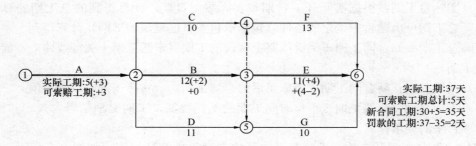

图 3.10 各事件对工期的影响示意图（单位：天）

(1) 计算原合同总工期：

该网络图共有 5 条线路：线路 A→C→F，工期 5+10+13=28 天；线路 A→B→E，工期 5+12+11=28 天；线路 A→D→G，工期 5+11+10=26 天；线路 A→B→F，工期 5+12+13=30 天；线路 A→B→G，工期 5+12+10=27 天。

关键线路为 A—B—F，该线路上的工期为 30 天，因此合同总工期为 30 天。

(2) 计算工期索赔：

事件 1：可索赔 3 天。理由：业主提供的材料未及时到场，是业主应承担的责任，且 A 工作为关键工作。

事件 2：可索赔 0 天。理由：施工机械故障是承包人应承担的责任，不能索赔。

事件 3：可索赔 2 天。理由：设计变更导致 E 工作的工程量增加是业主应承担的责任；E 工作有 2 天的总时差，只能索赔 4−2=2 天。

工期索赔：3+2=5 天。

(3) 计算实际总工期：

事件 1 导致关键工作 A 延误 2 天，事件 2 导致关键工作 B 延误 2 天，事件 3 导致 E 工作变成关键工作。因此关键线路变为 A→B→E。

实际总工期为(5＋3)＋(12＋2)＋(11＋4)＝37 天。

(4) 计算工期奖罚：

新合同总工期（或修正后的合同工期）为 30＋5＝35 天，实际工期为 37 天。承包人的工期罚款为 5000×（37－35）＝10000 元。

解题方法：

(1) 标出关键线路，计算总工期。

(2) 各事件发生后，分别标出各工作的实际工期和可索赔工期。

(3) 通过对网络图的分析，分别计算各个工期参数（原合同总工期、索赔工期、新合同工期、实际工期、奖罚工期等）。

已考年份：2020 年、2019 年、2018 年、2017 年、2016 年、2015 年、2014 年、2012 年、2011 年。

考点 5　费用索赔

对于非承包人的原因（或非承包人应承担的风险），导致承包人增加了施工费用，都可以索赔。

1. 新增分项工程

因设计变更等原因新增分项工程，当规费以人材机费、管理费与利润之和为基数时，计算方法如下：

索赔费用＝工程量×综合单价×(1＋规费费率)×(1＋税率)。

2. 新增人材机费用

如某分项工程，新增人工费、材料费和机械费。当管理费以人材机费为基数，利润以人材机费与管理费之和为基数，规费以人材机费与管理费和利润之和为基数时，计算方法如下：

索赔费用＝新增人材机费用×(1＋管理费费率)×(1＋利润费率)×(1＋规费费率)×(1＋税率)。

【例 3.7】某工程项目，合同约定，管理费按人材机费用之和的 10% 计取，利润按人材机费用和管理费之和的 6% 计取，规费和税金为人材机费用、管理费和利润之和的 13%。

在施工过程中发生了如下事件：

事件 1：新增 A 分项工程，工程量为 400m²，综合单价为 200 元/m²。

事件 2：由于设计变更，B 分项工程增加了工程量，增加 100 个工日（工资单价为 150 元/工日），增加材料费 2.5 万元，增加机械台班 10 个（台班单价为 1000 元/台班）。

请计算事件 1 和事件 2 发生后，承包人可索赔的费用为多少万元？

解答：

(1) 事件 1 可索赔的费用：400×200×（1＋13%）＝9.04 万元

(2) 事件 2 可索赔的费用：(100×150+25000+10×1000)×(1+10%)×(1+6%)×(1+13%)=6.59 万元

承包人可索赔的费用合计：9.04+6.59=15.63 万元

3. 重新购买（运到工地的）材料或设备

如果是运到工地（尚未用于工程）的材料或设备受到损害，需要重新购买这些材料或设备，索赔费用不计算管理费和利润，但要计算相应的规费和税金。可以这样理解，损失的是材料或设备的本身，并没有进行两次施工或安装。当规费以人材机费与管理费和利润之和为基数时，计算方法如下：

索赔费用＝重新购买材料(或设备)费用×(1+规费费率)×(1+税率)

【例 3.8】 某工程项目，合同约定，管理费按人材机费用之和的 10% 计取，利润按人材机费用和管理费之和的 6% 计取，规费和税金为人材机费用、管理费和利润之和的 13%。

在施工过程中发生了如下事件：

事件 1：已经隐蔽的 A 分项工程，应监理工程师的要求再次检查，检查结果为合格，承包人对此进行恢复，新增人工 5 个工日（日工资单价为 150 元/工日），新增材料费 1200 元。

事件 2：由于不可抗力因素，造成承包人已经运到施工现场，待安装的工程设备损坏，重新购买该设备费用 5000 元。

请计算事件 1 和事件 2 发生后，承包人可索赔的费用为多少元？

解答：

(1) 事件 1 可索赔的费用：(5×150+1200)×(1+10%)×(1+6%)×(1+13%)=2569 元

(2) 事件 2 可索赔的费用：5000×(1+13%)=5650 元

承包人可索赔的费用合计：2569+5650=8219 元

4. 人员窝工和机械闲置的计算

人员窝工和机械闲置，不计算管理费和利润，但要计算相应的规费和税金。可以这样理解，窝工的人员和闲置的机械并没为工程工作，不需再计算与此相关的管理费和利润，这是一种补偿行为。

当规费以人材机费与管理费和利润之和为基数时，计算方法如下：

索赔费用＝(人员窝工费+机械闲置费)×(1+规费费率)×(1+税率)。人员窝工一般会单独给出补偿标准（按正常工日单价进行折减）；机械闲置，如果给出的是台班折旧费（自有机械）或台班租赁费(租赁机械)，机械闲置则按台班折旧费或台班租赁费进行计算。

【例 3.9】 某工程项目，合同约定，管理费按人材机费用之和的 10% 计取，利润按人材机费用和管理费之和的 6% 计取，规费和税金为人材机费用、管理费和利润之和的 13%。人工工资单价为 150 元/工日，机械台班单价为 1200 元/台班，人员窝工和机械闲置分别按人工工资单价和机械台班单价的 60% 补偿。

在施工过程中因由业主负责采购的某项材料延误 5 天，造成承包人员窝工 30 工日，某施工机械闲置 5 个台班。请计算承包人可索赔的费用为多少元？

解答：

承包人可索赔的费用：(30×150×60%+5×1200×60%)×(1+13%)=7119 元。

解题方法：

（1）在题目中，逐一找出每个可索赔费用的事项。

（2）分别计算每个可索赔费用的事项。注意费用计取的层次，如果给出的是新增人材机费用，均应计算管理费和利润；如果给出了计日工单价（已是综合单价），不需再计取管理费和利润；所有费用都要计取规费和税金。

（3）为保证计算的准确性，可将索赔事件和费用计算层次等相关数据整理到"费用索赔计算明细表"中，见表3.1，这样能保证计算的准确性。

费用索赔计算明细表　　　　　　　　　　　　　　　　　　　表 3.1

事件	事件摘要（按要点）	工程量	综合单价		规费税金	其他（是否考虑相应措施费）	合计（元）
			人材机单价	管理费利润			
事件 1	要点 1						
	要点 2						
	…						
	事件 1 费用索赔小计						
事件 2	要点 1						
	要点 2						
	…						
	事件 2 费用索赔小计						
…	…						

表 3.1 中特别指出"是否考虑相应措施费"，2019 年第三大题"各分部分项工程施工均发生相应的措施费，措施费按相应工程费的 30% 计取"，2018 年第四大题"措施费按分部分项工程费的 25% 计取"，2017 年第四大题"措施费按分部分项工程费的 25% 计取"。也就是说，如果措施费以分部分项工费作为计取基数，因索赔事件的发生，导致分部分项工程费发生变化，与其相关的措施费会发生相应的变化。

（4）检查复核。费用索赔最关键的是"不漏索赔事件要点，不漏费用组成关系"。将表中各数据，对照题目中的数据逐一检查，检查无误后再计算。由于数据较多，最好用计算器算两次，两次计算结果相同，则计算正确。

📖 **已考年份**：2020 年、2019 年、2018 年、2017 年、2016 年、2015 年、2014 年、2013 年、2012 年、2011 年。

本章小结

在施工过程中可能会发生一些事件，或新增费用，或引起工期的变化，这都属于合同价款管理的内容。

1. 对本章题型的整体分析

纵观历年真题，本章试题一般由主要数据，主要图表、主要事件、主要问题等部分组成。

（1）主要数据

主要数据一般可分为三类，即取费依据、价格数据、补偿标准。

取费依据：管理费、利润、规费、税金的计取方法，以及安全文明施工费、措施费的计算方法等。

价格数据：人工单价、机械台班单价等。

补偿标准：人员窝工的补偿标准、机械闲置的补偿标准、工期奖罚的标准等。

（2）主要图表

主要图表一般给出的是网络进度图，网络中一般有十个左右工作，网络图主要用于与工期相关的计算，如工期索赔、工期奖罚、某特殊机械的闲置时间等，以及网络进度图相关的调整。

（3）主要事件

主要事件一般可分为三类，即不可抗力事件、发包人应承担责任或风险的事件、承包人应承担责任或风险的事件。

不可抗力事件，如台风、飓风、特大暴雨、山体滑坡和泥石流等。不可抗力事件应区分哪些损失由发包人承担，哪些损失由承包人承担。

发包人应承担责任或风险的事件，如发包人延迟提供图纸、发包人采购的材料及设备延迟或不合格、施工中发现文物古迹、施工中遇到不利物质条件、设计变更等，如因这些事件给承包人造成损失或增加费用的，可以索赔。

承包人应承担的责任或风险的事件，如施工机械问题、采取保证施工质量措施问题等，如因这些事件给承包人造成损失或增加费用的，不能索赔。

（4）主要问题

根据题目中提供的相关数据，以及发生的主要事件，结合给出的网络进度图，一般需要解决以下问题：判断索赔是否成立，计算工期索赔，计算费用索赔，计算机械设备的闲置时间，工期奖励，与网路图相关的绘图等。

以上分析，可以帮助读者对题目进行整体认识和把握，理清解题的整体思路。有了上述认识，便于在学习过程中有目的、有针对地学习相关知识，并探索相应的解题方法。

2. 注意规范和文件中的相关规定

（1）《清单计价规范》GB 50500—2013 第 9 章"合同价款的调整"列举了多个可能导致合同价款调整的事项，特别注意第 9.10 节"不可抗力"、9.13 节"索赔"，以及相应的条文说明。

（2）《建设工程施工合同（示范文本）》GF—2017—0201，第二部分"通用合同条款"第 19 章"索赔"有专门的规定。

在学习过程中，可结合教材学习上述规范和文件中关于索赔的相关规定。

3. 注意费用计算的层次

由本章费用索赔的计算可知，在工程造价计算中，费用大致可划分为三个层次。

第一层次，可称为最初层次，或原始层次，这就是人工费、材料费、机械使用费，从理论上讲，承包人应将这些费用以成本的形式直接支出。

第二层次，可称为中间层次，包含了承包人应当到的管理费和利润，分部分项工程费、措施项目费（单价措施项目费、总价措施项目费）、其他项目费（暂列金额、计日工费、专业工程分包费、总承包服务费）都属于第二层次；人员窝工费、机械闲置费，如果不计算管理费和利润，也可视为在第二层次。

第三层次，可称为最高层次，常称为全费用，在第二层次的基础之上，增加了规费和税金，合同价、预付款、开工前支付的安全文明费工程款、进度款、合同价调整额、工程结算价（实际总造价）、结算尾款、质保金，都属于第三层次。

只有属于同一个层次上的费用才能进行加减计算。例如，人工费、材料费、机械使用费之间可以加减计算，因为这些费用都在最初层次上，人工费不能直接和计日工费加减计算，合同价不能直接减去安全文明施工费和暂列金额，因为这些费用都不在同一个层次上。

明白以上分层与计算规则后，对本章及以后两章的费用计算有很大的帮助，在计算之前，应首先弄清楚题目中所给出的费用在哪个层次上，如果要进行加减计算，必须先将这些费用换算在同一个层次上。在考试中，常见的费用计算如下：

（1）人材机费用，这是第一层次，还需计算管理费和利润、规费和税金。

（2）分项工程的"综合单价"，是第二层次，还需计算规费和税金。

（3）给出"人员窝工、机械闲置"的补偿标准，因不计取管理费和利润，视为在第二层次，还需计算规费和税金。

（4）某种材料（设备）的损失、办公用房的损失等，视为在第二层次，还需计算规费和税金。

（5）预付款的计算，通常需从和合同价中扣除"安全文明费和暂列金额"，合同价在第三层次，需将第二层次的"安全文明费和暂列金额"，计取规费和税金后才能扣除。

（6）安全文明施工费的提前支付，应计取规费和税金，将其从第二层次变到第三层次上，以工程款的形式支付。

（7）计算进度款时，应抵扣的预付款，都属于第三层次，可以直接扣除。

（8）计算工程结算价（工程实际总造价），或合同价调整额时，需要将第二层次的"暂列金额"，计取规费和税金后，变到第三层次上，才能扣除。

为便于归类阅读和总结，以上内容包含了"合同价""预付款""进度款""结算价""结算尾款"等费用的层次分析，在以后章节的考点解析中将不再赘述。

4. 其他注意事项

如果题目中出现了"措施费与分部分项工程的关系"，或"安全文明施工费与分部分项工程的关系"，考虑在题目的问题中是否增加相应的费用，这应根据问题的具体要求来确定。

解题时注意两点：一是要记住有这个特殊条件；二是在哪些地方该用上这个条件。读题时，可把这个条件单独列在草稿纸上，解答完毕之后，再检查这个特殊条件是否正确用上。

这是最近几年真题中出现的新条件。

第3.2节 真题详解

2020 年真题（试题三）

（一）真题（本题 20 分）

某环保工程项目，发承包双方签订了工程施工合同，合同约定：工期 270 天，管理费和利润按人材机费用之和的 20％计取，规费和增值税税金按人材机费、管理费和利润之和的 13％计取。人工单价按 150 元/工日计，人工窝工补偿按其单价的 60％计；施工机械台班单价按 1200 元/台班计，施工机械闲置补偿按其台班单价的 70％计。人工窝工和施工闲置补偿均不计取管理费和利润；各分部分项工程的措施费按其相应工程费的 25％计取（无特别说明的，费用计算时均按不含税价格考虑）。

承包人编制的施工进度计划获得了监理工程师的批准，如图 20.3.1 所示。

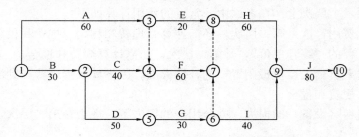

图 20.3.1 承包人施工进度计划（单位：天）

该工程项目施工过程中发生了如下事件：

事件 1：分项工程 A 施工至 15 天时，发现地下埋藏文物，由相关部门进行了处置，造成承包人停工 10 天，人员窝工 110 个工日，施工机械闲置 20 个台班。配合文物处理，承包人发生了人工费 3000 元、保护措施费 1600 元。承包人及时向发包人提出工期延期和费用索赔。

事件 2：文物处置工作完成后，①发包人提出了地基夯实的设计变更，并使分项工程 A 延长 5 天工作时间，承包人增加用工 50 个工日，增加施工机械 5 个台班，增加材料费 35000 元；②为了确保工程质量，承包人将地基夯实处理设计变更的范围扩大了 20％，由此增加了 5 天工作时间，增加人工费 2000 元，材料费 3500 元，施工机械使用费 2000 元。承包人针对①、②两项内容及时提出工期延误和费用索赔。

事件 3：分项工程 C、G、H 共用同一台专用施工机械顺序施工，承包人计划第 30 天末租赁该专用施工机械进场，第 190 天末退场。

事件 4：分项工程 H 施工中，使用的某种暂估材料的价格上涨了 30％，该材料的暂估单价为 392.4 元/m²（含可抵扣进项税 9％），监理工程师确认该材料使用数量为 800m²。

问题：

1. 事件 1 中，承包人提出的工期和费用索赔是否成立？说明理由。如果成立，承包人应获得的工期延期为多少天？费用索赔额为多少元？

2. 事件2中，分别指出承包人针对①、②两项内容所提出的工期延误和费用索赔是否成立？说明理由。承包人应获得的工期延期为多少天？说明理由。费用索赔为多少元？

3. 根据图20.3.1，在答题卡图20.3.2给出的时标图表上，绘制继事件1、2发生后，承包人的时标网络进度计划。实际工期为多少天？事件3中专用施工机械最迟需第几天末进场？在此情况下，该机械在施工现场的闲置时间最短为多少天？

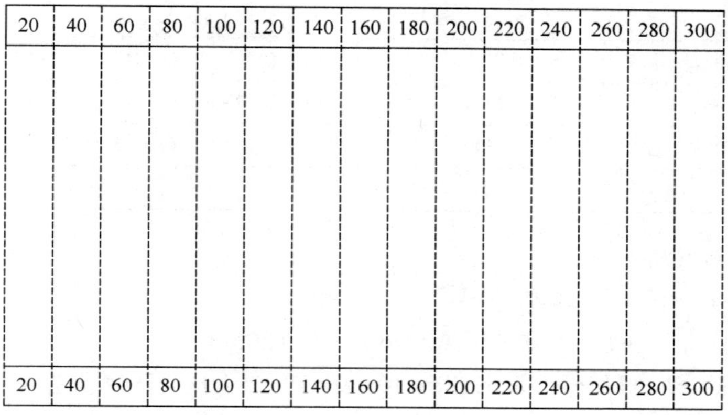

20	40	60	80	100	120	140	160	180	200	220	240	260	280	300
20	40	60	80	100	120	140	160	180	200	220	240	260	280	300

图20.3.2　时标图表

4. 事件4中，分项工程H的工程价款增加金额为多少万元？

（二）参考解答

【整体分析】

根据题中的已知条件及需要解答的问题，将本题各事件的费用索赔与工期索赔的计算要点整理到表20.3.1与表20.3.2中，供以后各题解答之用。

费用索赔与工期索赔分析表　　　　　　　　　　　　表20.3.1

事件	事件摘要	是否关键工作	是否业主责任或风险	施工单位索赔	
				费用索赔计算要点	工期索赔
事件1	发现地下文物	A（×）	（√）	(1) 人员窝工110个工日 (2) 机械闲置20个台班 (3) 人工费3000元 (4) 保护措施费1600元	10天（×） 有10天总时差
事件2	设计变更	A（√）	（√）	(1) 人工50工日 (2) 机械5个台班 (3) 材料费35000元	5天（√）
	扩大范围	A（√）	（×）	（×）	5天（×） 承包人保证施工质量的措施

费用索赔计算明细表　　　　　　　　　　　　　　　　　　　　　　　　表 20.3.2

事件	事件摘要	计算基数（元）	管理费利润	规费税金	其他（相应措施）	合计（元）
事件 1	窝工 110 工日	150×60%×110	/	×(1+13%)	/	11187
	闲置 20 台班	1200×70%×20	/	×(1+13%)	/	18984
	人工费 3000 元	3000	×(1+20%)	×(1+13%)	/	4068
	措施费 1600 元	1600	/	×(1+13%)	/	1808
	合计					36047
事件 2	人工 50 工日	150×50	×(1+20%)	×(1+13%)	×(1+25%)	12712.5
	机械 5 个台班	1200×5	×(1+20%)	×(1+13%)	×(1+25%)	10170
	材料费 35000 元	35000	×(1+20%)	×(1+13%)	×(1+25%)	59325
	合计					82207.5

(1) 网络图的线路如下：

① 线路 A→E→H→J，工期 60+20+60+80=220 天；

② 线路 A→F→H→J，工期 60+60+60+80=260 天；

③ 线路 B→C→F→H→J，工期 30+40+60+60+80=270 天；

④ 线路 B→D→G→H→J，工期 30+50+30+60+80=250 天；

⑤ 线路 B→D→G→I→J，工期 30+50+30+40+80=230 天。

关键线路为 B→C→F→H→J，总工期 270 天。

(2) 凡是属于业主责任（或风险）的事件都可索赔费用；凡是属于业主责任（或风险）且该工作为关键工作（或大于该工作的总时差，改变了关键线路）都可索赔工期。

1. 事件 1 中，承包人提出的工期和费用索赔是否成立？说明理由。如果成立，承包人应获得的工期延期为多少天？费用索赔额为多少元？

【分析】

详见"整体分析"中表 20.3.1"费用索赔与工期索赔分析表"，及表 20.3.2"费用索赔计算明细表"对事件 1 的分析与计算。

【解答】

(1) 承包人提出的费用索赔成立，理由：施工中发现文物是发包人应承担的风险。工期索赔不成立，理由：A 工作有 10 天总时差，不影响总工期。

(2) 承包人应获得的费用索赔额：[150×60%×110+1200×70%×20+3000×(1+20%)+1600]×(1+13%)=36047.00 元

2. 事件 2 中，分别指出承包人针对①、②两项内容所提出的工期延误和费用索赔是否成立？说明理由。承包人应获得的工期延期为多少天？说明理由。费用索赔为多少元？

【分析】

详见"整体分析"中表 20.3.1"费用索赔与工期索赔分析表"，及表 20.3.2"费用索赔计算明细表"对事件 2 的分析与计算。

应注意的是，题目中有条件"各分部分项工程的措施费按其相应工程费的 25% 计取"，A 是分项工程，索赔费用除了分项工程量增加以外，还应包括增加相应的措施费。

【解答】

（1）承包人针对①项的工期延误和费用索赔，均成立。理由：设计变更是发包人应承担的责任，且经过事件1之后，A工作变成了关键工作。

承包人针对②项的工期延误和费用索赔，均不成立。理由：确保工程质量，是承包人应承担的责任，产生的相关费用，延长工期，均由承包人自己承担。

（2）承包人应获得的工期索赔为5天。理由：且经过事件1之后，A工作变成了关键工作，此时新的关键线路变为A→F→H→J，新合同工期为（60+10+5）+60+60+80=275天，可索赔工期为275-270=5天。

（3）费用索赔为（150×50+1200×5+35000）×（1+20%）×（1+13%）×（1+25%）=82207.50元。

3. 根据图20.3.1，在答题卡图20.3.2给出的时标图表上，绘制继事件1、2发生后，承包人的时标网络进度计划。实际工期为多少天？事件3中专用施工机械最迟需第几天末进场？在此情况下，该机械在施工现场的闲置时间最短为多少天？

【分析】

（1）事件1、2发生后，A工作的实际工期为60+10+5+5=80天，A工作变成了关键工作，关键线路变为A→F→H→J，工期80+60+60+80=280天。

绘制时标网络进度计划图时，可先绘制关键线路，再绘制其他线路。

（2）由于事件1、2发生后，关键线路发生了变化，C工作有10天的自由时差，为减少专用机械在施工现场的闲置时间，可在第40天末进场，完成C、G、H工作后，于第200天末退场。专用机械实际在场时间为200-40=160天，实际工作时间40+30+60=130天，闲置时间160-130=30天。

【解答】

（1）绘制时标网络进度计划如图20.3.3所示。

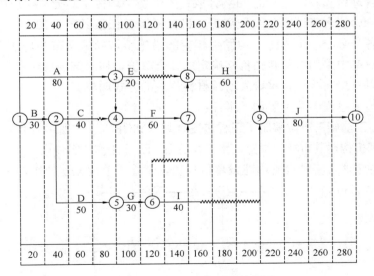

图20.3.3 时标网络进度计划图

（2）实际工期：80+60+60+80=280天。

(3) 专用施工机械最迟需在第 40 天末进场，完成 C、G、H 工作后，于第 200 天末退场。专用施工机械实际在场时间为 200－40＝160 天，实际工作时间 40＋30＋60＝130 天，闲置时间 160－130＝30 天。

4. 事件 4 中，分项工程 H 的工程价款增加金额为多少万元？

【分析】

分项工程 H 中材料的暂估单价中含可抵扣的进项税 9%，应先算出暂估材料不含税的价格为 392.4/（1＋9%）＝360 元，还应考虑管理费和利润，以及规费和税金。应注意的是，题目要求计算的只是"分项工程 H"增加的工程价款，不考虑按分项工程计算的措施项目费，这与本大题第 2 小题"费用索赔为多少元"有区别。

【解答】

分项工程 H 的工程价款增加金额：[392.4/（1＋9%）]×30%×800×（1＋20%）×（1＋13%）＝117158.40 元

（三）考点总结

1. 索赔是否成立的判断，工期索赔和费用索赔；
2. 时标网络图的绘制；
3. 材料暂估价的调整。

2019 年真题（试题三）

（一）真题（本题 20 分）

某企业自筹资金新建的工业厂房项目，建设单位采用工程量清单方式招标，并与施工单位按《建设工程施工合同（示范文本）》签订了工程施工承包合同，合同工期 270 天。施工承包合同约定：管理费和利润按人工费和机械使用费之和的 40% 计取，规费和税金按人材机费、管理费和利润之和的 11% 计取；人工费平均按 120 元/工日计取，通用机械台班单价按 1100 元/台班计取；人员窝工、机械闲置补偿按其单价的 60% 计取，不计管理费和利润；各分部分项工程施工均发生相应的措施费，措施费按相应工程费的 30% 计取。对工程量清单中采用材料暂估价格确定的综合单价，如果该种材料实际采购价格与暂估价格不符，以直接在该综合单价上增减材料价差的方式调整。

该工程在施工过程中发生了如下事件：

事件 1：施工前施工单位编制了工程进度计划（如图 19.3.1 所示）和相应的设备使用计划，项目监理机构对其审核时得知，该工程的 B、E、J 工作均需使用一台特种设备吊装施工，工程合同约定该台特种设备由建设单位租赁，供施工单位无偿使用，在设备使用计划

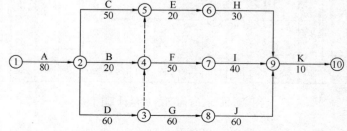

图 19.3.1 施工进度计划（单位：天）

中,施工单位要求建设单位必须将特种设备在第 80 日末租赁进场,第 260 日末组织退场。

事件 2:由于建设单位办理了变压器增容原因,使施工单位 A 工作实际开工时间比已签发的开工令确定的时间推迟了 5 天,并造成施工单位人员窝工 135 工日,通用机械闲置 5 个台班。施工进行 70 天后,建设单位对 A 工作提出了设计变更,该变更比原 A 工作增加了人工费 5060 元,材料费 27148 元、施工机械使用费 1792 元,并造成通用机械闲置 10 个台班,工作时间增加 10 天。A 工作完成后,施工单位提出如下索赔:①推迟开工造成人员窝工、通用机械闲置和拖延工期 5 天的补偿;②设计变更造成增加费用、通用机械闲置和拖延工期 10 天的补偿。

事件 3:施工招标时工程量清单中直径 25mm 的带肋钢筋材料单价为暂估价,暂估价价格 3500 元/t,数量 260t,施工单位按照合同约定组织了招标,以 3600 元/t 的价格购得了该批钢筋并得到了建设单位的确认。施工完成对该材料 130t 进行结算时,施工单位提出:材料实际价格比暂估材料价格增加了 2.86%,所以该项目的综合单价应调整 2.86%,调整内容见表 19.3.1。已知该规格带肋钢筋主材的损耗率为 2%。

分部分项工程量综合单价调整表 表 19.3.1

工程名称:××工程   标段: 第 1 页 共 1 页

序号	项目编码	项目名称	已标价清单综合单价(元)					调整后综合单价(元)				
			综合单价	其中				综合单价	其中			
				人工费	材料费	机械费	管理费和利润		人工费	材料费	机械费	管理费和利润
1	××	带肋钢筋	4210.27	346.52	3639.52	61.16	163.07	4330.68	356.43	3743.61	62.91	167.73

事件 4:根据承包合同约定,合同工期每提前 1 天奖励 1 万元(含税),施工单位计划将 D、G、J 工作按流水节拍 30 天组织等节奏流水施工,以缩短工期获取奖励。

问题:

1. 事件 1 中,在图 19.3.1 所示施工进度计划中,受特种设备资源的约束,应如何完善该进度计划才能反映 B、E、J 工作的施工顺序?为节约特种设备租赁费用,该特种设备最迟第几日末必须租赁进场?说明理由。此时,该特种设备在现场闲置时间为多少天?

2. 事件 2 中,依据施工承包合同,分别指出施工单位提出的两项索赔是否成立,说明理由。可索赔的费用数额是多少?可批准的工期索赔为多少天?说明理由。

3. 事件 3 中,由施工单位自行招标采购暂估价材料是否合理?说明理由。施工单位提出综合单价调整表(表 19.3.1)的调整方法是否正确?说明理由。该清单项目结算综合单价应是多少?核定结算款应为多少?

4. 事件 4 中,画出组织 D、G、J 三项工作等节奏流水施工的横道图,并结合考虑事件 1 和事件 2 的影响,指出流水施工后网络计划的关键线路和实际施工工期。依据施工承包合同,施工单位可获得的工期提前奖励为多少万元?此时,该特种设备在场的闲置时间为多少天?

(二) 参考解答

1. 事件 1 中，在图 19.3.1 所示施工进度计划中，受特种设备资源的约束，应如何完善该进度计划才能反映 B、E、J 工作的施工顺序？为节约特种设备租赁费用，该特种设备最迟第几日末必须租赁进场？说明理由。此时，该特种设备在现场闲置时间为多少天？

【分析】

(1) B、E、J 工作均需使用一台特种设备吊装施工，B、E 工作已经满足工序上的先后顺序，只需将 J 工作变成 E 工作的紧后工作，即将"6"节点和"8"节点用虚箭线相连，与其他线路相交处，用"过桥法"绕过。如图 19.3.4 所示。

(2) 本工程的线路如下：

① 线路 A→C→E→H→K，工期 80+50+20+30+10=190 天；
② 线路 A→C→E→J→K，工期 80+50+20+60+10=220 天；
③ 线路 A→B→E→H→K，工期 80+20+20+30+10=160 天；
④ 线路 A→B→E→J→K，工期 80+20+20+60+10=190 天；
⑤ 线路 A→B→F→I→K，工期 80+20+50+40+10=200 天；
⑥ 线路 A→D→E→H→K，工期 80+60+50+30+10=230 天；
⑦ 线路 A→D→E→J→K，工期 80+60+20+60+10=230 天；
⑧ 线路 A→D→F→I→K，工期 80+60+50+40+10=240 天；
⑨ 线路 A→D→G→J→K，工期 80+60+60+60+10=270 天。

由以上分析可知，总工期为 270 天，关键线路为 A→D→G→J→K。作出关键线路图如图 19.3.2 所示。

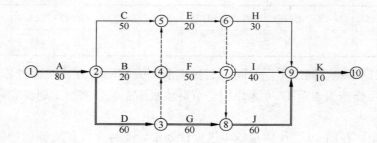

图 19.3.2 关键线路图（单位：天）

(3) 因 B、E、J 工作需要共用一台特种设备吊装施工，为节约特种设备租赁费用，设备在场的时间应最短。因 J 工作是关键工作，J 工作必须在第 201 天开始，这是固定不变的，在不影响总工期的前提下，按 B 工作的最迟开始时间开始工作即可。B 工作的总时差为 (60+60+60)−(20+50+40)=70 天，也就是说，B 工作最迟开始时间为第 151 天（即 80+70+1=151），该特种设备最迟第 150 日末必须租赁进场。

(4) 因 B 工作最迟完成时间为 150+20=170 天，J 工作的最早开始时间为第 201 天，这期间有 200−170=30 天的时间间隔，而 E 工作只需要 20 天，因此无论 E 工作如何施工，特种设备必然有 30−20=10 天闲置时间。

可以借助横道图对特种设备在场作业时间进行分析，如图 19.3.3 所示。

时间 工作	151~160	160~170	171~180	181~190	191~200	201~210	211~220	221~230	231~240	241~250	251~260
B工作											
E工作						闲置					
J工作											

图 19.3.3 B、E、J 工作进度横道图

【解答】

（1）调整后的网络计划图如图 19.3.4 所示。

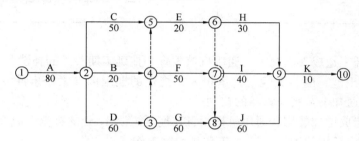

图 19.3.4 调整后的网络计划图（单位：天）

（2）特种设备最迟应在第 150 日末租赁进场。理由：要节约特种设备租赁费用，特种设备在场时间应最短。J 工作是关键工作，只能在第 201 天开始；只需让 B 工作最迟开始即可。B 工作的总时差为（60+60+60）－（20+50+40）＝70 天，B 工作的最迟开始时间为第 151 天（80+70+1＝151 天），因此特种设备必须在第 150 天末租赁进场。

（3）特种设备的闲置时间为 200－（150+20）－20＝10 天。

2. 事件 2 中，依据施工承包合同，分别指出施工单位提出的两项索赔是否成立，说明理由。可索赔的费用数额是多少？可批准的工期索赔为多少天？说明理由。

【分析】

（1）关于"索赔时间"的规定，《清单计价规范》GB 50500—2013 第 9.13.2 条"承包人应在知道或者应当知道索赔事件发生后 28 天内，向发包人提交索赔意向通知书，说明发生索赔事件的事由。承包人在规定的期限内未发出索赔意向通知书，丧失索赔的权利。"

A 工作完成后，即至少在 5+80+10＝95 天后，施工单位才提出"推迟开工造成人员窝工、通用机械闲置和拖延工期 5 天的补偿"，已经超过了 28 天，不能索赔。

（2）建设单位对 A 工作提出了设计变更，是建设单位应承担的责任，且 A 工作是关键工作，可以索赔工期和费用。其中：费用索赔包括两项，一是设计变更造成增加费用、二是通用机械闲置费。

① 设计变更造成增加费用。应注意管理费和利润按"人工费和机械使用费之和"的 40% 计取，不同于以前考题多以"人材机费用之和"为基数；还应注意"各分部分项工程

施工均发生相应的措施费"，A 分项增加了量，要增加相应的措施费，且"措施费按相应工程费的 30% 计取"。

② 通用机械闲置费。因"拖延工期 10 天"，通用机械闲置 10 个台班；"通用机械台班单价按 1100 元/台班计取"，"机械闲置补偿按其单价的 60% 计取"。还应计取相应的规费和税金。

本题费用索赔的分析与计算过程可用表 19.3.2 表示。

费用索赔计算明细表　　　　　表 19.3.2

事件	事件摘要	计算基数(元)	管理费和利润	规费税金	其他（相应措施）	合计（元）
事件 2	A 设计变更	5060＋27148＋1792	(5060＋1792)×40%	×(1＋11%)	×(1＋30%)	53016.97
	机械闲置	1100×60%×10	/	×(1＋11%)	/	7326.00
	合计					60342.97

【解答】

(1) "推迟开工造成人员窝工、通用机械闲置和拖延工期 5 天的补偿"不成立。理由：根据《清单计价规范》的相关规定，承包人在规定的期限内（索赔事件发生后 28 天内）未发出索赔意向通知书，丧失索赔的权利。

"设计变更造成增加费用、通用机械闲置和拖延工期 10 天的补偿"成立。理由：设计变更是建设单位应承担的责任，且 A 工作是关键工作。

(2) 可索赔的费用：

① 设计变更造成增加费用：[(5060＋27148＋1792)＋(5060＋1792)×40%]×(1＋11%)×(1＋30%)＝53016.97 元

② 通用机械闲置费：10×1100×60%×(1＋11%)＝7326 元

索赔费用合计：53016.97＋7326＝60342.97 元

(3) 可批准的工期索赔为 10 天。

3. 事件 3 中，由施工单位自行招标采购暂估价材料是否合理？说明理由。施工单位提出综合单价调整表（表 19.3.1）的调整方法是否正确？说明理由。该清单项目结算综合单价应是多少？核定结算款应为多少？

【分析】

(1) 关于"采购暂估价材料"的规定：《清单计价规范》GB 50500—2013 第 9.9.1 条"发包人在招标工程量清单中给定暂估价的材料、工程设备属于依法必须招标的，应由发承包双方以招标的方式选择供应商，确定价格，并应以此为依据取代暂估价，调整合同价款。"第 9.9.2 条"发包人在招标工程量清单中给定暂估价的材料、工程设备不属于依法必须招标的，应由承包人按照合同约定采购，经发包人确认单价后取代暂估价，调整合同价款。"

(2) 清单项目的综合单价，题目中明确指出"对工程量清单中采用材料暂估价格确定的综合单价，如果该种材料实际采购价格与暂估价格不符，以直接在该综合单价上增减材料价差的方式调整。"该清单项目"已标价清单的综合单价"为 4210.27 元，材料价差为 3600－3500＝100 元，综合单价还应包含材料的损耗 2%，因此该清单项目结算综合单价为 4210.27＋(3600－3500)×(1＋2%)＝4312.27 元。

该清单项目结算的综合单价为4312.27元，工程量为130t，还应计取规费和税金，才是"结算款"。该清单项目核定结算款为4312.27×130×(1+11%)=622260.56元。

【解答】

（1）"由施工单位自行招标采购暂估价材料"不合理。理由：根据《清单计价规范》的相关规定，招标工程量清单中给定暂估价的材料属于依法必须招标的，应由发承包双方以招标的方式选择供应商，确定价格，并应以此为依据取代暂估价。

（2）施工单位提出综合单价调整表的调整方法不正确。理由：本工程合同约定，暂估价格以直接在该综合单价上"增减材料价差"的方式调整。人工费和机械费没有变化，不应调整；以"人工费和机械使用费之和"为计取基数的管理费和利润也不应调整。因此综合单价只需要调整钢材的价差即可。

（3）该清单项目结算综合单价为4210.27+(3600-3500)×(1+2%)=4312.27元，该清单项目核定结算款应为4312.27×130×(1+11%)=622260.56元。

4. 事件4中，画出组织 D、G、J 三项工作等节奏流水施工的横道图，并结合考虑事件1和事件2的影响，指出流水施工后网络计划的关键线路和实际施工工期。依据施工承包合同，施工单位可获得的工期提前奖励为多少万元？此时，该特种设备在场的闲置时间为多少天？

【分析】

（1）D、G、J 工作按流水节拍30天组织等节奏流水施工，每个工作可以划分为2个流水段。J工作除了考虑流水搭接的要求，还要考虑先行工作必须完成，先行工作C、E的工期之和为50+20=70天，先行工作D、E的工期之和为60+20=80天，J工作第1个流水段，如果以D的开始工作之日起计算，在第81天开始工作。

（2）考虑事件1和事件2的影响，A工作的实际持续时间为5+80+10=95天。D、G、J 三项工作，考虑流水施工，变成D1、D2、G1、G2、J1、J2六个工作，做出实际的时标网络图，如图19.3.5所示。

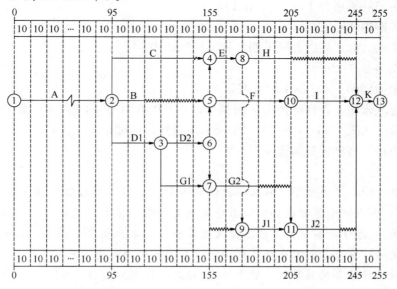

图19.3.5 实际时标网络图（单位：天）

从图中可以看出，A→D→F→I→K 线路没有波浪线，是关键线路，实际工期为 95+60+50+40+10=255 天。

（3）可获得奖励的工期＝新合同工期（修正后的合同工期）－实际工期。新合同工期（修正后的合同工期）＝原合同工期（270 天）＋可索赔的工期（10 天）＝280 天，实际工期 255 天。合同工期每提前 1 天奖励 1 万元（含税），因此工期奖励为（280－255）×1＝25 万元。

（4）考虑流水施工，网络图重新调整后，B 工作有 40 天的总时差，特种设备可以从实际工期的第 134 天末进场，连续对 B、E、J 工作进行施工，没有闲置时间。

【解答】

（1）作出 D、G、J 三项工作等节奏流水施工的横道图，如图 19.3.6 所示。

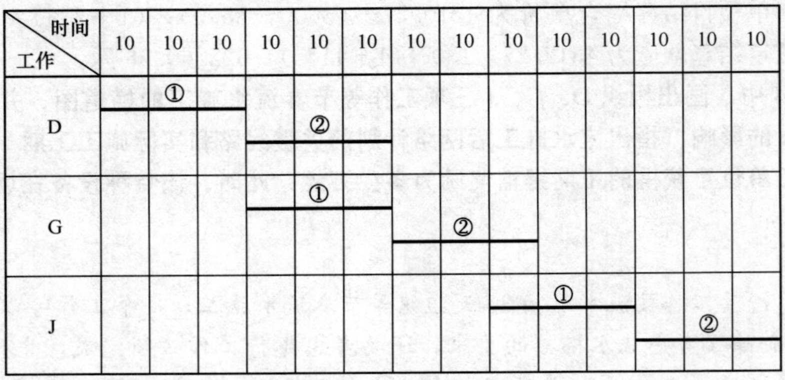

图 19.3.6 D、G、J 三项工作等节奏流水施工的横道图（单位：天）

（2）考虑事件 1 和事件 2 的影响，流水施工后网络计划的关键线路为 A→D→F→I→K，实际工期为 95+60+50+40+10=255 天。

（3）可索赔的工期为 10 天（事件 1）；

原合同工期为 270 天；

新合同工期（修正后的合同工期）为 270+10＝280 天；

实际工期为 255 天；

工期奖励为（280－255）×1＝25 万元。

（4）考虑流水施工，网络图重新调整后，B 工作有 40 天的总时差，特种设备可以从实际工期的第 134 天（95+40－1＝134 天）末进场，连续用于 B、E、J 工作，完成 J 工作的当日末出场，特种设备闲置 0 天。

【注意】

（1）事件 4 中，只说明了"施工单位计划将 D、G、J 工作按流水节拍 30 天组织等节奏流水施工"。并没说明特种设备的进出场时间是否作相应的调整，按照通常做法，本着节约费用考虑，特种设备一般不会在使用之前和使用之后闲置。因此，如果特种设备在第 134 天末进场，第 235 天末出场，则特种设备闲置的时间为 0 天。

（2）如果特种设备按照事件 1 的条件，"施工单位要求建设单位必须将特种设备在第 80 日末租赁进场，第 260 日末组织退场"。特种设备在场时间为 140 天，实际工作时间为

20＋20＋60＝100 天，闲置时间为 140－100＝40 天。

（三）考点总结

1. 网络图的调整（共用机械）；
2. 索赔是否成立的判断，工期索赔和费用索赔的计算；
3. 综合单价的调整；
4. 流水施工、总工期计算、工期奖励计算。

2018 年真题（试题四）

（一）真题（本题 20 分）

某工程项目，发包人和承包人按工程量清单计价方式和《建设工程施工合同（示范文本）》GF—2017—0201 签订了施工合同，合同工期 180 天。合同约定：措施费按分部分项工程费的 25% 计取；管理费和利润为人材机费用之和的 16%，规费和税金为人材机费用、管理费与利润之和的 13%。

开工前，承包人编制并经项目监理机构批准的施工网络进度计划如图 18.4.1 所示：

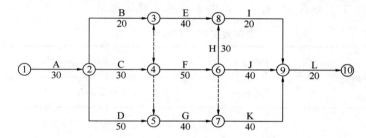

图 18.4.1 施工网络进度计划（单位：天）

过程中发生了如下事件：

事件 1：基坑开挖（A 工作）施工过程中，承包人发现基坑开挖部位有一处地勘资料中未标出的地下砖砌废井构筑物，经发包人与有关单位确认，该井内没有任何杂物，已经废弃。发包人、承包人和监理单位共同确认，废井外围尺寸为：长×宽×深＝3m×2.1m×12m，井壁厚度为 0.49m，无底、无盖，井口简易覆盖（不计覆盖物工程量）。该构筑物位于基底标高以上部位，拆除不会对地基构成影响，三方签署了《现场签证单》。基坑开挖工期延长 5 天。

事件 2：发包人负责采购的部分装配式混凝土构件提前一个月运抵合同约定的施工现场，承包人会同监理单位共同清点验收后存放在施工现场。为了节约施工场地，承包人将上述构件集中堆放，由于堆放层数过多，致使下层部分构件产生裂缝。两个月后，发包人在承包人准备安装该批构件时知悉此事，遂要求承包人对构件进行检测并赔偿构件损坏的损失。承包人提出，部分构件损坏是由于发包人提前运抵现场占用施工场地所致，不同意进行检测和承担损失，而要求发包人额外增加支付两个月的构件保管费用。发包人仅同意额外增加支付一个月的保管费用。

事件 3：原设计 J 工作分项估算工程量为 400m³，由于发包人提出新的使用功能要求，进行了设计变更。该变更增加了该分项工程量 200m³。已知 J 工作人料机费用为 360 元/m³，合同约定超过原估算工程量15%以上部分综合单价调整系数为0.9；变更前后J工作的施工方法和施工效率保持不变。

问题：

1. 事件1中，若基坑开挖土方的综合单价为28元/m^3，砖砌废井拆除人材机单价169元/m^3（包括拆除，控制现场扬尘、清理、弃渣场内外运输），其他计价原则按原合同约定执行。计算承包人可向发包人主张的工程索赔。

2. 事件2中，分别指出承包人不同意进行检测和承担损失的做法是否正确，并说明理由。发包人仅同意额外增加支付一个月的构件保管费是否正确？并说明理由。

3. 事件3中，计算承包人可以索赔的工程款为多少元。

4. 承包人可以得到的工期索赔合计为多少天（写出分析过程）？

（计算结果保留2位小数）

（二）参考解答

【整体分析】

根据题中的已知条件及需要解答的问题，将本题各事件的费用索赔与工期索赔的计算要点整理到表18.4.1与表18.4.2中，供以后各题解答之用。

费用索赔与工期索赔分析表　　　　　　　表18.4.1

事件	事件摘要	是否关键工作	是否业主责任或风险	施工单位索赔	
				费用索赔计算要点	工期索赔
事件1	(1) 拆除废井 (2) 增5天工期	A (√)	(√)	(1) 增加废井拆除工程量：[3×2.1−(3−0.49×2)×(2.1−0.49×2)]×12＝48.45 m^3；减少土方开挖：3×2.1×12＝75.6 m^3； (2) 废井拆除人材机单价169元/m^3，计取管理费利润16%； (3) 增加因拆除废井产生的相应措施费(25%)； (4) 拆除废井的位置，土方工程量应扣除，包括土方的分部分项费和与此相关措施费； (5) 总费用计取规费和税金(13%)	5天(√)地勘未标明废井，业主风险
事件2	(1) 发包人采购的构件提前到场	/	(√)	(1) 发包人采购的构件提前1个月到场，应向承包人多支付1个月的保管费	/
	(2) 承包人将发包人采购的构件集中堆放		(×)	(2) 到场的构件由承包人堆放，产生的相关问题由承包人承担责任	
事件3	(1) 新增200m^3； (2) 施工方法和效率不变，会延长工期	J (×)	(√)	(1) 新增量超过15%，调价； (2) 计取管理费利润(16%)、规费税金(13%)； (3) 增加相应措施费(25%)	10天(√) J新工期：40×600/400＝60天，增加工期20天，扣总时差10天，索赔10天

费用索赔计算明细表　　　　　　　　表 18.4.2

事件	事件摘要	工程量（m³）	计算基数（元）	管理费利润	规费税金	其他（相应措施）	合计（元）
事件1	拆除废井新增工程费用	48.45	169	×(1+16%)	×(1+13%)	×(1+25%)	13416.12
	土方开挖减少工程费用	-75.6	综合单价：28		×(1+13%)	×(1+25%)	-2989.98
	合计						10426.14
事件3	不折价的量	60	360	×(1+16%)	×(1+13%)	×(1+25%)	35391.60
	需折价的量	140	360×0.9	×(1+16%)	×(1+13%)	×(1+25%)	74322.36
	合计						109713.96

(1) 网络图的线路如下：
① 线路 A→B→E→I→L，工期 30+20+40+20+20=130 天；
② 线路 A→B→F→J→L，工期 30+20+50+40+20=160 天；
③ 线路 A→B→F→H→I→L，工期 30+20+50+30+20+10=160 天；
④ 线路 A→B→G→K→L，工期 30+20+40+40+20=150 天；
⑤ 线路 A→C→F→J→L，工期 30+30+50+40+20=170 天；
⑥ 线路 A→C→F→H→I→L，工期 30+30+50+30+20+20=180 天；
⑦ 线路 A→C→G→K→L，工期 30+30+40+40+20=160 天；
⑧ 线路 A→D→G→K→L，工期 30+50+40+40+20=180 天。

关键线路为 A→D→G→K→L 和 A→C→F→H→I→L，总工期 180 天。

(2) 凡是属于业主责任（或风险）的事件都可索赔费用；凡是属于业主责任（或风险）且该工作为关键工作（或大于该工作的总时差，改变了关键线路）都可索赔工期。

1. 事件1中，计算承包人可向发包人主张的工程索赔。

【分析】

事件1，地勘未标明废井，属于业主的风险，可以索赔。增加拆除的费用，会相应减少土方开挖的费用。

题目中明确指出"其他计价原则按原合同约定执行"，题目条件中"合同约定：措施费按分部分项工程费的25%计取……"。新增的拆除废井项目属于分部分项工程，应增加相应的措施费；土方开挖也属于分部分项工程，也应减少相应的措施费。

详见"整体分析"中表 18.4.1 与表 18.4.2 的分析和计算。

【解答】

(1) 拆除废井新增的工程费用：[3×2.1−(3−0.49×2)×(2.1−0.49×2)]×12×169×(1+16%)×(1+13%)×(1+25%)=13416.12 元

(2) 土方开挖减少的工程费用：(3×2.1×12)×28×(1+13%)×(1+25%)=2989.98 元

(3) 承包人可向发包人索赔的费用：13415.00−2989.98=10426.14 元

2. 事件2中，分别指出承包人不同意进行检测和承担损失的做法是否正确，并说明理由。发包人仅同意额外增加支付一个月的构件保管费是否正确？并说明理由。

【分析】

详见"整体分析"表18.4.1中对事件18.4.2的分析。

【解答】

（1）承包人不同意进行检测和承担损失的做法不正确。理由：合同价中包含了相关的保管费用和检测费用，承包人对发包人采购的构件堆放不当，属于承包人的责任。

（2）发包人仅同意额外增加支付一个月的构件保管费正确。理由：发包人只提前一个月将其采购的构件运抵施工现场，只需额外支付构件提前到场1个月的保管费用；其余时间的保管费用已包含在合同价中。

3. 事件3中，计算承包人可以索赔的工程款为多少元。

【分析】

详见"整体分析"表18.4.1和表18.4.2中对事件3的分析。

【解答】

（1）新增工程量200m^3，变化幅度200/400＝50%，大于15%。不需要调价的工程量为400×15%＝60m^3，需调价的工程量为200－60＝140m^3

（2）可以索赔的工程款：(60×360+140×360×0.9)×(1+16%)×(1+13%)×(1+25%)＝109713.96元

4. 承包人可以得到的工期索赔合计为多少天（写出分析过程）？

【分析】

详见"整体分析"表18.4.1中对事件1和事件3的分析。

【解答】

（1）事件1中可以索赔工期5天。理由：地勘资料中未标出地下砖砌废井构筑物，是业主应承担的责任，且A工作是关键工作。

（2）事件3中可以索赔10天。理由：由于发包人的原因，进行了设计变更，新增工程量，是发包人应承担的责任；J工作的新工期为40×600/400＝60天，增加工期60－40＝20天，关键线路变为：A→C→J→F→K，J工作有10天的总时差（30+20－40＝10天），可索赔20－10＝10天。

（3）承包人一共可以得到的工期索赔5+10＝15天。

（三）考点总结

1. 索赔成立与否的判断；
2. 费用索赔的计算；
3. 工期索赔的计算。

2017年真题（试题四）

（一）真题（本题20分）

某建筑工程项目，业主和施工单位按工程量清单计价方式和《建设工程施工合同（范本）》GF—2013—0201签订了合同，合同工期为15个月。合同约定：

管理费按人材机费用之和的10%计取，利润按人材机费用和管理费之和的6%计取，规费按人材机费用、管理费和利润之和 4% 计取，增值税率为 11%；施工机械台班单价为 1500 元/台班，施工机械闲置补偿按施工机械台班单价的 60% 计取，人员窝工补偿为 50 元/工日，人工窝工补偿、施工待用材料损失补偿、机械闲置补偿不计取管理费和利润；措施费按分部分项工程费的 25% 计取。（各费用项目价格均不包含增值税可抵扣进项税额）

施工前，施工单位向项目监理机构提交并经确认的施工网络进度计划，如图 17.4.1 所示（每月按 30 天计）。

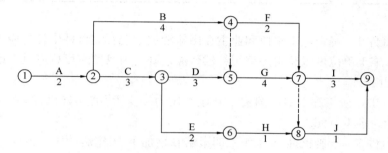

图 17.4.1 施工网络进度计划（单位：月）

该工程施工过程中发生如下事件：

事件 1：基坑开挖工作（A 工作）施工过程中，遇到了持续 10 天的季节性大雨，在第 11 天，大雨引发了附近的山体滑坡和泥石流。受此影响，施工现场的施工机械、施工材料、已开挖的基坑及围护支撑结构、施工办公设施等受损，部分施工人员受伤。

经施工单位和项目监理机构共同核实，该事件中，季节性大雨造成施工单位人员窝工 180 工日，机械闲置 60 个台班。山体滑坡和泥石流事件使 A 工作停工 30 天，造成施工机械损失 8 万元，施工待用材料损失 24 万元，基坑及围护支撑结构损失 30 万元，施工办公设施损失 3 万元，施工人员受伤损失 2 万元。修复工作发生人材机费用共 21 万元。灾后，施工单位及时向项目监理机构提出费用索赔和工期延期 40 天的要求。

事件 2：基坑开挖工作（A 工作）完成后验槽时，发现基坑底部部分土质与地质勘查报告不符。地勘复查后，设计单位修改了基础工程设计，由此造成施工单位人员窝工 150 工日，机械闲置 20 个台班，修改后的基础分部工程增加人材机费用 25 万元。监理工程师批准 A 工作增加工期 30 天。

事件 3：E 工作施工前，业主变更设计增加了一项 K 工作，K 工作持续时间为 2 个月。根据施工工艺关系，K 工作为 E 工作的紧后工作，为 I、J 工作的紧前工作。

因 K 工作与原工程工作的内容和性质均不同，在已标价的工程量清单中没有适用也没有类似的项目，监理工程师编制了 K 工作的结算综合单价，经业主确认后，提交给施工单位作为结算的依据。

事件 4：考虑到上述 1~3 项事件对工期的影响，业主与施工单位约定，工程项目仍按原合同工期 15 个月完成，实际工期比原合同工期每提前 1 个月，奖励施工单位 30 万元。施工单位对进度计划进行了调整，将 D、G、I 工作的顺序施工组织方式改变为流水作业组织方式以缩短施工工期。组织流水作业的流水节拍见表 17.4.1。

流水节拍（单位：月）　　　　　　　　　　　　　　表 17.4.1

施工过程	流水段		
	①	②	③
D	1	1	1
G	1	2	1
I	1	1	1

问题：

1. 针对事件1，确定施工单位和业主在山体滑坡和泥石流事件中各自应承担损失的内容；列式计算施工单位可以获得的费用补偿数额；确定项目监理机构应批准的工期延期天数，并说明理由。

2. 事件2中，应给施工单位的窝工补偿费用为多少万元？修改后的基础分部工程增加的工程造价为多少万元？

3. 针对事件3，绘制批准A工作工期索赔和增加K工作后的施工网络进度计划；指出监理工程师做法的不妥之处，说明理由并写出正确做法。

4. 事件4中，在施工网络进度计划中，D、G、I工作的流水工期为多少个月？施工单位可获得的工期提前奖励金额为多少万元？

（计算结果保留2位小数）

（二）参考解答

【整体分析】

根据题中的已知条件及需要解答的问题，将本题各事件的费用索赔与工期索赔的计算要点整理到表17.4.2与表17.4.3中，供以后各题解答之用。

费用索赔与工期索赔分析表　　　　　　　表 17.4.2

事件	事件摘要	是否关键工作	是否业主责任或风险	施工单位索赔	
				费用索赔计算要点	工期索赔
事件1.(1)季节性大雨	窝工180工日，机械60个台班	A(√)	(×)	/	10天(×)（季节性大雨不属于不可抗力事件，不能索赔）
事件1.(2)山体滑坡和泥石流	机械损失8万元	A(√)	(×)	/	30天(√)（山体滑坡和泥石流事件属于不可抗力事件，且A工作属于关键工作，可以索赔）
	施工待用材料损失24万元		(√)	计取规费4%、税金11%	
	基坑及围护支撑结构损失30万元		(×)	/	
	施工办公设施损失3万元		(×)	/	
	施工人员受伤损失2万元		(×)	/	
	修复工作发生人材机费用共21万		(√)	计取利润4%、管理费10%；规费4%、税金11%	

续表

事件	事件摘要	是否关键工作	是否业主责任或风险	施工单位索赔	
				费用索赔计算要点	工期索赔
事件2	人员窝工150个工日	A(✓)	(✓)	按50元/工日计算；计取规费4%、税金11%	30天(✓)(地勘不符是业应承担风险)
	机械闲置20个台班		(✓)	按台班价的60%计算；计取规费4%、税金11%	
	增加人材机费用25万元		(✓)	计取利润4%、管理费10%；规费4%、税金11%；再计取25%的措施费	

费用索赔计算明细表　　　　　　　　　　表17.4.3

事件	事件摘要	计算基数（万元）	管理费	利润	规费	税金	其他新增措施	合计（万元）
事件1	施工待用材料损失24万	24	/	/	×(1+4%)	×(1+11%)	/	27.706
	修复工作人材机21万	21	×(1+10%)	×(1+6%)	×(1+4%)	×(1+11%)	/	28.267
事件2	人员窝工150个工日	150×50/10000	/	/	×(1+4%)	×(1+11%)	/	0.866
	机械闲置20个台班	20×1500×60%/10000	/	/	×(1+4%)	×(1+11%)	/	2.078
	基础分部分项工程新增人材机费用25万	25	×(1+10%)	×(1+6%)	×(1+4%)	×(1+11%)	×(1+25%)	42.063

（1）网络图的线路如下：

① 线路A→B→F→I，工期2+4+2+3=11月；

② 线路A→B→F→J，工期2+4+2+1=9月；

③ 线路A→B→G→I，工期2+4+4+3=13月；

④ 线路A→B→G→J，工期2+4+4+1=11月；

⑤ 线路A→C→D→G→I，工期2+3+3+4+3=15月；

⑥ 线路A→C→D→G→J，工期2+3+3+4+1=13月；

⑦ 线路A→C→E→H→J，工期2+3+2+1+1=9月。

线路A→C→D→G→I是关键线路，总工期15个月。

（2）凡是属于业主责任（或风险）的事件都可索赔费用；凡是属于业主责任（或

风险）且该工作为关键工作（或大于该工作的总时差，改变了关键线路）都可索赔工期。

1. 针对事件1，确定施工单位和业主在山体滑坡和泥石流事件中各自应承担损失的内容；列式计算施工单位可以获得的费用补偿数额；确定项目监理机构应批准的工期延期天数，并说明理由。

【分析】

（1）山体滑坡和泥石流属于不可抗力因素，施工单位和业主各自承担自己的损失。

（2）施工单位可获得的费用补偿及工期索赔详表17.4.2"费用索赔与工期索赔分析表"和表17.4.3"费用索赔计算明细表"。

【解答】

（1）施工单位和业主在山体滑坡和泥石流事件中各自应承担的损失：

① 施工单位应承担损失：施工机械损失，施工办公设施损失，施工人员受伤损失，已开挖的基坑及围护支撑结构损失。

② 业主应承担损失：施工待用材料损失，修复工作发生人材机费用。

（2）施工单位可以获得的费用补偿数额：$24×(1+4\%)×(1+11\%)+21×(1+10\%)×(1+6\%)×(1+4\%)×(1+11\%)=55.97$ 万元。或：$[24+21×(1+10\%)×(1+6\%)]×(1+4\%)×(1+11\%)=55.97$ 万元

（3）项目监理机构应批准的工期延期天数为30天。理由：山体滑坡和泥石流事件属于不可抗力事件，且A工作属于关键工作。

【注意】

1. 基坑及围护支撑结构损失30万元，应由哪一方承担，有争议。以上的解答，是将围护支撑结构按周转性材料考虑；如果将其按永久工程考虑，则应由业主承担该项损失，施工单位可以获得的费用补偿数额应为$[24+30+21×(1+10\%)×(1+6\%)]×(1+4\%)×(1+11\%)=90.60$ 万元。

2. 题目中指出"修复工作发生人材机费用共21万元"，并没指出修复工作的具体内容，题目中又指出"措施费按分部分项工程费的25%计取"。

如果修复工作的具体内容也为分部分项工程，考虑分部分项工程所发生的措施费，则施工单位可以获得的费用补偿数额又分为以下两种情况：

（1）当围护支撑结构按周转性材料考虑时：$[24+21×(1+10\%)×(1+6\%)×(1+25\%)]×(1+4\%)×(1+11\%)=63.04$ 万元。

（2）当围护支撑结构按按永久工程考虑时：$[24+30+21×(1+10\%)×(1+6\%)×(1+25\%)]×(1+4\%)×(1+11\%)=97.67$ 万元。

2. 事件2中，应给施工单位的窝工补偿费用为多少万元？修改后的基础分部工程增加的工程造价为多少万元。

【分析】

根据表17.4.2"费用索赔与工期索赔分析表"和表17.4.3"费用索赔计算明细表"

对事件2的分析，逐项计算索赔费用；窝工要计算规费和税收（题目中明确指出不计算管理费和利润）；新增工作应按全费用计算，此处还包括因新增分部分项工程而增加的相应措施费用。

【解答】

(1) 应给施工单位的窝工补偿费：

$150\times50\times(1+4\%)\times(1+11\%)+20\times1500\times60\%\times(1+4\%)\times(1+11\%)=2.94$ 万元

(2) 修改后的基础分部工程增加的工程造价：

$25\times(1+10\%)\times(1+6\%)\times(1+4\%)\times(1+11\%)\times(1+25\%)=42.06$ 万元

3. 针对事件3，绘制批准A工作工期索赔和增加K工作后的施工网络进度计划；指出监理工程师做法的不妥之处，说明理由并写出正确做法。

【分析】

(1) 施工网络图的调整方法：

K工作为E工作的紧后工作，其箭线必在"⑥"之后；K工作为I、J工作的紧前工作，其箭线必在"⑦"之前。在"⑥""⑦"之间连一条箭线，再标上K工作及其持续时间即可。

(2)《清单计价规范》GB 50500—2013关于工程变更价格调整，在9.3.1条规定：

① 已标价工程量清单中有适用于变更工程项目的，采用该项目的单价；但当工程变更导致该清单项目的工程数量发生变化，且工程量偏差超过15%，此时，该项目单价的调整应按照本规范第9.6.2条的规定调整。

② 已标价工程量清单中没有适用、但有类似于变更工程项目的，可在合理范围内参照类似项目的单价。

③ 已标价工程量清单中没有适用也没有类似于变更工程项目的，由承包人根据变更工程资料、计量规则和计价办法、工程造价管理机构发布的信息价格和承包人报价浮动率提出变更工程项目的单价，报发包人确认后调整。承包人报价浮动率可按下列公式计算：

招标工程：承包人报价浮动率 $L=(1-\text{中标价}/\text{招标控制价})\times100\%$

非招标工程：承包人报价浮动率 $L=(1-\text{报价值}/\text{施工图预算})\times100\%$

④ 已标价工程量清单中没有适用也没有类似于变更工程项目，且工程造价管理机构发布的信息价格缺价的，由承包人根据变更工程资料、计量规则、计价办法和通过市场调查等取得有合法依据的市场价格提出变更工程项目的单价，并应报发包人确认后调整。

【解答】

(1) 绘制批准A工作工期索赔和增加K工作后的施工网络进度计划图，如图17.4.2所示。

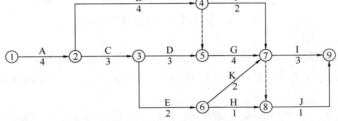

图17.4.2 调整后的网络计划图（单位：月）

(2) 监理工程师做法的不妥之处，理由及正确做法：

① 不妥之处：监理工程师编制了 K 工作的结算综合单价。

② 理由：新增工作综合单价应由发承包双方共同确定。

③ 正确做法：在已标价的工程量清单中没有适用也没有类似的项目，由承包人根据变更工程资料、计量规则和计价办法、工程造价管理机构发布的信息价格和承包人报价浮动率提出变更工程项目的单价，报发包人确认后调整。若工程造价管理机构发布的信息价格缺价的，由承包人根据变更工程资料、计量规则、计价办法和通过市场调查等取得有合法依据的市场价格提出变更工程项目的单价，报发包人确认后调整。

4. 事件 4 中，在施工网络进度计划中，D、G、I 工作的流水工期为多少个月？施工单位可获得的工期提前奖励金额为多少万元？

【分析】

(1) D、G、I 工作可以分为 D1、D2、D3、G1、G2、G3、I1、I2、I3 共 9 个分项工作。A 工作的实际工期为 $30×2+40+30=130$ 天，作出实际时标网络图，如图 17.4.3 所示。

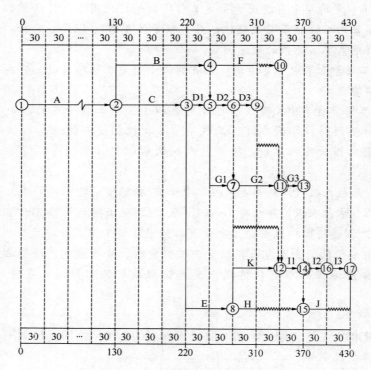

图 17.4.3 实际时标网络图（单位：天）

(2) 采取流水搭接施工后，A→C→E→K→I 变成了关键线路，A 工作实际工期 130 天；C 工作 90 天；E 工作 60 天，K 工作 60 天、I 工作 90 天，实际总工期为 $130+90+60+60+90=430$ 天。

题目中明确指出，"实际工期比原合同工期每提前 1 个月，奖励施工单位 30 万元"。也就是说，计算工期是否提前是以原合同工期 15 个月（即 450 天）为参照，进行计算。

这与其他年份的题目中，需要经过工期索赔修正后的合同工期不同，即不需要考虑事件 1 和事件 2 中对工期的索赔。

应获得奖励的工期，等于原合同工期－实际工期。

可以获得工期奖励，等于奖励工期的天数乘以每提前一天可获得的工期奖励。

【解答】

(1) 根据流水搭接施工安排（同时考虑紧前工作完成时间），按实际工期计算，D 工作在第 221~310 天完成 3 个施工段的流水施工；考虑紧前工作 B 的完成时间，G 工作在第 251~370 天完成 3 个施工段的流水施工；考虑紧前工作 F 和 K 的完成时间，I 工作在第 340~430 天完成 3 个施工段的流水施工。所以，D、G、I 工作的流水工期为 430－221－1＝210 天（7 个月）。

(2) 工期提前奖励计算：

原合同工期：2＋3＋3＋4＋3＝15 个月（450 天）；实际工期：按新的关键线路 A→C→E→K→I 计算，130＋90＋60＋60＋90＝430 天；可以获得奖励的工期：450－430＝20 天；可以获得工期奖励：(30/30)×20＝20 万元。

【注意】

本题的流水搭接施工应考虑 G 工作的紧前工作 B，I 工作的紧前工作 F 和 K 的完成时间。只有这些紧前工作完成后，才能考虑流水搭接施工。如果忽略紧前工作的完成时间，直接采用"累加数列错位相减取大差"的原则，是不恰当的。

(三) 考点总结

1. 索赔成立与否的判断；
2. 费用索赔的计算，工期奖励（罚款）的计算；
3. 流水施工及其工期计算。

2016 年真题（试题四）

(一) 真题（本题 20 分）

某项目业主分别与甲、乙施工单位签订了土建施工合同和设备安装合同。

土建施工合同约定：管理费为人材机费之和的 10%，利润为人材机费用与管理费之和的 6%，规费和税金为人材机费用与管理费和利润之和的 9.8%，合同工期为 100 天。

设备安装合同约定：管理费和利润均以人工费为基础，其费率分别为 55%、45%。规费和税金为人材机费用与管理费和利润之和的 9.8%，合同工期 20 天。

土建施工合同与设备安装合同均约定：人工工日单价为 80 元/工日，窝工补偿按 70% 计，机械台班单价按 500 元/台班，闲置补偿按 80% 计。

甲乙施工单位编制了施工进度计划，获得监理工程师的批准，如图 16.4.1 所示。

该工程实施过程中发生如下事件：

事件 1：基础工程 A 工作施工完毕组织验槽时，发现基坑实际土质与业主提供的工程地质资料不符，为此，设计单位修改加大了基础埋深，该基础加深处理使甲施工单位增加用工 50 个工日，增加机械 10 个台班，A 工作时间延长 3 天，甲施工单位及时向业主提出费用索赔和工期索赔。

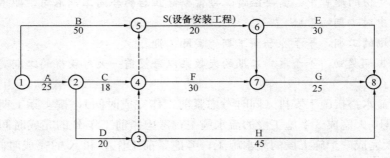

图16.4.1 甲乙施工单位施工进度计划（单位：天）

事件2：设备基础D工作的预埋件完毕后，甲施工单位报监理工程师进行隐蔽工程验收，监理工程师未按合同约定的时限到现场验收，也未通知甲施工单位推迟验收时间，在此情况下，甲施工单位进行了隐蔽工序的施工，业主代表得知该情况后要求施工单位剥露重新检验，检验发现预埋尺寸不足，位置偏差过大，不符合设计要求。该重新检验导致甲施工单位增加人工30工日，材料费1.2万元，D工作时间延长2天，甲施工单位及时向业主提出了费用索赔和工期索赔。

事件3：设备安装S工作开始后，乙施工单位发现由业主采购设备配件缺失，业主要求乙施工单位自行采购缺失配件。为此，乙施工单位发生材料费2.5万元。人工费0.5万元。S工作时间延长2天。乙施工单位向业主提出费用索赔和工期延长2天的索赔，向甲施工单位提出受事件1和事件2影响工期延长5天的索赔。

事件4：设备安装过程中，由于乙施工单位安装设备故障和调试设备损坏。使S工作延长施工工期6天，窝工24个工日。增加安装、调试设备修理费1.6万元，并影响了甲施工单位后续工作的开工时间，造成甲施工单位窝工36个工日，机械闲置6个台班。为此，甲施工单位分别向业主和乙施工单位及时提出了费用索赔和工期索赔。

问题：

1. 分别指出事件1~4中甲施工单位和乙施工单位的费用索赔和工期索赔是否成立？并分别说明理由。
2. 事件2中，业主代表的做法是否妥当？说明理由。
3. 事件1~4发生后，图中E工作和G工作实际开始时间分别为第几天？说明理由。
4. 计算业主应补偿甲、乙施工单位的费用分别是多少元，可批准延长的工期分别为多少天？

（计算结果保留2位小数）

（二）参考解答

【整体分析】

根据题中的已知条件及需要解答的问题，将本题各事件的费用索赔与工期索赔的计算要点整理到表16.4.1、表16.4.2和表16.4.3中，供以后各题解答之用。

(1) 网络图的线路如下：

① 线路B→S→E，工期50+20+30=100天；

② 线路B→S→G，工期50+20+25=95天；

费用索赔与工期索赔分析表　　　　　　　　　　　　　　　　　表 16.4.1

事件	事件摘要	是否关键工作	是否业主责任	甲单位索赔 工期索赔	甲单位索赔 费用索赔	乙单位索赔 工期索赔	乙单位索赔 费用索赔
事件 1	地质资料不符，修改设计	A (√)	(√)	3 天 (√)	① 新增 50 个工日 ② 新增 10 个台班	/	/
事件 2	甲单位施工质量问题	D (√)	对甲：× 对乙：√	(×)	(×)	2 天 (√)	(×)
事件 3	业主采购的配件缺失	S (√)	(√)	/	/	2 天 (√)	① 代购材料费 2.5 万元 ② 新增人工 0.5 万元
事件 4	乙单位安装设备故障	S (√)	对甲：√ 对乙：×	6 天 (√)	(√) ① 窝工 36 工日 ② 机械闲置 6 台班	(×)	(×) 发包人应代扣对甲单位的窝工损失

甲施工单位费用索赔计算明细表　　　　　　　　　　　　　　　　　表 16.4.2

事件	事件摘要	计算基数（元）	管理费	利润	规费税金	其他	合计（元）
事件 1	新增 50 个工日	50×80	×(1+10%)	×(1+6%)	×(1+9.8%)	/	5121.072
事件 1	新增 10 个台班	10×500	×(1+10%)	×(1+6%)	×(1+9.8%)	/	6401.34
事件 4	人员窝工 36 个工日	36×80×70%	/	/	×(1+9.8%)	/	2213.568
事件 4	机械闲置 6 个台班	6×500×80%	/	/	×(1+9.8%)	/	2635.2
	合计						16371.18

乙施工单位费用索赔计算明细表　　　　　　　　　　　　　　　　　表 16.4.3

事件	事件摘要	计算基数（元）	管理费	利润	规费税金	其他	合计（元）
事件 3	材料费	25000	/	/	×(1+9.8%)	/	27450
事件 3	人工费	5000	×(1+55%+45%)（管理费和利润都以人工费为计算基数）		×(1+9.8%)	/	10980
事件 4	业主应当扣除由于乙单位设备故障损坏导致甲施工单位人员窝工和机械闲置费用 2213.57+2635.2=4848.77 元，并用此费用支付甲施工单位的索赔。						−4848.77
	合计						33581.23

③ 线路 A→C→F→G，工期 25+18+30+25=98 天；
④ 线路 A→C→S→E，工期 25+18+20+30=93 天；
⑤ 线路 A→C→S→G，工期 25+18+20+25=88 天；

⑥ 线路 A→D→H，工期 25+20+45＝90 天；
⑦ 线路 A→D→F→G，工期 25+20+30+25＝100 天；
⑧ 线路 A→D→S→E，工期 25+20+20+30＝95 天；
⑨ 线路 A→D→S→G，工期 25+20+20+25＝90 天。
线路 B→S→E 和线路 A→D→F→G 是关键线路，总工期 100 天。

(2) 凡是属于业主责任（或风险）的事件都可索赔费用；凡是属于业主责任（或风险）且该工作为关键工作（或大于该工作的总时差，改变了关键线路）都可索赔工期。

1. 分别指出事件 1～4 中甲施工单位和乙施工单位的费用索赔和工期索赔是否成立？并分别说明理由。

【分析】

(1) 费用索赔和工期索赔成立与否的分析，详表 16.4.1 "费用索赔与工期索赔分析表"。

(2) 事件 3 和事件 4，甲施工单位和乙施工单位之间没有合同关系，不能索赔，但可向业主索赔，业主再向有责任的施工单位索赔。

【解答】

(1) 事件 1：甲施工单位费用索赔和工期索赔成立。理由：地质资料不符是业主应承担的风险，且 A 工作为关键工作。

(2) 事件 2：甲施工单位费用索赔和工期索赔均不成立。理由：施工单位应对施工质量负责，重新检验不合格是甲施工单位的责任。

(3) 事件 3：

① 乙施工单位向业主提出费用索赔和工期索赔成立。理由：业主采购设备配件缺失是业主的责任，且 S 工作为关键工作。

② 乙施工单位向甲施工单位提出的工期索赔不成立。理由：甲、乙施工单位没有合同关系，且 A 工作和 D 工作总共延误了 3+2＝5 天，没有影响 S 工作的最早开始时间。

(4) 事件 4：

① 甲施工单位向业主提出费用索赔和工期索赔成立。理由：设备安装延误是业主应承担的责任，且延误的时间（6 天）已经超过了 S 工作的总时差（5 天）。

② 甲施工单位向乙施工单位的费用索赔和工期索赔不成立。理由：甲、乙施工单位没有合同关系，甲施工单位应向业主索赔，业主再向乙施工单位索赔。

2. 事件 2 中，业主代表的做法是否妥当？说明理由。

【依据】

关于对"隐蔽工程"的规定，《建设工程施工合同（示范文本）》（GF—2017—0201）第二章"通用合同条款"中有相关规定：

5.3.1 承包人自检

承包人应当对工程隐蔽部位进行自检，并经自检确认是否具备覆盖条件。

5.3.2 检查程序

除专用合同条款另有约定外，工程隐蔽部位经承包人自检确认具备覆盖条件的，承包人应在共同检查前 48 小时书面通知监理人检查，通知中应载明隐蔽检查的内容、时间和地点，并应附有自检记录和必要的检查资料。监理人应按时到场并对隐蔽工程及其施工工艺、材料和工程设备进行检查。经监理人检查确认质量符合隐蔽要求，并在验收记录上签字后，承包人才能进行覆盖。经监理人检查质量不合格的，承包人应在监理人指示的时间内完成修复，并由监理人重新检查，由此增加的费用和（或）延误的工期由承包人承担。除专用合同条款另有约定外，监理人不能按时进行检查的，应在检查前24小时向承包人提交书面延期要求，但延期不能超过48小时，由此导致工期延误的，工期应予以顺延。监理人未按时进行检查，也未提出延期要求的，视为隐蔽工程检查合格，承包人可自行完成覆盖工作，并作相应记录报送监理人，监理人应签字确认。监理人事后对检查记录有疑问的，可按第5.3.3项〔重新检查〕的约定重新检查。

5.3.3 重新检查

承包人覆盖工程隐蔽部位后，发包人或监理人对质量有疑问的，可要求承包人对已覆盖的部位进行钻孔探测或揭开重新检查，承包人应遵照执行，并在检查后重新覆盖恢复原状。经检查证明工程质量符合合同要求的，由发包人承担由此增加的费用和（或）延误的工期，并支付承包人合理的利润；经检查证明工程质量不符合合同要求的，由此增加的费用和（或）延误的工期由承包人承担。

5.3.4 承包人私自覆盖

承包人未通知监理人到场检查，私自将工程隐蔽部位覆盖的，监理人有权指示承包人钻孔探测或揭开检查，无论工程隐蔽部位质量是否合格，由此增加的费用和（或）延误的工期均由承包人承担。

【解答】

业主代表的做法妥当。理由：根据《建设工程施工合同》（示范文本）的规定，承包人覆盖工程隐蔽部位后，发包人对质量有疑问的，可要求承包人对已覆盖的部位剥离后重新检查，承包人应遵照执行，并在检查后重新覆盖并恢复原状。

3. 事件1～4发生后，图中E工作和G工作实际开始时间分别为第几天？说明理由。

【分析】

根据表16.4.1"费用索赔与工期索赔分析表"对工期索赔的分析，经过事件1～4后实际施工进度网络图如图16.4.2所示，可由E工作和G工作的紧前工作的完成时间判断实际开始时间。

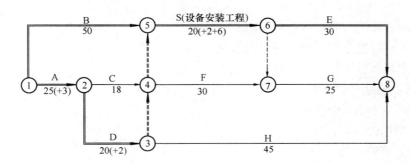

图16.4.2 实际施工进度网络图（单位：天）

【解答】

（1）E工作的实际开工时间是第79天。理由：E工作是S工作的紧后工作，S工作在事件 3 和事件 4 中一共延误了 2+6=8 天，50+20+8=78 天，即 S 工作在第 78 天完成。

（2）G 工作的实际开工时间是第 81 天（按最早开始时间考虑）。理由：G 工作的紧前工作是 S 工作和 F 工作，其中 S 工作 78 天完成；F 工作因 A 工作和 D 工作延误了 3+2=5 天，25+3+20+2+30=80 天，即 F 工作在第 80 天完成，G 工作在第 81 天开始。

4. 计算业主应补偿甲、乙施工单位的费用分别是多少元，可批准延长的工期分别为多少天？

【分析】

（1）根据表 16.4.1"费用索赔与工期索赔分析表"，逐项计算索赔费用。应注意新增工作计算全费用，窝工要计算规费和税金（不计算管理费和利润），还应特别注意甲、乙施工单位索赔费用中管理费与利润的计算基数不一样。

计算过程详表 16.4.2"甲施工单位费用索赔计算明细表"，表 16.4.3"乙施工单位费用索赔计算明细表"。

（2）根据施工网络进度计划图，关键线路是 B→S→E 和 A→D→F→G，总工期是 100 天。根据实际施工网络进度图，可知关键线路是 B→S→E 和 A→D→S→E，总工期是 108 天。由于甲施工单位承担的是除 S 工作外的其他工作，可批准延长的工期为 108−100=8 天（按关键线路 B→S→E 计算）；乙施工单位承担的是 S 工作，可批准延长的工期为 2 天（事件 3）。

【解答】

（1）业主应补偿甲施工单位的费用：

事件 1：（50×80+10×500）×（1+10%）×（1+6%）×（1+9.8%）=11522.41 元

事件 2：（36×80×70%+6×500×80%）×（1+9.8%）=4848.77 元

合计：11522.41+4848.77=16371.18 元

（2）业主应补偿乙施工单位的费用：

事件 3：[25000+5000×（1+55%+45%）]×（1+9.8%）=38430.00 元

事件 4：因乙施工单位的责任造成甲施工单位窝工 36 个工日，机械闲置 6 个台班，由业主从已施工单位的工程款中扣除，用于业主补偿甲施工单位的损失。应扣除的费用为（36×80×70%+6×500×80%）×（1+9.8%）=4848.77 元

合计：38430.00−4848.77=33581.23 元

（3）业主可批准甲施工单位延长的工期：8 天

（4）业主可批准乙施工单位延长的工期：2 天

（三）考点总结

1. 索赔成立与否的判断；
2. 索赔费用的计算；
3. 索赔工期的计算。

2015 年真题（试题四）

（一）真题（本题 20 分）

某工业项目发包人采用工程量清单计价方式，与承包人按照《建设工程施工合同（示

范文本)》签订了工程施工合同。合同约定：项目的成套生产设备由发包人采购，管理费和利润为人材机费用之和的18%，规费和税金为人材机费用与管理费和利润之和的10%，人工工资标准为80元/工日。窝工补偿标准为50元/工日，施工机械闲置台班补偿标准为正常台班费的60%，人工窝工和机械闲置不计取管理费和利润，工期270天，每提前（或拖后）一天，奖励（罚款）5000元（含税费）。

承包人经发包人同意将设备与管线安装作业分包给某专业分包人，分包合同约定，分包工程进度必须服从总包施工进度的安排，各项费用、费率标准约定与总承包施工合同相同。开工前，承包人编制并得到监理工程师批准的施工网络进度计划如图15.4.1所示，图中箭线下方括号外数字为工作持续时间单位（单位：天），括号内数字为每天作业班组工人数，所有工作均按最早开始时间安排作业。

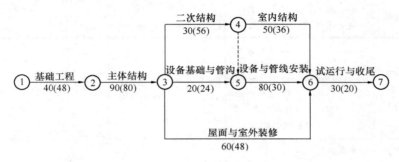

图15.4.1 施工网络进度计划

施工过程中发生了如下事件：

事件1：主体结构作业20天后，遇到持续2天的特大暴雨，造成工地堆放的承包人部分周转材料损失费用2000元，特大暴风雨结束后，承包人安排该作业队中20人修复倒塌的模板及支撑，30人进行工程修复和场地清理，其他人在现场停工待命，修复和清理工作持续了1天时间。施工机械A、B持续窝工闲置3个台班（台班费用分别为：1200元/台班、900元/台班）。

事件2：设备基础与管沟完成后，专业分包人对其进行技术复核，发现有部分基础尺寸和地脚螺栓预留孔洞位置偏差过大，经沟通，承包人安排10名工人用了6天时间进行返工处理，发生人材费用1260元，使设备基础与管沟工作持续时间增加4天。

事件3：设备与管线安装工作中，因发包人采购成套生产设备的配套附件不全，专业分包人自行决定采购补齐，发生采购费用3500元，并造成作业班组整体停工3天，因受干扰降效增加作业用工60个工日，施工机械C闲置3个台班（台班费1600元/台班），设备与管线安装工作持续时间增加3天。

事件4：为抢工期，经监理工程师同意，承包人将试运行部分工作提前安排，和设备与管线安装搭接作业5天，因搭接作业相互干扰降效使费用增加10000元。

其余各项工作的持续时间和费用没有发生变化。

上述事件发生后，承包人均在合同规定的时间内向发包人提出索赔，并提交了相关索赔资料。

问题：

1. 分别说明各事件工期、费用索赔能否成立？简述其理由。

2. 各事件工期索赔分别为多少天？总工期索赔为多少天？实际工期为多少天？

3. 专业分包人可以得到的费用索赔为多少元？专业分包人应该向谁提出索赔？

4. 承包人可以得到的各事件费用索赔为多少元？费用索赔额为多少元？工期奖励（或罚款）为多少元？

(二) 参考解答

【整体分析】

根据题中的已知条件及需要解答的问题，将本题各事件的费用索赔与工期索赔的计算要点整理到表15.4.1、表15.4.2和表15.4.3中，供以后各题解答之用。

费用索赔与工期索赔分析表　　　　　　　　　　　　　　　　　　　表15.4.1

事件	事件摘要	是否关键工作	是否业主责任风险	施工单位索赔		分包单位索赔	
				工期索赔	费用索赔	工期索赔	费用索赔
1	特大暴雨损失（不可抗力）	主体结构（√）	工程修复和场地清理（√）；修复模板及支撑、人员窝工机械闲置（×）	2+1=3天（√）	工程修复场地清理	/	/
2	施工质量问题	设备基础与管沟（×）	（×）	（×）	（×）	（×）	（×）
3	业主采购配件不齐	设备与管线安装（√）	分包向总包索赔；总包再向业主索赔（√）	3+3=6天（√）	代分包向业主索赔	3+3=6天（√）	①整个班组窝工②降效新增用工③机械闲置
4	发包人自己采购取赶工措施	试运行和收尾（√）	（×）	−5天（×）	（×）	/	/

专业分包人费用索赔计算明细表　　　　　　　　　　　　　　　　　表15.4.2

事件	事件摘要	计算基数（元）	管理费、利润	规费、税金	其他	合计（元）
3	班组停工3天（30人）	30×3×50	/	×(1+10%)	/	4950
	机械C闲置3个台班	3×1600×60%	/	×(1+10%)	/	3168
	受干扰降效增加60个工日	60×80	×(1+18%)	×(1+10%)	/	6230.4
		合计				14348.4

承包人费用索赔计算明细表　　　　　　　　　　　　　　　　　　　表15.4.3

事件	事件摘要	计算基数（元）	管理费、利润	规费、税金	其他	合计（元）
1	工程修复场地清理30人1天	30×1×80	×(1+18%)	×(1+10%)	/	3115.2
3	代分包单位向发包人索赔					14348.4
		合计				17463.6

（1）网络图的线路如下：

线路①→②→③→④→⑥→⑦，工期40+90+30+50+30=240天；

线路①→②→③→④→⑤→⑥→⑦，工期40+90+30+80+30=270天；

线路①→②→③→⑤→⑥→⑦，工期40+90+20+80+30=260天；

线路①→②→③→⑥→⑦，工期40+90+60+30=220天。

关键线路为①→②→③→④→⑤→⑥→⑦，关键工作为基础工程、主体结构、二次结构、设备与管线安装、试运行与收尾工程，总工期270天。

（2）凡是属于业主责任（或风险）的事件都可索赔费用；凡是属于业主责任（或风险）且该工作为关键工作（或大于该工作的总时差，改变了关键线路）都可索赔工期。

1. 分别说明各事件工期、费用索赔能否成立？简述理由。

【分析】

工期索赔、费用索赔详表15.4.1"费用索赔与工期索赔分析表"对各事件的分析。

【解答】

（1）事件1：工期索赔成立，工程修复和场地清理费用索赔成立。承包人的周转材料的损失、承包人修复倒塌的模板和支撑、承包人人员窝工和机械闲置不能索赔。理由：特大暴雨属于不可抗力事件。工期损失（主体结构为关键工作），工程修复和场地清理费用是发包人应承担的责任和风险；承包人周转材料的损失、修复倒塌的模板和支撑、承包人人员窝工和机械闲置是承包人应承担的责任。

（2）事件2：工期和费用索赔均不成立。理由：尺寸及位置偏差属于施工质量问题，是承包人应承担的责任。

（3）事件3：

① 工期索赔、受干扰降效增加作业用工费用索赔成立、施工机械闲置索赔成立。理由：设备与管线安装工作是关键工作，发包人采购成套生产设备的配套附件不全是发包人应承担的责任。

② 专业分包人自行采购补齐的配套附件费用不能索赔。理由：程序不对，分包人不应该自行采购，应征得发包人的同意。

（4）事件4：工期和费用索赔均不成立。理由：承包人自身原因决定增加投入加快施工进度，工期不会增加，费用应自行承担，但承包人可以获得工期提前奖励。

【注意】

事件1中"承包人安排工人修复倒塌的模板及支撑"，有两种不同的理解：

第一种理解：修复的是因特大暴雨造成的模板及支撑材料本身，因模板及支撑属于周转材料（非工程实体材料），其材料本身属于施工单位所有，修复费用应由施工单位自己承担。

第二种理解：如果模板及支撑看成是一项措施项目，模板及支撑倒塌了，将模板重新安装并支撑好，是否可以将修复模板和支撑也考虑为工程修复，有争议。

本书未将"修复倒塌的模板及支撑"列为可索赔的费用，主要考虑了以下两个因素：

一是模板及支撑是周转材料；二是题目中另有表述"30人进行工程修复和场地清理"，将"工程修复"单独考虑了。

读者可根据自己的理解进行分析和判断。

2. 各事件工期索赔分别为多少天？总工期索赔为多少天？实际工期为多少天？

【分析】

根据表 15.4.1 "费用索赔与工期索赔分析表"，分别计算各事件工期索赔的天数；实际工期＝计划工期＋关键线路上能索赔的延误工期＋关键线路上不能索赔的延误工期—赶工提前工期。

"发包人采购成套生产设备的配套附件不全"与"受干扰降效"是两个不同的事件，前者使得整体停工 3 天，后者使得工作持续增加 3 天，应分别计算工期索赔，即应索赔 3＋3＝6 天。不能将班组停工的 3 天等同于安装工作持续时间增加 3 天。

【解答】

(1) 各事件工期索赔的天数：

事件 1：2＋1＝3 天

事件 2：0 天

事件 3：3＋3＝6 天

事件 4：0 天

总工期索赔的天数：3＋6＝9 天

(2) 试运行和设备与管线安装搭接，工期提前 5 天

(3) 实际工期：40＋（90＋3）＋30＋（80＋6）＋（30－5）＝274 天

3. 专业分包人可以得到的费用索赔为多少元？专业分包人应该向谁提出索赔？

【分析】

根据表 15.4.1 "费用索赔与工期索赔分析表"和表 15.4.2 "专业分包人费用索赔计算明细表"计算分包人索赔的费用。应注意：

(1) 人员窝工和机械闲置不计取管理费和利润，要计取规费和税金；降效新增用工为工程本身工作，要计取管理费、利润、规费和税金。

(2) 分包人自行决定采购的配件，自己承担费用，不能索赔。

【解答】

(1) 专业分包人可以得到的费用索赔：[30×3×50＋60×80×(1＋18％)＋3×1600×60％)]×(1＋10％)＝14348.40 元

(2) 专业分包人应该向总承包人提出索赔。

4. 承包人可以得到的各事件费用索赔为多少元？总费用索赔额为多少元？工期奖励（或罚款）为多少元？

【分析】

(1) 根据表 15.4.1 "费用索赔与工期索赔分析表"和表 15.4.3 "专业分包人费用索赔计算明细表"计算承包人在各事件中索赔的费用。应注意事件 3 分包人的索赔，应通过总包人向发包人索赔。

(2) 工期奖励的计算，应先计算出可获得工期奖励的天数，即新的合同期（原计划工期＋可索赔的工期）—实际工期。

【解答】

(1) 各事件索赔的费用：

事件 1：30×1×80×(1＋18％)×(1＋10％)＝3115.20 元

事件2：0元
事件3：[30×3×50+60×80×(1+18%)+3×1600×60%]×(1+10%)=14348.40元
事件4：0元
(2) 总费用索赔额：3115.20+14348.40=17463.60元
(3) 工期奖励：
①工期奖励的天数：(40+90+30+80+30+9)-274=5天
② 工期奖励：5×5000=25000元

(三) 考点总结

1. 索赔成立与否的判断；
2. 费用索赔的计算；
3. 工期索赔的计算，工期奖励（罚款）的计算。

2014年真题（试题四）

(一) 真题（本题20分）

某工程项目，业主通过招标方式确定了承包商，双方采用工程量清单计价方式签订了施工合同。该工程共有10个分项工程，工期150天，施工期为3月3日至7月30日。合同规定，工期每提前1天，承包商可获得提前工期奖1.2万元；工期每拖后1天，承包商需承担逾期违约金1.5万元。

开工前承包商提交并经审批的施工进度计划，如图14.4.1所示。

该工程如期开工后，在施工过程中发生了经监理人核准的如下事件：

事件1：3月6日，由于业主提供的部分施工场地条件不充分，致使工作B作业时间拖延4天，工人窝工20个工作日，施工机械B闲置5天（台班费：800元/台班）。

事件2：4月25日～26日，当地供电中断，导致工作C停工2天，工人窝工40个工作日，施工机械C闲置2天（台班费：1000元/台班）；工作D没有停工，但因停电改用手动机具替代原配动力机械使D工效降低，导致作业时间拖延1天，增加用工18个工日，原配动力机械闲置2天（台班费：800元/台班），增加手动机具使用2天（台班费：500元/台班）。

事件3：按合同规定由业主负责采购且应于5月22日到场的材料，直到5月26日凌晨才到场；5月24日发生了脚手架倾倒事故，因处于停工待料状态，承包商未及时重新搭设；5月26日上午承包商安排10名架子工重新搭设脚手架；5月27日恢复正常作业。由此导致工作F持续停工5天，该工作班组20名工人持续窝工5天，施工机械F闲置5天（台班费：1200元/台班）。

截止到5月末，其他工程内容的作业持续时间和费用均与原计划相符。承包商分别于5月5日（针对事件1、2）和6月10日（针对事件3）向监理人提出索赔。

机械台班均按每天一个台班计。

问题：

1. 分别指出承包商针对三个事件提出的工期和费用索赔是否合理，并说明理由。
2. 对于能被受理的工期索赔事件，分别说明每项事件应被批准的工期索赔为多少天？如果该工程最终按原计划工期（150天）完成，承包商是可获得提前工期奖还是需承担逾期违约金？相应的数额为多少？

3. 该工程架子工日工资为180元/工日，其他工种工人日工资为150元/工日，人工窝工补偿标准为日工资的50%；机械闲置补偿标准为台班费的60%；管理费和利润的计算费率为人材机费用之和的10%，规费和税金的计算费率为人材机费用、管理费与利润之和的9%，计算应被批准的费用索赔为多少元。

4. 按初始安排的施工进度计划（答题纸中图14.4.2），如果该工程进行到第6个月末时检查进度情况为：工作F完成50%的工作量；工作G完成80%的工作量；工作H完成75%的工作量，在答题纸上图14.4.2中绘制实际进度前锋线，分析这三项工作进度有无偏差，并分别说明对工期的影响。

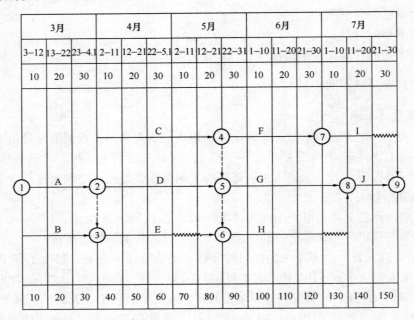

图14.4.1 施工进度计划图

（二）参考解答

【整体分析】

根据题中的已知条件及需要解答的问题，将本题各事件的费用索赔与工期索赔的计算要点整理到表14.4.1、表14.4.2中，供以后各题解答之用。

费用索赔与工期索赔分析表　　　　　　　　　表14.4.1

事件	事件摘要	是否关键工作	是否业主责任或风险	施工单位索赔	
				工期索赔	费用索赔要点
事件1	业主提供的场地条件不充分	B (×)	(√)	(×)（超出索赔时效）	(×)（超出索赔时效）
事件2	供电中断2天	C (√)　　D (√)	(√)	C停工2天(√)　D降效延1天(√)　索赔取C、D最大值2天	① 窝工40个工日；② 机械闲置2天　① 增加18个工日；② 机械闲置2天；③ 增加手动机械2天

210

续表

事件	事件摘要	是否关键工作	是否业主责任或风险	施工单位索赔	
				工期索赔	费用索赔要点
事件3	（1）业主采购材料迟到4天；	F (×)	(√)	(×)（未超过总时差）	① 人员窝工算4天；② 机械闲置算4天
	（2）承包商重新搭设脚手架1天		(×)	(×)	(×)

施工单位费用索赔计算明细表　　　　　表14.4.2

事件	事件摘要	计算基数（元）	管理费利润	规费税金	其他	合计（元）
事件2	C：窝工40工日	40×150×50%	/	×(1+9%)	/	3270.00
	C：机械闲置2天	2×1000×60%		×(1+9%)	/	1308.00
	D：增加18工日	18×150	×(1+10%)	×(1+9%)		3237.30
	D：机械闲置2天	2×800×60%		×(1+9%)		1046.40
	D：增加手动机械2天	2×500	×(1+10%)	×(1+9%)		1199.00
事件3	F：20人窝工4天	20×4×150×50%		×(1+9%)		6540.00
	F：机械闲置4天	4×1200×60%		×(1+9%)		3139.20
	合计					19739.90

（1）根据时标网络图，找出关键线路。

线路 A→C→G→J 和线路 A→D→G→J 没有波浪线，是关键线路，总工期150天。

（2）凡是属于业主责任（或风险）的事件都可索赔费用；凡是属于业主责任（或风险）且该工作为关键工作（或大于该工作的总时差，改变了关键线路）都可索赔工期。

1. 分别指出承包商针对三个事件提出的工期和费用索赔是否合理，并说明理由。

【分析】

（1）关于"索赔时间"的规定，《清单计价规范》GB 50500—2013 第9.13.2条"承包人应在知道或者应当知道索赔事件发生后28天内，向发包人提交索赔意向通知书，说明发生索赔事件的事由。承包人在规定的期限内未发出索赔意向通知书，丧失索赔的权利。"

（2）2007版《建设工程施工合同（示范文本）》第二部分"通用条款"13.1条"因以下原因造成工期延误，经工程师确认，工期相应顺延……（5）一周内非承包人原因停水、停电、停气造成停工累计超过8小时……"2017版《建设工程施工合同》（示范文本）已没有这一条。

【解答】

（1）事件1：索赔失效。理由：根据《清单计价规范》的相关规定，承包商提出索赔的时间已经超过了索赔的时效期（28天）。

（2）事件2：工期索赔和费用索赔均合理。理由：供电中断是业主应承担的风险，且C工作和D工作均为关键工作。

（3）事件3：

① 针对业主负责采购的材料未按时到场提出的费用索赔合理，工期索赔不合理。理

由：这是业主应承担的责任，但停工 4 天未超过 F 工作的总时差 10 天。

② 针对脚手架倾倒的工期索赔和费用索赔均不合理。理由：这是承包商应承担的责任。

2. 对于能被受理的工期索赔事件，分别说明每项事件应被批准的工期索赔为多少天？如果该工程最终按原计划工期（150 天）完成，承包商是可获得提前工期奖还是需承担逾期违约金？相应的数额为多少？

【分析】

（1）根据表 14.4.1 "费用索赔与工期索赔分析表"的分析，只有事件 2 可以索赔工期。

（2）工期奖励＝每提前 1 天的奖励金额×工期奖励的天数，工期奖励的天数＝（原计划工期＋可索赔的工期）－实际工期。

【解答】

（1）应被批准的工期索赔天数：

① 事件 1，0 天

② 事件 2，2 天

③ 事件 3，0 天

（2）实际工期 150 天，小于新的合同工期为 150＋2＝152 天，承包商可获得提前工期奖；相应数额为 1.2×（152－150）＝2.4 万元

3. 计算应被批准的费用索赔为多少元。

【分析】

根据表 14.4.1 "费用索赔与工期索赔分析表"及表 14.4.2 "施工单位费用索赔计算明细表"，计算相应事件的索赔费用。应注意：人员窝工和机械闲置不计取管理费和利润，要计取规费和税金；增加用工和增加手动机械台班都是为工程本身工作，要计取管理费、利润、规费和税金。

【解答】

（1）事件 2 费用索赔：

C 工作：（40×150×50％＋2×1×1000×60％）×（1＋9％）＝4578.00 元

D 工作：[18×150×（1＋10％）＋2×1×800×60％＋2×1×500×（1＋10％）]×（1＋9％）＝5482.70 元

小计：4578＋5482.7＝10060.70 元

（2）事件 3 费用索赔：（4×20×150×50％＋4×1×1200×60％）×（1＋9％）＝9679.20 元

（3）应被批准的费用索赔合计：10060.70＋9679.20＝19739.90 元

4. 在答题纸上图 14.4.2 中绘制实际进度前锋线，分析这三项工作进度有无偏差，并分别说明对工期的影响。

【分析】

（1）绘制前锋线：在原时标网络计划上，从检查时刻的时标点出发，用点划线依次将各项工作实际进展位置点连接。

（2）进度偏差判断：

① 实际进展位置点落在检查日期的左侧，表明该工作实际进度拖后，拖后的时间为二者之差；
② 实际进展位置点与检查日期重合，表明该工作实际进度与计划进度一致；
③ 实际进展位置点落在检查日期的右侧，表明该工作实际进度超前，超前的时间为二者之差。

【解答】
（1）绘制实际进度前锋线图，如图 14.4.2 所示。
（2）判断工作进度偏差：
① F 工作拖后 20 天，因其有 10 天总时差，延误工期 10 天；
② G 工作无进度偏差，对工期无影响；
③ H 工作拖后 10 天，因其有 10 天总时差，对工期无影响。

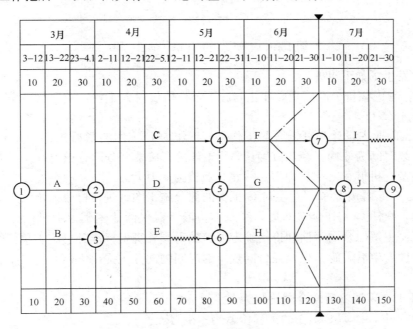

图 14.4.2 第 6 个月末进度前锋线图

（三）考点总结

1. 索赔成立与否的判断；
2. 费用索赔的计算；
3. 工期索赔的计算，工期奖励（罚款）的计算；
4. 施工进度前锋线的绘制及应用。

2013 年真题（试题四）

（一）真题（本题 20 分）

某工程施工合同中规定，合同工期为 30 周，合同价为 827.28 万元（含规费 38 万元），其中：管理费为直接费（分部分项工程和措施项目的人工费、材料费、机械费之和）的 18%，利润率为直接费、管理费之和的 5%，税金率为 3.48%，因通货膨胀导致价格上涨时，业主只对人工费、主要材料费和机械费（三项费用占合同价的比例分别为22%、40%和9%）进行调整，因设计变更产生的新增工程，业主既补偿成本又补偿利润。

该工程的D工作和H工作安排使用同一台施工机械，机械每天工作一个台班，机械台班单价为1000元/台班，台班折旧费为600元/台班。

施工单位编制的施工进度计划，如图13.4.1所示。

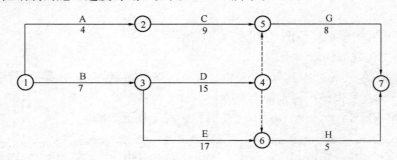

图13.4.1 施工进度计划（单位：周）

施工中发生了如下事件：

事件1：考虑物价上涨因素，业主与施工单位协议对人工费、主要材料费和机械费分别上调5%、6%和3%。

事件2：因业主设计变更新增F工作，F工作为D工作的紧后工作，为H工作的紧前工作，持续时间为6周。经双方确认，F工作的直接费（分部分项工程和措施项目的人工费、材料费、机械费之和）为126万元，规费为8万元。

事件3：G工作开始前，业主对G工作的部分施工图纸进行修改，由于未能及时提供给施工单位，致使G工作延误6周。经双方协商，对仅因业主延迟提供的图纸而造成的工期延误，业主按原合同工期和价格确定分摊的每周管理费标准补偿施工单位管理费。

上述事件发生后，施工单位在合同规定的时间内向业主提出索赔并提供了相关资料。

问题：

1. 事件1中，调整后的合同价款为多少万元？
2. 事件2中，计算F工作的工程价款为多少万元？
3. 事件2发生后，以工作表示的关键线路是哪一条？列式计算应批准延长的工期和可索赔的费用（不含F工程价款）。
4. 按合同工期分摊的每周管理费应为多少万元？发生事件2和事件3后，项目最终的工期是多少周？业主应批准补偿的管理费为多少万元？

（列出具体的计算过程，计算结果保留2位小数）

（二）参考解答

1. 事件1中，调整后的合同价款为多少万元？

【分析】

（1）合同价的调整，应分别找出各组成要素占合同价的百分比，以及该要素的调整幅度，每项分别调整后就可以汇总成调整后的合同价。

（2）人工费、主要材料费和机械费分别上调5%、6%和3%，这三项占合同价的比例分别为22%、40%和9%；不需要考虑调价的部分为1－22%－40%－9%＝29%。

（3）调整后的合同价款组成可用表 13.4.1 表示。

调整后的合同价款组成明细表　　　　　　　　表 13.4.1

合同价款构成	所占比例	原来费用（万元）	上调百分比	调整后的费用（万元）
人工费	22%	827.28×22%	5%	191.10
材料费	40%	827.28×40%	6%	350.77
机械费	9%	827.28×9%	3%	76.69
其他费用	1－22%－40%－9%＝29%	827.28×29%	/	239.91
合计（调整后的合同价款）				858.47

【解答】

（1）不需要调价所占的权重：1－22%－40%－9%＝29%

（2）调整后的合同价款：827.28×22%×(1+5%)+827.28×40%×(1+6%)+827.28×9%×(1+3%)+827.28×29%＝827.28×[22%×(1+5%)+40%×(1+6%)+9%×(1+3%)+29%]＝858.47 万元

2. 事件 2 中，计算 F 工作的工程价款为多少万元？

【分析】

F 工作的工程价款为全费用价款，包括人材机费用（126 万元）、管理费、利润、规费（8 万元）和税金。

【解答】

F 工作的工程价款：[126×(1+18%)×(1+5%)+8]×(1+3.48%)＝169.83 万元

3. 事件 2 发生后，以工作表示的关键线路是哪一条？列式计算应批准延长的工期和可索赔的费用（不含 F 工程价款）。

【分析】

（1）绘制原计划网络图的关键线路图如图 13.4.2 所示，事件 2 发生后的关键线路图如图 13.4.3 所示。

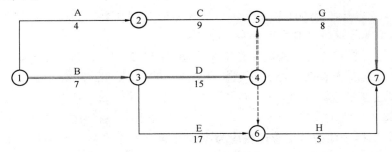

图 13.4.2　原计划的关键线路图（单位：周）

（2）总工期最长的线路为关键线路。

（3）应批准延长的工期＝调整后网络计划图中的关键线路的工期－原计划工期。

（4）事件 2 发生后，关键线路改变了，导致 H 工作开工时间延后，题目中又告知"D 工作和 H 工作安排使用同一台施工机械"。从图 13.4.3 可知：

① 按照原计划，D 工作和 H 工作的共用机械必须在第 8 周进场，第 22 周完成 D 工

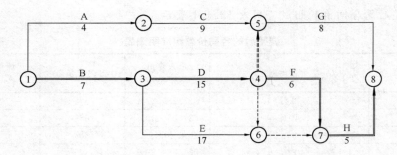

图 13.4.3　事件 2 发生后的关键线路图（单位：周）

作后，至少闲置 2 周，直到第 24 周 E 工作完成后，才开始 H 工作。

② 事件 2 发生后，D 工作和 F 工作都变成了关键工作，D 和 F 的共用机械一共闲置了 6 周。

③ 事件 2 发生后，D 工作和 H 工作的共用机械比原计划多闲置了 6−2=4 周，施工单位自己承担原计划内机械闲置的 2 周，业主承担事件 2 发生后机械多闲置的 4 周。

【解答】

（1）事件 2 发生后的关键线路：B→D→E→H

（2）事件 2 发生后应批准延长的工期：(7+15+6+5)−(7+15+8)=3 周

（3）事件 2 发生后可索赔的费用计算：

① 按原计划 D 工作和 H 工作的共用机械至少闲置的时间为：17−15=2 周

② 事件 2 发生后 D 工作和 H 工作的共用机械闲置的时间为：6 周

③ D 工作和 H 工作的共用机械可索赔的闲置台班为：(6−2)×7=28 台班

④ 事件 2 发生后索赔费用：28×1×600=16800 元

【注意】

"事件 2 发生后索赔费用 16800 元"，未包含规费和税金。因费用索赔是全费用，还应计取规费和税金。以下补充的后续计算内容供读者参考：

⑤ 题目中没给出规费的计取方式，如果规费以人材机费、管理费和利润之和为计取基数，规费的费率可通过题目中所给条件推算：

按合同总价所含的规费推算规费费率为：38/(827.28/1.0348−38)=4.99%

按 F 工作合同价所含的规费推算规费费率为：8/(169.83/1.0348−8)=5.12%

⑥ 事件 2 发生后索赔费用：16800×(1+4.99%)×(1+3.48%)=18252.13 元=1.83 万元。或：16800×(1+5.12%)×(1+3.48%)=18274.73 元=1.83 万元

4. 按合同工期分摊的每周管理费应为多少万元？发生事件 2 和事件 3 后，项目最终的工期是多少周？业主应批准补偿的管理费为多少万元？

【分析】

（1）要计算分摊的每周管理费，应先算出合同中管理费的总额，管理费是以直接费为基数计算的，还需计算直接费，[直接费×(1+管理费费率)×(1+利润率)+规费]×(1+综合税率)=合同价。

（2）事件 3 发生后，关键线路又发生了改变，事件 2、事件 3 发生后的关键线路图如图 13.4.4 所示，项目的实际工期为关键线路的工期。

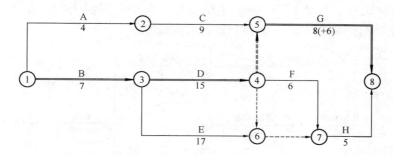

图 13.4.4 事件 2、事件 3 发生后的关键线路图（单位：周）

（3）业主应批准补偿的管理费＝工程延误的周数×每周管理费。应特别注意：事件 2 先发生，事件 3 后发生；事件 2 发生后，合同工期修正为 7＋15＋6＋5＝33 周，G 工作已经不再是关键工作了（且有 3 周总时差）；事件 3 发生后，关键线路再次发生变化，G 工作又变成关键工作了，合同工期再次修正为 7＋15＋6＋14＝36 周，实际"因业主延迟提供的图纸而造成的工期延误"的时间为 36－33＝3 周。

也就是说，本题是在经过事件 2 修正后的合同工期的前提之下，再考虑事件 3 发生的延误工期。

应注意的是，这里管理费的补偿按题目中的条件计算："经双方协商，对仅因业主延迟提供的图纸而造成的工期延误，业主按原合同工期和价格确定分摊的每周管理费标准补偿施工单位管理费。"否则，还需要计取利润、规费和税金。

【解答】

（1）计算按合同工期分摊的每周管理费

① 设直接费为 x，则：$[x\times(1+18\%)\times(1+5\%)+38]\times(1+3.48\%)=827.28$

解得 $x=614.58$ 万元（直接费）

② 合同价所含管理费总额：$614.58\times18\%=110.62$ 万元

③ 按合同工期分摊的每周管理费：$110.62/30=3.69$ 万元/周

（2）事件 2 发生后（事件 3 未发生），项目的工期 7＋15＋6＋5＝33 周

事件 3 发生后，项目最终的工期：7＋15＋(6＋8)＝36 周

（3）业主应批准补偿的管理费：$3.69\times(36-33)=11.07$ 万元

（三）考点总结

1. 合同价款的调整（价格上涨）；
2. 工程价款的计算；
3. 事件引起网络进度计划的调整（关键线路两次变化）；
4. 费用索赔的计算。

2012 年真题（试题四）

（一）真题（本题 20 分）

某工业项目，业主采用工程量清单招标方式确定了承包商，并与承包商按照《建设工程施工合同（示范文本）》签订了工程施工合同。施工合同约定：项目生产设备由业主购买；开工日期为 6 月 1 日，合同工期为 120 天；工期每提前（或拖后）1 天，奖（或罚

款）1万元（含规费、税金）。工程项目开工前，承包商编制了施工总进度计划，如图12.4.1所示（时间单位：天），并得到监理人的批准。

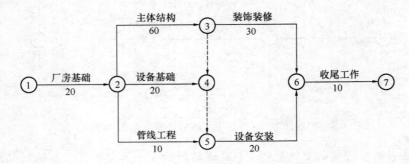

图 12.4.1　施工进度计划（单位：天）

工程项目施工过程中，发生了如下事件：

事件1：厂房基础施工时，地基局部存在软弱土层，因等待地基处理方案导致承包商窝工60个工日、机械闲置4个台班（台班费为1200元/台班，台班折旧费为700元/台班）；地基处理产生工料机费用6000元；基础工程量增加50m³（综合单价：420元/m³）。共造成厂房基础作业时间延长6天。

事件2：7月10日—7月11日，用于主体结构的施工机械出现故障；7月12日—7月13日该地区供电全面中断。施工机械故障和供电中断导致主体结构工程停工4天、30名工人窝工4天，一台租赁机械闲置4天（每天1个台班，机械租赁费1500元/天），其他作业未受到影响。

事件3：在装饰装修和设备安装施工过程中，因遭遇台风侵袭，导致进场的部分生产设备和承包商采购尚未安装的门窗损坏，承包商窝工36个工日。业主调换生产设备费用为1.8万元，承包商重新购置门窗的费用为7000元，作业时间均延长2天。

事件4：鉴于工期拖延较多，征得监理人同意后，承包商在设备安装作业完成后将收尾工程提前，与装饰装修作业搭接5天，并采取加快施工措施使收尾工作作业时间缩短2天，发生赶工措施费用8000元。

问题：

1. 分别说明承包商能否就上述事件1～事件4向业主提出工期和（或）费用索赔，并说明理由。

2. 承包商在事件1～事件4中得到的工期索赔各为多少天？工期索赔共计多少天？该工程的实际工期为多少天？工期奖（罚）款为多少万元？

3. 如果该工程人工工资标准为120元/工日，窝工补偿标准为40元/工日。工程的管理费和利润为工料机费用之和的15%，规费费率和税金率分别为3.5%、3.41%。分别计算承包商在事件1～事件4中得到的费用索赔各为多少元？费用索赔总额为多少元？

（费用以元为单位，计算结果保留2位小数）

(二) 参考解答

【整体分析】

根据题中的已知条件及需要解答的问题，将本题各事件的费用索赔与工期索赔的计算要点整理到表 12.4.1 和表 12.4.2 中，供以后各题解答之用。

费用索赔与工期索赔分析表　　　　　　　　　　　　　表 12.4.1

事件	事件摘要	是否关键工作	是否业主责任或风险	施工单位索赔 工期索赔	施工单位索赔 费用索赔要点
事件1	等待地基处理方案	厂房基础（√）	（√）	6天（√）	① 人员窝工60工日；② 机械闲置4台班；③ 增加工料机费用6000元；④ 工程量增加50m³
事件2	施工机械故障 供电中断	主体结构（√）	（×）（√）	（×）2天（√）	共延误4天	（×）① 窝工30人，2天；② 机械闲置2天
事件3	台风（不可抗力）	装饰装修（√）	生产设备（√）未安装的门窗（√）承包方人员窝工（×）	2天（√）	业主自费调换（×）重购门窗7000元（√）（×）
事件4	收尾工程提前 加快措施，缩短收尾工程时间	收尾工程（√）	（×）	（×）−5天（×）−2天	（×）（×）

注：事件2行"共延误4天"位于工期索赔列。

施工单位费用索赔计算明细表　　　　　　　　　　　　表 12.4.2

事件	事件摘要	计算基数（元）	管理费利润	规费	税金	其他	合计（元）
事件1	人员窝工60工日	60×40	/	×(1+3.5%)	×(1+3.41%)	/	2568.70
	机械闲置4台班	4×1×700	/	×(1+3.5%)	×(1+3.41%)	/	2996.82
	增加工料机费用6000元	6000	×(1+15%)	×(1+3.5%)	×(1+3.41%)	/	7385.03
	工程量增加50m³	50×420		×(1+3.5%)	×(1+3.41%)	/	22476.16
事件2	30人窝工2天	30×2×40	/	×(1+3.5%)	×(1+3.41%)	/	2568.70
	1台机械闲置2天	2×1×1500	/	×(1+3.5%)	×(1+3.41%)	/	3210.88
事件3	重购门窗7000元	7000	/	×(1+3.5%)	×(1+3.41%)	/	7492.05
合计							48698.34

(1) 网络图的线路如下：

线路①→②→③→⑥→⑦，工期 20+60+30+10=120 天；

线路①→②→③→④→⑤→⑥→⑦，工期 20+60+20+10=110 天；

线路①→②→③→④→⑥→⑦，工期 20+20+20+10=70 天；

线路①→②→⑤→⑥→⑦，工期 20+10+20+10=60 天；

线路①→②→③→⑥→⑦是关键线路，关键工作为厂房基础、主体结构、装饰装修工程、收尾工作，总工期为 120 天。

(2) 凡是属于业主责任（或风险）的事件都可索赔费用；凡是属于业主责任（或风险）且该工作为关键工作（或大于该工作的总时差，改变了关键线路）都可索赔工期。

1. 分别说明承包商能否就上述事件1～事件4向业主提出工期和（或）费用索赔，并说明理由。

【分析】

详见表12.4.1"费用索赔与工期索赔分析表"和表12.4.2"施工单位费用索赔计算明细表"对各事件的分析。其中，关于"供电中断"的规定：

2007版《建设工程施工合同（示范文本）》第二部分"通用条款"13.1条"因以下原因造成工期延误，经工程师确认，工期相应顺延……（5）一周内非承包人原因停水、停电、停气造成停工累计超过8小时……"2017版《建设工程施工合同（示范文本）》已没有这一条。

【解答】

(1) 事件1：可以提出工期索赔和费用索赔。理由：地基局部存在软弱土层是发包人应承担的风险，且厂房基础工程是关键工作。

(2) 事件2：

① 针对施工机械故障，不能提出工期索赔和费用索赔。理由：施工机械故障是承包人应承担的责任。

② 针对供电中断，可以提出工期索赔和费用索赔。理由：供电中断超过8小时是发包人应承担的风险，且主体结构工程是关键工作。

(3) 事件3：

① 可以提出工期索赔和重新购置门窗费用索赔。理由：在不可抗力事件中，这是发包人应承担的风险，且装饰装修工程是关键工作。

② 不能提出人员窝工的费用索赔。理由：在不可抗力事件中，这是承包人应承担的风险。

③ 不能提出调换生产设备的费用索赔。理由：这是发包人自己采购的，与承包人无关。

(4) 事件4：不能提出工期索赔和费用索赔。理由：收尾工程提前，以及加快措施缩短收尾工作时间，是承包人自行采取的赶工措施，但可以获得相应的工期奖励。

2. 承包商在事件1～事件4中得到的工期索赔各为多少天？工期索赔共计多少天？该工程的实际工期为多少天？工期奖（罚）款为多少万元？

【分析】

(1) 根据表12.4.1"费用索赔与工期索赔分析表"的分析，计算各事件的工期索赔及工期索赔的总和。

(2) 工期奖励的计算，可获得工期奖励天数×每提前1天获得的工期奖励（1万元），可获得工期奖励天数＝原计划工期＋可索赔的工期－实际工期。

【解答】

(1) 各事件中得到工期索赔天数：

① 事件1：6天

② 事件2：2天

③ 事件3：2天

④ 事件4：0天

(2) 总计工期索赔的天数：6＋2＋2＋0＝10天

(3) 该工程的实际工期为：(20+6)+(60+4)+(30+2)+(10-5-2)=125 天
(4) 工期奖励的计算：
① 各事件索赔修正后的合同工期为：(20+6)+(60+2)+(30+2)+10=130 天
或：120+10=130 天
② 可获得工期奖励的天数为：130-125=5 天
③ 工期奖励款为：5×1=5 万元

3. 分别计算承包商在事件 1～事件 4 中得到的费用索赔各为多少元？费用索赔总额为多少元？

【分析】

根据表 12.4.1 "费用索赔与工期索赔分析表"和表 12.4.2 "施工单位费用索赔计算明细表"对各事件的分析，计算相应事件的索赔费用。应注意：
① 人员窝工和机械闲置不计取管理费和利润，要计取规费和税金；
② 增加的工料机费，要计取管理费、利润、规费和税金；
③ 基础工程量增加，给出的是综合单价，已含管理费和利润，还需计取规费和税金；
④ 重新购置门窗费用，不计取管理费和利润，要计取规费和税金。

【解答】

(1) 事件 1 可索赔的费用：$[60×40+4×700+6000×(1+15\%)+50×420]×(1+3.5\%)×(1+3.41\%)=35426.71$ 元

(2) 事件 2 可索赔的费用：$(30×2×40+2×1500)×(1+3.5\%)×(1+3.41\%)=5779.58$ 元

(3) 事件 3 可索赔的费用：$7000×(1+3.5\%)×(1+3.41\%)=7492.05$ 元

(4) 事件 4 可索赔的费用：0 元

费用索赔总额为：35426.71+5779.58+7492.05+0=48698.34 元

（三）考点总结

1. 索赔成立与否的判断；
2. 工期索赔的计算（有共同延误）；
3. 费用索赔的计算。

2011 年真题（试题四）

（一）真题（本题 20 分）

某政府投资建设的工程项目，采用《建设工程工程量清单计价规范》GB 50500—2008 计价方式招标，发包方与承包方签订了施工合同。施工合同约定如下：

(1) 合同工期为 110 天，工期奖或罚均为 3000 元/天（已含税金）。
(2) 当某一分项工程实际量比清单量增减超过 10% 时，调整综合单价。
(3) 规费费率 3.55%，税金率 3.41%。
(4) 机械闲置补偿费为台班单价的 50%，人员窝工补偿费为 50 元/工日。

工程项目开工前，承包人编制并经发包人批准的网络计划如图 11.4.1 所示。

根据施工方案及施工进度计划，工作 B 和 I 需要使用同一台施工机械，只能顺序施工，不能同时进行，该机械台班单价为 1000 元/台班。

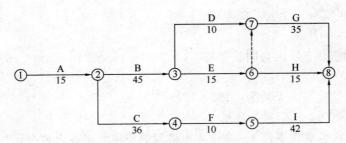

图 11.4.1 施工进度计划（单位：天）

施工过程中发生如下事件：

事件 1：C 工作施工中，业主要求调整设计方案，使 C 工作的持续时间延长 10 天，造成承包方人员窝工 50 工日。

事件 2：I 工作施工前，承包方为了获得工期提前奖，拟定了 I 工作持续时间缩短 2 天作业时间的技术组织措施方案，发包方批准了该方案，为了保证质量，I 工作压缩 2 天后不能再压缩。该项技术组织措施产生费用 3500 元。

事件 3：H 工作施工过程中，因劳动力供应不足，使该工作拖延了 5 天，承包方强调劳动力供应不足是因为天气炎热所致。

事件 4：招标文件中 G 工作的清单工程量为 1750m³（综合单价为 300 元/m³），与施工图纸不符，实际工程量为 1900m³。经承发包双方商定，在 G 工作工程量增加但不影响因事件 1～3 而调整的项目总工期的前提下，每完成 1m³ 增加的赶工工程量按综合单价 60 元计算赶工费（不考虑其他措施费）。

上述事件发生后，承包方均及时向发包方提出了索赔，并得到了相应的处理。

问题：

1. 承包方是否可以分别就事件 1～4 提出工期和费用索赔？说明理由。
2. 事件 1～4 发生后，承包方可得到的合理工期补偿为多少天？该项目的实际工期是多少天？
3. 事件 1～4 发生后，承包方可得到总的费用追加额是多少？

（计算过程和结果均以元为单位，结果取整）

（二）参考解答

【整体分析】

根据题中的已知条件及需要解答的问题，将本题各事件的费用索赔与工期索赔的计算要点整理到表 11.4.1 中，供以后各题解答之用。

(1) 网络图的线路如下：

①线路 A→B→D→G，工期 15+45+10+35=105 天；

②线路 A→B→E→G，工期 15+45+15+35=110 天；

③线路 A→B→E→H，工期 15+45+15+15=90 天；

④线路 A→C→F→I，工期 15+36+10+42=103 天。

关键线路为 A→B→E→G，总工期为 110 天。

(2) 凡是属于业主责任（或风险）的事件都可索赔费用；凡是属于业主责任（或风险）且该工作为关键工作（或大于该工作的总时差，改变了关键线路）都可索赔工期。

费用索赔与工期索赔分析表　　　　　　　　表 11.4.1

事件	事件摘要	是否关键工作	是否业主责任或风险	施工单位索赔	
				工期索赔	费用索赔要点
事件 1	C 工作调整方案	延长 10 天，C 变成关键工作	(√)	113－110＝3 天 (√)	① C 工作人员窝工 50 工日； ② I 工作晚开工，共用机械闲置
事件 2	I 工作压缩工期	因 C 延长 10 天，I 变成关键工作	(×)	－2 天	(×)
事件 3	H 工作因劳动力不足拖延	(×)	(×)	(×)	(×)
事件 4	G 工作工程量增加	经事件 1、2 后，因增加工程量，再次变成关键工作	(√)	(×) 业主已支付赶工费用保证总工期	① 新增工程量费用 ② 赶工费

1. 承包方是否可以分别就事件 1～4 提出工期和费用索赔？说明理由。

【分析】

详见表 11.4.1 "费用索赔与工期索赔分析表"对各事件的分析。

【解答】

（1）事件 1：可以提出工期索赔和费用索赔。理由：设计方案调整是发包人的责任，且延误的时间超过了 C 工作的总时差。

（2）事件 2：不能提出工期索赔和费用索赔。理由：承包人压缩 I 工作的持续时间是为了获得工期奖励，赶工费用由承包人承担。

（3）事件 3：不能提出工期索赔和费用索赔。理由：劳动力供应不足是承包人应承担的责任。

（4）事件 4：

① 可以提出费用索赔。理由：工程量增加是业主应承担的责任。

② 不能提出工期索赔。理由：为保证总工期，业主已支付了赶工费用。

2. 事件 1～4 发生后，承包方可得到的合理工期补偿为多少天？该项目的实际工期是多少天？

【分析】

（1）绘出事件 1～4 发生后的实际网络进度图如图 11.4.2 所示。

（2）根据表 11.4.1 "费用索赔与工期索赔分析表"的分析，计算承包方可得到合理工期补偿的天数。

（3）实际工期＝计划工期＋关键线路上能索赔的延误工期＋关键线路上不能索赔的延误工期－赶工提前工期，也可从"实际网络进度图"中算出。

【解答】

（1）仅事件 1 可以获得工期补偿，C 工作延误 10 天，该项目的总工期为 15＋45＋15＋35＝110 天，C 工作的总时差为 110－（15＋36＋10＋42）＝7 天，可获得工期补偿为 10－7＝3 天。

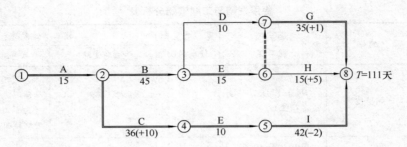

图 11.4.2 事件 1～4 发生后的实际网络进度图（单位：天）

（2）该项目的实际工期 110＋3－2＝111 天。

3. 事件 1～4 发生后，承包方可得到总的费用追加额是多少？

【分析】

（1）总的费用追加额包括费用索赔和工期奖励。

（2）根据表 11.4.1"费用索赔与工期索赔分析表"中的相应项目计算索赔费用。应注意：

① C 工作延误会导致 B 和 I 共用施工机械的闲置时间相应增加。按照原进度计划，B 工作在第 60 天完成，I 工作的紧前工作 F 在第 61 天完成，B、F 的共用机械要闲置 1 天；事件 1 发生后，I 工作的紧前工作 F 在第 71 天完成，B、F 的共用机械要闲置 11 天。共用机械多闲置 11－1＝10 天，这 10 天的机械闲置费用应由发包人承担。

② 事件 4，根据网络图标注的工期天数和清单工程量计算每天完成的工程量，根据新增工程量计算新增的时间，根据新增的时间和总工期计算需要通过赶工方式完成的工程量。

（3）人员窝工和机械闲置不计取管理费和利润，要计取规费和税金；事件 4 中给出的是综合单价，只需计取规费和税金。

承包方可得到总的费用追加额计算明细，见表 11.4.2。

承包方可得到总的费用追加额计算明细表　　　表 11.4.2

事件	事件摘要	计算基数（元）	管理费利润	规费	税金	其他	合计（元）
事件 1	C 工作人员窝工 50 工日	50×50	/	×(1＋3.55%)	×(1＋3.41%)	/	2677
	因 C 工作延长时间，共用机械闲置增加 10 天	10×1000×50%	/	×(1＋3.55%)	×(1＋3.41%)	/	5354
事件 4	新增工程量 150m³ 费用	150×300		×(1＋3.55%)	×(1＋3.41%)	/	48186
	100m³ 工程量需支付赶工费	100×60		×(1＋3.55%)	×(1＋3.41%)	/	6245
	工期奖励：2×3000＝6000 元						6000
合计							68462

【解答】
(1) 事件1费用索赔：
① C工作人员窝工索赔：50×50×(1+3.55%)×(1+3.41%)=2677元
② C工作延迟10天，导致B和I共用施工机械的闲置时间增加10天，
索赔费用 10×1000×50%×(1+3.55%)×(1+3.41%)=5354元
③ 事件1索赔费用合计：2677+5354=8031元
(2) 事件4费用索赔：
① 新增工程量为：1900-1750=150m³，新增比例为150/1750=8.57%<10%，新增工程量部分不需要调整单价。
② 如果G工作按原计划施工，每天需要完成的工程量为1750/35=50m³，完成新增工程量需要新增的时间：150/50=3天。
③ 事件1~3发生后的总工期为111天，如果事件4也要保证在第111天同时完成，G工作需要赶工的天数为：(15+45+15+35+3)-111=2天。即新增的150m³的工程量中，有50m³不需要支付赶工费，按正常作业费用完成；另外的100m³需要额外增加赶工费(60元/m³)完成，以保证总工期111天。(见第2小题(2)题的实际网络进度图)
④ 事件4费用索赔为：
(150×300+60×100)×(1+3.55%)×(1+3.41%)=54611元
(3) 工期奖励：[(110+3)-111]×3000=6000元
承包方可得到总的费用追加额合计：8031+54611+6000=68642元

【注意】
本题主要有以下难点：
(1) "工作B和I需要使用同一台施工机械，只能顺序施工，不能同时进行"，在考题中涉及两个工作共用一台机械的，如果出现某个工作延迟，会造成共用机械在下一个工作中延迟使用，即会产生机械闲置。这是隐含条件，不能忽略。
(2) 事件4中，"在G工作工程量增加但不影响因事件1~3而调整的项目总工期的前提下，每完成1m³增加的赶工工程量按综合单价60元计算赶工费"。这里总工期按照事件1~3调整后的实际工期计算，只对超出这个工期的工程量进行赶工，以保证在I工作完成的同时，G工作也完成了。
(3) 第3小题"事件1~4发生后，承包方可得到总的费用追加额是多少？"这里的"总的费用追加额"，包括各事件的索赔费用，以及工期奖励。

(三) 考点总结
1. 索赔成立与否的判断；
2. 索赔工期的计算；
3. 索赔费用的计算。

第 4 章　工程结算与决算

本章考试大纲：
一、工程价款结算与支付；
二、投资偏差、进度偏差分析；
三、竣工决算的编制。

第 4.1 节　考 点 解 析

本章主要考查合同价格、预付款、安全文明施工费、进度款、结算款的计算，以及进度偏差和费用偏差的计算。合同价格、预付款、安全文明施工费以及结算款的计算步骤，相对简单，是较容易得分的题目。进度款的计算是本章的重点，分值比重较大；同时进度款的计算也是本章的难点，进度款的组成内容较为复杂，应保证每项内容都计算准确。

考点 1　合同价格

1. 合同价格的定义

《建设工程施工合同（示范文本）》GF—2017—0201 第二部分"通用合同条款"第 1.1.5.1 条规定，签约合同价，是指发包人和承包人在合同协议书中确定的总金额，包括安全文明施工费、暂估价及暂列金额等；第 1.1.5.2 规定，合同价格，是指发包人用于支付承包人按照合同约定完成承包范围内全部工作的金额，包括合同履行过程中按合同约定发生的价格变化。《清单计价规范》GB 50500—2013 第 2.0.47 条规定，签约合同价（合同价款）包括分部分项工程费、措施费、其他项目费、规费和税金。

2. 合同价格的理解

签约合同价，是指发承包双方在签订工程合同时的价格，一般为中标人的中标价，这个价格反映的是招投标阶段，经双方确认同意的价格。合同价格，指的是工程实施过程中，除了包含签约合同价格中没有变化的部分，还包括变更、签证、工程量增加等引起合同价款的增减。

3. 合同价格的计算

在考题中，如果规费的计取基数为分部分项工程费、措施项目费、其他项目费之和，计算公式如下：

合同价＝[分部分项工程费＋措施项目费(单价措施项目费＋总价措施项目费)＋其他项目费(暂列金额＋专业工程暂估价＋总承包服务费＋计日工)]×(1＋规费费率)×(1＋

税率)。

【例 4.1】 某工程项目，发承包双方签订了施工合同，有关工程价款的规定如下：

(1) 分项工程费 180 万元。

(2) 单价措施项目费 12 万元，总价措施费项目费 15 万元（含安全文明施工费 10 万元）。

(3) 暂列金额 10 万元，室外绿化工程（专业分包）暂估价 5 万元，总承包服务费为专业分包工程费的 5%，计日工费 0.75 万元。

(4) 规费按人材机费、管理费、利润之和的 6% 计取，增值税税率为 9%。

请计算本工程的合同价。

解答：

(1) 分项工程费：180 万元

(2) 措施费项目费：12+15＝27 万元

(3) 其他项目费：10+5+5×5%+0.75＝16 万元

(4) 规费：(180+27+16)×6%＝13.38 万元

(5) 税金：(180+27+16+13.38)×9%＝21.27 万元

本工程的合同价为 180+27+16+13.38+21.27＝257.65 万元

解题方法：

在考题中，一般给出分项工程费、措施项目费、其他项目费、规费和税金的相关数据，计算合同价。解题时，只需按照题目中给定的相关数据，分别计算出各组成部分的费用，然后分别相加就可以得到合同价。

合同价是解答以后各小题的基础数据，应对合同价的计算结果进行检查复核。

已考年份： 2020 年、2019 年、2018 年、2017 年、2016 年、2015 年、2014 年、2013 年、2012 年、2011 年。

考点 2　预付款

1. 预付款的定义

《清单计价规范》GB 50500—2013 第 2.0.48 条，指在开工之前，发包人按照合同约定，预先支付给承包人用于购买合同工程施工所需的材料、工程设备，以及组织施工机械和人员进场的款项。

2. 预付款的数额

《清单计价规范》GB 50500—2013 第 10.1.2 条，包工包料工程的预付款支付比例不得低于签约合同价（扣除暂列金额）的 10%，不宜高于签约合同价（扣除暂列金）的 30%。

3. 预付款的扣回

《清单计价规范》GB 50500—2013 第 10.1.6 条，预付款应从每一个支付期应支付给承包人的工程款中扣回，直到扣回的金额达到合同约定的预付款金额为止。

【例 4.2】 某工程项目的签约含税合同价为 259.91 万元，其中：安全文明施工费为 10

万元,暂列金额为 10 万元。规费按人材机费、管理费、利润之和的 6%计取,增值税税率为 9%。开工前,发包人按签约含税合同价(扣除安全文明施工费和暂列金额)的 20%作为预付款支付给承包人,并在开工后的第 1～3 个月平均扣回。

请计算开工前,发包人支付给承包人的预付款为多少万元?开工后第 1～3 个月每月应扣回的预付款为多少万元?

解答:
(1) 开工前发包人支付给承包人的预付款:[259.91－(10＋10)×(1＋6%)×(1＋9%)]×20%＝47.36 万元

(2) 开工后第 1～3 个月每月应扣回的预付款:47.36/3＝15.79 万元

解题方法:
(1) 在考题中,一般会给定预付款的计算方式,只需按照题目中给定的计算方式计算即可。

(2) 应注意的是,如果预付款的计算方式为"合同价扣除安全文明施工费和暂列金额",应扣除"安全文明施工费"和"暂列金额"相应的规费和税金。

📖 **已考年份**:2020 年、2019 年、2018 年、2017 年、2016 年、2015 年、2014 年、2013 年、2012 年、2011 年。

考点3 安全文明施工费

1. 安全文明施工费的定义

《清单计价规范》GB 50500—2013 第 2.0.22 条规定,安全文明施工费,指在合同履行过程中,承包人按照国家法律、法规、标准的规定,为保证安全施工、文明施工,保护现场内外环境和搭拆临时设施等所采用的措施所发生的费用。

2. 安全文明施工费的计算

安全文明施工费＝计算基数×安全文明施工费费率(%),安全文明施工费的计算基数为定额基价(定额分部分项工程费＋定额中可计量的措施项目费)、定额人工费、定额人工费与施工机械使用费之和,其费率由工程造价管理机构根据各专业工程的特点综合确定。(2019 年版《建设工程计价》教材第 19 页)

在考题中,一般会给出安全文明施工费的数额(或计算方法)。

3. 安全文明施工费的支付

《清单计价规范》GB 50500—2013 第 10.2.2 条规定,发包人应在工程开工后的 28 天内预付不低于当年施工进度计划的安全文明施工费总额的 60%,其余部分应按照提前安排的原则进行分解,并应同进度款同期支付。

【例 4.3】某工程项目,总价措施项目费中的安全文明施工费为 10 万元。规费按人材机费、管理费、利润之和的 6%计取,增值税税率为 9%。发包人按承包人每次应得工程款的 90%支付。合同约定,发包人在开工之前,将安全文明施工费的 60%作为提前支付的工程款,剩余的安全文明施工费在开工后的第 1～2 个月内平均支付。

请计算开工前发包人支付给承包人的安全文明施工费为多少万元?开工后第 2 个月支

付的安全文明施工费为多少万元?

解答:

(1) 开工前支付的安全文明施工费:$10×(1+6\%)×(1+9\%)×60\%×90\%=6.24$ 万元。

(2) 开工后第 2 个月支付的安全文明施工费:$10×(1+6\%)×(1+9\%)×(1-60\%)×90\%×1/2=2.08$ 万元。

解题方法:

(1) 在考题中,安全文明施工费会给出具体金额(或计算方法),还会给出相应的支付方式,只需按照题目中的条件计算即可(安全文明施工费属总价措施项目费,如果含在总价措施费项目之中,应注意从总价措施项目费中分解)。

(2) 应注意以下问题:

① 需支付的安全文明施工费是工程款的一部分,应计取规费和税金,按全费用计算。

② 因安全文明施工费是工程款的一部分,除题目有特殊要求外,要考虑支付比例。

简单地说,应注意"全费用"和"支付比例"。

(3) 在实际工程中,预付款和安全文明施工费的提前支付部分一般都是在开工前一起支付的。二者只是在支付时间上的重合,不能将开工前支付的安全文明施工费视为预付款。预付款要扣回,安全文明施工费不扣回。

已考年份:2020 年、2019 年、2018 年、2017 年、2016 年、2015 年、2014 年、2013 年、2012 年、2011 年。

考点 4 合同价款的调整

在工程的施工过程中,常涉及合同价款的调整。根据《清单计价规范》GB 50500—2013 第 9.1.1 条规定,下列事项(但不限于)发生,发承包双方应当按照合同约定调整合同价款:法律法规变化、工程变更、项目特征不符、工程量清单缺项、工程量偏差、计日工、物价变化、暂估价、不可抗力、提前竣工(赶工补偿)、误期赔偿、索赔、现场签证、暂列金额、发承包双方约定的其他调整事项。

在本章的考题中,常考查工程量偏差对合同价格的调整,以及物价变化对合同价的调整。物价变化对合同价款调整有两种方法,即价格指数调整价格差额和造价信息调整价格差额,其中,价格指数调整价格差额在考题中经常出现。

1. 工程量偏差对合同价格的调整

《清单计价规范》GB 50500—2013 第 9.6.2 条规定,对于任一招标工程量清单项目,当因本节规定的工程量偏差和第 9.3 节规定的工程变更等原因导致工程量的偏差超过 15% 时,可进行调整。当工程量增加超过 15% 以上时,增加部分的工程量的综合单价应予于调低,当工程量减少 15% 以上时,减少后的剩余部分工程量的综合单价应予以调高。

若工程量的偏差引起了相应的措施项目费用的增减,还应按题目中给定的计算方法调整措施项目费。

【例 4.4】 某工程项目，施工合同中规定工程量偏差的调整方法为：当分项工程项目工程量增加（或减少）幅度超过 15% 时，综合单价调整系数为 0.9（或 1.1）。规费按人材机费、管理费、利润之和的 6% 计取，增值税税率为 9%。在承包人的已标价的工程量清单中，A 分项工程的工程量为 500m²，综合单价为 100 元/m²；B 分项工程的工程量为 400m²，综合单价为 150 元/m²。A 分项工程实际完成的工程量为 600m²，B 分项工程实际完成的工程量为 300m²。请计算 A、B 分项工程的实际工程价款为多少万元？

解答：

（1）A 分项工程：

A 分项工程量增加 $(600-500)/500=20\% > 15\%$，其中：$500 \times (1+15\%) = 575m^2$，按原综合单价 100 元/m² 计算，其余 $600-575=25m^2$，按综合单价 $100 \times 0.9 = 90$ 元/m² 计算。

A 分项工程的实际工程价款：$(575 \times 100 + 25 \times 90) \times (1+6\%) \times (1+9\%) / 10000 = 6.90$ 万元

（2）B 分项工程：

B 分项工程量减少 $(400-300)/400 = 25\% > 15\%$，工程量减少后剩余的 300m²，按综合单价 $150 \times 1.1 = 165$ 元/m² 计算。

B 分项工程的实际工程价款：$300 \times (150 \times 1.1) \times (1+6\%) \times (1+9\%) / 10000 = 5.80$ 万元

 已考年份：2019 年、2015 年、2014 年。

2. 价格指数调整价格差额

《清单计价规范》GB 50500—2013 附录 A.1.1 条，价格调整公式。因人工、材料和工程设备、施工机械等价格波动影响合同价格时，根据招标人提供的本规范附录 L.3 的表-22（即"承包人提供主要材料和工程设备一览表"），并由投标人在投标函附录中的价格指数和权重表约定的数据，应按下式计算差额并调整合同价款：

$$\Delta P = P_0 \left[A + \left(B_1 \times \frac{F_{t1}}{F_{01}} + B_2 \times \frac{F_{t2}}{F_{02}} + B_3 \times \frac{F_{t3}}{F_{03}} + \cdots + B_n \frac{F_{tn}}{F_{0n}} \right) - 1 \right]$$

式中　　　　　　ΔP——需调整的价格差额；

P_0——约定的支付证书中承包人应得到的已完成工程量的金额。此金额应不包含价格调整、不计质量保证金的扣留和支付、预付款的支付和扣回。约定的变更及其他金额已按现行价格计价的，也不计在内；

A——定值权重（即不调部分的权重）；

B_1、B_2、B_3、…、B_n——各可调因子的变值权重（可调部分的权重），为各可调因子在投标函投标总报价中所占的比例；

F_{t1}、F_{t2}、F_{t3}、…、F_{tn}——各可调因子的现行价格指数，指约定的付款证书相关周期最后一天的前 42 天的各可调因子的价格指数；

F_{01}、F_{02}、F_{03}、…、F_{0n}——各可调因子的基本价格指数，指基准日期的各可调因子的价格指数。

【例 4.5】 某工程项目,在承包人已标价的工程量清单中,A 分项工程的工程量为 100m²,综合单价为 200 元/m²,规费按人材机费、管理费、利润之和的 6% 计取,增值税税率为 9%。A 分项工程实际施工时间为第 6 个月,施工合同中规定某分项工程 A 的三种材料采用动态结算方法计算,这三种材料在 A 分项工程中所占的比例分别为 50%、20%、10%,基期的价格指数均为 100;第 6 个月 A 分项工程动态结算的三种材料的价格指数分别为 110、115、120。请计算 A 分项工程的工程价款调整额。

解答:

(1) A 分项工程中不需要调价材料所占的比例(定值权重):1-50%-20%-10%=20%

(2) A 分项工程的综合调整系数:20%+50%×(110/100)+20%×(115/100)+10%×(120/100)=1.1

(3) A 分项工程的工程价款调整额:100×200×(1+6%)×(1+9%)×(1.1-1)=2310.80 元

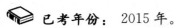已考年份:2015 年。

考点 5 进度款

1. 进度款的定义

《清单计价规范》GB 50500—2013 第 2.0.49 条规定,进度款指在合同工程施工过程中,发包人按照合同的约定,对付款周期内承包人完成的合同价款给予支付的款项,也是合同价款的期中结算支付。

2. 进度款的支付比例

《清单计价规范》GB 50500—2013 第 10.3.7 条规定,进度款的支付比例按照合同约定,按照期中结算价款总额计,不低于 60%,不高于 90%。

3. 承包人已完成的工程价款

承包人已完成的工程价款,一般考虑以下内容:

(1) 分部分项工程费

《清单计价规范》GB 50500—2013 第 2.0.4 条规定,分部工程是单项或单位工程的组成部分,是按结构部位、路段长度及施工特点或施工任务将单项或单位工程划分为若干分部的工程;分项工程是分部工程的组成部分,是按不同施工方法、材料、工序及路段长度等将分部工程划分为若干个分项或项目的工程。

分部分项工程费是组成工程造价最基本的费用。由人工费、材料费、机械费,管理费和利润组成。其中:

① 管理费:指施工单位组织施工生产和经营管理所发生的费用,取费基数有三种,分别以直接费为计算基础、以人工费和施工机具使用费合计为计算基础、以人工费为计算基础。(见 2019 年版《建设工程计价》教材第 13 页)

② 利润:指施工单位从事建筑安装工程施工所获得的利润,由施工企业根据企业自身需求并结合建筑市场实际自由确定。工程造价管理机构在确定计价定额中利润时,应以

定额人工费、材料费和施工机具使用费之和，或以定额人工费、定额人工费与施工机具使用费之和作为计算基数。（见2019年版《建设工程计价》教材第13页）

应注意的是，考题中管理费和利润的取费基数和实际工程中可能会有差异。在考题中，管理费一般以人工费、材料费、机械费之和为计算基数；利润一般以人工费、材料费、机械费、管理费之和为计算基数；有时为了计算简便，管理费和利润都以人工费、材料费、机械费为计算基数。

（2）措施项目费

《清单计价规范》GB 50500—2013第2.0.5条规定，措施项目是为完成建设工程的施工，发生于该工程施工准备和施工过程中的技术、生活、安全、环境保护等方面的项目。措施项目费包括单价措施项目费和总价项目措施费。应注意以下问题：

① 措施项目费的支付方式，如果总价措施项目费中包含了安全文明施工费，其中的安全文明施工费的一部分应在开工前提前支付，所以剩余的总价措施费应扣除已经支付的这部分安全文明施工费。

② 如果措施项目费以分部分项工程费（或工程量）为基数进行计算时，当题目中的分部分项费（或工程量）发生了变化，措施项目费也应相应变化，这是题目中的隐含条件。

如2019年真题第四大题表述为："单价措施项目费用合计90000元，其中与分项工程B配套的单价措施项目费用为36000元，该费用根据分项工程B的工程量变化同比例变化，并在第5个月统一调整支付"；"安全文明施工费按分项工程和单价措施费用之和的5%计取，该费用根据计取基数变化在第5个月统一调整支付"。

分部分项工程的变化引起相应措施费的变化，在第3章"工程合同价款管理"中，也有类似的题目，如2019年第三大题，2018年第四大题，2017年第四大题。

（3）其他项目费

① 暂列金额

《清单计价规范》GB 50500—2013第2.0.18条规定，暂列金额是招标人在工程量清单中暂定并包含在合同价款中的一笔款项。用于工程合同签订时尚未确定或不可预见的所需材料、工程设备、服务的采购，施工中可能发生的工程变更、合同约定的调整因素出现时的合同价款调整以及发生的索赔、现场签认等的费用。

暂列金额是一笔备用的费用，在工程竣工结算时，应扣除暂列金额。

② 暂估价

《清单计价规范》GB 50500—2013第2.0.19条规定，暂估价是招标人在工程量清单中提供的用于支付必然发生，但暂时不能确定价格的材料、工程设备以及专业工程的金额。

进度款计算时，应注意暂估项目实际发生的时间，以及实际的价格。

③ 计日工

《清单计价规范》GB 50500—2013第2.0.20条规定，计日工是在施工过程中，承包人完成发包人提出的工程合同范围以外的零星项目或工作，按合同约定的单价计价的一种方式。附录G.5"计日工表"中的单价为"综合单价"。

应注意计日工单价和分部分项工程中的人工单价不一样，前者已经包含管理费和利润，后者是不含管理费和利润的；还应注意计日工发生的时间。

④ 总承包服务费

《清单计价规范》GB 50500—2013 第 2.0.21 条规定，总承包服务费，指的是总承包人为配合协调发包人进行的专业工程发包，对发包人自行采购的材料、工程设备等进行保管以及施工现场管理、竣工资料汇总等所需的费用。

如果考试题目中出现了专业分包工程，应考虑相应的总承包服务费，这是隐含条件；还应注意该费用发生的时间。

（4）规费和税金

① 规费：根据国家法律法规的规定，由省级政府或省级有关权力部门规定施工企业必须缴纳的，应计入建筑安装工程造价的费用。主要包括社会保险费、住房公积金。社会保险费和住房公积金应以定额人工费为计算基数，根据工程所在地省、自治区、直辖市或行业建设主管部门规定费率计算。社会保险费和住房公积金费率可以每万元发承包价的生产工人人工费和管理人员工资的含量与工程所在地规定的标准综合分析取定。（见 2019 年版《建设工程计价》教材第 13~14 页）

注意考题中规费的取费基数和实际工程中可能会有差异，考题中规费的取费基数常作简化计算处理，如"人材机费、管理费、利润之和"、"分部分项工程费、措施项目费、其他项目费之和"等，应按题目中给定的取费基数进行计算。

② 税金：按照国家税法规定的应计入建筑安装工程造价中的税金。

承包人已完成的工程价款计算，除分部分项工程、措施项目、专业分包工程、总承包服务费、计日工、规费和税金外，如涉及变更新增项目、签证、索赔、价格调整等，应按题目要求计入。

4. 发包人应支付的工程价款

承包人在某个时间段内已完成的工程价款，一般不会全额支付，要考虑支付比例，还要按要求扣除相应的预付款。计算方法为：

发包人应支付的工程价款＝承包人已完成的工程价款×支付比例－应扣除的预付款

【例 4.6】某工程项目的施工合同有如下规定：

（1）管理费和利润为不含税人材机费用之和的 12%，规费按人材机费、管理费、利润之和的 6% 计取，增值税税率为 9%。

（2）发包人按每次承包人应得工程款的 90% 支付，按月支付。

（3）单价措施项目费 12 万元，总价措施费项目费 15 万元（含安全文明施工费 10 万元）。安全文明施工费的 60% 在开工之前支付，剩余部分在开工后的第 1~2 个月内平均支付。

（4）当工程量增减幅度超过 15% 时，应对综合单价进行调整，在该分项工程全部完成的当月结算时调整。调整方法为：当工程量增加幅度超过 15% 时，增加部分的综合单价按 0.9 的系数调低；当工程量减少幅度超过 15% 时，减少后剩余的工程量部分的综合单价按 1.1 的系数调高。

（5）预付款为 47.98 万元，在开工后前 3 个月平均扣回。

开工后的第 2 个月发生了经发承包双方确定的以下事项：

（1）本月总计完成了 3 个分项工程。

A 分项工程原计划总工程量为 330m^2（综合单价 150 元/m^2），开工后第 1、2 个月实际分别完成了 180m²、220m²，第 2 个月末 A 分项工程已全部完成。

B 分项工程原计划总工程量为 500m²（综合单价 120 元/m²），开工后第 1、2 个月实际分别完成了 250m²、150m²，第 2 个月末 B 分项工程已全部完成。

C 分项工程原计划总工程量为 1200m²（综合单价 100 元/m²），开工后第 2 个月实际完成了 600m²，剩余工程量在第 3 个月完成，实际工程量与计划工程量一致。

（2）本月完成单价措施项目 2 万元，除安全文明施工费外，本月未发生其他总价措施项目费。

（3）本月室外绿化专业分包工程实际发生金额为 5.5 万元，总承包服务费按专业分包工程费的 5% 计取。

（4）本月实际发生计日工费 0.5 万元。

（5）本月设计变更新增一分项工程，新增人工费和材料费 2 万元。

请计算第 2 个月承包人实际完成的工程价款为多少万元？发包人应支付的工程价款为多少万元？

解答：

（1）第 2 个月承包人实际完成的工程价款：

① 分项工程费：

A 分项工程量增加（180+220）−330＝70m²，增幅为 70/330＝21.21%＞15%。第 2 个月需要调价的工程量为：330×（21.21%−15%）＝20.49m²，本月不需调价的工程量为 220−20.49＝199.51m²。本月 A 分项工程费为 199.51×150＋20.49×150×0.9＝3.27 万元

B 分项工程工程量减少 500−（250＋150）＝100m²，减幅为 100/500＝20%＞15%，B 分项的综合单价应调高，因第 1 个月 B 分项的工程费已按原价计算并支付，本月应补 B 分项综合单价调高部分的费用。本月 B 分项工程费为 250×120×10%＋150×120×（1＋10%）＝2.28 万元

C 分项工程费：600×100＝6 万元

分项工程费合计：3.27＋2.28＋6＝11.55 万元

② 措施项目费：2＋10×（1−60%）×1/2＝4 万元

③ 其他项目费：专业分包工程费 5.5 万元，总承包服务费 5.5×5%＝0.28 万元，计日工费 0.5 万元，变更新增分项工程费 2×（1＋12%）＝2.24 万元

其他项目费合计：5.5＋0.28＋0.5＋2.24＝8.52 万元

④ 第 2 个月承包人实际完成的工程价款：（11.55＋4＋8.52）×（1＋6%）×（1＋9%）＝27.81 万元

（2）第 2 个月发包人应支付的工程价款：27.81×90%−47.98/3＝9.04 万元

解题方法：

进度款的计算是本大题计算的重点，所占分值的比重较大；同时也是本题计算的难点，其计算内容繁多。针对上述特点，可用以下方法求解：

（1）数据分析与整理

为了便于直观准确地计算某月的进度款，可将题目中的各项条件、进度款的组成及发生的时间整理到表 4.1 "主要数据简表" 中（主要反映需要计算进度款的几个月份）。

主要数据简表（单位：万元）　　　　　　　　　　　　　　表 4.1

合同价计算	项目名称	1月	2月	3月	…
	（一）承包人已完工程价款的组成				
	一、分部分项工程				
	二、措施项目				
	1. 单价措施				
	2. 总价措施 其中：安全文明费				
	三、其他项目				
	1. 暂列金额				
	2. 暂估价				
	3. 计日工				
	4. 总包服务费				
	5. 索赔与鉴证				
	四、规费				
	五、税金				
	（二）发包人工程款的支付				
计算得到： 1. 合同价： 2. 预付款： 3. 安全文明提前支付的工程款：	六、支付比例				
	七、扣款				
	1. 扣预付款				
	2. 扣甲供材料				
	（三）发承包双方工程款结算				
	八、扣质保金				
	九、工期奖罚				

（2）列式计算与复核

和第 3 章的费用索赔计算一样，进度款计算最关键的是"不漏进度款组成要点，不漏费用组成关系"。解题时，应将表中数据对照题目中的条件和数据逐一检查，确认表中数据准确无误后，再列式逐项计算某月的进度款。由于数据较多，最好用计算器算两次，两次计算结果相同，则计算正确。

📖 **已考年份**：2020 年、2019 年、2018 年、2017 年、2016 年、2015 年、2014 年、2013 年、2012 年、2011 年。

考点 6　工程结算

《清单计价规范》GB 50500—2013 第 2.0.44 条规定，工程结算指发承包双方根据合同的约定，对合同在实施中、终止时、已完工后进行的合同价款计算、调整和确认。包括期中结算、终止结算、竣工结算。由此可见,工程结算贯穿于工程施工的各个不同的阶段,是合同价款的动态计算。

1. 合同价款调整额

《清单计价规范》GB 50500—2013 第 2.0.50 条规定,合同价款调整指合同价款调整因素出现后,发承包双方根据合同的约定,对合同价款进行变动的提出、计算和确认。

调整因素主要有:变更新增工程,工程量的增减,计日工实际费用,暂估价实际发生金额,专业分包工程的实际费用,专业分包工程的总承包服务费,人材机费用的调整,索赔等。计算公式如下:

合同价款调整额=新增工程价款(含规费和税金)-暂列金额(计取规费和税金)

2. 竣工结算价(工程实际总造价)

《清单计价规范》GB 50500—2013 第 2.0.51 条规定,竣工结算价指发承包双方依据国家有关法律、法规和标准规定,按照合同约定确定的,包括履行合同工程中按照合同约定进行的合同价款调整,是承包人按合同约定完成了全部承包工作后,发包人应付给承包人的合同总金额。计算公式如下:

竣工结算价(工程实际总造价)=签约合同价+合同价款调整额

3. 竣工结算款

竣工结算款指工程竣工结算完成的时间节点上,发包人还应支付给承包人的工程款。在考题中表述为"竣工结算时发包人应支付给承包人的结算尾款为多少万元?""竣工结算最终付款为多少万元?""在竣工结算时业主应支付给承包商的工程款为多少万元""扣除质保金后,业主总计应支付承包商工程款为多少万元""扣除质保金后承包人应得工程款总额为多少万元?"等多种表述方式。计算公式如下:

工程结算款=竣工结算价(工程实际总造价)-已支付的工程款(预付款+进度款)-质保金

竣工结算价(工程实际总造价)的组成及支付,见表 4.2。

竣工结算价(工程实际总造价)的组成及支付明细表　　　　表 4.2

发生时间	项目名称		项目名称	支付时间
签订合同时	签约合同价	竣工结算价(实际总造价)	预付款	开工之前
			进度款	施工过程中
施工过程中	合同价款调整额		结算款	竣工结算时
			质保金	缺陷责任期满

【例 4.7】 某工程项目的签约含税合同价为 259.91 万元,其中:暂列金额为 10 万元。规费为人材机费用与管理费、利润之和的 6%,增值税税率为 9%。发包人按每次承包人应得工程款的 90% 支付,按月支付。工程竣工结算时扣质保金 3%。

施工过程中因变更和索赔等原因,新增工程价款 15.5 万元(含规费和税金)。

到竣工结算时,发包人已经累计支付工程款 234 万元。

请问本工程的竣工结算价(工程实际总造价)为多少万元?竣工结算时,扣除质保金后,发包人还应支付多少万元的工程款?

解答:

(1) 竣工结算价(工程实际总造价):$259.91+15.5-10\times(1+6\%)\times(1+9\%)=$

263.86万元。

(2) 竣工结算时，扣除质保金后，发包人应支付的工程款：263.86×(1－3%)－234＝21.94万元。

解题方法：

(1) 按合同价款调整、竣工结算价（工程实际总造价）、工程结算款的计算公式逐项进行计算。

(2) 注意扣除暂列金额时，还应扣除相应的规费和税金。

已考年份：2020年、2019年、2018年、2017年、2016年、2014年、2013年、2012年。

考点7 费用偏差与进度偏差

在施工阶段，需进行实际费用（实际投资或成本）与计划费用（计划投资或成本）的动态比较，分析偏差产生的原因，并采取有效措施控制费用偏差。

偏差分析常用横道图、时标网络图、表格和曲线表示，考试中常结合横道图和时标网络图进行考查。

1. 费用偏差

(1) 计算公式

费用偏差＝已完工程计划费用－已完工程实际费用，其中：

已完工程计划费用＝Σ已完工程量(实际工程量)×计价单价；

已完工程实际费用＝Σ已完工程量(实际工程量)×实际单价。

费用偏差大于0，工程费用节约；费用偏差小于0，工程费用超支。

(2) 理解与简化计算

可以这样理解，费用偏差的关键词是"费用"，对于某单项工程而言，实质是单价的偏差（即计划单价－实际单价），实际工程量对投资总额最有意义，因此与费用相关的工程量都采用的是"实际工程量"。费用偏差可按下面的方法简化计算。

$$费用偏差＝\Sigma(计划单价－实际单价)\times实际工程量$$

在考试中，如果给出了规费和税金的计取方法，应计取相应的规费和税金。

2. 进度偏差

(1) 计算公式

进度偏差＝已完工程计划费用－拟完工程计划费用，其中：

已完工程计划费用＝Σ已完工程量(实际工程量)×计价单价；

拟完工程计划费用＝Σ拟完工程量(计划工程量)×计价单价。

进度偏差大于0，工程进度提前；进度偏差小于0，工程进度拖后。

(2) 理解与简化计算

可以这样理解，进度偏差的关键词是"进度"，对于某单项工程而言，实质是工程量的偏差（实际工程量－计划工程量），不考虑价格的差异（即都按计划单价），进度偏差只是以费用的形式表现而已。因此，进度偏差也可以按下面的方法简化计算。

$$进度偏差＝（实际工程量－计划工程量）×计划单价$$

在考试中，如果给出了规费和税金的计取方法，同样应计取相应的规费和税金。

【例 4.8】 某工程项目，规费按人材机费、管理费、利润之和的 6% 计取，增值税税率为 9%。计划综合单价为 300 元/m²，实际综合单价为 360 元/m²，A 分项工程进度计划见表 4.3。请计算第 3 个月末 A 分项工程的费用偏差和进度偏差。

A 分项工程进度计划表　　　　　　　　　　　　表 4.3

工程量	施工周期（月）				合计
	1	2	3	4	
计划工程量（m³）	400	400	400		1200
实际工程量（m³）		400	400	400	1200

解答：

（1）费用偏差计算：

① 已完工程计划费用：（400×2）×300×（1+6%）×（1+9%）＝27.73 万元

② 已完工程实际费用：（400×2）×360×（1+6%）×（1+9%）＝33.28 万元

费用偏差：27.73－33.28＝－5.55 万元，即费用超支 5.55 万元

（2）进度偏差计算：

① 已完工程计划费用：（400×2）×300×（1+6%）×（1+9%）＝27.73 万元

② 拟完工程计划费用：1200×300×（1+6%）×（1+9%）＝41.59 万元

进度偏差：27.73－41.59＝－13.86 万元，即进度拖后 13.86 万元

另解：

（1）费用偏差：考虑 A 分项的单价之差，按实际工程量计算，费用偏差＝（300－360）×（400×2）×（1+6%）×（1+9%）＝－5.55 万元，即费用超支 5.55 万元。

（2）进度偏差：考虑 A 分项的工程量之差，按计划单价计算，进度偏差：（800－1200）×300×（1+6%）×（1+9%）＝－13.86 万元，即进度拖后 13.86 万元。

解题方法：

（1）准确理解并熟记费用偏差和进度偏差的计算公式。

（2）如果题目中给出了规费和税金的计取方式，要计取规费和税金，按全费用计算。

（3）工程费用除了包括分部分项工程费，还包括按进度支付的措施费（特别注意应包含已提前支付的安全文明施工费），这在以前的考题中出现过；近几年主要考查某一个分项工程的偏差，计算相对简单。

已考年份：2020 年、2019 年、2018 年、2017 年、2016 年、2015 年、2014 年（第四大题）、2012 年。

本章小结

本章主要考查不同阶段工程费用的支付，开工之前预付款和安全文明施工费的提前支付，施工过程中进度款的支付，以及工程竣工验收之后结算款的支付。

1. 对本章题型的整体分析

纵观历年真题，本章试题一般由主要数据、主要图表、主要事件、支付条款、主要问

题等部分组成。

(1) 主要数据

主要数据一般可分为三类，即价款组成、调整依据、取费数据。

价款组成：包括分部分项工程费、措施费（含总价措施项目费）、其他项目费（暂列金、暂估价、计日工、总承包服务费），这些数据主要用于合同价格的计算。同时，合同价格的计算还会影响到预付款的计算，以及工程实际总造价的计算。

调整依据：包括工程量增加对综合单价的调整、价格指数的调整等。

取费依据：管理费、利润、规费、税金的计取方法，以及安全文明施工费、措施费的计算方法等。

(2) 主要表格

分部分项工程费用数据及相应的施工进度计划表，是题目中常见的表格，也是题目中重要的已知条件。分部分项工程一般为2~6项，其中3~4项居多。分部分项工程费用数据包括工程量、综合单价、合价等数据，可用于计算合同价格；施工进度计划表可用于进度款计算、偏差计算等。

(3) 支付条款

支付条款包括进度款的支付和扣回、安全文明施工费的支付方式、进款的支付时间及支付比例、以及竣工结算款的支付方式等。

(4) 主要事件

主要事件包括某分项工程的实际完成工程量、新增分项工程的相关信息、签证索赔费用等、暂估材料的实际调整信息等。

(5) 主要问题

主要问题包括合同价的计算、预付款的计算、提前支付的安全文明施工费的计算、某月进度款的计算、工程实际总造价计算、工程结算款计算等。

2. 注意规范和文件中的相关规定

(1)《清单计价规范》GB 50500—2013 中，对预付款、安全文明施工费、合同价款的调整、进度款的组成、合同价款的调整、竣工结算价等有相应的规定，是本章考题的计算依据。

(2)《建设工程施工合同（示范文本）》GF—2017—0201 中，对合同价格、价格调整、竣工结算等有详细的解释。

3. 其他注意事项

(1) 从"题型整体分析"可知，题目中主要条件、主要问题都与时间有关，解题时注意抓住时间这条主线，理解题目和问题。一般来说，开工之前，计算预付款和安全文明施工费的提前支付；施工过程中，计算工程进度款；工程竣工验收后，计算工程实际总造价和工程结算款。

(2) 和上一章"工程合同价款管理"一样，如果题目中出现了"措施费与分部分项工程的关系"，或"安全文明施工费与分部分项工程的关系"，考虑在题目的问题中是否增加相应的费用，这应根据问题的具体要求来确定。

解题时注意两点：一是要记住有这个特殊条件；二是在哪些地方该用上这个条件。读题时，可把这个条件单独列在草稿上，解答完毕之后再检查这个条件是否正确用上。

这是最近几年真题中出现的新条件。

第4.2节 真题详解

2020年真题（试题四）

（一）真题（本题20分）

某施工项目，发承包双方签订了工程合同，工期为5个月。合同约定的工程内容及其价款包括：分项工程（含单价措施）项目4项，费用数据与施工进度计划如表20.4.1所示；安全文明施工费为分项工程费用的6%，其余总价措施项目费用为8万元；暂列金额为12万元；管理费和利润为不含税人材机费用之和的12%；规费为人材机费用和管理费、利润之和的7%；增值税税率为9%。

分部分项工程项目费用数据与施工进度计划表　　　　表20.4.1

分项工程项目				施工进度计划表（单位：月）				
名称	工程量(m³)	综合单价(元/m³)	合价(万元)	1	2	3	4	5
A	600	300	18.0					
B	900	450	40.5					
C	1200	320	38.4					
D	1000	240	24.0					
合计			120.9	每项分项工程计划进度均为匀速进度				

有关工程价款支付约定如下：

1. 开工前，发包人按签约合同价（扣除安全文明施工费和暂列金额）的20%支付给承包人作为工程预付款（在施工期间第2~4月工程款中平均扣回），同时将安全文明施工费按工程款方式提前支付给承包人。

2. 分部分项工程进度款在施工期间逐月结算支付。

3. 总价措施项目工程款（不包括安全文明施工费工程款）按签约合同价在第1~4月平均支付。

4. 其他项目工程款在发生当月按实结算支付。

5. 发包人按每次承包人应得工程款的85%支付。

6. 发包人在承包人提交竣工结算报告后45日内完成审查工作，并在承包人提供所在开户行出具的工程质量保函（保函额为竣工结算价的3%）后，支付竣工结算款。

该工程如期开工，施工期间发生了经发承包双方确认的下列事项：

1. 分项工程 B 在第 2、3、4 月分别完成总工程量的 20%、30%、50%。

2. 第 3 月新增分项工程 E，工程量为 300m²。每 m² 不含税人工、材料、机械的费用分别为 60 元、150 元、40 元，可抵扣进项增值税综合税率分别为 0%、9%、5%。相应的除安全文明施工费之外的其余总价措施项目费用为 4500 元。

3. 第 4 月发生现场签证、索赔等工程款 3.5 万元。

其余工程内容的施工时间和价款均与原合同约定相符。

问题：

1. 该工程签约合同价中的安全文明施工费为多少万元？签约合同价为多少万元？开工前发包人应支付给承包人的工程预付款和安全文明施工费工程款分别为多少万元？

2. 施工至第 2 月末，承包人累计完成分项工程的费用为多少万元？发包人累计应付的工程进度款为多少万元？分项工程进度偏差为多少万元（不考虑总价措施项目费用的影响）？

3. 分项工程 E 的综合单价为多少元/m²？可抵扣增值税进项税为多少元？工程款为多少万元？

4. 该工程的合同价增减额为多少万元？如果开工前和施工期间发包人均按约定支付了各项工程价款，则竣工结算时，发包人应支付给承包人的结算款为多少万元？

（计算过程和结果有小数时，以万元为单元的保留 3 位小数，其他单位的保留 2 位小数）

（二）参考解答

【整体分析】

根据题中的已知条件及需要解答的问题，将本题的主要数据以表格的形式整理到表 20.4.2 中，便于以后各小题的计算。

主要数据简表（单位：万元） 表 20.4.2

合同价计算	项目名称	1月	2月	3月	4月	5月
		\multicolumn{5}{c|}{（一）承包人已完工程价款的组成}					
120.9	一、分部分项（含单措）		A：18/2	A：18/2			
				B：(计划) 40.5/2	B：(计划) 40.5/2		
				B：(实际) 40.5×20%	B：(实际) 40.5×30%	B：(实际) 40.5×50%	
				C：38.4/3	C：38.4/3	C：38.4/3	
						D：24.0/2	D：24.0/2
安全文明：120.9×6% 其他总措：8	二、措施费		8/2	8/2	8/2	8/2	
暂列金额：12	三、其他项目				新增 E 分项工程	签证索赔	

续表

合同价计算	项目名称	1月	2月	3月	4月	5月
		(一)承包人已完工程价款的组成				
7%	四、规费	7%	7%	7%	7%	7%
9%	五、税金	9%	9%	9%	9%	9%
第1题结果:		(二)发包人工程款的支付				
1. 合同价:172.792	六、支付比例	85%	85%	85%	85%	85%
2. 预付款:30.067	七、扣款(扣预付)		−30.067/3	−30.067/3	−30.067/3	
3. 安全文明费提前支付:7.191		(三)发承包双方工程款结算				
	八、扣质保	不扣质保金(用质量保函替代)				
	九、工期奖罚					

1. 该工程签约合同价中的安全文明施工费为多少万元?签约合同价为多少万元?开工前发包人应支付给承包人的工程预付款和安全文明施工费工程款分别为多少万元?

【分析】

(1) 安全文明施工费,按题目中的条件"安全文明施工费为分项工程费用的6%"计算,分部分项工程费为120.9万元,"安全文明施工费"是措施项费的组成部分,不计算规费和税金,与本题的"安全文明施工费工程款"有区别。

(2) 签约合同价=(分部分项工程费+措施费+其他项目费)×(1+规费费率)×(1+税率)

其中:分部分项工程费为120.9万元。总价措施费包括安全文明施工费(按第1步计算结果)、其他总价措施费8万元。其他项目费只有暂列金额8万元。规费费率7%,税率9%。

(3) 预付款按题目中的条件"按签约合同价(扣除安全文明施工费和暂列金额)的20%支付给承包人作为工程预付款"。扣除安全文明施工费和暂列金额时,应扣除相应的规费和税金,按全费用计算。

(4) 开工前应支付的安全文明施工费工程款,按题目中的条件"安全文明施工费按工程款方式提前支付给承包人"计算。注意是按"工程款"的方式支付,应考虑支付的比例85%。安全文明施工费属于提前支付的工程款,不需要扣回。

【解答】

(1) 签约合同价中的安全文明施工费:$120.9 \times 6\% = 7.254$ 万元

(2) 签约合同价:$[120.9+(120.9 \times 6\%+8)+12] \times (1+7\%) \times (1+9\%) = 172.792$ 万元

(3) 开工前发包人应支付给承包人的工程预付款:$[172.792-(7.254+12) \times (1+7\%) \times (1+9\%)] \times 20\% = 30.067$ 元

开工前发包人应支付给承包人的安全文明施工费工程款:$7.254 \times (1+7\%) \times (1+9\%) \times 85\% = 7.191$ 万元

【注意】

在《建设工程施工合同》（示范文本）GF—2017—0201 第一部分"合同协议书"中，关于"签约合同价与合同价格形式"的原文如下：

"1. 签约合同价为：

人民币（大写）＿＿＿＿＿＿＿＿（¥＿＿＿＿＿＿元）；

其中：

（1）安全文明施工费：

人民币（大写）＿＿＿＿＿＿＿＿（¥＿＿＿＿＿＿元）；

（2）材料和工程设备暂估价金额：

人民币（大写）＿＿＿＿＿＿＿＿（¥＿＿＿＿＿＿元）；

（3）专业工程暂估价金额：

人民币（大写）＿＿＿＿＿＿＿＿（¥＿＿＿＿＿＿元）；

（4）暂列金额：

人民币（大写）＿＿＿＿＿＿＿＿（¥＿＿＿＿＿＿元）；

2. 合同价格形式：＿＿＿＿＿＿＿＿＿＿＿＿。"

本小题的问题，与上述"签约合同价与合同价格形式"中的内容，有相同的表述。

综合以上分析，并结合《清单计价规范》GB 50500—2013 的附录 E.3"单位工程招标控制价/投标报价汇总表"中，"安全文明施工费"是"措施项目"的组成部分，本书在计算"签约合同价中的安全文明施工费"时，未计取规费和税金。

2. 施工至第 2 月末，承包人累计完成分项工程的费用为多少万元？发包人累计应付的工程进度款为多少万元？分项工程进度偏差为多少万元（不考虑总价措施项目费用的影响）？

【分析】

（1）施工至第 2 月末，承包人累计完成分项工程的费用，包括三项：A 分项全部完成，即 18 万元；B 分项实际完成 20%，即 40.5×20%＝8.1 万元；C 分项完成 1/3，即 38.4×1/3＝12.8 万元。此处计算的是"分项工程费"，不含规费和税金，注意和"分项工程进度款"，或"分项工程款"的区别。

（2）第 2 月末，发包人累计应付的工程进度款，包括三项：开工前已支付的安全文明施工费 7.191 万元；分项工程款（利用第 1 步的计算结果，计取规费和税金）；总价措施项目工程款在第 1、2 月支付的部分（计取规费和税金）。

（3）本题的进度款偏差，只用分项工程的工程款表示，即只考虑分项工程 A、B、C 的工程款。进度偏差＝已完成工程计划费用－拟完工程计划费用，计取规费和税金，按全费用计算。

【解答】

（1）第 2 月末，承包人累计完成分项工程的费用：18＋40.5×20%＋38.4/3＝38.900 万元

（2）第 2 月末，发包人累计应付的工程进度款：7.191＋（38.9＋8/4×2）×（1＋7%）×（1＋9%）×85%－30.067/3＝39.698 万元

（3）第 2 月末，已完工程计划费用（18＋40.5×20%＋38.4/3）×（1＋7%）×

(1+9%)=45.369万元，拟完工程计划费用（18+40.5/2+ 38.4/3）×（1+7%）×（1+9%）=59.540万元，进度偏差为45.369－59.540＝－14.171万元，进度拖后14.171万元。

【注意】

(1) 关于"第2月末发包人累计应付的工程进度款"，本书计算了提前支付的安全文明施工费工程款，主要考虑到《清单计价规范》GB 50500—2013 的附录 K.3"进度款申请（核准）表"中，包含"安全文明施工费"，部分原文内容如下："……。3. 本周期合计完成的合同价款，3.1 本周期已完成的单价项目的金额，3.2 本周期应支付的总价项目的金额，3.3 本周期已完成的计日工价款，3.4 本周期应支付的安全文明施工费，3.5 本周期应增加的合同价款。……"

(2) 关于"进度偏差"的计算，从题目中的条件可知，至第2个月末，A、C 分项工程均按计划完成，没有偏差。只有 B 分项工程有变化，原计划完成 1/2，实际只完成了 20%，即 B 分项工程进度拖后了 1/2－20%＝30%，以费用表示的进度拖后 40.5×30%×（1+7%）×（1+9%）＝14.171 万元。可从另一个角度验证本题计算的正确性。

3. 分项工程 E 的综合单价为多少元/m²？可抵扣增值税进项税为多少元？工程款为多少万元？

【分析】

(1) 综合单价＝（人工费＋材料费＋机械费）×（1＋管理费和利润费率）。

(2) 可抵扣的进项税。只有材料费和机械费才有可抵扣的进项税，每 m² 分项工程含可抵扣的进项税为 150×9%＋40×5%＝15.50 元，再乘以工程量 300m² 即可。

(3) 题目中有条件"安全文明施工费为分项工程费用的 6%"，此处的工程款，应包含分部分项工程费，安全文明施工费，以及其他总价措施项目费。

【解答】

(1) 计算分项工程 E 的综合单价：（60＋150＋40）×（1＋12%）＝280.00 元/m²

(2) 可抵扣的进项税：300×（150×9%＋40×5%）＝4650.00 元

(3) 分项工程 E 的工程款：（300×280＋300×280×6%＋4500）×（1+7%）×（1+9%）/10000＝10.910 万元

4. 该工程的合同价增减额为多少万元？如果开工前和施工期间发包人均按约定支付了各项工程价款，则竣工结算时，发包人应支付给承包人的结算款为多少万元？

【分析】

(1) 工程实际总造价比签约合同价增加（或减少）的金额，即合同价的增减额，本题的新增价款只有两项，一是因增加分项工程 E 增加的工程款 10.910 万元（第3小题计算结果），二是第4月发生现场签证、索赔等工程款 3.5 万元（注意是"工程款"，已含规费和税金），应扣除暂列金额 12 万元（同时扣除相应的规费和税金）。

(2) 发包人按每次承包人应得工程款的 85% 支付了工程款（包括新增项目），且不需扣质保金（有工程质量保函），竣工结算时，发包人应将工程实际总造价剩余的 15%，全部支付给承包人。

【解答】

(1) 合同价增减额：（10.910＋3.5）－12×（1+7%）×（1+9%）＝0.414 万元

(2) 竣工结算时，发包人应支付给承包人的结算款：（172.792＋0.414）×（1－85％）＝25.981万元。

（三）考点总结

1. 合同价、预付款和安全文明施工费的计算；
2. 进度款的计算；
3. 进度偏差的计算；
4. 综合单价的计算；
5. 合同价增加额，结算款的计算。

2019年真题（试题四）

（一）真题（本题20分）

某工程项目发承包双方签订了建设工程施工合同，工期5个月，有关背景资料如下：

1. 工程价款方面：

（1）分项工程项目费用合计824000元，包括分项工程A、B、C三项，清单工程量分别为800m^3、1000m^3、1100m^3，综合单价分别为280元/m^3、380元/m^3、200元/m^3。当分项工程项目工程量增加（或减少）幅度超过15％时，综合单价调整系数为0.9（或1.1）。

（2）单价措施项目费用合计90000元，其中与分项工程B配套的单价措施项目费用为36000元，该费用根据分项工程B的工程量变化同比例变化，并在第5个月统一调整支付，其他项单价措施项目费不予调整。

（3）总价措施项目费用合计130000元，其中安全文明施工费按分项工程和单价措施费用之和的5％计取，该费用根据计取基数变化在第5个月统一调整支付，其余总价措施项目费用不予调整。

（4）其他项目费用合计206000元，包括暂列金额80000元和需分包的专业工程暂估价120000元（另计总承包服务费5％）。

（5）上述工程费用均不包含增值税和可抵扣的进项税额。

（6）管理费和利润按人材机费用之和的20％计取，规费按人材机费、管理费、利润之和的6％计取，增值税税率为9％。

2. 工程款支付方面：

（1）开工前，发包人按签约合同价（扣除暂列金额和安全文明施工费）的20％支付给承包人作为预付款（在施工期间的第2～4个月的工程款中平均扣回），同时将安全文明施工费按工程款支付方式提前支付给承包人。

（2）分项工程款逐月计算。

（3）除安全文明施工费之外的措施项目工程款在施工期间的第1～4个月平均支付。

（4）其他项目工程款在发生当月结算。

（5）发包人每次按承包人应得到工程款的90％支付。

（6）发包人在承包人提交竣工结算报告后的30天内完成审查工作，承包人向发包人提供所在开户银行出具的工程质量保函（保函额为竣工结算价的3％），并完成结清支付。

施工期间各月分项工程计划和实际完成工程量如表19.4.1所示。

施工期间各月分项工程计划和实际完成工程量表 表 19.4.1

分项工程		施工周期（月）					合计
		1	2	3	4	5	
A	计划工程量（m³）	400	400				800
	实际工程量（m³）	300	300	200			800
B	计划工程量（m³）		300	400	300		1000
	实际工程量（m³）		400	400	400		1200
C	计划工程量（m³）			300	400	400	1100
	实际工程量（m³）			300	450	350	1100

施工期间第 3 个月，经发承包双方共同确认：分包专业工程费用为 105000 元（不含可抵扣进项税），专业分包人获得的增值税可抵扣进项税额为 7600 元。

问题：

1. 该工程的合同价为多少元？安全文明施工费工程款为多少元？开工前发包人应支付给承包人的预付款和安全文明施工费工程款分别为多少元？

2. 施工至第 2 个月末，承包人累计完成的分项工程合同价款为多少元？发包人累计应支付的工程款（不包含开工前支付的工程款）为多少元？分项工程 A 的进度偏差为多少元？

3. 该工程的分项工程项目、措施项目、分包专业工程项目合同额（含总承包服务费）分别增减多少元？

4. 该工程的竣工结算价为多少元？如果在开工前和施工期间发包人均已按合同约定支付了承包人预付款和各项工程款，则竣工结算时，发包人完成结清支付时，应支付给承包人的结算款为多少元？

（注：计算结果四舍五入取整数）

（二）参考解答

【整体分析】

根据题中的已知条件及需要解答的问题，将本题的主要数据以表格的形式整理到表 19.4.2 中，便于以后各小题的计算。

主要数据简表（单位：万元） 表 19.4.2

合同价计算	项目名称	1月	2月	3月	4月	5月
		（一）承包人已完工程价款的组成				
82.4	一、分部分项	300×0.028(A)	300×0.028(A)	…	…	…
			400×0.038(B)			
单措：9 总措：13（含安全文明费：4.57）	二、措施费	(9+13−4.57)/4	(9+13−4.57)/4	(9+13−4.57)/4	…	
20.6	三、其他： 1. 暂列金额：8 2. 专业暂估：12×(1+5%)			专业工程（含总包服务）：10.5×(1+5%)	…	1. B 增量调价 2. 单措增加 3. 安全文明费增加

246

续表

合同价计算	项目名称	1月	2月	3月	4月	5月
	（一）承包人已完工程价款的组成					
6%	四、规费	6%	6%	6%	…	6%
9%	五、税金	9%	9%	9%	…	9%
	（二）发包人工程款的支付					
第1题结果： 1. 合同价：144.425 2. 预付款：25.9803 3. 安全文明费提前支付：4.7522	六、支付比例	90%	90%	90%	…	90%
	七、扣款（扣预付）		−25.9803/3	−25.9803/3	…	
	（三）发承包双方工程款结算					
	八、扣质保	不扣质保金（用质量保函替代）				
	九、工期奖罚					
	十、索赔					

1. 该工程的合同价为多少元？安全文明施工费工程款为多少元？开工前发包人应支付给承包人的预付款和安全文明施工费工程款分别为多少元？

【分析】

(1) 合同价＝(分部分项工程费＋措施费＋其他项目费)×(1＋规费费率)×(1＋税率)。其中：分部分项工程费 824000 元；措施项目费（单价措施项目费 90000 元，总价措施项目费 130000 元）；其他项目费 206000 元；规费费率 6%；增值税税率 9%。

(2) 安全文明施工费工程款，按题目条件"安全文明施工费按分项工程和单价措施费用之和的 5% 计取"，"分项工程和单价措施费用之和"为 824000＋90000＝914000 元。还应计取规费和税金，按全费用计算，这是为计算安全文明施工费工程款的支付作准备。

(3) 预付款按题目条件"签约合同价（扣除暂列金额和安全文明施工费）的 20% 支付"，扣除暂列金额和安全文明施工费时，要扣除相应的规费和税金，都按全费用计算。

(4) 开工前支付的安全文明施工费工程款，按题目条件"安全文明施工费按工程款支付方式提前支付给承包人"，应考虑支付比例 90%。安全文明施工费属于提前支付的工程款，不需要扣回。

【解答】

(1) 合同价：[824000＋(90000＋130000)＋206000]×(1＋6%)×(1＋9%)＝1444250 元

(2) 安全文明施工费：(824000＋90000)×5%＝45700 元

安全文明施工费工程款：45700×(1＋6%)×(1＋9%)＝52802 元

(3) 预付款：[1444250−80000×(1＋6%)×(1＋9%)−52802]×20%＝259803 元

(4) 开工前支付的安全文明施工费工程款：52802×90%＝47522 元

2. 施工至第 2 个月末，承包人累计完成的分项工程合同价款为多少元？发包人累计

应支付的工程款（不包含开工前支付的工程款）为多少元？分项工程 A 的进度偏差为多少元？

【分析】

(1) 施工至第 2 个月末，承包人累计完成的分项工程合同价款，包括 A 分项工程 300+300=600m³，B 分项工程 400m³，因是"合同价款"，应计取规费和税金，按全费用计算，即[(300+300)×280+400×380]×(1+6%)×(1+9%)=369728 元。

(2) 发包人累计应支付的工程款（不包含开工前支付的工程款）由以下部分组成：

① A、B 分项工程合同价款 369728 元；

② 1～2月应支付的措施项目合同价款：按题目条件"除安全文明施工费之外的措施项目工程款在施工期间的第 1～4 个月平均支付"计算，[(90000+130000)−45700]×[(1+6%)×(1+9%)]/4×2=100693 元；

③ 第 2 月应扣预付款 259803/3=86601 元；

④ 考虑支付比例 90%，施工至第 2 个月末发包人累计应支付的工程款（不包含开工前支付的工程款）为(369728+100693)×90%−86601=336778 元。

(3) 分项工程 A 的进度偏差＝已完工程计划费用−拟完工程计划费用，其中：

已完工程计划费用＝实际工程量×计价单价，拟完工程计划费用＝计划工程量×计价单价，均应计取规费和税金，按全费用计算。

如简化计算，直接计算实际工程量与计划工程量的量差的计划费用，即进度偏差＝(实际工程量−计划工程量)×计划单价，同样应计取规费和税金，按全费用计算。

【解答】

(1) 施工至第 2 个月末，承包人累计完成的分项工程合同价款：[(300+300)×280+400×380]×(1+6%)×(1+9%)=369728 元

(2) 施工至第 2 个月末，发包人累计应支付的工程款（不包含开工前支付的工程款）：

① 1～2 月的分部分项工程款：369728 元

② 1～2 月的措施项目工程款：[(90000+130000)−45700]×[(1+6%)×(1+9%)]/4×2=100693 元

③ 1～2 应扣的预付款：259803/3=86601 元

施工至第 2 个月末，发包人累计应支付的工程款（不包含开工前支付的工程款）：(369728+100693)×90%−86601=336778 元

(3) 分项工程 A 的进度偏差：

① 拟完工程计划费用：(400+400)×280×(1+6%)×(1+9%)=258809.6 元

② 已完工程计划费用：(300+300)×280×(1+6%)×(1+9%)=194107.2 元

分项工程 A 的进度偏差：194107.2−258819.6=−64702 元

或：分项工程 A 的进度偏差：[(300+300)−(400+400)]×280×(1+6%)×(1+9%)=−64702 元

3. 该工程的分项工程项目、措施项目、分包专业工程项目合同额（含总承包服务费）分别增减多少元？

【分析】

(1) 分项工程项目合同额的增加，只有 B 分项工程量有变化，且增幅为(1200−

1000)/1000＝20％＞15％，其中增幅为15％以内的工程量不调价，超过15％的工程量的综合单价按原综合单价的90％计算。

（2）措施项目合同额增加，有两项：

一是"分项工程B配套的单价措施项目费，根据分项工程B的工程量变化同比例变化"，注意是"同比例"变化，不应考虑因工程量超过15％的相应折减。

二是安全文明施工费的计取基数为"分项工程和单价措施费用之和"，因B分项工程量的变化，导致分部分项工程费和单价措施费都会发生变化，因此安全文明施工费相应增加。

（3）分包专业工程项目合同额（含总承包服务费）增减，应注意合同价中的专业工程暂估价120000元，以及实际发生的专业分包工程费105000元，都应考虑5％的总承包服务费。

【解答】

（1）分项工程项目合同额的增加：

A、C分项工程的工程量没有增加，B分项工程量增加(1200－1000)/1000＝20％＞15％，其中不调价的工程量为1000×15％＝150m³，应调价的工程量为200－150＝50m³

分项工程项目合同额的增加：（150×380＋50×380×0.9）×（1＋6％）×（1＋9％）＝85615元

（2）措施项目合同额增加：

① B分项工程相应的单价措施项目增加：36000/1000×（1200－1000）×（1＋6％）×（1＋9％）＝8319元

② 安全文明施工费合同额增加：（85615＋8319）×5％＝4697元

措施项目合同额增加：8319＋4697＝13016元

（3）分包专业工程项目合同额(含总承包服务费)减少：（120000－105000）×（1＋5％）×（1＋6％）×（1＋9％）＝18198元

4. 该工程的竣工结算价为多少元？如果在开工前和施工期间发包人均已按合同约定支付了承包人预付款和各项工程款，则竣工结算时，发包人完成结清支付时，应支付给承包人的结算款为多少元？

【分析】

（1）竣工结算价(工程实际总造价)＝签约合同价＋合同价款调整额。签约合同价为1444250元；合同价款调整额＝新增工程价款－暂列金额×（1＋规费费率）×（1＋税率），新增工程价款有三项：分项工程项目合同额的增加85615元，措施项目合同额增加13016元，分包专业工程项目合同额(含总承包服务费)减少18198元，暂列金额(计取规费税金)80000×（1＋6％）×（1＋9％）＝92432元。

（2）发包人已按承包人每月应得的工程款(包括新增工程款)的90％支付了，且不需扣除质保金(用工程质量保函替代)，结清支付时，发包人应将实际工程总造价剩余的10％，全部支付给承包人。

【解答】

（1）竣工结算价：1444250－80000×（1＋6％）×（1＋9％）＋（85615＋13016－18198）＝1432251元

（2）结清支付时，应支付给承包人的结算款：1432251×(1-90%)=143225 元

（三）考点总结

1. 合同价、预付款和安全文明施工费的计算；
2. 进度款的计算；
3. 进度偏差的计算；
4. 合同价款调整额与竣工结算总造价、结算款的计算。

2018 年真题（试题五）

（一）真题（本题 20 分）

某工程项目发承包双方签订了工程施工合同，工期 5 个月，合同约定的工程内容及其价款包括，分部分项工程项目（含单价措施项目）4 项。费用数据与施工进度计划见表 18.5.1；总价措施项目费用 10 万元（其中含安全文明施工费为 6 万元）；暂列金额费用 5 万元；管理费和利润为不含税人材机费用之和的 12%；规费为不含税人材机费用与管理费、利润之和的 6%；增值税税率为 10%。

分部分项工程项目费用数据与施工进度计划表　　　　表 18.5.1

分部分项工程项目（含单价措施项目）				施工进度计划（单位：月）				
名称	工程量	综合单价	费用（万元）	1	2	3	4	5
A	800m³	360 元/m³	28.8					
B	900m³	420 元/m³	37.8					
C	1200m²	280 元/m²	33.6					
D	1000m²	200 元/m²	20.0					
合计			120.2	注：计划和实际施工进度均为匀速进度				

有关工程价款支付条款如下：

1. 开工前，发包人按签约含税合同价（扣除安全文明施工费和暂列金额）的 20% 作为预付款支付承包人，预付款在施工期间的第 2~5 个月平均扣回，同时将安全文明施工费的 70% 作为提前支付的工程款。

2. 分部分项工程项目工程款在施工期间逐月结算支付。

3. 分部分项工程 C 所需的工程材料 C_1 用量 1250m²，承包人的投标报价为 60 元/m²（不含税）。当工程材料 C_1 的实际采购价格在投标报价的 ±5% 以内时，分部分项工程 C 的综合单价不予调整；当变动幅度超过该范围时，按超过的部分调整分部分项工程 C 的综合单价。

4. 除开工前提前支付的安全文明施工费工程款之外的总价措施项目工程款，在施工期间的第 1~4 个月平均支付。

5. 发包人按每次承包人应得工程款的 90% 支付。

6. 竣工验收通过后45天内办理竣工结算，扣除实际工程含税总价款的3%作为工程质量保证金，其余工程款发承包双方一次性结清。

该工程如期开工，施工中发生了经发承包双方确认的下列事项：

1. 分部分项工程B的实际施工时间为第2～4月。
2. 分部分项工程C所需的工程材料C_1实际采购价格为70元/m^2（含可抵扣进项税，税率为3%）。
3. 承包人索赔的含税工程款为4万元。其余工程内容的施工时间和价款均与签约合同相符。

问题：

1. 该工程签约合同价（含税）为多少万元？开工前发包人应支付给承包人的预付款和安全文明施工费工程款分别为多少万元？
2. 第2个月，发包人应支付给承包人的工程款为多少万元？截止到第2个月末，分部分项工程的拟完成工程计划投资、已完工程计划投资分别为多少万元？工程进度偏差为多少万元？并根据计算结果说明进度快慢情况。
3. 分部分项工程C的综合单价应调整为多少元/m^2？如果除工程材料C_1外的其他进项税额为2.8万元（其中，可抵扣进项税额为2.1万元），则分部分项工程C的销项税额、可抵扣进税额和应缴纳增值税额分别为多少万元？
4. 该工程实际总造价（含税）比签约合同价（含税）增加（或减少）多少万元？假定在办理竣工结算前发包人已支付给承包人的工程款（不含预付款）累计为110万元，则竣工结算时发包人应支付给承包人的结算尾款为多少万元？

（注：计算结果以元为单位的保留2位小数，以万元为单位的保留3位小数。）

（二）参考解答

【整体分析】

根据题中的已知条件及需要解答的问题，将本题的主要数据以表格的形式整理到表18.5.2中，便于以后各小题的计算。

主要数据简表（单位：万元）　　　　　　表18.5.2

合同价计算	项目名称	1月	2月	3月	4月	5月
		（一）承包人已完工程价款的组成				
120.2	一、分部分项（含单价措施）		A：28.8/2	A：28.8/2		
			B：37.8/2（计划进度）	B：37.8/2（计划进度）		
				B：37.8/3	B：37.8/3	B：37.8/3
				C：33.6/3	C：33.6/3	C：33.6/3
					D：20/2	D：20/2
10	二、措施费 1. 总价措施（含安全文明费6万元）	(10−6×70%)/4	(10−6×70%)/4	(10−6×70%)/4	(10−6×70%)/4	

续表

合同价计算	项目名称	1月	2月	3月	4月	5月
		(一)承包人已完工程价款的组成				
5	三、其他： 1. 暂列金额					
6%	四、规费	6%	6%	6%	6%	6%
10%	五、税金	10%	10%	10%	10%	10%
		(二)发包人工程款的支付				
第1题结果： 1. 合同价：157.643 2. 预付款：28.963 3. 提前支付安全文明费：4.407	六、支付比例	90%	90%	90%	90%	90%
	七、扣款 （扣预付）		－28.963/4	－28.963/4	－28.963/4	－28.963/4
		(三)发承包双方工程款结算				
	八、扣质保			3%		
	九、工期奖罚			/		
	十、索赔	索赔含税工程款4万元				

1. 该工程签约合同价（含税）为多少万元？开工前发包人应支付给承包人的预付款和安全文明施工费工程款分别为多少万元？

【分析】

（1）合同价＝（分部分项工程费＋措施费＋其他项目费）×（1＋规费费率）×（1＋税率）。

其中：分部分项工程费＋单价措施项目费＝120.2万元，总价措施项目费10万元，其他项目费只包含暂列金额5万元，规费费率6%，税率12%。

（2）预付款按题目中的条件"发包人按签约含税合同价（扣除文明施工费和暂列金额）的20%作为预付款支付承包人"计算，扣除安全文明施工费和暂列金额时，应扣除相应的规费和税金，按全费用计算。

（3）开工前发包人应支付给承包人的安全文明施工费工程款，按题目中的条件"安全文明施工费的70%作为提前支付的工程款"计算；安全文明施工费属于提前支付的工程款，不需要扣回，应考虑支付比例90%。

【解答】

（1）合同价：（120.2＋10＋5）×（1＋6%）×（1＋10%）＝157.643万元

（2）预付款：[157.643－（6＋5）×（1＋6%）×（1＋10%）]×20%＝28.963万元

（3）开工前支付的安全文明施工费：6×（1＋6%）×（1＋10%）×70%×90%＝4.407万元

2. 第2个月，发包人应支付给承包人的工程款为多少万元？截止到第2个月末，分部分项工程的拟完成工程计划投资、已完工程计划投资分别为多少万元？工程进度偏差为多少万元？并根据计算结果说明进度快慢情况。

【分析】

（1）第2个月，承包人实际完成A分项28.8/2＝14.4万元，B分项37.8/3＝12.6万元；应得总价措施费(10－6×70%)/4；计取规费6%，税金10%，支付比例90%；扣预付款28.963/4＝7.241万元。

（2）进度偏差＝已完工程计划费用－拟完工程计划费用；截止到第2个月末，实际进入施工的只有A、B两个分项工程，可以直接利用分项工程费进行计算。这里明确指出是针对"分部分项工程"进行计算，应计取规费和税金，按全费用计算。

【解答】

(1) 第 2 个月，发包人应支付给承包人的工程款：

$[(28.8/2+37.8/3)+(10-6\times70\%)/4]\times(1+6\%)\times(1+10\%)\times90\%-28.963/4=22.615$ 万元

(2) 截止到第 2 个月末，分部分项工程的拟完成工程计划投资：$(28.8+37.8/2)(1+6\%)\times(1+10\%)=55.618$ 万元

截止到第 2 个月末，分部分项工程的已完工程计划投资：$(28.8+37.8/3)\times(1+6\%)\times(1+10\%)=48.272$ 万元

工程进度偏差：$48.272-55.618=-7.346$ 万元，工程进度拖后 7.346 万元

3. 分部分项工程 C 的综合单价应调整为多少元/m^2？如果除工程材料 C_1 外的其他进项税额为 2.8 万元（其中，可抵扣进项税额为 2.1 万元），则分部分项工程 C 的销项税额、可抵扣进税额和应缴纳增值税额分别为多少万元？

【分析】

(1) C 分项的投标时的工程量为 1200m^2，投标报价为 280 元/m^2。组成 C 分项综合单价的材料之一 C_1 的价格由投标报价的 60 元/m^2，变为实际采购价的 70 元/m^2。只需要对 C 分项的 C_1 材料的综合单价进行调整，考虑的因素有：

① 材料实际采购的原价 $70/(1+3\%)=67.96$ 元；

② 材料价格应调整的部分 $67.96-60\times(1+5\%)=4.96$ 元；

③ 因材料价格调整相应增加的管理费和利润；

④ 还要考虑 C_1 材料（1250m^2，按面积计算）在 C 的工程量（1200m^2）的单位含量（1250m^2/1200m^2=1.0417m^2/m^2），即每 m^2 的 C 分项工程需要用 1.0417m^2 的 C_1 材料。

(2) 增值税=销项税额-可抵扣的进项税：

① 销项税额：C 分项的销项税的计算基数为税前造价，包括人材机费用、管理费和利润、规费。

② 可抵扣的进项税额：由 C_1 材料可抵扣的进项税额，以及除 C_1 以外其他材料可抵扣的进项税额 2.1 万元组成。

【解答】

(1) 材料 C_1 不含税的采购价格为 $70/(1+3\%)=67.96$ 元/m^2，材料 C_1 投标报价为 60 元/m^2，不需要调整的材料价格为 $60\times5\%=3$ 元，需要调整的材料价格 $67.96-60-3=4.96$ 元。C 分项的综合单价应调整为 $280+4.96\times(1+12\%)\times(1250/1200)=285.79$ 元/m^2

(2) C 分项的销项税额为：$285.79\times1200\times(1+6\%)\times10\%=3.635$ 万元

可抵扣的进项税额为：$1250\times(70-67.96)/10000+2.1=2.355$ 万元

应纳的增值税额为：$3.635-2.355=1.280$ 万元

【注意】

本题较为复杂，解题时需要将 C 分项工程的各处数据进行综合考虑。即需要考虑进度计划表中的工程量和综合单价，支付条款第 3 条的规定，施工中发生的事项第 2 条的条件，以及第 3 小题题目中的增值税抵扣数据，还应注意把材料 C_1 转换为分部分项工程 C 的单位含量。

4. 该工程实际总造价（含税）比签约合同价（含税）增加（或减少）多少万元？假定在办理竣工结算前发包人已支付给承包人的工程款（不含预付款）累计为110万元，则竣工结算时发包人应支付给承包人的结算尾款为多少万元？

【分析】

（1）工程实际总造价比签约合同价增加（或减少）的金额，即合同价的调整额。本题中新增价款只有两项，其一为因 C_1 材料综合单价增加引起的总价的增加；其二为索赔的 4 万元（含税），应扣除暂列金额 5 万（同时扣除相应的规费和税金）。

（2）竣工结算时发包人应支付的结算尾款＝工程实际总造价－质保金（3%）－已付的工程款。应注意题目中发包人已支付给承包人的工程款累计为110万，且题目中明确指出这110万元是不含预付款的，还应扣除已支付的预付款（28.963万元）。

【解答】

（1）因 C_1 调价新增合同价款为 $(285.79-280)\times1200\times(1+6\%)\times(1+10\%)=8101.37$ 元，索赔的含税工程款为 4 万元，应扣除暂列金额 $5\times(1+6\%)\times(1+10\%)=5.83$ 万元。该工程实际总造价（含税）与签约合同价（含税）相比：$(0.810+4)-5.83=-1.02$ 万元，即减少 1.020 万元。

该工程实际总造价（含税）：$157.643-1.02=156.623$ 万元。

（2）竣工结算时，发包人应支付给承包人的结算尾款为：$156.623\times(1-3\%)-110-28.963=12.961$ 万元。

（三）考点总结

1. 合同价、预付款和安全文明施工费的计算；
2. 进度款的计算；
3. 进度偏差的计算与分析；
4. 综合单价调整的计算；
5. 增值税的计算；
6. 合同价款调整额与结算款的计算。

2017年真题（试题五）

（一）真题（本题20分）

某工程项目发承包双方签订了施工合同，工期为4个月。有关工程价款及其支付条款约定如下：

1. 工程价款：

（1）分项工程项目费用合计59.2万元，包括分项工程A、B、C三项，清单工程量分别为 $600m^3$、$800m^3$、$900m^2$，综合单价分别为 300 元$/m^3$、380 元$/m^3$、120 元$/m^2$。

（2）单价措施项目费用6万元，不予调整。

（3）总价措施项目费用8万元，其中，安全文明施工费按分项工程和单价措施项目费用之和的5%计取（随计取基数的变化在第4个月调整），除安全文明施工费之外的其他总价措施项目费用不予调整。

（4）暂列金额5万元。

（5）管理费和利润按人材机费用之和的18%计取，规费按人材机费和管理费、利润之和的 5%计取,增值税率为 11%。

(6) 上述费用均不包含增值税可抵扣进项税额。

2. 工程款支付:

(1) 开工前,发包人按分项工程和单价措施项目工程款的 20%支付给承包人作为预付款(在第 2~4 个月的工程款中平均扣回),同时将安全文明施工费工程款全额支付给承包人。

(2) 分项工程价款按完成工程价款的 85%逐月支付。

(3) 单价措施项目和除安全文明施工费之外的总价措施项目工程款在工期第 1~4 个月均衡考虑,按 85%比例逐月支付。

(4) 其他项目工程款的 85%在发生当月支付。

(5) 第 4 个月调整安全文明施工费工程款,增(减)额当月全额支付(扣除)。

(6) 竣工验收通过后 30 天内进行工程结算,扣留工程总造价的 3%作为质量保证金,其余工程款作为竣工结算最终付款一次性结清。

施工期间分项工程计划和实际进度见表 17.5.1。

分项工程计划和实际进度　　　　　　　表 17.5.1

分项工程及其工程量		第 1 月	第 2 月	第 3 月	第 4 月	合计
A	计划工程量（m³）	300	300			600
	实际工程量（m³）	200	200	200		600
B	计划工程量（m³）	200	300	300		800
	实际工程量（m³）		300	300	300	900
C	计划工程量（m²）		300	300	300	900
	实际工程量（m²）		200	400	300	900

在施工期间第 3 个月,发生一项新增分项工程 D。经发承包双方核实确认,其工程量为 300m²,每 m² 所需不含税人工和机械费用为 110 元,每 m² 机械费可抵扣进项税额为 10 元;每 m² 所需甲、乙、丙三种材料不含税费用分别为 80 元、50 元、30 元,可抵扣进项税率分别为 3%、11%、17%。

问题:

1. 该工程签约合同价为多少万元?开工前发包人应支付给承包人的预付款和安全文明施工费工程款分别为多少万元?

2. 第 2 个月,承包人完成合同价款为多少万元?发包人应支付合同价款为多少万元?截止到第 2 个月末,分项工程 B 的进度偏差为多少万元?

3. 新增分项工程 D 的综合单价为多少元/m²?该分项工程费为多少万元?销项税额、可抵扣进项税额、应缴纳增值税额分别为多少万元?

4. 该工程竣工结算合同价增减额为多少万元?如果发包人在施工期间均已按合同约定支付给承包商各项工程款,假定累计已支付合同价款 87.099 万元,则竣工结算最终付款为多少万元?

(计算过程和结果保留 3 位小数)

(二) 参考解答

【整体分析】

根据题中的已知条件及需要解答的问题,将本题的主要数据以表格的形式整理到表 17.5.2 中,便于以后各小题的计算。

主要数据简表（单位：万元）　　　　　表 17.5.2

合同价计算	项目名称		1月	2月	3月	4月
			（一）承包人已完工程价款的组成			
59.2	一、分部分项		A：200×0.03	A：200×0.03	A：200×0.03	
			B：200×0.038（计划进度）	B：300×0.038（计划进度）	B：300×0.038（计划进度）	
				B：300×0.038	B：300×0.038	B：300×0.038
			C：200×0.012	C：400×0.012	C：300×0.012	
					D分项新增：9.558	B分项增加：100×0.038
6	二、措施	单措	1. 单措：6/4	1. 单措：6/4	1. 单措：6/4	1. 单措：6/4
8		总措	2. 总措：[8−(59.2+6)×5%]/4	2. 总措：[8−(59.2+6)×5%]/4	2. 总措：[8−(59.2+6)×5%]/4	2. 总措：[8−(59.2+6)×5%]/4 3. 新增D分项和B分项增量，安全文明费应增（9.558+100×0.038）×5%
5	三、其他：1. 暂列金额					
5%	四、规费		5%	5%	5%	5%
11%	五、税金		11%	11%	11%	11%
第1题结果：1. 合同价：91.142 2. 预付：15.198 3. 安全文明工程款：3.800			（二）发包人工程款的支付			
	六、支付比例		85%	85%	85%	85%
	七、扣款（扣预付）			−15.198/3	−15.198/3	−15.198/3
			（三）发承包双方工程款结算			
	八、扣质保		3%			
	九、工期奖罚					

1. 该工程签约合同价为多少万元？开工前发包人应支付给承包人的预付款和安全文明施工费工程款分别为多少万元？

【分析】

（1）合同价＝(分部分项工程费＋措施费＋其他项目费)×(1＋规费费率)×(1＋税率)。其中：分项工程费 59.2 万元，措施费 6＋8＝14 万元，其他项目费只有暂列金额 5 万元，规费费率 5%，税率 11%。

（2）预付款按题目中的条件"按分项工程和单价措施项目工程款的 20% 支付"计算，其中：分项工程费 59.2 万元，单价项目措施费 6 万元，计取规费和税金，按全费用计算。

（3）开工前发包人应支付给承包人的安全文明施工费工程款，按题目中的条件"安全文明施工费按分项工程和单价措施项目费用之和的 5% 计取"，以及"安全文明施工费工程款全额支付给承包人"计算，计取规费和税金，按全费用计算。题目明确要求是"全额"支付，不需考虑支付比例 85%。

【解答】

（1）工程签约合同价：(59.2＋6＋8＋5)×(1＋5%)×(1＋11%)＝91.142 万元

（2）开工前发包人应支付给承包人的预付款：

(59.2+6)×(1+5％)×(1+11％)×20％=15.198 万元

(3) 开工前发包人应支付给承包人的安全文明施工费工程款：

(59.2+6)×(1+5％)×(1+11％)×5％=3.800 万元

2. 第2个月，承包人完成合同价款为多少万元？发包人应支付合同价款为多少万元？截止到第2个月末，分项工程B的进度偏差为多少万元？

【分析】

(1) 第2个月，承包人实际完成A分项200×300/10000=6万元，B分项300×380/10000=11.4 万元，C分项200×120/10000=2.4 万元；单价措施项目费6/4=1.5 万元，总价措施项目费[8－(59.2+6)×5％]/4=1.185 万元。计取规费5％，税金10％。

(2) 第2个月，发包人应支付合同价款＝承包人实际完成的合同价款×支付比例(85％)－应抵扣的预付款(15.198/3=5.066 万元)。

(3) 分项工程B的进度偏差＝已完工程计划费用－拟完工程计划费用，其中：

已完工程计划费用＝实际工程量×计价单价，拟完工程计划费用＝计划工程量×计价单价，均应计取规费和税金，按全费用计算。

如简化计算，直接计算实际工程量与计划工程量的量差的计划费用，即进度偏差＝(实际工程量－计划工程量)×计划单价，同样应计取规费和税金，按全费用计算。

【解答】

(1) 第2个月，承包人完成合同价款：

① 分部分项工程费：(200×300+300×380+200×120)/10000=19.8 万元

② 措施项目费：6/4+[8－(59.2+6)×5％]/4=2.685

③ 承包人完成合同价款：(19.8+2.685)×(1+5％)×(1+11％)=26.206 万元

(2) 第2个月，发包人应支付合同价款：26.206×85％－15.198/3=17.209 万元

(3) 截止到第2个月末，分项工程B的进度偏差：

① 拟完工程计划投资：(200+300)×380×(1+5％)×(1+11％)/10000=22.145 万元

② 已完工程计划投资：300×380×(1+5％)×(1+11％)/10000=13.287 万元

③ 进度偏差：13.287－22.145=－8.858 万元，即分项工程B的进度拖后8.858 万元

或：[300－(200+300)]×380×(1+5％)×(1+11％)/10000=－8.858 万元即分项工程B的进度拖后8.858 万元

3. 新增分项工程D的综合单价为多少元/m²？该分项工程费为多少万元？销项税额、可抵扣进项税额、应缴纳增值税额分别为多少万元？

【分析】

(1) 综合单价＝(人工费＋材料费＋机械费)×(1+管理费与利润综合费率)；管理费和利润综合按人材机费用的18％计算。

(2) 分项工程费＝工程量×综合单价。

(3) 应纳增值税＝销项税额－可抵扣的进项税。

① 销项税额：D分项工程销项税的计算基数为税前造价，包括人材料机费用、管理费和利润、规费（按人材机费和管理费、利润之和的5％计取），增值税率为11％。

② 可抵扣的进项税额：每m²分项工程中含机械费可抵扣的进项税额10元，还有甲、乙、丙三种材料可抵扣的进项税额80×3％+50×11％+30×17％=13元；再乘以工程量300m²。

【解答】

(1) 分项工程 D 的综合单价：

$(110+80+50+30)×(1+18\%)=318.600$ 万元

(2) D 分项工程费(不含规费和税金)：$300×318.6=9.558$ 万元

(3) 计算应缴纳增值税额：

① 销项税额：$9.558×(1+5\%)×11\%=1.104$ 万元

② 可抵扣进项税额：$(80×3\%+50×11\%+30×17\%+10)×300=0.69$ 万元

应缴纳增值税额：$1.104-0.69=0.414$ 万元

4. 该工程竣工结算合同价增减额为多少万元？如果发包人在施工期间均已按合同约定支付给承包商各项工程款，假定累计已支付合同价款 87.099 万元，则竣工结算最终付款为多少万元？

【分析】

(1) 竣工结算合同价增减额＝实际新增工程费用－暂列金（计取规费和税金）。本题新增分项工程费（新增 D 分项 9.558 万元，B 分项工程量的增加 $100×0.038=3.8$ 万元）、措施费（本题单价措施费不调，但应增加以分部分项费为基数进行计算的安全文明费）、暂列金额为 5 万元。

(2) 竣工结算最终付款＝实际合同价－质保金－累计已支付合同价款。实际合同价＝签约时的合同价＋实际新增工程费用（含规费和税金）－暂列金（计取规费和税金）；质保金按实际合同价的 3% 计算；累计已支付的合同价款为 87.099 万元（已知条件）。

【解答】

(1) 该工程竣工结算合同价增减额：

$[9.558+100×380/10000)+(9.558×5\%+100×380×5\%/10000)-5]×(1+5\%)×(1+11\%)=10.520$ 万元

(2) 竣工结算最终付款的计算：

① 工程实际合同价：$91.142+10.520=101.662$ 万元

② 扣除质保金：$101.662×3\%=3.050$ 万元

③ 累计已支付合同价款：87.099 万元

④ 竣工结算最终付款：$101.662-3.050-87.099=11.513$ 万元

(三) 考点总结

1. 合同价、预付款和安全文明施工费的计算；
2. 进度款的计算；
3. 进度偏差的计算与分析；
4. 综合单价的确定；
5. 增值税的计算；
6. 工程实际总造价与结算款的计算；

2016 年真题（试题五）

(一) 真题（本题 20 分）

某工程项目发包人与承包人签订了施工合同，工期 5 个月。分项工程和单价措施项目的造价数据与经批准的施工进度计划如表 16.5.1 所示；总价措施项目费用 9 万元（其中含安全文明施工费用 3 万元）；暂列金额 12 万元。管理费用和利润为人材机费用之和的 15%。规费和税金为人材机费用与管理费、利润之和的 10%。

分项工程和单价措施造价数据与施工进度计划表　　表 16.5.1

分项工程和单价措施项目				施工进度计划（单位：月）				
名称	工程量	综合单价	合价（万元）	1	2	3	4	5
A	600m³	180 元/m³	10.8					
B	900m³	360 元/m³	32.4					
C	1000m³	280 元/m³	28.0					
D	600m³	90 元/m³	5.4					
合计			76.6	计划与实际施工均为均匀进度				

有关工程价款结算与支付的合同约定如下：

1. 开工前发包人向承包人支付签约合同价（扣除总价措施费与暂列金额）的 20% 作为预付款，预付款在第 3、4 个月平均扣回；

2. 安全文明施工费工程款于开工前一次性支付；除安全文明施工费之外的总价措施项目费用工程款在开工后的前 3 个月平均支付；

3. 施工期间除总价措施项目费用外的工程款按实际施工进度逐月结算；

4. 发包人按每次承包人应得的工程款的 85% 支付；

5. 竣工验收通过后的 60 天内进行工程竣工结算，竣工结算时扣除工程实际总价的 3% 作为工程质量保证金，剩余工程款一次性支付；

6. C 分项工程所需的甲种材料用量为 500m³，在招标时确定的暂估价为 80 元/m³，乙种材料用量为 400m³，投标报价为 40 元/m³。工程款逐月结算时，甲种材料按实际购买价格调整，乙种材料当购买价在投标报价的 ±5% 以内变动时，C 分项工程的综合单价不予调整，变动超过 ±5% 以上时，超过部分的价格调整至 C 分项综合单价中。

该工程如期开工，施工中发生了经承发包双方确认的以下事项：

（1）B 分项工程的实际施工时间为 2～4 月；

（2）C 分项工程甲种材料实际购买价为 85 元/m³，乙种材料的实际购买为 50 元/m³；

（3）第 4 个月发生现场签证零星工费用 2.4 万元。

问题：

1. 合同价为多少万元？预付款是多少万元？开工前支付的措施项目款为多少万元？

2. 求 C 分项工程的综合单价是多少元/m³？3 月份完成的分项工程和单价措施项目费是多少万元？3 月份业主支付的工程款是多少万元？

3. 列式计算第 3 月末累计分项工程和单价措施项目拟完成工程计划费用、已完成工程费用，并分析进度偏差（投资额表示）与费用偏差。

4. 除现场签证费用外，若工程实际发生其他项目费用 8.7 万元，试计算工程实际造价及竣工结算价款。

（计算结果均保留 3 位小数）

（二）参考解答

【整体分析】

根据题中的已知条件及需要解答的问题，将本题的主要数据以表格的形式整理到表 16.5.2 中，便于以后各小题的计算。

主要数据简表（单位：万元）　　　　　　　　　　表 16.5.2

合同价计算	项目名称	1月	2月	3月	4月	5月
	（一）承包人已完工程价款的组成					
76.6	一、分部分项（含单价措施）		A：10.8/2	A：10.8/2		
			B：32.4/2（计划进度）	B：32.4/2（计划进度）		
			B：32.4/3	B：32.4/3	B：32.4/3	
			C：28/3	C：28/3	C：28/3	
					D：5.4/2	D：5.4/2
9（含安全文明费：3）	二、措施项目（总价措施）		总措(9－3)/3	总措(9－3)/3	总措(9－3)/3	
暂列金额 12	三、其他（人材机调价，计取管理费利润15%）				签证 2.4	
		2～4月每月增加材料调价款（C分项）:				
		1. 甲材补差：500×5×1.15/10000/3				
		2. 乙材调价：400×8×1.15/10000/3				
10%	四、规费	10%	10%	10%	10%	10%
	五、税金					
	（二）发包人工程款的支付					
第1题结果：	六、支付比例	85%	85%	85%	85%	85%
1. 合同价：107.360	七、扣款（扣预付）				－16.852/2	－16.852/2
2. 预付款：16.852	（三）发承包双方工程款结算					
3. 措施（安全文明）提前支付：2.805	八、扣质保					3%
	九、工期奖罚					

1. 合同价为多少万元？预付款是多少万元？开工前支付的措施项目款为多少万元？

【分析】

（1）合同价＝（分部分项工程费＋措施项目费＋其他项目费）×（1＋规费税金综合费率）。

（2）预付款按题目中的条件"签约合同价（扣除总价措施费与暂列金额）的20%"计算，扣除总价措施费与暂列金额时，应扣除相应的规费和税金，按全费用计算。

（3）开工前支付的措施项目款，指的是提前支付安全文明施工费，按题目中的条件

"安全文明施工费工程款于开工前一次性支付"计算；安全文明措施费属于工程款的而一部分，应考虑支付比例85%，计取规费和税金，按全费用计算。

【解答】
(1) 合同价：(76.6+9+12)×(1+10%)=107.360 万元
(2) 预付款：[107.360－(9+12)×(1+10%)]×20%=16.852 万元
(3) 开工前支付的措施项目款：3×(1+10%)×85%=2.805 万元

2. 求C分项工程的综合单价是多少元/m^3？3月份完成的分项工程和单价措施项目费是多少万元？3月份业主支付的工程款是多少万元？

【分析】
(1) C分项的甲、乙两种材料应调价，将调价增加的费用（同时计取管理费和利润）分摊到单位体积（m^3）中，即得到C分项工程的实际综合单价。
(2) 3月份完成的分部分项和单价措施费，包含分项B费用的1/3和含分项C费用的1/3，注意这里的费用不是全费用，不含规费和税金。
(3) 业主支付的工程款，按"表16.5.2 主要数据简表"逐项计算，考虑支付比例85%，扣除当月应扣预付款16.852/2=8.426 万元。

【解答】
(1) C分项工程的综合单价
① 甲种材料应增加的费用为：(85－80)×500×(1+15%)=2875 元
② 乙种材料的价格变动比例(50－40)/40=25%＞5%，超过5%的部分25%－5%=20%应调价，乙种材料增加的费用为：40×20%×400×(1+15%)=3680 元
③ C分项工程的综合单价为：280+(2875+3680)/1000=286.555 元/m^3
(2) 3月份完成的分项工程和单价措施费
① B分项工程：32.4/3=10.8 万元
② C分项工程：28/3+(2875+3680)/10000/3=9.552 万元
3月份完成的分项工程和单价措施项目费：10.8+9.552=20.352 万元
(3) 3月份业主支付的工程款：
① 3月份承包人完成的工程款：[20.352+(9－3)/3]×(1+10%)=24.587 万元
② 3月份业主应支付的工程款：24.587×85%－16.852/2=12.473 万元

3. 列式计算第3月末累计分项工程和单价措施项目拟完成工程计划费用、已完成工程计划费用、已完工程实际费用，并分析进度偏差（投资额表示）与费用偏差。

【分析】
(1) 拟完工程计划费用、已完工程实际费用，都可以直接用费用的形式表示，见表16.5.2的分析。

计算已完工程实际费用时，C分项每月的实际费用采用第2小题已经计算的数据9.552万元。1～3月，C分项完成了2/3，所以C分项实际费用为9.552×2=19.104 万元。
(2) 进度偏差＝已完工程计划费用－拟完工程计划费用；费用偏差＝已完工程计划费用－已完工程实际费用。

每项费用都应计取规费和税金，按全费用计算。

【解答】

(1) 拟完工程计划费用：$(10.8+32.4+28×2/3)×(1+10\%)=68.053$ 万元

(2) 已完工程计划费用：$(10.8+32.4×2/3+28×2/3)×(1+10\%)=56.173$ 万元

(3) 已完工程实际费用：$(10.8+32.4×2/3+9.552×2)×(1+10\%)=56.654$ 万元

(4) 进度偏差：$56.173-68.053=-11.880$ 万元，工程进度拖后 11.880 万元

(5) 费用偏差：$56.173-56.654=-0.481$ 万元，工程投资超支 0.481 万元

4. 除现场签证费用外，若工程实际发生其他项目费用 8.7 万元，试计算工程实际造价及竣工结算价款。

【分析】

(1) 工程实际造价，是承包方完成所有工程内容的全费用造价，应注意扣除合同价中的暂列金额；合同价为 107.36 万元，增加签证费 2.4 万元，增加其他项目费用 8.7 万元，扣除暂列金额 12 万元。

(2) 竣工结算价款＝工程实际总造价－质保金－已支付的工程款；工程实际造价按本小题第 1 步的计算结果，质保金按工程实际造价的 3% 计算，已支付的工程款按工程实际造价的 85% 计算。

【解答】

(1) 工程实际造价：$107.360+(2.4+8.7-12)×(1+10\%)=106.370$ 万元

(2) 竣工结算价款：$106.370×[(1-3\%)-85\%]=12.764$ 万元

【注意】

本题中"除现场签证费用外，工程实际发生其他项目费用 8.7 万元"，本书按 8.7 万元已包含 C 分项工程甲、乙两种材料调价的费用考虑，不再另行计算这两种材料的调价费用。

（三）考点总结

1. 合同价、预付款和安全文明施工费的计算；
2. 综合单价的确定；
3. 进度款的计算；
4. 进度偏差、投资偏差的计算与分析；
5. 工程实际总造价与结算款的计算。

2015 年真题（试题五）

（一）真题（本题 20 分）

某工程项目发包人与承包人签订了施工合同，工期 4 个月，工程内容包括 A、B 两项分项工程，综合单价分别为 360.00 元/m³、220.00 元/m³；管理费和利润为人材机费用之和的 16%；规费和税金为人材机费用、管理费和利润之和的 10%，各分项工程每月计划和实际完成工程量及单价措施项目费用见表 15.5.1。

分项工程工程量及单价措施项目费用数据表　　　表 15.5.1

工程量和费用名称		月份				合计
		1	2	3	4	
A 分项工程 (m³)	计划工程量	200	300	300	200	1000
	实际工程量	200	320	360	300	1180

续表

工程量和费用名称		月份				合计
		1	2	3	4	
B 分项工程 (m³)	计划工程量	180	200	200	120	700
	实际工程量	180	210	220	90	700
单价措施项目费（万元）		2	2	2	1	7

总价措施项目费用 6 万元（其中安全文明施工费 3.6 万元）；暂列金额 15 万元。

合同中有关工程价款结算与支付约定如下：

1. 开工日 10d 前，发包人应向承包人支付合同价款（扣除暂列金额和安全文明施工费）的 20％作为工程预付款，工程预付款在第 2、3 个月的工程价款中平均扣回；

2. 开工后 10 日内，发包人应向承包人支付安全文明施工费的 60％，剩余部分和其他总价措施项目费用在第 2、3 个月平均支付；

3. 发包人按每月承包人应得工程进度款的 90％支付；

4. 当分项工程工程量增加（或减少）幅度超过 15％时，应调整综合单价，调整系数为 0.9（或 1.1）；措施项目费按无变化考虑；

5. B 分项工程所用的两种材料采用动态结算方法结算，该两种材料在 B 分项工程费用中所占比例分别为 12％和 10％，基期价格指数均为 100。

施工期间，经监理工程师核实及发包人确认的有关事项如下：

1. 第 2 个月发生现场计日工的人材机费用 6.8 万元；

2. 第 4 个月 B 分项工程动态结算的两种材料价格指数分别为 110 和 120。

问题：

1. 该工程合同价为多少万元？工程预付款为多少万元？

2. 第 2 个月发包人应支付给承包人的工程价款为多少万元？

3. 到第 3 个月末 B 分项工程的进度偏差为多少万元？

4. 第 4 个月 A、B 两项分项工程的工程价款各为多少万元？发包人在该月应支付给承包人的工程价款为多少万元？

（计算结果保留 3 位小数）

（二）参考解答

【整体分析】

根据题中的已知条件及需要解答的问题，将本题的主要数据以表格的形式整理到表 15.5.2 中，便于以后各小题的计算。

主要数据简表（单位：万元）　　　　　　表 15.5.2

合同价计算	项目名称	1月	2月	3月	4月
		（一）承包人已完工程价款的组成			
(1000×360+700× 220) /10000	一、分项工程	A：200×0.036 B：180×0.022 （计划进度）	A：320×0.036 B：200×0.022 （计划进度）	A：360×0.036 B：200×0.022 （计划进度）	A：300×0.036 B：120×0.022 （计划进度）
			B：180×0.022	B：210×0.022	B：220×0.022	B：90×0.022

续表

合同价计算	项目名称		1月	2月	3月	4月
	（一）承包人已完工程价款的组成					
7	二、措施费	单措	2	2	2	1
6（含安全文明费：3.6）		总措		(6−3.6×0.6)/2	(6−3.6×0.6)/2	
暂列金额 15万	三、其他费（人材机费，要计取管理费、利润16%）			发生计日工：6.8×(1+16%)		A调价：增量＞15%，有3%的工程量单价需调减 B调价：有两项材料动态结算，需调增
10%	四、规费		10%	10%	10%	10%
	五、税金					
	（二）发包人工程款的支付					
第1题结果：1. 合同价：87.340 2. 预付款：13.376	六、支付比例		90%	90%	90%	90%
	七、扣款（扣预付）			−13.376/2	−13.376/2	
	（三）发承包双方工程款结算					
	八、扣质保金					
	九、工期奖罚					

1. 该工程合同价为多少万元？工程预付款为多少万元？

【分析】

（1）合同价＝（分部分项工程费＋措施项目费＋其他项目费）×（1＋规费税金综合费率）。其中：分项工程费（1000×360＋700×220）/10000＝51.4万元，措施项目费7＋6＝13万元，其他项目只有暂列金额15万元。

（2）预付款按题目中的条件"合同价款（扣除暂列金额和安全文明施工费）的20%作为工程预付款"计算，扣除暂列金额和安全文明施工费时，应扣除相应的规费和税金，按全费用计算。

【解答】

（1）合同价：[（1000×360＋700×220）/10000＋（7＋6）＋15]×（1＋10%）＝87.340万元

（2）预付款：[87.34−（15＋3.6）×（1＋10%）]×20%＝13.376万元

2. 第2个月发包人应支付给承包人的工程价款为多少万元？

【分析】

发包人应支付的工程款，按"表15.5.2主要数据简表"逐项计算，考虑支付比例90%，扣除当月应扣预付款13.376/2＝6.688万元。

【解答】

（1）第2个月承包人实际完成的工程价款：

① 分项工程费：(320×360+210×220)/10000＝16.140 万元
② 措施费：2+(6-3.6×60%)/2＝3.920 万元
③ 其他项目费(计日工)：6.8×(1+16%)＝7.888 万元
④ 第 2 个月承包人完成的工程价款：
(16.140+3.920+7.888)×(1+10%)＝30.743 万元
(2)第 2 个月发包人应支付给承包人的工程价款：
30.743×90%－13.376/2＝20.981 万元

3. 到第 3 个月末 B 分项工程的进度偏差为多少万元？

【分析】

分项工程 B 的进度偏差＝已完工程计划费用－拟完工程计划费用，其中：

已完工程计划费用＝实际工程量×计价单价，拟完工程计划费用＝计划工程量×计价单价，均应计取规费和税金，按全费用计算。

如简化计算，直接计算实际工程量与计划工程量的量差的计划费用，即进度偏差＝(实际工程量－计划工程量)×计划单价，同样应计取规费和税金，按全费用计算。

【解答】

(1) 已完工程计划费用：(180+210+220)×220×(1+10%)/10000＝14.762 万元

(2) 拟完工程计划费用：(180+200+200)×220×(1+10%)/10000＝14.036 万元

(3) 进度偏差：14.762－14.036＝0.726 万元，施工进度超前 0.726 万元

或：进度偏差：[(180+210+220)－(180+200+200)]×220×(1+10%)/10000＝0.762 万元，施工进度超前 0.726 万元。

4. 第 4 个月 A、B 两项分项工程的工程价款各为多少万元？发包人在该月应支付给承包人的工程价款为多少万元？

【分析】

(1) A 分项工程综合单价的调整

A 分项的实际工程总量与原计划相比(1180－1000)/1000＝18%＞15%，超过 15%的部分为 3%，这 3%的工程量应调价，按原综合单价的 0.9 计算。

(2) B 分项工程利用"价格指数调整价格差额"

《清单计价规范》GB 50—5000 A.1.1 条的规定如下：价格调整公式。因人工、材料和工程设备、施工机械等价格波动影响合同价格时，根据招标人提供的本规范附录 L.3 的表-22（即"承包人提供主要材料和工程设备一览表"），并由投标人在投标函附录中的价格指数和权重表约定的数据，应按下式计算差额并调整合同价款：

$$\Delta P = P_0[A + (B_1 \times F_{t1}/F_{01} + B_2 \times F_{t2}/F_{02} + B_3 \times F_{t3}/F_{03} + \cdots + B_n \times F_{tn}/F_{0n}) - 1]$$

式中　　　　　ΔP——需调整的价格差额；

P_0——约定的支付证书中承包人应得到的已完成工程量的金额。此金额应不包含价格调整、不计质量保证金的扣留和支付、预付款的支付和扣回。约定的变更及其他金额已按现行价格计价的，也不计在内；

A——定值权重（即不调部分的权重）；

B_1、B_2、B_3、…、B_n——各可调因子的变值权重（可调部分的权重），为各可调因子在投标函投标总报价中所占的比例；

F_{t1}、F_{t2}、F_{t3}、…、F_{tn}——各可调因子的现行价格指数，指约定的付款证书相关周期最后一天的前42天的各可调因子的价格指数；

F_{01}、F_{02}、F_{03}、…、F_{0n}——各可调因子的基本价格指数，指基准日期的各可调因子的价格指数。

B分项的两项材料的价格与基期价格相比上升了，也应调价。除这两项材料以外，剩余部分的价格是固定的（不需要调价），剩余不需调价部分所占的比例为 $1-12\%-10\%=78\%$。B分项在本月实际完成的工程量为 $90m^3$。

(3) 发包人应支付的工程款按表15.5.2"主要数据简表"逐项计算，并考虑支付比例85%，本月不需要扣预付款。

【解答】

(1) 计算A分项的工程价款：

① A分项的实际量比计划量增加了 $(1180-1000)/1000=18\%$，超过15%的部分为 $18\%-15\%=3\%$，即 $1000\times 3\%=30m^3$，应调减 $30\times 360\times(1-0.9)=1080$ 元。

② 第4个月A分项的工程价款（含规费和税金）为：
$[300\times360-1080]\times(1+10\%)/10000=11.761$ 万元

(2) 计算B分项的工程价款：

① B分项不需要调价的材料占的比例为：$1-12\%-10\%=78\%$

② B分项的综合调价系数为：
$78\%+12\%\times(110/100)+10\%\times(120/100)=1.032$

③ B分项的工程价款（含规费和税金）为：
$[90\times220\times(1+10\%)/10000]\times1.032=2.248$ 万元

(3) 第4个月承包人完成的工程价款为：
$11.761+2.248+1\times(1+10\%)=15.109$ 万元

(4) 第4个月发包人应支付给承包人的工程价款：$15.109\times90\%=13.598$ 万元

【注意】

"价格指数调整价格差额"计算公式 $\Delta P=P_0[A+(B_1\times F_{t1}/F_{01}+B_2\times F_{t2}/F_{02}+B_3\times F_{t3}/F_{03}+\cdots+B_n\times F_{tn}/F_{0n})-1]$，$P_0$ 为约定的支付证书中"承包人应得到的已完成工程量的金额"，即 P_0 是全费用的工程款，$P_0=90\times220\times(1+10\%)/10000=2.178$ 万元，采用的是综合单价"220元"，"1.032"是综合调整系数，已经包含了其中"两项材料"因价格指数变化而引起的相应的管理费和利润的变化。

（三）考点总结

1. 合同价、预付款和安全文明施工费的计算；
2. 进度款的计算；
3. 进度偏差的计算与分析；
4. 分项工程费用的调整：(1) 工程量增减的调整，(2) 价格指数调整材料的价差。

2014 年真题(试题五)

(一) 真题(本题20分)

某建设项目,业主将其中一个单项工程通过工程量清单计价方式招标,确定了中标单位,双方签订了施工合同,工期为6个月。每月分部分项工程费和单价措施项目费见表14.5.1。

分部分项工程项目和单价措施项目　　　　表 14.5.1

费用名称	月份						合计
	1	2	3	4	5	6	
分部分项工程项目费用(万元)	30	30	30	50	36	24	200
单价措施项目费用(万元)	1	0	2	3	1	1	8

总价措施项目费为12万元,其中安全文明施工费6.6万元;其他项目费包括:暂列金额为10万元,业主拟分包的专业工程暂估价为28万元,总包服务费按5%计算;管理费和利润以人材机费用之和为基数计取,计算费率为8%;规费和税金以分部分项工程费、措施项目费、其他项目费之和为基数计取,计算费率为10%。

施工合同中有关工程款计算与支付的约定如下:

1. 开工前,业主向承包商支付预付款(扣除暂列金额和安全文明施工费用)为签约合同价的20%,并预付安全文明施工费用的60%。预付款在合同期的后3个月,从应付工程款中平均扣回。

2. 开工后,安全文明施工费的40%随工程进度款在第1个月支付,其余总价措施费在开工后的前4个月随工程进度款平均支付。

3. 工程进度款按月结算,业主按承包商应得工程进度款的90%支付。

4. 其他项目费按实际发生额与当月工程进度款同期结算支付。

5. 当分部分项工程量增加(或减少)幅度超过15%时,应调整相应的综合单价,调整系数为0.9(或1.1)。

6. 施工期间材料价格上涨幅度在超过基期价格5%及以内的费用由承包商承担,超过5%以上的部分由业主承担。

7. 工程竣工结算时扣留3%的工程质量保证金,其余工程款一次性结清。

施工期间,经监理人核实及业主确认的有关事项如下:

(1) 第3个月发生合同外零星工作,现场签证费用4万元(含管理费和利润);某分项工程因涉及变更新增工程量20%(原清单工程量400m³,综合单价180元/m³),增加相应单价措施费1万元,对工期无影响。

(2) 第4个月业主发包的专业分包工程完成,实际费用22万元;另有某分项工程的某种材料价格比基期价格上涨12%(原清单中该材料数量300m²,材料单价200元/m²)。

问题:

1. 该单项工程签约合同价为多少万元?业主在开工前应支付给承包商的预付款为多少万元?开工后第1个月应支付的安全文明施工工程款分别为多少万元?

2. 计算第3个月承包商应得工程款为多少万元?业主应支付给承包商的工程款为多少万元?

3. 计算第4个月承包商应得工程款为多少万元？业主应支付给承包商的工程款为多少万元？

4. 假设该单项工程实际总造价比签约合同价增加了30万元，在竣工结算时业主应支付给承包商的工程结算款应为多少万元？

（计算结果有小数的保留3位小数）

（二）参考解答

【整体分析】

根据题中的已知条件及需要解答的问题，将本题的主要数据以表格的形式整理到表14.5.2中，便于以后各小题的计算。

主要数据简表（单位：万元） 表14.5.2

合同价计算	项目名称		1月	…	3月	4月	…
			（一）承包人已完工程价款的组成				
200	一、分部分项费		30	…	30	50	…
8	二、措施费	单措	1		2	3	
12（含安全文明费：6.6）		总措	1. 安全文明：6.6×0.4 2. 其他总措：(12−6.6)/4	…	其他总措：(12−6.6)/4	其他总措：(12−6.6)/4	…
1. 暂列金额：10 2. 暂估价：28 3. 总包服务：28×5%	三、其他费（人材机费，要计取管理费利润8%）			…	1. 签证：4 2. 增量20%要调价 3. 增加措施：1	1. 专业分包：22 2. 总包服务费22×5% 3. 材料涨价12%调价	…
10%	四、规费		10%		10%	10%	…
	五、税金						
			（二）发包人工程款的支付				
第1题结果： 1. 合同价：285.340 2. 预付款：53.416 3. 安全文明预付：3.920	六、支付比例		90%	…	90%	90%	…
	七、扣款（扣预付）					−53.416/3	
			（三）发承包双方工程款结算				
	八、扣质保金		3%				
	九、工期奖罚						

1. 该单项工程签约合同价为多少万元？业主在开工前应支付给承包商的预付款为多少万元？开工后第1个月应支付的安全文明施工工程款分别为多少万元？

【分析】

（1）合同价=（分部分项工程费+措施费+其他项目费）×（1+规费税金综合费率）；其中：分部分项工程费200万元，措施项目费8+12=20万元，其他项目费包括，暂列金额10万元，专业工程暂估价28万元，总包服务费28×5%=1.4万元。

（2）预付款按题目中的条件"预付款（扣除暂列金额和安全文明施工费用）为签约合同价的20%"计算，扣除暂列金额和安全文明施工费用，应扣除相应的规费和税金，按全费用计算；还要预付安全文明施工费用的60%，同样要计取规费与和税金，按全费用计算，考虑支付比例90%。

（3）开工后第1个月应支付的安全文明施工工程款为剩下的40%（计取规费和税金，按全费用计算，考虑支付比例90%）。

【解答】

（1）单项工程签约合同价为：

$[200+(8+12)+(10+28+28×5\%)]×(1+10\%)=285.340$ 万元

（2）业主在开工前应支付给承包商的预付款：

① 材料预付款：$[285.340-(10+6.6)×(1+10\%)]×20\%=53.416$ 万元

② 安全文明施工费预付：$6.6×(1+10\%)×60\%×90\%=3.920$ 万元

预付款合计：$53.416+3.920=57.336$ 万元

（3）开工后第1个月应支付的安全文明施工工程款：

$6.6×(1+10\%)×40\%×90\%=2.614$ 万元

【注意】

关于本题预付款的理解：

（1）在工程中材料预付款和安全文明预付款一般都是在开工之前同时支付的。

（2）材料预付款用于购买材料，要从后期的工程款中抵扣；安全文明施工预付款，是总价措施项目费用的一种，用于安全文明施工，而安全文明施工措施一般在开工之前就要考虑，需要提前支付一部分，这笔费用是进度款的组成部分，所以要考虑支付比例90%。

（3）本题题目中的"开工前"应支付给承包商的预付款应包含两笔费用，即材料预付款和安全文明预付款。在2016年以后考题中，题目表达得更加明确，将"开工前支付的安全文明费"明确表述为"安全文明施工费按工程款支付方式提前支付"等，与预付款有明显的区分。

（4）安全文明费既然是工程进度款的一部分，就不再需要扣回；后期扣回的预付款仅仅是材料预付款，所以这两项费用要分开计算。

此处的"预付款"，与后期要从进度款中扣回的"预付款"是不一样的。

2. 计算第3个月承包商应得工程款为多少万元？业主应支付给承包商的工程款为多少万元？

【分析】

（1）承包商应得的工程款按"表14.5.2 主要数据简表"逐项计算。

（2）业主应支付给承包商的工程款，由承包商应得的工程款按90%的支付比例考虑。本月不需要扣回材料预付款。

【解答】

（1）第3个月承包商应得工程款：

① 分部分项工程费：30万元

② 措施费：$2+(12-6.6)/4=3.35$ 万元

③ 其他项目费：

签证：4万元

变更增量20%，即$400 \times 20\% = 80m^3$，其中$400 \times 15\% = 60m^3$按原综合单价180元/m^3计算，剩余$400 \times 5\% = 20m^3$按$180 \times 0.9 = 162$元/m^3计算。则：$(60 \times 180 + 20 \times 162)/10000 = 1.404$万元

增加单价措施费：1万元

第3个月承包商应得工程款：$(30 + 3.35 + 4 + 1.404 + 1) \times (1 + 10\%) \times = 43.729$万元

(2) 第3个月业主应支付给承包商的工程款：

$43.729 \times 0.9 = 39.356$万元

3. 计算第4个月承包商应得工程款为多少万元？业主应支付给承包商的工程款为多少万元？

【分析】

(1) 承包商应得的工程款按"表14.5.2 主要数据简表"逐项计算。

(2) 业主应支付给承包商的工程款，由承包商应得的工程款按90%的支付比例计算，并扣除本月应抵扣的预付款$53.416/3 = 17.805$万元。

【解答】

(1) 第4个月承包商应得工程款：

① 分部分项费：50万元

② 措施费：$3 + (12 - 6.6)/4 = 4.35$万元

③ 其他项目费：

专业分包工程费：22万

总承包服务费：$22 \times 5\% = 1.1$万元

材料价格上涨调价：价格上涨12%，需由业主承担的材料涨价部分为$12\% - 5\% = 7\%$，即$300 \times 200 \times 7\% \times (1 + 8\%)/10000 = 0.454$万元

第4个月承包商应得工程款：$(50 + 4.35 + 22 + 1.1 + 0.454) \times (1 + 10\%) = 85.694$万元

(2) 第4个月业主应支付给承包商的工程款：

$85.694 \times 0.9 - 53.416/3 = 59.319$万元

【注意】

(1) 本月发生了专业分包工程费，针对该分包工程的总承包服务费也必然同时发生，这是题目中的隐含条件。

(2) 材料价格的调整，同时应计取管理费和利润（因为管理费和利润是以人材机费为基数计取的，材料价格上涨了，必然会导致管理费和利润的增加），按材料费的8%计算，这才是完整的费用。

4. 假设该单项工程实际总造价比签约合同价增加了30万元，在竣工结算时业主应支付给承包商的工程结算款应为多少万元？

【分析】

(1) 工程实际总造价，按题目中的条件"实际总造价比签约合同价增加了30万元"计算，签约合同价285.340万元（第1小题计算结果）。

(2) 工程结算款＝工程实际总造价－质保金－已支付的工程款，质保金为工程结算价款3%，每月已经支付工程进度款的90%。

【解答】
(1) 工程实际总造价：285.340+30=315.340 万元
(2) 竣工结算时业主应支付给承包商的工程结算款：315.340×(1-90%-3%)=22.074 万元

(三) 考点总结
1. 合同价、预付款和安全文明施工费的计算；
2. 进度款的计算；
3. 工程实际总造价与结算款的计算。

2013 年真题（试题五）

(一) 真题（本题20分）

某工程采用工程量清单招标方式确定了中标人，业主和中标人签订了单价合同。合同内容包括六项分项工程。其分项工程工程量、费用和计划时间，见表13.5.1，该工程安全文明施工等总价措施项目费 6 万元，其他总价措施项目费 10 万元。暂列金额 8 万元；管理费以分项工程中的人工费、材料费、机械费之和为计算基数，费率为10%；利润与风险费以分项工程中人工费、材料费、机械费与管理费之和为计算基数，费率为7%；规费以分项工程、总价措施项目和其他项目之和为计算基数，费率为6%；税金率为3.5%，合同工期为 8 个月。

分项工程工程量、费用和计划作业时间明细表　　　　表 13.5.1

分项工程	A	B	C	D	E	F	合计
清单工程量 (m²)	200	380	400	420	360	300	2060
综合单价 (元/m²)	180	200	220	240	230	160	—
分项工程费 (万元)	3.60	7.60	8.80	10.08	8.28	4.80	43.16
计划作业时间 (起、止月)	1~3	1~2	3~5	3~6	4~6	7~8	—

有关工程价款支付条件如下：
(1) 开工前业主向承包商支付分项工程费（含相应的规费和税金）的25%作为材料预付款，在开工后的第4~6月分三次平均扣回。
(2) 安全文明施工等总价措施项目费分别于开工前和开工后的第1个月分两次平均支付，其他总价措施项目费在1~5个月分五次平均支付。
(3) 业主按当月承包商已完工程款的90%（包括安全文明施工等总价措施项目和其他总价措施项目费）支付工程进度款。
(4) 暂列金额计入合同价，按实际发生额与工程进度款同期支付。
(5) 工程质量保证金为工程款的3%，竣工结算月一次扣留。

工程施工期间，经监理人核实的有关事项如下：
(1) 第 3 个月发生现场签证计日工费 3.0 万元。
(2) 因劳务作业队伍调整使分项工程 C 的开始作业时间推迟了1个月，且作业时间延长1个月。
(3) 因业主提供的现场作业条件不充分，使分项工程 D 增加了人工费、材料费、机械费之和为 6.2 万元，作业时间不变。

(4) 因涉及变更使分项工程 E 增加工程量 120m² （其价格执行原综合单价），作业时间延长 1 个月。

(5) 其余作业内容及时间没有变化，每项分项工程在施工期间各月匀速施工。

问题：

1. 计算本工程的合同价款、预付款和首次支付的措施费。
2. 计算 3、4 月份已完工程款和应支付的工程款。
3. 该工程合同价调整额为多少万元，扣除质保金后，业主总计应支付给承包商工程款为多少万元？

（列出具体的计算过程，计算结果保留 3 位小数）

（二）参考解答

【整体分析】

根据题中的已知条件及需要解答的问题，将本题的主要数据以表格的形式整理到表 13.5.2 中，便于以后各小题的计算。

主要数据简表（单位：万元）　　　　　　　表 13.5.2

合同价计算	项目名称	1月	…	3月	4月	…
（一）承包人已完工程价款的组成							
43.16	一、分部分项费	…	…	A：3.6/3 D：10.08/4	C：8.8/4 D：10.08/4 E：（360＋120） ×230/10000/4（增量、延时）	…
1. 安全文明：6 2. 其他总措：10	二、措施费	1. 安全文明：6/2 2. 其他总措：10/5	…	2. 其他总措：10/5	2. 其他总措：10/5	…
暂列金额：8	三、其他费 （管理费：10%； 利润 7%）			1. 计日工：3 2. D 增加：6.2 ×（1＋10%）×（1 ＋7%）/4	2. D 增加：6.2 ×（1＋10%）×（1 ＋7%）/4	
6%	四、规费	6%		6%	6%	
3.5%	五、税金	3.5%		3.5%	3.5%	
（二）发包人工程款的支付							
第1题结果 1. 合同价：73.681 2. 材料预付：11.838 3. 安全文明预付：2.962	六、支付比例	90%		90%	90%	…
	七、扣款 （扣预付）				－11.838/3	…
（三）发承包双方工程款结算							
	八、扣质保金			3%			
	九、工期奖罚							

1. 计算本工程的合同价款、预付款和首次支付的措施费。

【分析】

（1）合同价＝（分部分项工程费＋措施费＋其他项目费）×（1＋规费费率）×（1＋税率）。

其中：分部分项工程费 43.16 万元，措施项目费 6＋10＝16 万元，其他项目费只有暂列金 8 万元，规费费率 6%，税率 3.5%。

(2) 预付款按题目中的条件"分项工程费用(含相应的规费和税金)的25%"计算。

(3) 首次支付的措施费,指的是开工前预付的安全文明措施费。按题目中的条件"安全文明施工等总价措施项目费用分别于开工前和开工后第1个月分两次平均支付"计算计取规费和税金,按全费用计算;同时考虑支付比例90%。

【解答】

(1) 合同价款:$[43.16+(6+10)+8]\times(1+6\%)\times(1+3.5\%)=73.681$ 万元

(2) 预付款:$43.16\times(1+6\%)\times(1+3.5\%)\times25\%=11.838$ 万元

(3) 首次支付的措施费(安全文明施工费工程款提前支付):$6\times(1+6\%)\times(1+3.5\%)\times1/2\times90\%=2.962$ 万元

2. 计算3、4月份已完工程款和应支付的工程款。

【分析】

(1) 已完工程款按"表13.5.2 主要数据简表"逐项计算。

(2) 应支付的工程款,由已完工程款按90%的支付比例计算,3月份不扣预付款,4月份扣预付款 $11.838/3=3.946$ 万元。

【解答】

(1) 计算3月份已完工程款和应支付的工程款

① 分部分项工程费:$(3.6/3+10.08/4)=3.72$ 万元

② 措施项目费:$10/5=2$ 万元

③ 其他项目费:

现场签证3万元

分项工程D增加费用 $6.2\times(1+10\%)\times(1+7\%)/4=1.824$ 万元

3月份已完工程款:$(3.72+2+3+1.824)\times(1+6\%)\times(1+3.5\%)=11.568$ 万元

3月份应支付工程款:$11.568\times90\%=10.411$ 万元

(2) 计算4月份已完工程款和应支付的工程款

① 分项工程费:$[8.8/4+10.08/4+(360+120)\times230/10000/4]=7.48$ 万元

② 措施项目费:$10/5=2$ 万元

③ 其他项目费:

分项工程D增加的费用:$6.2\times(1+10\%)\times(1+7\%)/4=1.824$ 万元

4月已完工程款:$(7.48+2+1.824)\times(1+6\%)\times(1+3.5\%)=12.402$ 万元

4月应支付工程款:$12.402\times90\%-11.838/3=7.216$ 万元

【注意】

对于E分项工程,原工程量为360m³,因变更增加工程量120m³,增幅为 $120/360=33.3\%$,按《清单计价规范》GB 50500—2013 第9.6.2条的规定,工程量偏差超过15%时,应对 $(33.3\%-15\%)\times360=65.88m^3$ 的工程量调整综合单价。题目中要求执行原综合单价,不需要调价。

3. 该工程合同价调整额为多少万元,扣除质保金后,业主总计应支付给承包商工程款为多少万元?

【分析】

(1) 合同价调整额=新增项目费用之和(含规费和税金)—暂列金额(计取规费和税

金），或合同价调整额＝工程实际总造价－签约合同价；工程实际总造价＝签约合同价＋新增工程价款（含规费和税金）－暂列金（计取规费和税金）。

（2）扣除质保金后业主总计应支付给承包商的工程款＝工程实际总造价－质保金。

【解答】

（1）计算合同价调整额：

① 在事项1、3、4中，增加的费用（未含规费和税金）合计为：$3.0+6.2\times(1+10\%)\times(1+7\%)+120\times230/10000=13.057$ 万元

② 工程实际总造价：$[43.16+(6+10)+13.057]\times(1+6\%)\times(1+3.5\%)=79.229$ 万元，或：$73.681+(13.057-8)\times(1+6\%)\times(1+3.5\%)=79.229$ 万元

合同调整额：$79.229-73.681=5.548$ 万元；或：$(13.057-8)\times(1+6\%)\times(1+3.5\%)=5.548$ 万元

（2）扣除质保金后，业主总计应支付给承包商的工程款：$79.229\times(1-3\%)=76.852$ 万元

(三) 考点总结

1. 合同价、预付款和安全文明施工费的计算；
2. 进度款的计算；
3. 合同价调整额的计算。

2012年真题（试题五）

（一）真题（本题20分）

某工程项目业主采用工程量清单计价方式公开招标确定了承包人，双方签订了工程承包合同，合同工期为6个月。合同中的清单项目及费用包括：分项工程项目4项，总费用为200万元，相应专业措施费用为16万元；安全文明施工措施费用为6万元；计日工费用为3万元；暂列金额为12万元；特种门窗工程（专业分包）暂估价为30万元，总承包服务费为专业分包工程费用的5％；规费和税金综合税率为7％。各分项工程项目费用及相应专业措施费用、施工进度，见表12.5.1。

分项工程项目费及相应专业措施费用、施工进度　　　　表12.5.1

分项工程 项目名称	分部分项工程及相应 专业措施费用（万元）		施工进度（单位：月）					
	项目费用	措施费用	1	2	3	4	5	6
A	40	2.2	-----------	-----------				
B	60	5.4		-----------	-----------	-----------		
C	60	4.8			-----------	-----------	-----------	
D	40	3.6					-----------	-----------

注：表中粗实线为计划作业时间，粗虚线为实际作业时间，分项工程计划和实际作业按均衡施工考虑。

合同中有关付款条款约定如下：

1. 工程预付款为签约合同价（扣除暂列金额）的20％，于开工之日前10天支付，在工期最后2个月的工程款中平均扣回。

2. 分项工程项目费用及相应专业措施费用按实际进度逐月结算。
3. 安全文明施工措施费用在开工后的前 2 个月平均支付。
4. 计日工费用、特种门窗专业费用预计发生在第 5 个月，并在当月结算。
5. 总承包服务费、暂列金额按实际发生额在竣工结算时一次性结算。
6. 业主按每月工程款的 90% 给承包商付款。
7. 竣工结算时扣留工程实际总造价的 5% 作为质保金。

问题：

1. 该工程签约合同价为多少万元？工程预付款为多少万元？
2. 列式计算第 3 个月末时的工程进度偏差，并分析工程进度情况（以投资额表示）。
3. 计日工费用、特种门窗专业费用均按原合同价发生在第 5 个月，列式计算第 5 个月末业主应支付给承包商的工程款为多少万元？
4. 在第 6 个月发生的工程变更、现场签证等费用为 10 万元，其他费用均与原合同价相同。列式计算该工程实际总造价和扣除质保金后承包商应获得的工程款总额为多少万元？

（费用计算以万元为单位，结果保留 3 位小数）

（二）参考解答

【整体分析】

根据题中的已知条件及需要解答的问题，将本题的主要数据以表格的形式整理到表 12.5.2 中，便于以后各小题的计算。

主要数据简表（单位：万元）　　　　表 12.5.2

合同价计算	项目名称	1月	2月	3月	4月	5月	6月
	（一）承包人已完工程价款的组成						
200+16	一、分部分项费及专业措施	A：42.2/2	A：42.2/2				
			B：65.4/4	B：65.4/4	B：65.4/4	B：65.4/4	
				C：64.8/3	C：64.8/3	C：64.8/3	
					D：43.6/2	D：43.6/2	
安全文明：6	二、措施费（总价措施）	6/2	6/2				
1. 计日工：3 2. 暂列金：12 3. 暂估价：30 4. 总包服务：30×5%	三、其他费					1. 计日工 3 2. 门窗 30	签证：10
7%	四、规费	7%	7%	7%	7%	7%	7%
	五、税金						

续表

合同价计算	项目名称	1月	2月	3月	4月	5月	6月
	(二) 发包人工程款的支付							
第1题结果： 1. 合同价：287.295 2. 预付款：54.891	六、支付比例	90%	90%	90%	90%	90%	90%
	七、扣款（扣预付）					−54.891/2	−54.891/2
	(三) 发承包双方工程款结算							
	八、扣质保金	5%						
	九、其他	结算时计算总承包服务费 30×5%						

1. 该工程签约合同价为多少万元？工程预付款为多少万元？

【分析】

(1) 合同价＝(分部分项工程费＋措施费＋其他项目费)×(1＋规费税金综合费率)。其中：分部分项工程费 200 万元；专业措施费 16 万元，总价措施费（安全文明施工措施费）6 万元；其他项目费包含 4 项，分别是计日工 3 万元，暂列金额 12 万元、专业工程（门窗）暂估价 30 万元、总承包服务费 30×5＝1.5 万元；规费和税金综合税率 7%。

(2) 预付款按题目中的条件"签约合同价（扣除暂列金额）的 20%"计算，暂列金额应扣除相应的规费和税金。

【解答】

(1) 合同价：[200＋(16＋6)＋(3＋12＋30＋30×5%)]×(1＋7%)＝287.295 万元

(2) 预付款：[200＋(16＋6)＋(3＋30＋30×5%)]×(1＋7%)×20%＝54.891 万元

或：[287.295−12×(1＋7%)]×20%＝54.891 万元

2. 列式计算第 3 个月末时的工程进度偏差，并分析工程进度情况（以投资额表示）。

【分析】

进度偏差＝已完工程计划费用−拟完工程计划费用。

(1) 到第 3 个月末时，已完工程费用计划费用：A 分项全部完成，即 40＋2.2＝42.2 万元；B 分项完成了 1/2，即 (60＋5.4)×1/2＝32.7 万元。因安全文明施工措施费用在开工后的前 2 个月平均支付，安全文明费 6 万元，应计算在工程费用之内。

(2) 到第 3 个月末时，拟完工程计划费用：A 分项全部完成，即 40＋2.2＝42.2 万元；B 分项完成了 2/3，即 (60＋5.4)×2/3＝21.8 万元；C 分项完成了 1/3，即 (60＋4.8)×1/3＝21.6 万元。同样地，安全文明费 6 万元，应计算在工程费用之内。

已完工程计划费用和拟完工程计划费用，都应计取规费和税金，按全费用计算。

【解答】

(1) 已完工程计划费用：[(40＋2.2)＋(60＋5.4)×1/2＋6]×(1＋7%)＝86.563 万元

(2) 拟完工程计划费用：[(40+2.2)+(60+5.4)×2/3+(60+4.8)×1/3)+6]×(1+7%)=121.338 万元

(3) 进度偏差：86.563-121.338=-34.775 万元，进度拖后 34.775 万元。

3. 计日工费用、特种门窗专业费用均按原合同价发生在第 5 个月，列式计算第 5 个月末业主应支付给承包商的工程款为多少万元？

【分析】
(1) 承包商完成的工程款按"表 12.5.2 主要数据简表"逐项计算。

(2) 应支付的工程款，由已完工程款按 90% 的支付比例考虑，并扣除本月应抵扣的预付款 54.891/2=27.446 万元。

【解答】
(1) 第 5 个月承包商完成的工程款：
[(65.4/4+64.8/3+43.6/2)+(3+30)]×(1+7%)=99.243 万元

(2) 第 5 个月末业主应支付给承包商的工程款：
99.243×90%-54.891/2=61.873 万元

4. 在第 6 个月发生的工程变更、现场签证等费用为 10 万元，其他费用均与原合价相同。列式计算该工程实际总造价和扣除质保金后承包商应获得的工程款总额为多少万元？

【分析】
(1) 工程实际总造价=签约合同价+新增工程价款（含规费和税金）-暂列金（计取规费和税金）。本工程的计日工、专业分包工程、总承包服务费均按原计划发生，暂列金额只用于第 6 个月的变更签证，只需要考虑用变更签证的费用（10 万元）取代暂列金（12 万元）即可。

(2) 扣除质保金后承包商应得的工程款总额=工程实际总造价-质保金。

【解答】
(1) 工程实际总造价：
[200+(16+6)+(3+10+30+30×5%)]×(1+7%)=285.155 万元
或：287.295+(10-12)×(1+7%)=285.155 万元

(2) 扣除质保金后承包商应获得的工程款总额：
285.155×(1-5%)=270.897 万元

(三) 考点总结

1. 合同价、预付款和安全文明施工费的计算；
2. 进度偏差的计算与分析；
3. 进度款的计算；
4. 工程实际总造价。

2011 年真题（试题五）

(一) 真题（本题 20 分）

某工程项目业主采用工程量清单招标方式确定了承包人，双方签订了工程施工合同，合同工期 4 个月，开工时间为 2011 年 4 月 1 日。该项目的主要价款信息及合同付款条款如下：

(1) 承包商各月计划完成的分部分项工程费、措施费见表11.5.1。

各月计划完成的分部分项工程费、措施费（单位：万元） 表11.5.1

月份	4月	5月	6月	7月
计划完成分部分项工程费	55	75	90	60
措施费	8	3	3	2

(2) 措施项目费160000元，在开工后的前两个月平均支付。

(3) 其他项目清单中包括专业工程暂估价和计日工，其中专业工程暂估价为180000元；计日工表中包括数量为100个工日的某工种用工，承包商填报的综合单价为120元/工日。

(4) 工程预付款为合同价的20%，在开工前支付，在最后两个月平均扣回。

(5) 工程价款逐月支付，经确认的变更金额、索赔金额、专业工程暂估价、计日工金额等与工程进度款同期支付。

(6) 业主按承包商每次应结算款项的90%支付。

(7) 工程竣工验收后结算时，按总造价的5%扣留质量保证金。

(8) 规费综合费率为3.55%，税金率为3.41%。

施工过程中，各月实际完成工程情况如下：

(1) 各月均按计划完成计划工程量。

(2) 5月业主确认计日工35个工日，6月业主确认计日工40个工日。

(3) 6月业主确认原专业工程暂估价款的实际发生分部分项工程费合计为80000元，7月业主确认原专业工程暂估价款的实际发生分部分项工程费合计为70000元。

(4) 6月由于业主设计变更，新增工程量清单中没有的一部分分项工程，经业主确认的人工费、材料费、机械费之和为100000元，措施费10000元，参照其他分部分项工程量清单项目确认的管理费费率为10%（以人工费、材料费、机械费之和为计费基础），利润率为7%（以人工费、材料费、机械费、管理费之和为计费基础）。

(5) 6月因监理工程师要求对已验收合格的某分项工程再次进行质量检验，造成承包商人员窝工费5000元，机械闲置费2000元，该分项工程持续时间延长1天（不影响总工期）。检验表明该分项工程合格。为了提高质量，承包商对尚未施工的后续相关工作调整了模板形式，造成模板费用增加10000元。

问题：

1. 该工程预付款是多少？

2. 每月完成的分部分项工程量价款是多少？承包商应得工程价款是多少？

3. 若承发包双方如约履行合同，列式计算6月末累计已完成的工程价款和累计已实际支付的工程价款。

4. 填写答题纸上承包商2011年6月的"工程款支付申请表"（表11.5.2）。

工程款支付申请表　　　　　　　　　　　　　表 11.5.2

工程名称：××××　　　　标段：××××　　　　编号：××××

致：××××（发包人全称）

我方于_____至_____完成了××××工作，根据施工合同的约定，现申请支付本期的工程款额（大写）_____元，（小写）_____，请予审核。

序号	名称	金额（元）	备注
1	累计已完成的工程价款		
2	累计已实际支付的工程价款		
3	本周期已完成的工程价款		
4	本周期已完成的计日工金额		
5	本周期应增加和扣减的变更金额		
6	本周期应增加和扣减的索赔金额		
7	本周期应抵扣的预付款		
8	本周期应抵扣的质保金		
9	本周期应增加或扣减的其他金额		
10	本周期应实际支付的工程价款		

承包人（章）
承包人代表_____
日　　期_____

复核意见： □与实际施工情况不相符，修改意见见附件。 □与实际施工情况相符，具体金额由造价工程师复核。 　　　　监理工程师_____ 　　　　日　　期_____	复核意见： 　你方提出的支付申请经复核，本期间已完成的工程款额为（大写）____元，（小写）____，本期间应支付金额为（大写）____元，（小写）____。 　　　　造价工程师_____ 　　　　日　　期_____

审核意见：
□不同意。
□同意，支付时间为本表签发后的 15 天内。

发包人（章）
发包人代表_____
日　　期_____

（计算过程与结果均以元为单位，结果取整）

（二）参考解答

【整体分析】

根据题中的已知条件及需要解答的问题，将本题的主要数据以表格的形式整理到表 11.5.3 中，便于以后各小题的计算。

主要数据简表(单位:万元)　　　　表 11.5.3

合同价计算	项目名称		4月	5月	6月	7月
	(一)承包人已完工程价款的组成					
55+75+90+60	一、分部分项费		55	75	90	60
8+3+3+2	二、措施费	完成措施费	8	3	3	2
		支付措施费	8	8		
1. 暂估价:18 2. 计日工:100×120/10000	三、其他项目费 (人材机费要计取管理10%;利润7%)		计日工: 35×120/10000		1. 计日工:40×120/10000 2. 暂估项目实际金额:8 3. 变更新增:10×(1+10%)×(1+7%)+1 4. 索赔:0.5+0.2	暂估项目实际金额:7
3.55%	四、规费		3.55%	3.55%	3.55%	3.55%
3.41%	五、税金		3.41%	3.41%	3.41%	3.41%
	(二)发包人工程款的支付					
	六、支付比例		90%	90%	90%	90%
第1题结果: 1. 合同价:337.5195 2. 预付款:67.5039	七、扣款 (扣预付)				−67.5039/2	−67.5039/2
	(三)发承包双方工程款结算					
	八、扣质保金			5%		
	九、其他					

1. 该工程预付款是多少?

【分析】

(1)预付款按题目中的条件"工程预付款为合同价的20%"计算。

(2)合同价=(分部分项工程费+措施费+其他项目费)×(1+规费费率)×(1+税率),其中:分部分项工程费为55+75+90+60=280万元;措施费16万元;其他项目费有两项,暂估价18万元,计日工100×120/10000=1.2万元;规费综合费率3.5%;税率3.41%。

【解答】

(1)合同价:[(55+75+90+60)+(8+3+3+2)+(18+100×120/10000)]×(1+3.55%)×(1+3.41%)=337.5195万元=3375195元

(2)预付款:3375195×20%=675039元

2. 每月完成的分部分项工程量价款是多少?承包商应得工程价款是多少?

【分析】

(1)承包商每月完成的分部分项工程量价款和应得工程价款按表5.3"主要数据简表"逐项计算。

(2)承包商应得工程价款,由已完工程款按90%的支付比例计算,并扣除本月应抵扣的预付款,根据题目中预付款扣回的方式"在最后两个月平均扣回",4月和5月不需要扣预付款,6月和7月每月扣回预付款675039/2=337520元。

本题第1问要求计算的是每月完成的"分部分项工程量价款",不需要考虑措施项目费。本题第2问要求计算"承包商应得工程价款",应包含当月应支付的措施项目费(不是当月完成的措施项目费)。

【解答】
(1) 4月
① 4月完成的分部分项工程量价款:
$550000 \times (1+3.55\%) \times (1+3.41\%) = 588946$ 元
② 4月承包商应得工程价款:
$(550000+80000) \times (1+3.55\%) \times (1+3.41\%) \times 90\% = 607150$ 元
(2) 5月
① 5月完成的分部分项工程量价款:
$750000 \times (1+3.55\%) \times (1+3.41\%) = 803108$ 元
② 5月承包商应得工程价款:
$(750000+80000+35 \times 120) \times (1+3.55\%) \times (1+3.41\%) \times 90\% = 803943$ 元
(3) 6月
① 6月完成的分部分项工程量价款:
$900000 \times (1+3.55\%) \times (1+3.41\%) = 963729$ 元
② 6月承包商应得工程价款计算:
6月分部分项工程费:900000元
6月计日工:$40 \times 120 = 4800$ 元
6月专业工程:80000元
6月变更新增工程费:$100000 \times (1+10\%) \times (1+7\%) + 10000 = 127700$ 元
6月索赔费用:$5000+2000=7000$ 元
6月应扣预付款:$675039/2 = 337520$ 元
6月承包商应得工程价款:$(900000+4800+80000+127700+7000) \times (1+3.55\%) \times (1+3.41\%) \times 90\% - 337520 = 741375$ 元
(4) 7月
① 7月完成的分部分项工程量价款:
$600000 \times (1+3.55\%) \times (1+3.41\%) = 642486$ 元
② 计算7月承包商应得工程价款:
7月分部分项工程费:600000
7月专业工程:70000元
7月应扣预付款:$675039/2 = 337520$ 元
7月承包商应得工程价款:$(600000+70000) \times (1+3.55\%) \times (1+3.41\%) \times 90\% - 337520 = 308179$ 元

【注意】
(1) 本题计算分部分项"工程量价款"与分部分项"工程费"是不一样的。分部分项"工程费"包含人工费、材料费、机械费、管理费和利润;分部分项"工程量价款"是全费用,即包含分部分项工程费、规费、税金。

(2)"承包商应得工程价款"与"发包人应支付的工程价款"是一样的,"承包人应得的工程价款"要考虑支付比例并扣除预付款。

3. 若承发包双方如约履行合同,列式计算 6 月末累计已完成的工程价款和累计已实际支付的工程价款。

【分析】

(1) 6 月末累计已完成的工程价款,是 4 月、5 月和 6 月三个月完成的工程价款之和,按表 5.3 "主要数据简表"逐项计算。

(2) 6 月末累计已实际支付的工程价款包括预付款,以及 4 月和 5 月发包人已支付的工程款(即这两个月承包商应得工程价款),分别采用第 1 小题、第 2 小题的计算结果。

【解答】

(1) 计算 6 月末累计已完成的工程价款:

① 分部分项工程费:$(55+75+90)\times 10000 = 2200000$ 元

② 措施费:$(8+3+3)\times 10000 = 140000$ 元

③ 其他项目费:

计日工:$(35+40)\times 120 = 9000$

专业工程:80000 元

变更新增工程费:$100000\times(1+10\%)\times(1+7\%)+10000 = 127700$ 元

索赔费用:$5000+2000 = 7000$ 元

④ 6 月末累计已完成的工程价款:$[2200000+140000+(9000+80000+127700+7000)]\times(1+3.55\%)\times(1+3.41\%) = 2745237$ 元

(2) 6 月末累计已实际支付的工程价款:$675039+607150+803943 = 2086132$ 元

【注意】

(1) 计算 6 月末累计已完成的工程价款中的措施项目费是按 4 月、5 月和 6 月完成的措施费 $8+3+3=14$ 万计算,不是 4 月和 5 月措施费的支付之和 $8+8=16$ 万元。

(2) 6 月末累计已实际支付的工程价款,并不包含 6 月份发包人应支付的进度款。因为 6 月份的进度款,要经过一个审批程序,需要一定的时间,会在 7 月(或更后某月)的某个时间点支付。这是工程中通常的支付方式。

4. 填写答题纸上承包商 2011 年 6 月的"工程款支付申请表"

【分析】

这是《清单计价规范》GB 50500—2013 附录中 K·3 的"进度款支付申请(核准)表",根据第 1~3 题中的计算结果进行计算或填写,各项目都应计取规费和税金,按全费用计算。

其他数据计算过程如下:

(1) "本周期已完成的工程价款"应包含 6 月完成的措施费 30000 元,计算过程为:$(900000+30000+4800+80000+127700+7000)\times(1+3.55\%)\times(1+3.41\%) = 1230897$ 元。不能用 6 月应支付的工程款进行换算,因为题目中有说明:"措施项目费 160000 元,在开工后的前两个月平均支付",6 月份的措施费已经提前支付了。

(2) "本周期应增加和扣减的其他金额",指的是"6 月业主确认原专业工程暂估价的实际发生分部分项工程费合计为 80000 元"(计取规费和税金),即 $80000\times(1+$

3.55%)×(1+3.41%)=85665 元。

(3) 表中的"本周期"均指"6月"。

【解答】

填写工程款支付申请表，见表 11.5.2（1）。

工程款支付申请表　　　　　　　　　　　　　　表 11.5.2（1）

工程名称：××××　　　　标段：××××　　　　编号：××××

致：××××（发包人全称）

我方于 2011 年 6 月 1 日至 2016 年 6 月 30 日完成了××××工作，根据施工合同的约定，现申请支付本期的工程款额（大写）柒拾肆万壹仟叁佰柒拾伍元，（小写）741375 元，请予审核。

序号	名称	金额（元）	备注
1	累计已完成的工程价款	2745237	/
2	累计已实际支付的工程价款	2086132	/
3	本周期已完成的工程价款	1230897	/
4	本周期已完成的计日工金额	5140	/
5	本周期应增加和扣减的变更金额	136743	/
6	本周期应增加和扣减的索赔金额	7496	/
7	本周期应抵扣的预付款	337520	/
8	本周期应抵扣的质保金	/	/
9	本周期应增加或扣减的其他金额	85665	/
10	本周期应实际支付的工程价款	741375	/

承包人（章）

承包人代表_____

日　　期_____

复核意见： □与实际施工情况不相符，修改意见见附件。 □与实际施工情况相符，具体金额由造价工程师复核。 　　　　　　监理工程师_____ 　　　　　　日　　期_____	复核意见： 　　你方提出的支付申请经复核，本期间已完成的工程款额为（大写）____元，（小写）____，本期间应支付金额为（大写）____元，（小写）____。 　　　　　　造价工程师_____ 　　　　　　日　　期_____

审核意见：

□不同意。

□同意，支付时间为本表签发后的 15 天内。

发包人（章）

发包人代表_____

日　　期_____

(三) 考点总结
1. 合同价与预付款的计算；
2. 进度款的计算；
3. 进度款支付申请表的填写。

第 5 章 工程计量与计价应用

本章考试大纲：
一、工程计量的应用；
二、工程计价定额的应用；
三、设计概算、施工图预算的应用；
四、工程量清单计价的应用。

第 5.1 节 考 点 解 析

本章主要考查工程量的计算，综合单价的计算，工程量清单与计价表的填写与计算，以及价格汇总表的填写。工程量的计算结合图纸考查，要求能准确理解图纸内容。工程量清单与计价表的填写与计算，以及价格汇总表的填写较为简单，只需将计算数据和题目中给出的数据填入并计算。综合单价的计算是本章的难点，涉及工作内容的综合及费用组成层次的综合。

考点 1 工程量计算

工程量计算是造价工程师的基本技能。本题的考查，一般放在一套较为简单的图纸中进行。

纵观以往的真题，图纸主要有局部图纸和整套图纸两类。局部图纸，即考查工程某个部位工程量的计算，是考查的主流，如 2019 年的体育馆独立基础图，2018 年的烟囱基础图，2017 年的屋架图，2016 年的电梯厅装饰图，2015 年的燃煤架空运输坡道独立基础图，2014 年的基坑支护图，2012 年的烟囱基础图，2011 年的室外楼梯图，基础、基坑等地下部分的图纸占了较大的比例。对于整套图纸，这类题目数量不多，如 2013 年的厂房结构图，因为在有限的考试时间内，完成大量图纸识读和工程量计算是很困难的，同时，限于试卷篇幅，为了保证图纸的清晰度，也不便于提供较复杂项目的图纸。

本题难度不大，一般涉及数量（个），长度（m），面积（m^2），体积（m^3）的计算；对于实际工作中，较为麻烦的钢材质量计算，一般不会涉及钢材几何尺寸的计算，而是直接给出某些构件的钢材用量，或者是单位体积（m^3）混凝土中钢材含量，这样就减小了计算的难度。需要计算工程量的分项工程多在 10 项以内，4～6 项居多。一般情况下，如果需计算工程量的分项工程项数较少，则单项工程量计算较复杂；如果需计算工程量的分项工程项数较多，则单项工程量计算较简单。

本题难度虽然不大，但保证计算准确性却是至关重要的，后续的题目，如清单综合单价的分析，清单计价表的填写，以及价格汇总表的填写等，常会用到本小题的计算结果，因此工程量的计算是本章相关计算的前提。

在本章的学习过程中，应注意以下两个问题。

第一，多看图纸和图集，多到施工现场熟悉施工工艺流程。平时识图的积累主要包括土方开挖、基坑支护、基础构造与施工、混凝土的模板与支撑、钢筋绑扎、混凝土浇筑，砌筑工程，屋面工程、楼梯工程、装饰工程，以及工业厂房，常见的构筑物等，将图纸和施工的实际情况结合起来识读。识图能力增强了，在考试时才会胸有成竹。

第二，熟悉工程量计算规则。工程量均应按照《房屋与装饰工程工程量计算规范》GB 50854—2013 的规定进行计算，规范将工程量计算分成 17 类，应注意每类工程量计算的特殊规定，此处不再赘述。

【例 5.1】某工程基础平面图如图 5.1 所示，现浇钢筋混凝土带形基础、独立基础的尺寸如图 5.2 所示，混凝土垫层强度等级为 C15，混凝土基础强度等级为 C20，按外购的商品混凝土考虑。基础垫层支模浇筑，工作面宽 300mm，坑槽底面用电动夯实机夯实，费用计入混凝土垫层和基础中。

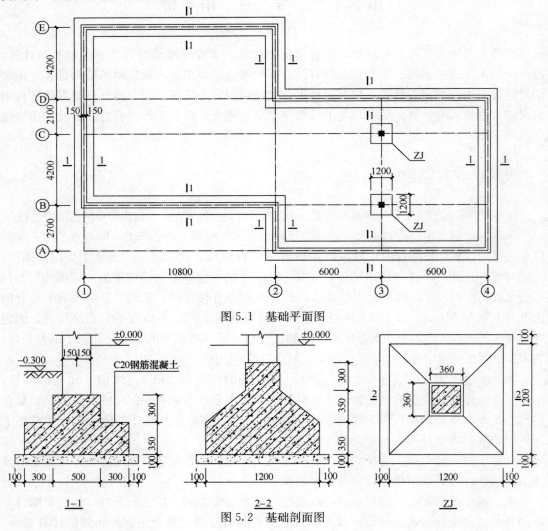

图 5.1 基础平面图

图 5.2 基础剖面图

请根据《建设工程工程量清单计价规范》GB 50500—2013 的规定，(1) 计算钢筋混凝土带形基础、独立基础、基础垫层的工程量，棱台体体积公式为：$V=1/3 \times h \times (a^2+b^2+a \times b)$；(2) 计算带形基础、独立基础（坡面不计算工程量）和基础垫层的模板工程量。

解答：

(1) 分部分项工程量的计算，见表 5.1。

分部分项工程量计算表　　　　　　　　　　　　　　　　　　　　　　表 5.1

序号	分部分项工程名称	单位	计算过程	工程量
1	带形基础	m³	(1)带形基础长度： [(10.8+6+6)+(2.7+4.2+2.1+4.2)]×2=72 (2)带形基础体积： (1.1×0.35+0.5×0.3)×72=38.52	38.52
2	独立基础	m³	[(1.2×1.2×0.35)+1/3×0.35×(1.2²+0.36²+1.2×0.36)+0.36×0.36×0.3]×2=1.55	1.55
3	带形基础垫层	m³	1.3×0.1×72=9.36	9.36
4	独立基础垫层	m³	1.4×1.4×0.1×2=0.39	0.39

(2) 模板工程量计算，见表 5.2。

模板工程量计算表　　　　　　　　　　　　　　　　　　　　　　表 5.2

序号	模板名称	单位	计算过程	工程量
1	带形基础模板	m²	(0.35+0.3)×2×72=93.6	93.6
2	独立基础模板	m²	(1.2×0.35×4+0.36×0.3×4)×2=4.22	4.22
3	垫层木模板	m²	72×0.1×2+1.4×0.1×4×2=15.52	15.52

解题方法：

(1)准确把握图纸内容。一般情况下，先看平面布置图，再看立面图或剖面图，最后看详图，应注意剖面图或详图在平面图中所对应的标注符号；还应注意图纸说明，有时会在图纸说明中指明某些构件的数量。一定要在头脑中建立图纸内容的立体模型，对于不便理解的某些特殊部位，可在草稿上勾画出关键部位的三维草图。

(2)计算工程量。结合"工程量计算表"中的项目名称和计量单位，逐一计算每项工程量，"计量单位"是工程量计算规则的提示。如果单个构件是异形的，基本思路是将异形几何图形分解成若干规则的几何图形，然后计算其面积和体积。

单个构件的工程量计算完成之后，还应注意构件的总数，如 2017 年真题中支撑的总数，2016 年真题中电梯厅的套数，2015 年真题中独立基础和基础梁的总数，2014 年真题中灌注桩和锚索的总数。

(3)复核工程量。本题的计算量大，工程量是基础数据，会影响到后续题目的计算，一定要复核。复核方法：比对计算式和图纸，先复核计算式中的每一个数据是否与图纸一致；确认计算式准确无误后，再用计算器重新计算一遍，两次计算的结果都相同，则表明工程量计算是正确的。

(4)其他注意事项。对于某些陌生的项目名称，如 2016 年真题中的"波打线"，2014 年真题中的"旋喷桩止水幕"，不要被这些陌生的名称所迷惑。根据"项目特征"和"计量单位"，再结合图纸中的标注，可以准确地计算出该项目的工程量。

📖 **已考年份**：2020 年、2019 年、2018 年、2017 年、2016 年、2015 年、2014 年、2013 年、2012 年、2011 年。

考点 2　综合单价计算

综合单价指的是完成一个规定清单项目所需的人工费、材料费和工程设备费、施工机具使用费和企业管理费、利润以及一定范围内的风险费用。(《清单计价规范》GB 50500—2013 第 2.0.8 条)

从以上定义可知，综合单价包含两个方面的"综合"。一是工作内容的"综合"，《工程量计算规范》GB 50854—2013 对每个分部分项工程规定了相应的工作内容，一般包括多项工作内容；而在定额中，这些工作内容是分别列出人工费、材料费和机械费的；在计算清单项目的综合单价时，要把这些工作内容都要整合到一个清单项目中，用清单方式计价时，就有可能包含多项工作内容的费用。二是费用组成内容的"综合"，包含人工费、材料费、机械费、管理费和利润；人工费、材料费、机械费一般以定额的方式给出，管理费和利润需要通过计算才能确定。

由于分项工程采用清单方式计价可能包含多项工作内容，这些工作内容的人工费、材料费和机械费用可以通过查看定额的方式得到。对某些分项工程，清单和定额的工程量计算规则有差别，这就会在定额和清单之间产生一个换算关系，也就是清单单位含量(单位清单工程量所包含的定额工程量)，即综合单价分析表中的"数量。"

当清单工程量与定额的工程量计算规则一致时，清单工程量等于定额工程量，清单单位含量(数量)为 1；当清单与定额的工程量计算规则不一致时，则二者计算的结果不一致，清单单位含量(数量)不为 1。计算公式为：

清单单位含量＝定额工程量/清单工程量。

本题的难度较大，计算量也较大，是考试的难点之一。应特别注意清单计量规则和定额计量规则不一致的项目，以及清单计价方式包含工作内容较多的分项工程，在考试中最容易考查到。

【例 5.2】工程背景同例 5.1，以人工费、材料费和机械使用费之和为基数，取管理费率 5%，利润率 4%。基础定额表，见表 5.3。依据提供的定额基础数据，计算现浇混凝土带形基础的分部分项工程量清单综合单价。

基础定额表　　　　　　　　　　　　　　　　　　　　表 5.3

项目			基础槽底夯实	现浇混凝土基础垫层	现浇混凝土带形基础
名称	单位	单价（元）	100m²	10m³	10m³
综合人工	工日	52.36	1.42	7.33	9.56
混凝土 C15	m³	252.40		10.15	
混凝土 C20	m³	266.05			10.15
草袋	m²	2.25		1.36	2.52
水	m³	2.92		8.67	9.19
电动打夯机	台班	31.54	0.56		
混凝土振捣器	台班	23.51		0.61	0.77
翻斗车	台班	154.80		0.62	0.78

解答：

(1) 清单单位含量（数量）计算：

① 槽底夯实：

槽底面积：$(1.3+0.3\times2)\times72=136.8m^2$，混凝土带形基础 $38.52m^3$

清单单位含量(数量)：$(136.8/38.52)/100=0.036$

② 混凝土垫层：

垫层体积 $9.36m^3$，混凝土带形基础 $38.52m^3$

清单单位含量(数量)：$(9.36/38.52)/10=0.024$

③ 混凝土带形基础：

清单单位含量(数量)：$(38.52/38.52)/10=0.1$

(2) 单价计算：

定额中槽底夯实的计量单位为 $100m^2$，混凝土垫层的计量单位为 $10m^3$，混凝土带形基础的计量单位为 $10m^3$。

① 槽底夯实：

人工费：$1.42\times52.36=74.35$ 元/$(100m^2)$

机械费：$0.56\times31.54=17.66$ 元/$(100m^2)$

管理费和利润：$(74.35+17.66)\times(5\%+4\%)=8.28$ 元/$(100m^2)$

② 混凝土垫层：

人工费：$7.33\times52.36=383.80$ 元/$(10m^3)$

材料费：$(10.15\times252.40+1.36\times2.25+8.67\times2.92)=2590.24$ 元/$(10m^3)$

机械费：$0.61\times23.51+0.62\times154.80=110.32$ 元/$(10m^3)$

管理费和利润：$(383.80+2590.24+110.32)\times(5\%+4\%)=277.59$ 元/$(10m^3)$

③ 混凝土带形基础：

人工费：$9.56\times52.36=500.56$ 元/$(10m^3)$

材料费：$(10.15\times266.05+2.52\times2.25+9.19\times2.92)=2732.91$ 元/$(10m^3)$

机械费：$0.77\times23.51+0.78\times154.80=138.85$ 元/$(10m^3)$

管理费和利润：$(500.56+2732.91+138.85)\times(5\%+4\%)=303.51$ 元/$(10m^3)$

(3) 合价计算：

① 槽底夯实：

人工费：$0.036\times74.35=2.68$ 元/m^3

机械费：$0.036\times17.66=0.64$ 元/m^3

管理费和利润：$0.036\times8.28=0.30$ 元/m^3

② 混凝土垫层：

人工费：$0.024\times383.80=9.21$ 元/m^3

材料费：$0.024\times2590.24=62.17$ 元/m^3

机械费：$0.024\times110.32=2.65$ 元/m^3

管理费和利润：$0.024\times277.59=6.66$ 元/m^3

③ 混凝土带形基础：

人工费：$0.1\times500.56=50.06$ 元/m^3

材料费：$0.1 \times 2732.91 = 273.29$ 元/m³

机械费：$0.1 \times 138.85 = 13.89$ 元/m³

管理费和利润：$0.1 \times 303.51 = 30.35$ 元/m³

（4）综合单价计算：

① 人工费合计：$2.68 + 9.21 + 50.06 = 61.95$ 元/m³

② 材料费合计：$62.17 + 273.29 = 335.46$ 元/m³

③ 机械费合计：$0.64 + 2.65 + 13.89 = 17.18$ 元/m³

④ 管理费和利润合计：$0.30 + 6.66 + 30.35 = 37.31$ 元/m³

综合单价：$61.95 + 335.46 + 17.18 + 37.31 = 451.90$ 元/m³

将以上数据填入带形混凝土基础综合单价分析表，见表5.4。

带形混凝土基础综合单价分析表　　　表5.4

项目编码	010401001001	项目名称	混凝土带形基础	计量单位	m³	工程量	38.52			
清单综合单价组成明细										
定额编号	定额名称	定额单位	数量	单价（元）				合价（元）			
				人工费	材料费	机械费	管理费和利润	人工费	材料费	机械费	管理费和利润
	槽底夯实	100m²	0.036	74.35	/	17.66	8.28	2.68	/	0.64	0.30
	混凝土垫层	10m³	0.024	383.80	2590.24	110.32	277.59	9.21	62.17	2.65	6.66
	带形基础	10m³	0.100	500.56	2732.91	138.85	303.51	50.06	273.29	13.89	30.35
人工单价			小计					61.95	335.46	17.18	37.31
52.36元/工日			未计价材料								
清单子项目综合单价								451.90			

解题方法：

（1）清单的工作内容分析。分析清单分项工程包含哪几项定额项目，并逐一填入综合单价分析表中（定额中的人材机费用一般为题目中的已知条件），并计算单价中的管理费和利润。注意单价分析表中的管理费和利润要按照题目中给定的计算规则计算，有时管理费和利润是分开计算的，有时这二者是合在一起计算的。

（2）计算清单单位含量。注意清单计量单位和定额计量单位之间的差别，例如2016年真题第六题（土建专业），轻型钢屋架的清单计量单位是"t"，定额中的"油漆"给出的是每"m²"多少"kg"，这就需要算出每"t"钢屋架需要涂刷多少面积（m²）的油漆，再乘以每"m²"涂刷油漆的重量"kg"，最后才可计算出每"t"钢屋架需要多少"kg"的油漆，这一系列的转化和计算的思路一定要清晰。

（3）计算合价。合价等于单价乘以数量，人工费、材料费、机械费、管理费和利润的合价分别计算。

（4）计算综合单价。合价中的人工费、材料费、机械费、管理费和利润之和为综合单价。

（5）填写材料费明细。综合单价分析表中的材料费，是综合单价所包含的材料费，对照定额表中的材料费，换算填入即可。

（6）检查复核。在考题中，本题计算的综合单价可能会用在后续题目的"分部分项工程和单价措施项目清单与计价表"中，因此应保证本题计算的准确性。

📖 **已考年份**：2020年、2017年、2015年、2014年、2012年、2011年。

考点3　工程量清单与计价表的计算与填写

在实际工程中，招标文件中会给出工程量清单，其中各项目的综合单价和合价是空缺的；在投标文件中，投标人根据招标工程量清单填写综合单价和合价，并汇总计算出投标报价，这就是已标价工程量清单。清单的编制与报价是造价工程师必不可少的工作，因此，在考试中，这种类型的题目是常见的题目。

清单包括分部分项工程量清单、措施项目清单（分为单价措施项目清单、总价措施项目清单）、其他项目清单（暂列金额、暂估价、计日工、总承包服务费）、规费和税金清单等。

考试中，考查得较多的是分部分项工程量清单、措施项目清单，或者是二者的组合。这类题目相对容易解答，但计算的准确性是得分的关键。

【例5.3】工程背景同例5.1，工程量采用例5.1的计算结果，综合单价为表中已知数据，填写分部分项工程和单价措施项目清单与计价表。

解答：

分部分项工程和单价措施项目清单与计价表，见表5.5。

分部分项工程和单价措施项目清单与计价表　　　　表5.5

序号	项目编码	项目名称	项目特征	计量单位	工程量	金额（元）	
						综合单价	合价
一				分部分项工程			
1	010501002001	带形基础	C20商品混凝土	m³	38.52	500	19260.00
2	010501003001	独立基础	C20商品混凝土	m³	1.55	530	821.50
3	010501001001	带形基础垫层	C15商品混凝土	m³	9.36	450	4212.00
4	010501001002	独立基础垫层	C15商品混凝土	m³	0.39	460	179.40
			分部分项工程费				24472.90
二				措施项目			
1	011702001001	带形基础模板		m²	93.6	45	4212.00
2	011702001002	独立基础钢模板		m²	4.22	50	211.00
3	011702001003	垫层模板		m²	15.52	30	465.60
			单价措施项目小计				4888.60
			分部分项工程和单价措施项目合计				29361.50

解题方法：

(1) 项目编码。如果表中缺项目编码，题目中会给出项目的清单编码，一般只会给出九位编码，剩余的三位编码需要根据工程特征补充完整，如编为001、002等。项目编码填写在较早年份的考题中出现得比较多。

(2) 项目名称。一般为题目中的已知内容。

(3) 项目特征。根据题目中的文字描述，整理填入。在以往年份的真题中，有考查填写项目特征的题目，最近几年都没有这方面的题目，项目特征不再需要填入。

(4) 计量单位。一般为题目中的已知内容。

(5) 工程量。将以前小题中计算的清单工程量直接填入即可。

(6) 综合单价。题目一般会给出部分分项工程的综合单价，有时需要将以前小题中计算的综合单价填入；有时会在相应的定额中给出人材机费用，则需要考虑管理费和利润，再算出综合单价。

(7) 合价。合价＝综合单价×工程量。

(8) 检查复核。检查方法：检查本小题中的工程量和综合单价与前面各小题的计算结果是否一致；确认各数据准确无误后，再用计算器重新计算一遍，两次计算的结果都相同，则表明计算结果是准确的。

📖 **已考年份**：2020年、2018年、2017年、2016年、2015年、2014年、2013年、2012年、2011年。

考点4 价格汇总表的计算与填写

在实际工程中，将各项费用汇总到一张价格汇总表中，便于分析和查看，这是工程造价计算的最终成果，同样地，在考试中，填写价格汇总表格是常见的题目。

价格汇总表主要包括单位工程招标控制价汇总表、单位工程投标报价汇总表、单位工程竣工结算汇总表等。这些汇总表虽然名称不同，编制时间不同，但内容基本一致。

一般情况下，汇总表包括分部分项工程、措施项目、其他项目、规费和税金。这类题目相对比较简单，题目中一般会给出各组成部分的费用或计算方法。

【例5.4】某单位工程，结算时经发承包双方确认：分部分项工程费为350万元，单价措施费为12万元，总价措施费中仅有安全文明施工费一项（按分部分项工程费的4.5%计取）。其他项目中的安防工程费实际费用为10万元（专业分包），总承包服务费为专业分包工程费的5%。规费以分部分项工程费、措施费和其他项目费之和为计算基数，费率为6%，增值税税率为9%。请编制该单位工程的竣工结算总价汇总表。

解答：

(1) 分部分项工程费：350万元

(2) 措施项目费：12＋350×4.5%＝27.75万元

(3) 其他项目费：

① 安防工程费：10万元

② 总承包服务费：10×5%＝0.5万元
(4) 规费：(350＋27.75＋10＋0.5)×6%＝23.30万元
(5) 增值税：(350＋27.75＋10＋0.5＋23.30)×9%＝37.04万元
(6) 竣工结算总价＝350＋27.75＋(10＋0.5)＋23.30＋37.04＝448.59万元
编制单位工程的竣工结算总价汇总表，见表5.6。

单位工程竣工结算汇总表　　　　　　　　　　　　　　　表5.6

序号	项目名称	金额（万元）
1	分部分项工程费	350
2	措施项目费	27.75
2.1	其中：单价措施项目费	12
2.2	安全文明施工费	15.75
3	其他项目费	10.5
3.1	其中：安防工程结算价	10
3.2	总承包服务费	0.5
4	规费	23.30
5	增值税	37.04
	竣工结算总价＝1＋2＋3＋4＋5	448.59

解题方法：

(1) 分部分项工程费。按题目中给定的数据或前面小题的计算结果填入。

(2) 措施项目费。包括单价措施项目费和总价措施项目费。按题目中给定的数据或计算结果填入。其中，总价措施项目费中的安全文明施工费一般要单列出来。如果需要计算措施项目费的明细，应注意计算基数和费率。

(3) 其他项目费。在单位工程招标控制价（或投标报价汇总表）中包含暂列金额、专业工程暂估价、计日工、总承包服务费等；在单位工程竣工结算汇总表中包括专业工程结算价、计日工、总承包服务费、索赔与现场签证等。按题目中给定的数据或计算结果填入。

如果题目中指明其他项目费为0，同样应该在汇总表中列出，不能缺少这一项。

(4) 规费。当规费的计算基数为分部分项工程费、措施项目费、其他项目费之和时，规费＝(分部分项工程费＋措施项目费＋其他项目费)×规费费率。

(5) 税金。税金＝(分部分项工程费＋措施项目费＋其他项目费＋规费)×税率。

(6) 价格汇总。总价＝分部分项工程费＋措施项目费＋其他项目费＋规费＋

税金。

应注意的是，如果汇总表中某项费用之下，还有该费用的组成明细，如措施项目费之下有单价措施项目费和总价措施项目费，总价计算时，不能再将该费用下的组成明细费用计入价格汇总。

📖 **已考年份**：2020 年、2019 年、2018 年、2017 年、2016 年、2014 年、2013 年、2011 年。

本章小结

本章试题的综合性强，主要包括工程量的计算、综合单价分析、工程量清单与计价表的计算与填写，价格汇总表的计算与填写等，这也是实际工程造价的主要工作。此外，试题分值较大（40 分），对考试的总得分影响很大。

1. 对本章题型的整体分析

纵观历年真题，本章试题一般由主要图表、主要数据、主要问题等三部分组成。

（1）主要图表

图纸和表格是本章试题的主要条件。

图纸包括平面图、立面图、剖面图和详图，以及设计说明，在题目中比较详细，识图量一般不大，主要用于计算工程量。

常见的表格有定额基价表，一般用于综合单价分析表的填写和计算；如果题目给出了分部分项工程和单价措施项目清单与计价表，可从该表中找到"综合单价"等数据。

（2）主要数据

本章题目中还会给出补充数据、取费依据等。

补充数据指的是不能直接从图纸中读出的数据，一般以文字的形式表述，如每立方米混凝土中钢筋的含量、某个构件的质量等。

取费依据包括：管理费、利润、规费、税金的计取方法，以及安全文明施工费等措施费的计算方法等。其中，综合单价分表的计算与填写，会用到管理费、利润的取费依据；价格汇总表会用到规费、税金的取费依据，以及安全文明施工费等措施费的计取方法。

取费数据有时在题目中给出，有时在问题中作为已知条件给出。

（3）主要问题

主要问题包括：工程量的计算、综合单价分析、工程量清单与计价表的计算与填写、价格汇总表的计算与填写等。

2. 注意规范中的相关规定

本章题目涉及的规范主要有《工程量计算规范》GB 50854—2013、《清单计价规范》GB 50500—2013。

（1）《工程量计算规范》GB 50854—2013，在"技术与计量"中已有相关的考题，在本章，主要应注意一些特殊的计算规定。有时，题目中会给出某分项工程量的计算规则，该项工程量就应按给定规则计算。

(2)《清单计价规范》GB 50500—2013，附表 F.2"综合单价分析表"，可用于本题的综合单价的计算；附表 E.3"单位工程招标控制价/投标报价汇总表"和附表 E.6"单位工程竣工结算汇总表"，可用于本题价格汇总表的计算与填写。

3. 其他注意事项

(1) 图纸识读能力，应在平时学习过程中训练，可结合工程实际学习图纸和图集，注意工程不同类型、不通部位图纸的表达方式。

(2) 考题中的图纸可结合"工程量计算表"进行识读，"工程量计算表"一般会给出计量单位，计量单位是对计算规则的提示。图纸说明是对图纸中某些内容的补充和解释，有时会给出与工程量相关的数据，可以直接用于工程量的计算，例如 2020 年真题的图纸说明给出了每米的综合工程量、2016 年真题的图纸说明给出了电梯厅的数量。

特别指出的是，工程量计算式中的所有数据，都可以（而且都应该）从图纸或图纸说明（或题目的文字说明）中找出。如某个分项工程的工程量计算遇到困难，应该马上想一想，与该分项工程相关的信息都清楚了吗？赶快把图纸和说明中与该分项工程相关的信息都找出来，多读几遍，再综合分析，需要的数据一定隐藏在这些信息之中。例如，2020 年真题中的预应力长锚索，在图纸中把 6 根钢索当成一个整体来用的，可知该项工程量应该把 6 根钢索当成一个整体来计算；再如，2016 年真题中的波打线，在图纸中已经标得很清楚，这就是电梯厅四周的一种装饰，图纸中还标出了长宽尺寸，工程量计算表中提示波打线按"m^2"计算。

综合以上分析，在计算工程量时，每个分项工程都可从图纸和说明找到该项工程量计算的相关信息，因此，将工程量计算正确并不是一件难事，这也是在本题中提高得分的关键。

(3) 注意各项数据计算的准确性，工程量计算表中的"工程量"、综合单价分析表中所计算的"综合单价"，可能用于工程量清单与计价表的计算与填写；而工程量清单与计价表的"分部分项工程费合计"，可能用于价格汇总表。前置小题计算的正确性，对本题的总得分影响很大，因此，"工程量"和"综合单价"的计算，一定要检查复核。

第 5.2 节 真 题 详 解

2020 年真题（试题五）

（一）真题（本题 20 分）

某矿山尾矿库区内 680.00m 长排洪渠道土石方开挖边坡支护设计方案及相关参数如图 20.5.1 所示。设计单位根据该方案编制的"长锚杆边坡支护方案分部分项工程和单价措施项目清单与计价表"如表 20.5.2 所示。

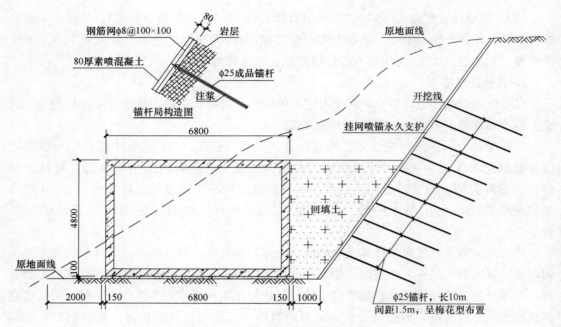

图 20.5.1 长锚杆边坡支护方案图

说明：
1. 本设计为尾矿库排洪渠道土方开挖边坡支护长锚杆（10m）方案。
2. 本排洪渠道总长 680.00m。
3. 钢锚杆采用直径 25mm 螺纹钢。
4. 注浆水泥号考虑 42.5#，水灰比 1∶0.5。
5. 本方案每米工程量，见表 20.5.1 "每米综合工程量表"，其中土方和石方比例 3∶7。

每米综合工程量表　　　　　　　　　　　　　　　　　　　　表 20.5.1

序号	名称	单位	工程量	备注
1	土石方开挖	m³	60.00	土石方比例 3∶7
2	回填土石方	m³	19.00	
3	直径 25mm 锚杆	根	7.00	每根长 10m
4	挂网喷混凝土	m²	13.00	

长锚杆边坡支护方案分部分项工程和单价措施项目清单与计价表　　表 20.5.2

序号	项目编码	项目名称	项目特征	计量单位	工程量	综合单价	合价
一			分部分项工程				
1	010101002001	开挖土方	挖运 1km	m³	12240.00	16.45	201348.00
2	010102002001	开挖石方	风化岩挖运 1km 内	m³	28560.00	24.37	696007.20
3	010103001001	回填土石方	夯填	m³	12920.00	27.73	358271.60
4	010202007001	长锚杆	直径 25mm，长 10m	m	47600.00	252.92	12038992.00
5	010202009001	挂网喷混凝土	80mm 厚，含钢筋	m²	8840.00	145.27	1284186.80
		分部分项工程小计		元			14578805.60

续表

序号	项目编码	项目名称	项目特征	计量单位	工程量	金额（元）	
						综合单价	合价
二			单价措施项目				
	019408060001	脚手架及大型机械设备进出场及安拆费		项	1	470000.00	470000.00
		单价措施项目小计		元			470000.00
		分部分项工程和单价措施项目合计		元			15048805.60

鉴于相关费用较大，经造价工程师与建设单位、设计单位、监理单位充分讨论研究，为减少边坡土石方开挖及对植被的破坏，消除常见的排洪渠到纵向及横向滑移的安全隐患，提出了把排洪渠到兼做边坡稳定的预应力长锚索整体腰梁的边坡支护优化方案，相关设计和参数如图 20.5.2 所示。有关预应力长锚索同期定额基价如表 20.5.3 所示。

预应力长锚索基础定额表   表 20.5.3

定额编号			2-41	2-42
项目			D150 钻机成孔	长锚索及注浆
			m	m
定额基价			66.50	363.90
其中	人工费（元）		40.00	95.00
	材料费（元）		5.50	266.30
	机械费（元）		21.00	2.60
名称	单位	单价（元）		
综合工日	工日	100.00	0.40	0.95
钢绞线（6 根直径 25mm）	kg	7.60		19.44
水泥 42.5#	kg	0.58		48.40
D32 灌浆塑料管	m	13.00		1.06
其他材料费	元		5.50	76.70
机械费	元		21.00	2.60

每米综合工程量表   表 20.5.4

序号	名称	单位	工程量	备注
1	土石方开挖	m³	31.00	土石方比例 5∶5
2	预应力长锚索（6 根直径 25mm 钢绞线）	根	0.80	每根长 25m
3	[22a 通长槽钢腰梁	m	2.00	[22a
4	回填 C25 毛石混凝土	m³	9.60	

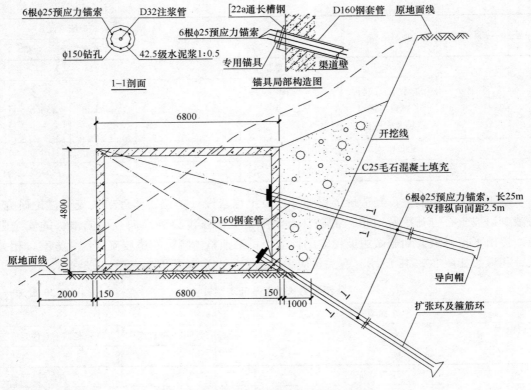

图 20.5.2 预应力长锚索边坡支护方案图

说明：
1. 本设计为尾矿库排洪渠道土方开挖边坡支护预应力长锚索（25米）方案。
2. 本排洪渠道总长 680.00m。
3. 钢锚索采用 6 根直径 25mm 高强度低松弛无粘结预应力钢绞线。
4. 注浆用水泥标号 42.5#，水灰比 1∶0.5。
5. 本方案每米工程量，见上页表 20.5.4 "每米综合工程量表"，其中土方和石方比例 5∶5。

问题：

1. 根据图 20.5.2 中相关数据，按《房屋建筑与装饰工程工程量计算规范》GB 50854—2013 的计算规则，在答题卡表 20.5.5 中，列式计算预应力长锚索边坡支护优化方案分部分项工程量（土石方工程量中土方、石方的比例按 5∶5 计算）。

优化方案分部分项工程量表　　　　　　　　　　　　　　　　表 20.5.5

序号	项目名称	单位	计算过程	工程量
1	土方挖运 1km 内	m³		
2	石方挖运 1km 内	m³		
3	预应力长锚索 （6 根直径 25mm 钢绞线）	m		
4	通长槽钢腰梁[22a	m		
5	C25 毛石混凝土填充	m³		

2. 若企业管理费按人工、材料、机械费之和的10%计取，利润按人工、材料、机械、企业管理费之和的7%计取。根据表20.5.3中的数据，按《建设工程工程量清单计价规范》GB 50500—2013的计算规则，在答题卡表20.5.6中，编制该预应力长锚索综合单价分析表（预应力长锚索工程计量方法基础定额与清单规范相同，均按设计图示尺寸以长度"m"为单位）。

预应力长锚索综合单价分析表　　　　表20.5.6

项目编码	010202007002	项目名称		预应力长锚索		计量单位		m	工程量		
清单综合单价组成明细											
定额编号	定额名称	定额单位	数量	单价（元）				合价（元）			
				人工费	材料费	机械费	管理费和利润	人工费	材料费	机械费	管理费和利润
人工单价				小计								
元/工日				未计价材料（元）								
清单子项目综合单价												
材料费明细	主要材料名称、规格、型号		单位		数量	单价（元）	合价（元）	暂估单价（元）		暂估合价（元）	
	其他材料费											
	材料费小计											

3. 已知[22a通长槽钢腰梁综合单价为435.09元/m，毛石混凝土填充综合单价为335.60元/m³，脚手架和大型机械进出场及安拆费等单价措施项目费用测算结果为340000.00元。根据问题1和问题2的计算结果，以及表20.5.2中相应的综合单价、答题卡表中的相关信息，按《房屋建筑与装饰工程工程量计算规范》GB 50854—2013的计算规则，在答题卡表20.5.7中，编制该预应力长锚索边坡支护方案分部分项工程和单价措施项目清单与计价表。

预应力长锚索边坡支护方案分部分项工程和单价措施项目清单与计价表　　表20.5.7

序号	项目编码	项目名称	项目特征	计量单位	工程量	金额（元）	
						综合单价	合价
一	分部分项工程						
1	010101002001	开挖土方	挖运1km内	m³			
2	010102002001	开挖石方	风化岩挖运1km内	m³			

续表

序号	项目编码	项目名称	项目特征	计量单位	工程量	金额（元）	
						综合单价	合价
一	分部分项工程						
3	010202007002	预应力长锚索	6根直径25mm、长10m	m			
4	010202007003	[22a通长槽钢腰梁	[22a	m			
5	010507007001	C25毛石混凝土填充	C25毛石混凝土	m³			
		分部分项工程小计		元			
二	单价措施项目						
	019408060001	脚手架及大型机械设备进出场及安拆费		项			
		单价措施项目小计		元			
		分部分项工程和单价措施项目合计		元			

4. 若仅有的总价措施安全文明施工费按分部分项工程费的6%计取，其他项目费用为零，其中人工费占分部分项工程费及措施项目费的25%，规费按人工费的21%计取，税金按9%计取。利用表20.5.2和问题3相应的计算结果，按《建设工程工程量清单计价规范》GB 50500—2013的计算规则，在答题卡中列式计算两边坡支护方案的安全文明施工费、人工费、规费，在答题卡表20.5.8中，编制两边坡支护方案单位工程控制价比较汇总表（两方案差值为长锚杆方案与长锚索方案控制价的差值）。

两边破支护方案单位工程控制价比较汇总表　　　　表20.5.8

序号	汇总内容	金额（元）		
		长锚杆方案	长锚索方案	两方案差值
1	分部分项工程			
2	措施项目			
2.1	其中：安全文明施工费			
3	其他项目			
4	规费			
5	税金			
	控制价总价合计			

（无特殊说明，费用计算时均为不含税价格。）

（二）参考解答

1. 根据图 20.5.2 中相关数据，按《房屋建筑与装饰工程工程量计算规范》GB 50854—2013 的计算规则，在答题卡表 20.5.5 中，列式计算预应力长锚索边坡支护优化方案分部分项工程量（土石方工程量中土方、石方的比例按 5：5 计算）。

【分析】

本题提供的是两个边坡支护方案图，即长锚杆边坡支护方案与预应力长锚索边坡支护方案，两种方案的边坡支护的总长度均为 680m。两个方案均给出了每米边坡支护的综合工程量。

（1）根据设计说明中的"每米综合工程量"，土石方比例 5：5，即每米边坡支护，需开挖的土方和石方均为 $31×1/2=15.5m^3$。因此，"土方挖运 1km 内""石方挖运 1km 内"的工程量均为 $15.5×680=10540m^3$。

（2）根据预应力长锚索边坡支护方案的"1—1 剖面图"，以及设计说明"钢锚索采用 6 根直径 25mm 高强度低松弛无粘结预应力钢绞线"，也就是说 6 根钢绞线组成 1 根长锚索，计算的是"长锚索"的工程量，在"每米综合工程量"中，每米边坡支护有 0.8 根锚索，每根锚索长 25m，因此，"预应力长锚索"的工程量为 $0.80×25×680=13600m$。

（3）每米边坡支护，有 2m 槽钢腰梁，因此，"通长槽钢腰梁[22a"的工程量为 $2×680=1360m$。

（4）每米边坡支护，需要回填 C25 毛石混凝土 $9.60m^3$，因此，"C25 毛石混凝土填充"的工程量为 $9.60×680=6528m^3$。

本题的工程量计算较简单，关键在于理解"每米综合工程量"的各项数据的含义，注意题目给出的是每米边坡支护的各项工程量，共有 680 米长。

本题的工程量计算数据，会影响第 3 小题的"预应力长锚索边坡支护方案分部分项工程和单价措施项目清单与计价表"的计算，进而影响到第 4 小题长锚索方案的控制价总价计算，因此，应保证各项数据计算的正确性。

【解答】

工程量计算，见表 20.5.5 (1)。

优化方案分部分项工程量表　　　　　　　　　　　　　　表 20.5.5(1)

序号	项目名称	单位	计算过程	工程量
1	土方挖运 1km 内	m^3	$31×1/2×680=10540.00$	10540.00
2	石方挖运 1km 内	m^3	$31×1/2×680=10540.00$	10540.00
3	预应力长锚索（6 根直径 25mm 钢绞线）	m	$0.80×25×680=13600.00$	13600.00
4	通长槽钢腰梁[22a	m	$2×680=1360.00$	1360.00
5	C25 毛石混凝土填充	m^3	$9.60×680=6528.00$	6528.00

2. 若企业管理费按人工、材料、机械费之和的 10% 计取，利润按人工、材料、机械、企业管理费之和的 7% 计取。根据表 20.5.3 中的数据，按《建设工程工程量清单计价规范》GB 50500—2013 的计算规则，在答题卡表 20.5.6 中，编制该预应力长锚索综合单价

分析表（预应力长锚索工程计量方法基础定额与清单规范相同，均按设计图示尺寸以长度"m"为单位）。

【分析】

预应力长锚索的综合单价包含两个方面的内容：一是工作内容的综合，即包括D150钻机成孔、长锚索及注浆两项工作内容；二是组成价格上的综合，即每项工作都应包含人工费、材料费、机械费、管理费和利润。

（1）"D150钻机成孔"单价中的管理费和利润为 $66.50\times[(1+10\%)\times(1+7\%)-1]=11.77$ 元；"长锚索及注浆"单价中的管理费和利润为 $363.90\times[(1+10\%)\times(1+7\%)-1]=64.41$ 元。

（2）因预应力长锚索工程计量方法"基础定额"与"清单规范"相同，这两项工作的清单单位含量（即数量）都为"1"。因数量为"1"，每项工作单价和合价中的人工费、材料费、机械费、管理费和利润都是一样的。

（3）材料费明细中的单位、数量、单价，按题目中"预应力长锚索基础定额表"中的相应内容填入。其他材料费是两项工作内容的合计，即 $5.50+76.70=82.20$ 元。在计算正确的前提下，材料费明细中的"材料费小计"，与综合单价中的"材料费"之和，在数值上是相等的；在表20.5.6（1）"预应力长锚索综合单价分析表"中，这两个数据分别是271.79、271.80，差别产生于计算过程中小数的四舍五入，可以从另一个角度检验综合单价的计算过程。

与第1小题一样，本题计算的预应力长锚索综合单价，也会影响到第3小题的"预应力长锚索边坡支护方案分部分项工程和单价措施项目清单与计价表"的计算，进而影响到第4小题长锚索方案的控制价总价计算，因此，应保证计算的正确性。

【解答】

编制预应力长锚索综合单价分析表，见表20.5.6(1)。

预应力长锚索综合单价分析表 表20.5.6(1)

项目编码	010202007002	项目名称		预应力长锚索		计量单位		m	工程量		13600.00
清单综合单价组成明细											
定额编号	定额名称	定额单位	数量	单价（元）				合价（元）			
				人工费	材料费	机械费	管理费和利润	人工费	材料费	机械费	管理费和利润
2-41	D150钻机成孔	m	1	40.00	5.50	21.00	11.77	40.00	5.50	21.00	11.77
2-42	长锚索及注浆	m	1	95.00	266.30	2.60	64.41	95.00	266.30	2.60	64.41
人工单价				小计				135.00	271.80	23.60	76.18
100.00元/工日				未计价材料（元）								

续表

项目编码	010202007002	项目名称	预应力长锚索	计量单位	m	工程量	13600.00
			清单子项目综合单价			506.58	

材料费明细	主要材料名称、规格、型号	单位	数量	单价（元）	合价（元）	暂估单价（元）	暂估合价（元）
	钢绞线（6根直径25mm）	kg	19.44	7.60	147.74		
	水泥 42.5#	kg	48.40	0.58	28.07		
	D32 灌浆塑料管	m	1.06	13.00	13.78		
	其他材料费				82.20		
	材料费小计				271.79		

3. 已知[22a 槽钢腰梁综合单价为 435.09 元/m，毛石混凝土填充综合单价为 335.60 元/m³，脚手架和大型机械进出场及安拆费等单价措施项目费用测算结果为 340000.00 元。根据问题 1 和问题 2 的计算结果，以及表 20.5.2 中相应的综合单价、答题卡表中的相关信息，按《房屋建筑与装饰工程工程量计算规范》GB 50854—2013 的计算规则，在答题卡表 20.5.7 中，编制该预应力长锚索边坡支护方案分部分项工程和单价措施项目清单与计价表。

【分析】

（1）本题的工程量全部采用第 1 小题的计算数据。

（2）开挖土方、开挖石方的综合单价，采用题目中表 20.5.2 "长锚杆边坡支护方案分部分项工程和单价措施项目清单与计价表"中的相应数据，即这两项的综合单价分别为 16.45 元/m³、24.37 元/m³。

[22a 通长槽钢腰梁的综合单价、C25 毛石混凝土填充的综合单价，以及单价措施项目中的"脚手架和大型机械进出场及安拆费"，均是题目中的已知数据，填入即可。

预应力长锚索的综合单价，采用第 2 小题表 20.5.6（1）"预应力长锚索综合单价分析表"中的计算结果（506.58 元/m）。

【解答】

编制预应力长锚索边坡支护方案分部分项工程和单价措施项目清单与计价表，见表 20.5.7(1)。

预应力长锚索边坡支护方案分部分项工程和单价措施项目清单与计价表　　表 20.5.7(1)

序号	项目编码	项目名称	项目特征	计量单位	工程量	金额（元）	
						综合单价	合价
一			分部分项工程				
1	010101002001	开挖土方	挖运 1km 内	m³	10540.00	16.45	173383.00
2	010102002001	开挖石方	风化岩挖运 1km 内	m³	10540.00	24.37	256859.80

续表

序号	项目编码	项目名称	项目特征	计量单位	工程量	金额（元）	
						综合单价	合价
一			分部分项工程				
3	010202007002	预应力长锚索	6根直径25mm、长10m	m	13600.00	506.58	6889488.00
4	010202007003	[22a通长槽钢腰梁	[22a	m	1360.00	435.09	591722.40
5	010507007001	C25毛石混凝土填充	C25毛石混凝土	m³	6528.00	335.60	2190796.80
		分部分项工程小计		元			10102250.00
二			单价措施项目				
	019408060001	脚手架及大型机械设备进出场及安拆费	/	项	1.00	340000.00	340000.00
		单价措施项目小计		元			340000.00
		分部分项工程和单价措施项目合计		元			10442250.00

4. 若仅有的总价措施安全文明施工费按分部分项工程费的6%计取，其他项目费用为零，其中人工费占分部分项工程费及措施项目费的25%，规费按人工费的21%计取，税金按9%计取。利用表20.5.2和问题3相应的计算结果，按《建设工程工程量清单计价规范》GB 50500—2013的计算规则，在答题卡中列式计算两边坡支护方案的安全文明施工费、人工费、规费，在答题卡表20.5.8中，编制两边坡支护方案单位工程控制价比较汇总表（两方案差值为长锚杆方案与长锚索方案控制价的差值）。

【分析】

本题中给出了多项数据的计算方法，应注意分部分项工程费和措施项目费等原始数据的来源。

（1）长锚杆方案的分部分项工程费，来源于题目中表20.5.2"长锚杆边坡支护方案分部分项工程和单价措施项目清单与计价表"的"分部分项工程小计"14578805.60元。长锚索方案的分部分项工程费，来源于第3小题表20.5.7(1)"预应力长锚索边坡支护方案分部分项工程和单价措施项目清单与计价表"的"分部分项工程小计"10102250.00元。

（2）措施项目费包括总价措施项目费和单价措施项目费两项。

总价措施项目费，只有安全文明施工费，按分部分项工程费6%计取，是已知条件。

单价措施项目费，指的是两个方案都有"脚手架及大型机械设备进出场及安拆费"，长锚杆方案的单价措施费470000.00元（表20.5.2中的已知数据），长锚索方案的单价措施费340000.00元（第3小题中的已知数据）。

【解答】

（1）安全文明施工费、人工费、规费等基础数据计算：

① 长锚杆方案：

分部分项工程费：14578805.60 元

单价措施项目费：470000.00 元

安全文明施工费：14578805.60×6％＝874728.34 元

措施项目费：470000.00＋874728.34＝1344728.34 元

人工费：(14578805.60＋1344728.34)×25％＝3980883.49 元

规费：3980883.49×21％＝835985.53 元

税金：(14578805.60＋1344728.34＋835985.53)×9％＝1508356.75 元

控制价合计：14578805.60＋1344728.34＋835985.53＋1508356.75＝18267876.22 元

② 长锚索方案：

分部分项工程费：10102250.00 元

单价措施项目费：340000.00 元

安全文明施工费：10102250.00×6％＝606135.00 元

措施项目费：340000.00＋606135.00＝946135.00 元

人工费：(10102250.00＋946135.00)×25％＝2762096.25 元

规费：2762096.25×21％＝580040.21 元

税金：(10102250.00＋946135.00＋580040.21)×9％＝1046558.27 元

控制价合计：10102250.00＋946135.00＋580040.21＋1046558.27＝12674983.48 元

(2) 编制两边坡支护方案单位工程控制价比较汇总表，见表 20.5.8(1)。

两边坡支护方案单位工程控制价比较汇总表　　　表 20.5.8(1)

序号	汇总内容	金额（元）		
		长锚杆方案	长锚索方案	两方案差值
1	分部分项工程	14578805.60	10102250.00	
2	措施项目	1344728.34	946135.00	
2.1	其中：安全文明施工费	874728.34	606135.00	
3	其他项目	0.00	0.00	—
4	规费	835985.53	580040.21	
5	税金	1508356.75	1046558.27	
	控制价总价合计	18267876.22	12674983.48	5592892.74

(三) 考点总结

1. 工程量的计算（边坡支护工程量）；
2. 综合单价分析表的计算与填写；
3. 分部分项工程和单价措施项目清单与计价表的计算与填写；
4. 价格汇总表的计算与填写。

2019 年真题（试题五）

(一) 真题（本题40分）

某城市 188m 大跨度预应力拱形钢管桁架体育场馆，下部钢筋混凝土基础平面布置图及详图如图19.5.1"基础平面布置图"所示,基础详图如图19.5.2"基础详图"所示,中标该项目的施工企业,考虑为大体积混凝土施工为加强施工成本核算和清晰掌握该分部分项工程实际成本,拟采用实物量法计算该分部分项工程费用目标管理控制价。该施工企业内部相关单位工程量人、材、机消耗定额及实际掌握项目所在地除税价格见表19.5.1"企业内部单位工程量人、材、机消耗定额"。

企业内部单位工程量人、材、机消耗定额 表 19.5.1

项目名称		单位	除税价（元）	分部分项工程内容			
				C15混凝土垫层（m³）	C30独立基础（m³）	C30矩形柱（m³）	钢筋（t）
人材机	工日（综合）	工日	110.00	0.40	0.60	0.70	6.00
	C15商品混凝土	m³	400.00	1.02			
	C30商品混凝土	m³	460.00		1.02	1.02	
	钢筋（综合）	t	3600.00				1.03
	其他辅助材料	元	—	8.00	12.00	13.00	117.00
	机械使用费（综合）	元	—	1.60	3.90	4.20	115.00

问题：

1. 根据该体育场馆设计图纸、技术参数,及答题卡表19.5.2"工程量计算表"中给定的信息,按《房屋建筑与装饰工程工程量计算规范》GB 50854—2013的计算规则,在答题卡表19.5.2"工程量计算表"中,列式计算该大跨度体育场馆钢筋混凝土基础分部分项工程量,已知钢筋混凝土独立基础综合钢筋含量为72.5kg/m³,钢筋混凝土矩形基础柱综合钢筋含量为118.70kg/m³。

工程量计算表 表 19.5.2

序号	项目名称	单位	计算过程	工程量
1	C15混凝土垫层	m³		
2	C30独立基础	m³		
3	C30矩形柱	m³		
4	钢筋	t		

2. 根据问题1的计算结果、参考资料,在答题卡中列式计算该分部分项工程人工、材料、机械使用费消耗量,并在答题卡表19.5.3"分部分项工程和措施项目人、材、机费计算表"中,计算该分部分项工程和措施项目人、材、机费。施工企业结合相关各方批准的施工组织设计测算的项目单价措施人、材、机费为640000.00元；施工企业内部规定安全文明施工措施及其他总价措施按分部分项工程人、材、机费及单价措施人材机费之和的2.50%计算。

分部分项工程和措施项目人、材、机费计算表　　　　表 19.5.3

序号	项目名称	单位	消耗量	除税单价（元）	除税合价（元）
1	人工费（综合）	工日			
2	C15 商品混凝土	m³			
3	C30 商品混凝土	m³			
4	钢筋（综合）	t			
5	其他辅助材料费	元			
6	机械使用费（综合）	元			
7	单价措施人材机费	元			
8	安全文明施工费及其他总价措施人材机	元			
9	人材机费合计	元			

3. 若施工过程中，钢筋混凝土独立基础和矩形柱使用的 C30 混凝土变更为 C40 混凝土（消耗定额同 C30 混凝土，除税价 480.00 元/m³），其他条件均不变，根据问题 1、2 的条件和计算结果，在答题卡中列式计算 C40 商品混凝土消耗量、C40 与 C30 混凝土除税价差，由于商品混凝土价差产生的该分部分项工程和措施项目人、材、机增加费。

4. 假定该钢筋混凝土基础分部分项工程人、材、机费用为 6600000.00 元，其中人工费占 13%，企业管理费按人、材、机费的 6% 计算，利润按人、材、机费和企业管理费之和的 5% 计算，规费按人工费的 21% 计算，增值税税率按 9% 计取。请在答题卡表 19.5.4 "分部分项工程费用目标管理控制价计算表"中编制该钢筋混凝土基础分部分项工程费用目标管理控制价。

分部分项工程费用目标管理控制价计算表　　　　表 19.5.4

序号	费用名称	计算基数	金额（元）
1	人材机费		
	其中：人工费	分部分项工程人材机费	
	企业管理费	分部分项工程人材机费	
	利润	分部分项工程人材机费＋企业管理费	
2	规费	分部分项工程人工费	
3	增值税	分部分项工程人材机费＋企业管理费＋利润＋规费	

（上述各问题中提及的各项费用均不包含增值税可抵扣的进项税额，所有计算结果保留 2 位小数）

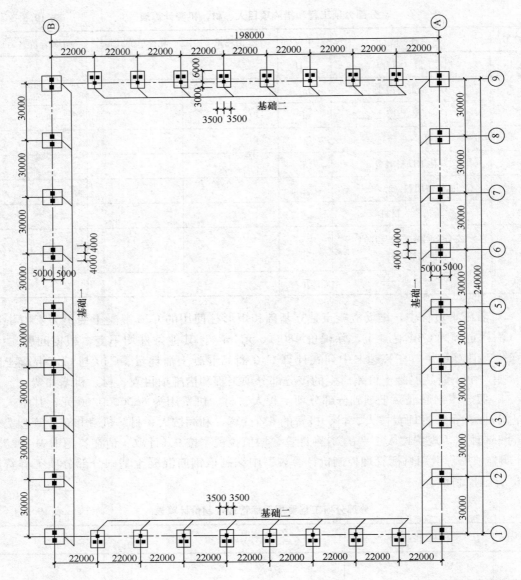

说明：
1. 本图为大跨度预应力拱形钢桁架结构下部钢筋混凝土基础平面布置图。
2. 混凝土强度等级：基础垫层 C15，独立基础及矩形柱 C30；钢筋级别为 HRB400 级。
3. 基础垫层厚度为 100mm，每边宽出基础边线 100mm。

图 19.5.1 基础平面布置图

（二）参考解答

1. 根据该体育场馆设计图纸、技术参数，及答题卡表 19.5.2"工程量计算表"中给定的信息，按《房屋建筑与装饰工程工程量计算规范》GB 50854—2013 的计算规则，在答题卡表 19.5.2"工程量计算表"中，列式计算该大跨度体育场馆钢筋混凝土基础分部分项工程量，已知钢筋混凝土独立基础综合钢筋含量为 72.5kg/m³，钢筋混凝土矩形基础柱综合钢筋含量为 118.70kg/m³。

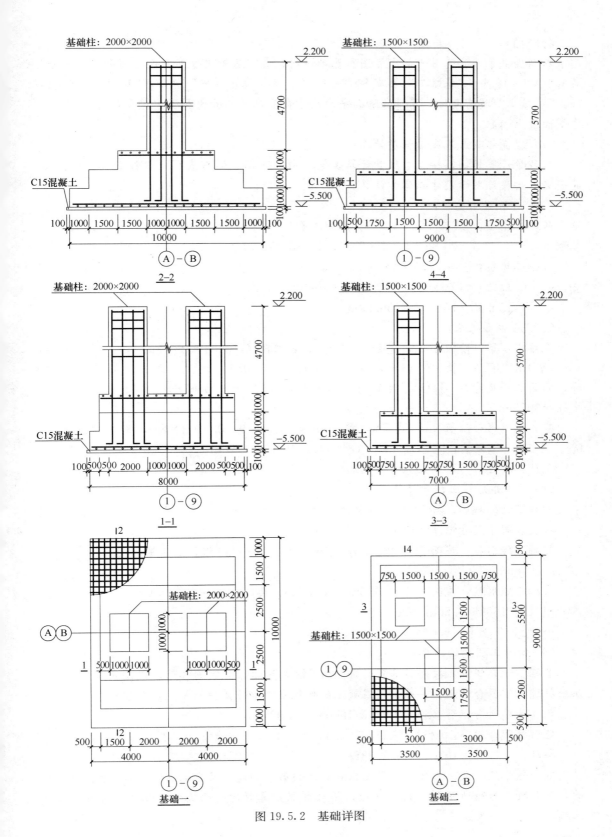

图 19.5.2 基础详图

【分析】

本题提供了一套基础平面布置图和基础详图。由"基础平面布置图"可知"基础一"共有 $9\times2=18$ 个,"基础二"共有 $8\times2=16$ 个。由"基础详图"可知,"基础一"共有三阶,"基础二"共有两阶,基础每阶的平面尺寸在基础的平面大样图中读取,每阶的高度在剖面图上读取。

(1) 现浇混凝土基础工程量计算:

工程量计算规则,按《工程量计算规范》GB 50845—2013 表 E.1"现浇混凝土基础"的规定,按设计图示尺寸以体积计算。

① C15 混凝土垫层:

基础一垫层:长 $10+0.1\times2=10.2m$,宽 $8+0.1\times2=8.2m$,厚 0.1m,共 18 个,工程量:$(10+0.1\times2)\times(8+0.1\times2)\times0.1\times18=150.55m^3$。

基础二垫层:长 $9+0.1\times2=9.2m$,宽 $7+0.1\times2=7.2m$,厚 0.1m,共 16 个,工程量:$(9+0.1\times2)\times(7+0.1\times2)\times0.1\times16=105.98m^3$。

小计:$150.55+105.98=256.53m^3$。

② C30 独立基础:

基础一:第一阶长 10m,宽 8m,厚 1m;第二阶长 $10-1\times2=8m$,宽 $8-0.5\times2=7m$,厚 1m;第三阶长 $10-(1+1.5)\times2=5m$,宽 $8-0.5\times2=7m$(第三阶在短方向未变阶,同第二阶尺寸),厚 1m,共 18 个。工程量:$[(10\times8\times1)+(8\times7\times1)+(5\times7\times1)]\times18=3078m^3$。

基础二:第一阶长 9m,宽 7m,厚 1m;第二阶长 $9-0.5\times2=8m$,宽 $7-0.5\times2=6m$,厚 1m,工程量:$[(9\times7\times1)+(8\times6\times1)]\times16=1776m^3$。

小计:$3078+1776=4854m^3$。

(2) C30 矩形柱工程量计算:

工程量计算规则,按《工程量计算规范》GB 50845—2013 表 E.2"现浇混凝土柱"的规定,按设计图示尺寸以体积计算。

基础一矩形柱:截面 $2m\times2m$,高 4.7m,共 $2\times18=36$ 根,工程量:$(2\times2\times4.7)\times2\times18=676.80m^3$。

基础二矩形柱:截面 $1.5m\times1.5m$,高 5.7m,共 $3\times16=48$ 根,工程量:$(1.5\times1.5\times5.7)\times3\times16=615.60m^3$。

小计:$676.8+615.60=1292.4m^3$。

(3) 钢筋工程量的计算:

工程量计算规则,按题目给定的每"$1m^3$"独立基础综合钢筋含量,以及每"$1m^3$"矩形基础柱综合钢筋含量进行计算。用混凝土的体积乘以单位体积的含钢量即可。

独立基础所含钢筋:$4854\times72.5/1000=351.92t$。

矩形柱所含钢筋:$1292.4\times118.70/1000=153.41t$。

小计:$351.92+153.41=505.33t$。

本小题难度不大,但计算结果关系到后续的第 2 小题、第 3 小题的计算,因此算式中的每个数据应对照所给图纸进行复核,用计算器计算两次,两次结果相同,则表明计算正确。

【解答】

工程量计算，见表19.5.2（1）。

工程量计算表　　　　　　　　　　　　　表19.5.2（1）

序号	项目名称	单位	计算过程	工程量
1	C15混凝土垫层	m^3	基础一：$(10+0.1×2)×(8+0.1×2)×0.1×18=150.55$ 基础二：$(9+0.1×2)×(7+0.1×2)×0.1×16=105.98$ 小计：$150.55+105.98=256.53$	256.53
2	C30独立基础	m^3	基础一：$[(10×8×1)+(8×7×1)+(7×5×1)]×18=3078.00$ 基础二：$[(9×7×1)+(8×6×1)]×16=1776.00$ 小计：$3078+1776=4854.00$	4854.00
3	C30矩形柱	m^3	基础一：$(2×2×4.7)×2×18=676.80$ 基础二：$(1.5×1.5×5.7)×3×16=615.60$ 小计：$676.8+615.60=1292.40$	1292.40
4	钢筋	t	独立基础所含钢筋：$4854×72.5/1000=351.92$ 矩形柱所含钢筋：$1292.4×118.70/1000=153.41$ 小计：$351.92+153.41=505.33$	505.33

2. 根据问题1的计算结果，参考资料，在答题卡中列式计算该分部分项工程人工、材料、机械使用费消耗量，并在答题卡表19.5.3"分部分项工程和措施项目人、材、机费计算表"中，计算该分部分项工程和措施项目人、材、机费。施工企业结合相关各方批准的施工组织设计测算的项目单价措施人、材、机费为640000.00元；施工企业内部规定安全文明施工措施及其他总价措施按分部分项工程人、材、机费及单价措施人材机费之和的2.50%计算。

【分析】

（1）"该分部分项工程"指的是"体育场馆钢筋混凝土基础分部分项工程"，由第1小题的"工程量计算表"可知，"该分部分项工程"由C15混凝土垫层、C30独立基础、C30矩形柱、钢筋4个项目组成。

（2）题目中给出的"企业内部单位工程量人、材、机消耗定额"的"分项工程内容"刚好和第1小题计算工程量项目相吻合，也包括"该分部分项工程"的"C15混凝土垫层、C30独立基础、C30矩形柱、钢筋4个项目"。"企业内部单位工程量人、材、机消耗定额"中分别列出了各项目的人材机单位工程量消耗量。

（3）分部分项工程人工、材料、机械使用费消耗量，等于工程量乘以单位工程量消耗定额。

① 人工消耗量：C15混凝土垫层（256.53m^3），每"1m^3"消耗0.4工日，C30独立基础（4854m^3），每"1m^3"消耗0.6工日；C30矩形柱（1292.4m^3），每"1m^3"消耗0.7工日；钢筋（505.33t），每"1t"消耗6工日。

人工消耗量合计：$(256.53×0.40+4854.00×0.60+1292.40×0.70+505.33×6.00)$
$=6951.67$工日。

② C15商品混凝土工程量为256.53m^3，每"1m^3"清单工程量实际消耗混凝土1.02m^3（有损耗），消耗量合计：$256.53×1.02=261.66m^3$。

③ C30 商品混凝土工程量为 4854＋1292.4＝6146.4m³，每"1m³"清单工程量实际消耗混凝土 1.02m³（有损耗），消耗量合计：(4854＋1292.4)×1.02＝6269.33m³。

④ 钢筋的总量为 505.33t，每"1t"清单工程量实际消耗钢筋 1.03t（有损耗），消耗量合计：505.33×1.03＝520.49t。

⑤ 其他辅助材料的消耗，"企业内部单位工程量人、材、机消耗定额"，给出了 C15 混凝土垫层、C30 独立基础、C30 矩形柱、钢筋的单位工程量消耗量，分别为：8元/m³，12元/m³，13元/m³，117元/t，分别乘以相应的工程量，得到其他辅助材料的消耗量，

即（256.53×8.00＋4854.00×12.00＋1292.40×13.00＋505.33×117.00）＝136225.05元。

⑥ 同样地，"企业内部单位工程量人、材、机消耗定额"，给出了 C15 混凝土垫层、C30 独立基础、C30 矩形柱、钢筋的单位工程量的机械使用费，分别为：1.6元/m³，3.9元/m³，4.2元/m³，115元/t，分别乘以相应的工程量，得到机械使用费的消耗量，即（256.53×1.60＋4854.00×3.90＋1292.40×4.20＋505.33×115.00）＝82882.08元。

（4）与分部分项工程相关的措施费，有两项：单价措施费、安全文明施工及其他总价措施。题目中分别给出了相应的数据及相应的计算方法。

① 单价措施人、材、机费：640000.00元（已知数据）。

② 安全文明施工措施及其他总价措施：按"分部分项工程人、材、机费及单价措施人材机费之和的 2.50%"计算。其中：

分部分项工程人、材、机费，只需将"分部分项工程和措施项目人、材、机费计算表"中的人工费（综合）、C15 商品混凝土、C30 商品混凝土、钢筋（综合）、其他辅助材料费、机械使用费（综合）的"除税合价"求和即可，其中的"除税单价"采用题目中"企业内部单位工程量人、材、机消耗定额"中的相应数据。分部分项工程人、材、机费＝6951.67×110.00＋261.66×400.00＋6269.33×460.00＋520.49×3600.00＋136225.05＋82882.08＝5846110.63元。

安全文明施工措施及其他总价措施：(5846110.63＋640000)×2.50%＝162152.77元。

（5）人材机费合计：764683.70＋104664.00＋2883891.80＋1873764.00＋136225.05＋82882.08＋640000.00＋162152.77＝6648263.40元。

【解答】

（1）分部分项工程人工、材料、机械使用费消耗量：

① 人工消耗量：(256.53×0.40＋4854.00×0.60＋1292.40×0.70＋505.33×6.00)＝6951.67工日

② C15 商品混凝土消耗量：256.53×1.02＝261.66m³

③ C30 商品混凝土消耗量：(4854＋1292.4)×1.02＝6269.33m³

④ 钢筋消耗量：505.33×1.03＝520.49t

⑤ 其他辅助材料：(256.53×8.00＋4854.00×12.00＋1292.40×13.00＋505.33×117.00)＝136225.05元

⑥ 机械使用费：(256.53×1.60＋4854.00×3.90＋1292.40×4.20＋505.33×115.00)＝82882.08元

（2）措施费用计算：

① 单价措施人材机费：640000.00 元

② 安全文明施工费及其他总价措施人材机：（6951.67×110.00+261.66×400.00+6269.33×460.00+520.49×3600.00+136225.05+82882.08+640000.00）×2.50%=162152.77 元

(3) 人材机费合计：764683.70+104664.00+2883891.80+1873764.00+136225.05+82882.08+640000.00+162152.77=6648263.40 元

将以上数据填入"分部分项工程和措施项目人、材、机费计算表"。见表 19.5.3（1）。

分部分项工程和措施项目人、材、机费计算表　　　　　表 19.5.3（1）

序号	项目名称	单位	消耗量	除税单价（元）	除税合价（元）
1	人工费（综合）	工日	6951.67	110.00	764683.70
2	C15 商品混凝土	m³	261.66	400.00	104664.00
3	C30 商品混凝土	m³	6269.33	460.00	2883891.80
4	钢筋（综合）	t	520.49	3600.00	1873764.00
5	其他辅助材料费	元			136225.05
6	机械使用费（综合）	元			82882.08
7	单价措施人材机费	元			640000.00
8	安全文明施工费及其他总价措施人材机	元			162152.77
9	人材机费合计	元			6648263.40

【注意】

(1) 消耗量计算在以往的真题中很少出现，在 2019 年版《案例分析》教材中有相应的例题（第三章案例四）。

(2) 如果对这类题目不熟悉，结合题目及答题卡中的三张表也可以求解。题目中给出了"企业内部单位工程量人、材、机消耗定额"，对应于第 1 小题中相应的"工程量计算表"中的每个计算项目，本小题的"分部分项工程费用目标管理控制价计算表"只需利用前两张表中的数据相乘并求和即可。

(3) 计算量大也是本小题的难点，应保证计算式中的每个数据与已知表格中的数据一致，还应保证计算结果的准确性，因此本题的数据及计算结果应检查复核。

3. 若施工过程中，钢筋混凝土独立基础和矩形柱使用的 C30 混凝土变更为 C40 混凝土（消耗定额同 C30 混凝土，除税价 480.00 元/m³），其他条件均不变，根据问题 1、2 的条件和计算结果，在答题卡中列式计算 C40 商品混凝土消耗量、C40 与 C30 混凝土除税价差，由于商品混凝土价差产生的该分部分项工程和措施项目人、材、机增加费。

【分析】

(1) C40 混凝土的消耗定额同 C30 混凝土，因此消耗量也为（4854+1292.4）×1.02=6269.33m³。

(2) C30 混凝土的除税价 460 元/m³，C40 混凝土的除税价 480 元/m³，价差 480－460=20 元/m³。

(3) 因价差产生的分部分项人、材、机的增加,只增加了材料费;人工费、其他材料费、机械使用费与 C30 混凝土相同。因此,增加分部分项工程:6269.33×20＝125386.60 元。

(4) 第 2 小题的题目中指出安全文明施工措施及其他总价措施,按分部分项工程人、材、机费及单价措施人材机费之和的 2.50% 计算,本题明确要求采用"问题 1、2 的条件和计算结果"。"单价措施人材机费"无变化,但"分部分项工程人、材、机费"增加了 125386.60 元,应增加相应的总价措施项目人材机费:125386.60×2.5%＝3134.67 元。

【解答】

(1) C40 商品混凝土消耗量:(4854＋1292.4)×1.02＝6269.33m³

(2) C40 与 C30 混凝土除税价差:480－460＝20.00 元/m³

(3) C40 与 C30 商品混凝土价差产生的该分部分项工程和措施项目人、材、机增加费:

① 增加分部分项工程人材机费:6269.33×20＝125386.60 元

② 增加措施项目人材机费:125386.60×2.5%＝3134.67 元

增加费用合计:125386.60＋3134.67＝128521.27 元

4. 假定该钢筋混凝土基础分部分项工程人、材、机费用为 6600000.00 元,其中人工费占 13%,企业管理费按人、材、机费的 6% 计算,利润按人、材、机费和企业管理费之和的 5% 计算,规费按人工费的 21% 计算,增值税税率按 9% 计取。请在答题卡表 19.5.4 "分部分项工程费用目标管理控制价计算表"中编制该钢筋混凝土基础分部分项工程费用目标管理控制价。

【分析】

本题与前面的 3 个小题没有关联,相当于一个独立的题目,各项费用只需按照题目中给定的计算方法计算即可。

【解答】

(1) 各项费用的计算:

① 人工费:6600000×13%＝858000.00 元

② 企业管理费:6600000×6%＝396000.00 元

③ 利润:(6600000＋396000)×5%＝349800.00 元

④ 规费:858000×21%＝180180.00 元

⑤ 增值税:(6600000＋396000＋349800＋180180)×9%＝677338.20 元

⑥ 目标管理控制价合计:6600000＋396000＋349800＋180180＋677338.2＝8203318.20 元

(2) 填表:

将各项费用填入"分部分项工程费用目标管理控制价计算表"中,见表 19.5.4(1)。

分部分项工程费用目标管理控制价计算表　　　　表 19.5.4(1)

序号	费用名称	计算基数	金额(元)
1	人材机费		6600000.00
1.1	其中:人工费	分部分项工程人材机费	858000.00

续表

序号	费用名称	计算基数	金额（元）
2	企业管理费	分部分项工程人材机费	396000.00
3	利润	分部分项工程人材机费＋企业管理费	349800.00
4	规费	分部分项工程人工费	180180.00
5	增值税	分部分项工程人材机费＋企业管理费＋利润＋规费	677338.20
6	目标管理控制价合计		8203318.20

【注意】

上表中的人工费是人材机费的组成费用之一，费用合计中不能包含此费用。

（三）考点总结

1. 工程量的计算（垫层、独基、钢筋）；
2. 消耗量的计算（实物量法）；
3. 材料价差的调整及计算；
4. 汇总表的填写。

2018 年真题（试题六）

（一）真题（本题 40 分）

某城市生活垃圾焚烧发电厂钢筋混凝土多管式（钢内筒）80m 高烟囱基础，如图 18.6.1"钢内筒烟囱基础平面布置图"、图 18.6.2"旋挖钻孔灌注桩基础图"所示。已建成类似工程钢筋用量参考指标见表 18.6.1"单位钢筋混凝土钢筋参考用量表"。

单位钢筋混凝土钢筋参考用量表　　　　　表 18.6.1

序号	钢筋混凝土项目名称	参考钢筋含量（kg/m³）	备注
1	钻孔灌注桩	49.28	
2	筏板基础	63.50	
3	FB 辅助侧板	82.66	

问题：

1. 根据该多管式（钢内筒）烟囱基础施工图纸、技术参数及参考资料，及答题卡表 18.6.2 中给定的信息，按《房屋建筑与装饰工程工程量计算规范》GB 50845—2013 的计算规则，在答题卡表 18.6.2"工程量计算表"中，列式计算该烟囱基础分部分项工程量。（筏板上 8 块 FB 辅助侧板的斜面在混凝土浇捣时必须安装模板）。

工程量计算表　　　　　表 18.6.2

序号	项目名称	单位	计算过程	工程量
1	C30 混凝土旋挖钻孔灌注桩	m³		
2	C15 混凝土筏板基础垫层	m³		
3	C30 混凝土筏板基础	m³		
4	C30 混凝土 FB 辅助侧板	m³		

续表

序号	项目名称	单位	计算过程	工程量
5	灌注桩钢筋笼	t		
6	筏板基础钢筋	t		
7	FB辅助侧板钢筋	t		
8	混凝土垫层模板	m²		
9	筏板基础模板	m²		
10	FB辅助侧板模板	m²		

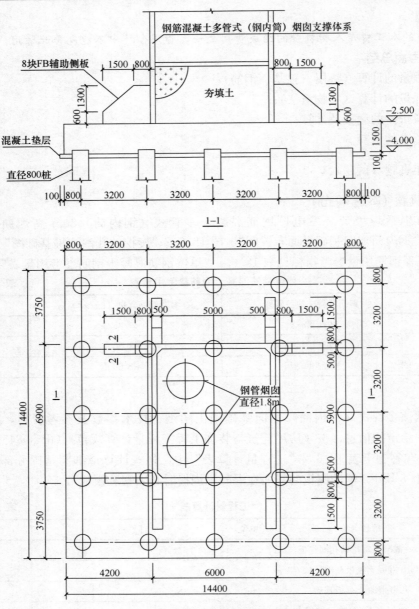

图 18.6.1 钢内筒烟囱基础平面布置图

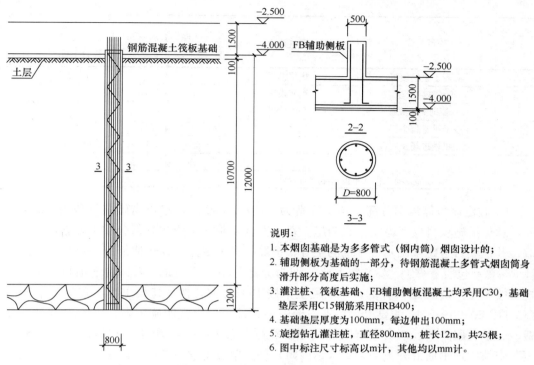

图 18.6.2 旋挖钻孔灌注桩基础图

2. 根据问题1的计算结果,及答题卡表18.6.3中给定的信息,按照《建设工程工程量清单计价规范》GB 50500—2013的要求,在答题卡表18.6.3"分部分项工程和单价措施项目清单与计价表"中,编制该烟囱钢筋混凝土基础分部分项工程和单价措施项目清单与计价表。

分部分项工程和单价措施项目清单与计价表　　　　表 18.6.3

序号	项目名称	项目特征	计量单位	工程量	金额（元）	
					综合单价	合价
1	C30 混凝土旋挖钻孔灌注桩	C30，成孔，混凝土浇筑	m³		1120.00	
2	C15 混凝土筏板基础垫层	C15，混凝土浇筑	m³		490.00	
3	C30 混凝土筏板基础	C30，混凝土浇筑	m³		680.00	
4	C30 混凝土FB 辅助侧板	C30，混凝土浇筑	m³		695.00	
5	灌注桩钢筋笼	HRB400	t		5800.00	
6	筏板基础钢筋	HRB400	t		5750.00	
7	FB辅助侧板钢筋	HRB400	t		5750.00	
	小计		元			

317

续表

序号	项目名称	项目特征	计量单位	工程量	金额（元）	
					综合单价	合价
8	混凝土垫层模板	垫层模板	m²		28.00	
9	筏板基础模板	筏板模板	m²		49.00	
10	FB辅助侧板模板	FB辅助侧板模板	m²		44.000	
11	基础满堂脚手架	钢管	t	256.00	73.00	
12	大型机械进场及安拆		台次	1.00	28000.00	
	小计		元			
	分部分项工程及单价措施项目合计		元			

3. 假定该整体烟囱分部分项工程费为2000000.00元；单价措施项目费为150000.00元，总价措施项目仅考虑安全文明施工费，安全文明施工费按分部分项工程费的3.5%计取；其他项目考虑基础基坑开挖的土方、护坡、降水专业工程暂估价为110000.00元（另计5%总承包服务费）；人工费占比分别为分部分项工程费的8%、措施项目费的15%；规费按照人工费的21%计取，增值税税率按10%计取。按《建设工程工程量清单计价规范》GB 50500—2013的要求，在答题卡中列式计算安全文明施工费、措施项目费、人工费、总承包服务费、规费和增值税；并在答题卡表18.6.4"单位工程最高投标限价汇总表"中编制该钢筋混凝土多管式（钢内筒）烟囱单位工程最高投标限价。

单位工程最高投标限价汇总表　　　　　　　　　　　　　　表18.6.4

序号	汇总内容	金额（元）	其中：暂估价（元）
1	分部分项工程		
2	措施项目		
2.1	其中：安全文明施工费		
3	其他项目		
3.1	其中：专业工程暂估价		
3.2	其中：总承包服务费		
4	规费（人工费21%）		
5	税金（10%）		
最高投标限价总价合计＝1＋2＋3＋4＋5			

（上述问题中提及的各项费用均不包含增值税可抵扣进项税额，所有计算结果均保留2位小数）

（二）参考解答

1. 按《房屋建筑与装饰工程工程量计算规范》GB 50845—2013的计算规则，在答题卡表18.6.2"工程量计算表"中，列式计算该烟囱基础分部分项工程量。

【分析】

本题提供了一套烟囱基础的平面布置图及桩基础详图。一共有25根桩，该烟囱固定在筏板基础上，该烟囱及支撑体系表达不详细，但不影响本题工程量的计算。

（1）桩基工程量的计算：

工程量计算规则，按《工程量计算规范》GB 50845—2013表C.2"灌注桩"的规定，以m³计量，按体积计算。

C30混凝土旋挖钻孔灌注桩。桩直径800mm，桩长$0.1+10.7+1.2=12m$，共25根。工程量$3.14\times(0.8/2)^2\times12\times25=150.72m^3$。【说明：《建筑地基基础设计规范》GB 50007—2011第8.5.2条第10款规定，桩顶嵌入承台的长度不应小于50mm。本书图18.6.1和图18.6.2中，桩顶嵌入承台部分的示意图，为编者所增加，仅用于示意按规范规定桩顶应嵌入承台。桩顶嵌入承台的具体长度，会在相应的施工图中标明，此处不涉及。嵌入承台的桩头工程量的计算，此处也不涉及。本题的工程量计算仍采用真题原图所示的尺寸进行计算。】

(2) 现浇混凝土基础工程量的计算：

工程量计算规则，按《工程量计算规范》GB 50845—2013表E.1"现浇混凝土基础"的规定，按设计图示尺寸以体积计算，不扣除伸入承台基础的桩头体积。

① C15混凝土筏板基础垫层。垫层的边长为$14.4+0.1\times2=14.6m$，厚0.1m。工程量$(14.4+0.1\times2)^2\times0.1=21.32m^3$。

② C30混凝土筏板基础。筏板边长14.4m，厚1.5m。工程量$14.4^2\times1.5=311.04m^3$。

③ C30混凝土FB辅助侧板。辅助侧板对钢烟囱的支撑系统起加劲作用，和支撑系统一起整体现浇，为异形，可以分解成一个长方形和一个梯形再计算，共8块。工程量$[2.3\times0.6+(2.3+0.8)\times1.3\times1/2]\times0.5\times8=13.58m^3$。

(3) 钢筋工程量的计算：

工程量计算规则，按题目给定的条件，表18.6.1"单位钢筋混凝土钢筋参考用量表"已经给出了每"m^3"的含钢量，用混凝土的体积乘以单位体积的含钢量即可。

① 灌注桩钢筋笼：$150.72\times49.28/1000=7.43t$。

② 筏板基础钢筋：$311.04\times63.50/1000=19.75t$。

③ FB辅助侧板钢筋：$13.58\times82.66/1000=1.12t$。

(4) 模板工程量的计算：

工程量计算规则，按《工程量计算规范》GB 50845—2013附录S.2条"混凝土模板及支架（支撑）"的规定，工程量按模板与混凝土的接触面积计算。

① 混凝土垫层模板。垫层的边长为$14.4+0.1\times2=14.6m$，厚0.1m。工程量$(14.4+0.1\times2)\times4\times0.1=5.84m^2$。

② 筏板基础模板。筏板边长14.4m，厚1.5m。工程量$14.4\times4\times1.5=86.4m^3$。

③ FB辅助侧板模板。辅助侧板与支撑体系交接处、与筏板交接处、侧板的上边无模板，其余位置均有模板（特别注意题目中明确指出"辅助侧板的斜面在混凝土浇捣时必须安装模板"）。工程量$\{[2.3\times0.6+(2.3+0.8)\times1.3\times1/2]\times2+[0.6+(1.3^2+1.5^2)^{1/2}]\times0.5\}\times8=64.66m^2$。

【解答】

工程量计算，见表18.6.2（1）

工程量计算表　　　　　　　　　　　　　　表18.6.2（1）

序号	项目名称	单位	计算过程	工程量
1	C30混凝土旋挖钻孔灌注桩	m^3	$3.14\times(0.8/2)^2\times12\times25=150.72$ （请注意解题分析过程中对本项工程量计算的说明）	150.72
2	C15混凝土筏板基础垫层	m^3	$(14.4+0.1\times2)^2\times0.1=21.32$	21.32

续表

序号	项目名称	单位	计算过程	工程量
3	C30 混凝土筏板基础	m^3	$14.4^2 \times 1.5 = 311.04$	311.04
4	C30 混凝土 FB 辅助侧板	m^3	$[2.3 \times 0.6 + (2.3 + 0.8) \times 1.3 \times 1/2] \times 0.5 \times 8 = 13.58$	13.58
5	灌注桩钢筋笼	t	$150.72 \times 49.28/1000 = 7.43$	7.43
6	筏板基础钢筋	t	$311.04 \times 63.50/1000 = 19.75$	19.75
7	FB 辅助侧板钢筋	t	$13.58 \times 82.66/1000 = 1.12$	1.12
8	混凝土垫层模板	m^2	$(14.4 + 0.1 \times 2) \times 4 \times 0.1 = 5.84$	5.84
9	筏板基础模板	m^2	$14.4 \times 4 \times 1.5 = 86.4$	86.40
10	FB 辅助侧板模板	m^2	$\{[2.3 \times 0.6 + (2.3 + 0.8) \times 1.3 \times 1/2] \times 2 + [0.6 + (1.3^2 + 1.5^2)^{1/2}] \times 0.5\} \times 8 = 64.66$	64.66

2. 按照《建设工程工程量清单计价规范》GB 50845—2013 的要求,在答题卡表 18.6.3 "分部分项工程和单价措施项目清单与计价表"中,编制该烟囱钢筋混凝土基础分部分项工程和单价措施项目清单与计价表。

【分析】

工程量只需把第 1 小题的计算结果填入即可。合价=工程量×综合单价。

【解答】

编制分部分项工程和单价措施项目清单与计价表,见表 18.6.3(1)。

分部分项工程和单价措施项目清单与计价表　　表 18.6.3(1)

序号	项目名称	项目特征	计量单位	工程量	金额(元)	
					综合单价	合价
1	C30 混凝土旋挖钻孔灌注桩	C30,成孔,混凝土浇筑	m^3	150.72	1120.00	168806.40
2	C15 混凝土筏板基础垫层	C15,混凝土浇筑	m^3	21.32	490.00	10446.80
3	C30 混凝土筏板基础	C30,混凝土浇筑	m^3	311.04	680.00	211507.20
4	C30 混凝土 FB 辅助侧板	C30,混凝土浇筑	m^3	13.58	695.00	9438.10
5	灌注桩钢筋笼	HRB400	t	7.43	5800.00	43094.00
6	筏板基础钢筋	HRB400	t	19.75	5750.00	113562.50
7	FB 辅助侧板钢筋	HRB400	t	1.12	5750.00	6440.00
	小计		元			563295.00
8	混凝土垫层模板	垫层模板	m^2	5.84	28.00	163.52
9	筏板基础模板	筏板模板	m^2	86.40	49.00	4233.60
10	FB 辅助侧板模板	FB 辅助侧板模板	m^2	64.66	44.000	2845.04
11	基础满堂脚手架	钢管	t	256.00	73.00	18688.00
12	大型机械进场及安拆		台次	1.00	28000.00	28000.00
	小计		元			53930.16
	分部分项工程及单价措施项目合计		元			617225.16

3. 按《建设工程工程量清单计价规范》GB 50500—2013 的要求,在答题卡中列式计算安全文明施工费、措施项目费、人工费、总承包服务费、规费和增值税;并在答题卡表

18.6.4 "单位工程最高投标限价汇总表"中编制该钢筋混凝土多管式(钢内筒)烟囱单位工程最高投标限价。

【分析】

(1) 安全文明施工费按题目中的条件"安全文明施工费按分部分项工程费的3.5%计取",分部分项工程费为2000000.00元,即安全文明施工费=2000000.00×3.5%=70000.00元。

① 措施项目费包括单价项目措施费和总价项目措施费。单价措施项目费按题目中给定的150000.00元计算。"总价措施项目仅考虑安全文明施工费",即前述计算结果70000.00元。措施费合计=150000.00+70000.00=220000.00元。

② 人工费按题目中条件"人工费占比分别为分部分项工程费的8%、措施项目费的15%"计算,分部分项工程费为2000000.00元,措施费为前述计算数据220000.00元。

即人工费=2000000.00×8%+220000.00×15%=193000.00元。

③ 规费按题目中的条件"规费按人工费的21%计取",人工费为193000.00,规费=193000.00×21%=40530.00元。

④ 增值税的税率为10%,计算基数为分部分项工程费、措施项目费、其他项目费、规费之和,其中:分部分项工程费为2000000.00元,措施费为220000.00元,其他项目费包括专业工程暂估价和总承包服务费(110000.00+110000.00×5%=115500元)、规费为40530.00元。即(2000000.00+220000.00+115500.00+40530.00)×10%=237603元。

(2) 编制单位工程最高投标限价汇总表,只需将本题第1步的各项计算数据填入即可,分部分项工程费、措施项目费、其他项目费、规费、税金之和为招标控制总价。

【解答】

(1) 安全文明施工费:2000000.00×3.5%=70000.00元

(2) 措施项目费:150000.00+70000.00=220000.00元

(3) 人工费:2000000.00×8%+220000.00×15%=193000.00元

(4) 总承包服务费:110000×5%=5500元

(5) 规费:193000.00×21%=40530.00元

(6) 增值税:(2000000.00+220000.00+110000.00+110000.00×5%+40530.00)×10%=237603元

编制单位工程最高投标限价汇总表,见表18.6.4(1)。

单位工程最高投标限价汇总表 表18.6.4(1)

序号	汇总内容	金额(元)	其中:暂估价(元)
1	分部分项工程	2000000.00	
2	措施项目	220000.00	
2.1	其中:安全文明施工费	70000.00	
3	其他项目	115500.00	110000.00
3.1	其中:专业工程暂估价	11000.00	110000.00
3.2	其中:总承包服务费	5500.00	
4	规费(人工费21%)	40530.00	
5	税金(10%)	237603.00	
最高投标限价总价合计=1+2+3+4+5		2613633.00	

(三) 考点总结

1. 工程量的计算（桩基、钢筋、模板）；
2. 分部分项工程和单价措施项目清单与计价表的计算与填写；
3. 单位工程招标控制价汇总表的计算与填写。

2017 年真题（试题六）

(一) 真题（本题 40 分）

某工厂机修车间轻型屋架系统，如图 17.6.1 "轻型钢屋架结构系统布置图"、图 17.6.2 "钢屋架构件图" 所示。成品轻型钢屋架安装、油漆、防火漆消耗定额基价表见表 17.6.2 "轻型钢屋架安装、油漆定额基价表"。

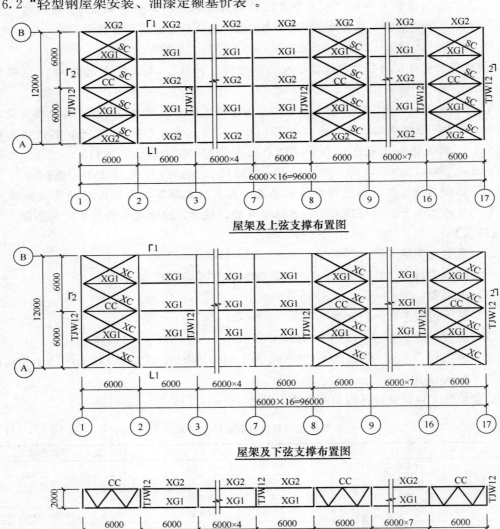

图 17.6.1 轻型钢屋架结构系统布置图

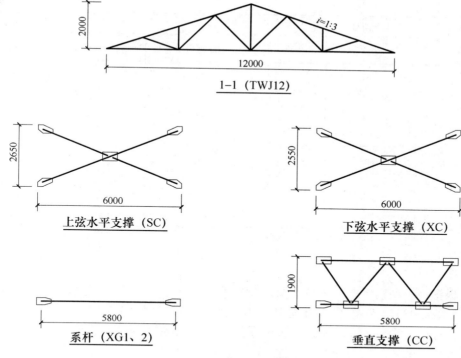

图 17.6.2 钢屋架构件图

设计说明：
1. 钢构件详细材料表及下料尺寸见国家标准图集 06SCG517-2。
2. 屋架上、下弦水平支撑及垂直支撑仅在①～②、⑧～⑨、⑯～⑰柱间屋架上布置。

钢屋架结构构件重量表，见表17.6.1。

钢屋架结构构件重量表　　　　　　　　　　　　　表 17.6.1

序号	构件名称	构件编号	构件重量（kg）
1	轻型钢屋架	TJW12	510.00
2	上弦水平支撑	SC	56.00
3	下弦水平支撑	XC	60.00
4	垂直支撑	CC	150.00
5	系杆1	XG1	45.00
6	系杆2	XG2	48.00

轻型钢屋架安装、油漆定额基价表　　　　　　　　表 17.6.2

定额编号		6-10	6-35	6-36
项目		成品钢屋架安装	钢结构油漆	钢结构防火漆
		t	m²	m²
定额基价（元）		6854.10	40.10	21.69
其中	人工费（元）	378.10	19.95	15.20
	材料费（元）	6360.00	19.42	5.95
	机械费（元）	116.00	0.73	0.54

续表

定额编号			6-10	6-35	6-36
名称	单位	单价（元）	成品钢屋架安装	钢结构油漆	钢结构防火漆
综合工日	工日	95.00	3.98	0.21	0.16
成品钢屋架	t	6200.00	1.00		
油漆	kg	25.00		0.76	
防火漆	kg	17.00			0.30
其他材料费	元		160.00	0.42	0.85
机械费	元		116.00	0.73	0.54

注：本消耗定额基价表中费用均不包含增值税可抵扣的进项税额。

问题：

1. 根据该轻型钢屋架工程施工图纸及技术参数，按《房屋建筑与装饰工程工程量计算规范》GB 50854—2013 的计算规则，在答题卡表 17.6.3 "工程量计算表"中，列式计算该轻型钢屋架系统分部分项工程量。（钢屋架上、下弦水平支撑及垂直支撑仅在 1～2、8～9、16～17 轴线的柱间屋架上布置）

工程量计算表　　　　　　　　　　表 17.6.3

序号	项目名称	单位	计算过程	计算结果
1	轻型钢屋架	t		
2	上弦水平支撑	t		
3	下弦水平支撑	t		
4	垂直支撑	t		
5	系杆 XG1	t		
6	系杆 XG2	t		

2. 经测算轻型钢屋架表面涂刷工程量按 35m^2/t 计算；《房屋建筑与装饰工程工程量计算规范》GB 50854—2013 屋架的项目编码为 010602001，企业管理费按人工、材料、机械费之和的 10%计取，利润按人工、材料、机械费、企业管理费之和的 7%计取。按《建设工程工程量清单计价规范》GB 50500—2013 的要求，结合轻型钢屋架消耗量定额基价表，列式计算每吨钢屋架油漆、防火漆的消耗量及费用、其他材料费用；并在答题卡表 17.6.4 "轻型钢屋架综合单价分析表"中编制轻型钢屋架综合单价分析表。

轻型钢屋架综合单价分析表　　　　　　　　　　表 17.6.4

项目编码			项目名称	轻型钢屋架	计量单位		工程量		
清单综合单价组成明细									
定额编号	定额名称	定额单位	数量	单价（元）				合价（元）		
				人工费	材料费	机械费	管理费和利润	人工费	材料费	机械费	管理费和利润
人工单价				小计						
				未计价材料						
清单子项目综合单价								

材料费明细	主要材料名称、规格、型号	单位	数量	单价	合价	暂估单价（元）	暂估合价（元）
							—
	其他材料费						
	材料费小计						

3. 根据问题 1 和问题 2 的计算结果，及答题卡表 17.6.5 中给定的信息，按，《建设工程量清单计价规范》GB 50500—2013 的要求，在答题卡表 17.6.5 "分部分项工程和单价措施项目清单与计价表"中，编制该机修车间钢屋架系统分部分项工程和单价措施项目清单及计价表。

分部分项工程和单价措施项目清单与计价表　　　　　　表 17.6.5

序号	项目编码	项目名称	项目特征	计量单位	工程量	金额（元）	
						综合单价	合价
一	分部分项工程						
1	010602001001	轻型钢屋架	材质 Q235	t			
2	010606001001	上弦水平支撑	材质 Q235	t		9620.00	
3	010606001002	下弦水平支撑	材质 Q235	t		9620.00	
4	010606001003	垂直支撑	材质 Q235	t		9620.00	
5	010606001004	系杆 XG1	材质 Q235	t		8850.00	
6	010606001005	系杆 XG2	材质 Q235	t		8850.00	
	分部分项工程费				元			

续表

序号	项目编码	项目名称	项目特征	计量单位	工程量	金额（元）	
						综合单价	合价
二			措施项目				
1		大型机械进出场及安拆费		台次	1.00	25000.00	25000.00
		单价措施项目小计		元			25000.00
		分部分项工程和单价措施项目合计		元			

4. 假定该分部分项工程费为185000.00元；单价措施项目费为25000.00元；总价措施项目仅考虑安全文明施工费，安全文明施工费按分部分项工程费的4.5%计取；其他项目费为零；人工费占分部分项工程及措施项目费的8%，规费按人工费的24%计取；增值税税率按11%计取，按《建设工程工程量清单计价规范》GB 50500—2013的要求，在答题卡中列式计算安全文明施工费、措施项目费、规费、增值税，并在答题卡表17.6.6"单位工程招标控制价汇总表"中编制该轻型钢屋架系统单位工程招标控制价。

单位工程招标控制价汇总表　　　　　　　　　　表17.6.6

序号	项目名称	金额（元）
1	分部分项工程费	
2	措施项目费	
2.1	其中：安全文明施工费	
3	其他项目费	
4	规费	
5	增值税	
	招标控制总价＝1＋2＋3＋4＋5	

（上述各问题中提及的各项费用均不包含增值税可抵扣进项税额，所有计算结果保留2位小数）

（二）参考解答

1. 列式计算该轻型钢屋架系统分部分项工程量。

【分析】

本题提供的是一套简单的钢结构屋盖布置图，屋盖上弦、下弦的布置要分开计算。其中屋架TJW12共计17榀；上弦支撑SC共计4×3＝12个；下弦支撑XC共计4×3＝12个；垂直CC支撑共计3个；系杆XG1在上下弦都有，共16×2＋(16×2＋13)＝77根；系杆XG2只在上弦有，共16×2＋13＝45根。

构件的总重量为：单个构件重量×构件总数。每种构件的重量已在题目中给出，因此，从图中正确找出各构件的总数是计算工程量的关键。

【解答】

工程量计算，见表17.6.3（1）。

工程量计算表 表17.6.3（1）

序号	项目名称	单位	计算过程	计算结果
1	轻型钢屋架	t	TJW12：510×17/1000＝8.67	8.67
2	上弦水平支撑	t	SC：56×12/1000＝0.67	0.67
3	下弦水平支撑	t	XC：60×12/1000＝0.72	0.72
4	垂直支撑	t	CC：150×3/1000＝0.45	0.45
5	系杆 XG1	t	XG1：45×(16×4+13)/1000＝3.47	3.47
6	系杆 XG2	t	XG2：48×(16×2+13)/1000＝2.16	2.16

2. 列式计算每吨钢屋架油漆、防火漆的消耗量及费用、其他材料费用；并在答题卡表17.6.4"轻型钢屋架综合单价分析表"中编制轻型钢屋架综合单价分析表。

【分析】

（1）从第2小题的题干中可知每吨（t）钢屋架的表面涂刷面积为35m^2。

① 从表17.6.2"轻型钢屋架安装、油漆定额基价表"的定额6-35中可知涂刷1m^2的钢结构表面需要涂刷0.76kg油漆，油漆的单价为25元/kg。

② 从表17.6.2"轻型钢屋架安装、油漆定额基价表"的定额6-36中可知1m^2的钢结构表面需要涂刷0.3kg防火漆，防火漆的单价为17元/kg。

③ 每吨钢屋架的其他材料费用由三部分组成：

定额6-10"成品钢屋架安装"的其他材料费为160元/t。

定额6-35"钢结构油漆"的其他材料费为0.42元/m^2，每t钢屋架的涂刷面积为35m^2。

定额6-36"钢结构防火漆"的其他材料费为0.85元/m^2，每t钢屋架的涂刷面积为35m^2。

（2）钢结构屋架的综合单价，包括两个方面的内容：

第一，工艺上的综合，即成品钢屋架的安装、钢结构油漆、钢结构防火漆三项；

第二，组成价格上的综合，即每项都含有人工费、材料费、机械费、管理费和利润。人工费、材料费、机械费等原始数据应从题目中"轻型钢屋架安装、油漆定额基价表"中读取。

（3）钢屋架的计量单位为"t"，每"t"钢屋架表面的涂刷面积为35 m^2，所以综合单价分析表中"钢结构油漆"和"钢结构防火漆"的数量应为35。表中的管理费和利润按照第2小题题干中的条件"企业管理费按人工、材料、机械费之和的10%计取，利润按人工、材料、机械费、企业管理费之和的7%计取。"表中的"材料明细"油漆和防火漆的数量按本题第1步计算的结果填入。

本题的难点有两处：

第一，要正确理解钢结构涂装的施工工艺是刷两道漆，定额6-35钢结构油漆，定额6-36钢结构防火漆。

第二，工程量的计算方式有别于常规的直接算量，每吨钢屋架按照35m^2的表面积进行折算，而定额6-36和定额6-38都给出的是每平方米钢材的定额消耗量，还应乘以35m^2。

【解答】

(1) 计算每吨钢屋架油漆、防火漆的消耗量及费用、其他材料费用：

① 每吨钢屋架油漆消耗量：35×0.76＝26.60kg

每吨钢屋架油漆费用：26.6×25＝665.00元

② 每吨钢屋架防火漆消耗量：35×0.3＝10.50kg

每吨钢屋架防火漆费用：10.50×17.00＝178.50元

③ 每吨钢屋架其他材料费用：160＋(0.42＋0.85)×35＝204.45元

(2) 编制轻型钢屋架综合单价分析表，见表17.6.4（1）。

轻型钢屋架综合单价分析表 表17.6.4(1)

项目编码	010602001001	项目名称	轻型钢屋架	计量单位	t	工程量	8.67

清单综合单价组成明细											
定额编号	定额名称	定额单位	数量	单价（元）				合价（元）			
				人工费	材料费	机械费	管理费和利润	人工费	材料费	机械费	管理费和利润
6-10	成品钢屋架安装	t	1.00	378.10	6360.00	116.00	1213.18	378.10	6360.00	116.00	1213.18
6-35	钢结构油漆	m²	35.00	19.95	19.42	0.73	7.10	698.25	679.70	25.55	248.50
6-36	钢结构防火漆	m²	35.00	15.20	5.95	0.54	3.84	532.00	208.25	18.90	134.40
人工单价			小计					1608.35	7247.95	160.45	1596.08
95.00元/工日			未计价材料					0.00			
清单子项目综合单价								10612.83			

材料费明细	主要材料名称、规格、型号	单位	数量	单价	合价	暂估单价（元）	暂估合价（元）
	成品钢屋架安装	t	1.00	6200.00	6200.00	—	—
	钢结构油漆	kg	26.60	25.00	665.00		
	钢结构防火漆	kg	10.50	17.00	178.50		
	其他材料费				204.45		
	材料费小计				7247.95		

3. 编制该机修车间钢屋架系统分部分项工程和单价措施项目清单及计价表。

【分析】

工程量采用第1小题工程量的计算结果，轻型钢屋架的综合单价采用第2小题的计算结果（10612.83元/t），合价＝综合单价×工程量。

本题难度不大，应注意对计算结果的检查复核。

【解答】

编制分部分项工程和单价措施项目清单与计价表，见表17.6.5（1）。

分部分项工程和单价措施项目清单与计价表　　　　表17.6.5（1）

序号	项目编码	项目名称	项目特征	计量单位	工程量	金额（元） 综合单价	金额（元） 合价
一			分部分项工程				
1	010602001001	轻型钢屋架	材质Q235	t	8.67	10612.83	92013.24
2	010606001001	上弦水平支撑	材质Q235	t	0.67	9620.00	6445.40
3	010606001002	下弦水平支撑	材质Q235	t	0.72	9620.00	6926.40
4	010606001003	垂直支撑	材质Q235	t	0.45	9620.00	4329.00
5	010606001004	系杆XG1	材质Q235	t	3.47	8850.00	30709.50
6	010606001005	系杆XG2	材质Q235	t	2.16	8850.00	19116.00
		分部分项工程小计		元			159539.54
二			措施项目				
1		大型机械进出场及安拆费		台次	1.00	25000.00	25000.00
		单价措施项目小计		元			25000.00
		分部分项工程和单价措施项目合计		元			184539.54

4. 列式计算安全文明施工费、措施项目费、规费、增值税，并在答题卡表17.6.6"单位工程招标控制价汇总表"中编制该轻型钢屋架系统单位工程招标控制价。

【分析】

（1）各项费用计算：

① 安全文明施工费按本题题干中给定的条件计算"安全文明施工费按分部分项工程费的4.5%计取"，分部分项工程费为185000.00元，即安全文明施工费＝185000.00×4.5%＝8325.00元。

② 措施费包括单价措施项目费和总价措施项目费。单价措施项目费按题目中给定数据25000.00元计算。"总价措施项目仅考虑安全文明施工费"，即前述计算结果8325.00元。措施费合计25000.00＋8325.00＝33325.00元。

③ 规费按本题目中的条件"规费按人工费的24%计取"；人工费占分部分项工程及措施项目费的8%，分部分项工程费为185000.00元，措施项目费为前述计算数据33325.00元。

规费为（185000.00＋33325.00）×8%×24%＝4191.84元。

④ 增值税的税率为11%，计算基数为分部分项工程费、措施项目费、其他项目费、规费之和，其中：分部分项工程费为185000.00元，措施项目费为33325.00元，其他项目费为0、规费为4191.84元。即（185000.00＋33325.00＋4191.84）×11%＝24476.85元。

（2）编制单位工程招标控制价，只需将本题第1小题的各项计算数据填入即可。分部分项工程费、措施项目费、其他项目费、规费、税金之和为招标控制总价。

【解答】
(1) 计算安全文明施工费、措施项目费、规费、增值税：
① 安全文明施工费：185000.00×4.5％＝8325.00 元
② 措施项目费：25000.00＋8325.00＝33325.00 元
③ 规费：(185000.00＋33325.00)×8％×24％＝4191.84 元
④ 增值税：(185000.00＋33325.00＋4191.84)×11％＝24476.85 元
(2) 编制该轻型钢屋架系统单位工程招标控制价，见表 17.6.6 (1)。

单位工程招标控制价汇总表　　　　　　　　　　表 17.6.6 (1)

序号	项目名称	金额（元）
1	分部分项工程费	185000.00
2	措施项目费	33325.00
2.1	其中：安全文明施工费	8325.00
3	其他项目费	0.00
4	规费	4191.84
5	增值税	24476.85
	招标控制总价＝1＋2＋3＋4＋5	246993.69

(三) 考点总结
1. 工程量的计算（钢构件工程量）；
2. 综合单价分析表的计算与填写，消耗量计算；
3. 分部分项工程和单价措施项目清单与计价表的计算与填写；
4. 单位工程招标控制价汇总表的计算与填写。

2016 年真题（试题六）

(一) 真题（本题 40 分）

某写字楼标准层电梯厅共 20 套，施工企业中标的"分部分项工程和单价措施项目清单与计价表"如表 16.6.2 所示，现根据图 16.6.1 "标准层电梯厅楼地面铺装尺寸图"、图 16.6.2 "标准层电梯厅吊顶布置尺寸图"所示的电梯厅土建装饰竣工图及相关技术参数，按下列问题要求，编制电梯厅的竣工结算。

装修做法表　　　　　　　　　　表 16.6.1

序号	装修部位	装修主材
1	楼地面	米黄大理石
2	过门石	啡网纹大理石
3	波打线	啡网纹大理石
4	墙面	米黄洞石
5	竖井装饰门	钢骨架米黄洞石
6	电梯门套	2mm 拉丝不锈钢
7	天棚	2.5mm 铝板
8	吊顶灯槽	亚布力板

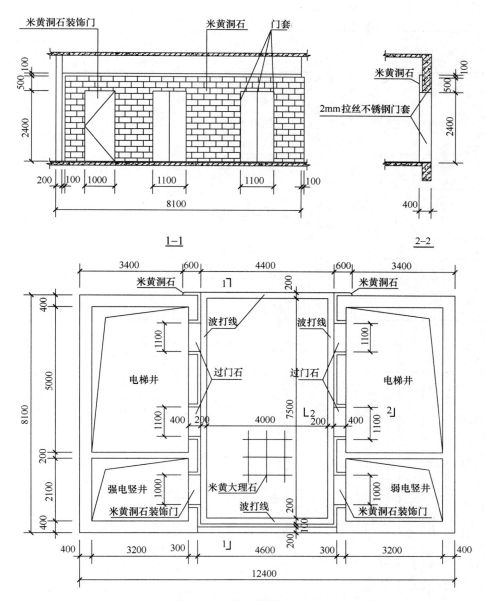

图 16.6.1 标准层电梯厅楼地面铺装尺寸图

分部分项工程和单价措施项目清单与计价表 表 16.6.2

序号	项目编码	项目名称	项目特征	计量单位	工程量	金额（元）	
						综合单价	合价
一	分部分项工程						
1	011102001001	楼地面	干硬性水泥砂浆铺砌米黄大理石	m²	610.00	560.00	341600.00
2	011102001002	波打线	干硬水泥砂浆铺砌啡网纹大理石	m²	100.00	660.00	66000.00

331

续表

序号	项目编码	项目名称	项目特征	计量单位	工程量	金额（元）	
						综合单价	合价
3	011108001001	过门石	干硬水泥砂浆铺砌啡网纹大理石	m²	40.00	650.00	26000.00
4	011204001001	墙面	钢龙骨干挂米黄洞石	m²	1000.00	810.00	810000.00
5	020801004001	竖井装饰门	钢龙骨支架米黄洞石	m²	96.00	711.00	68256.00
6	010808004001	电梯门套	2mm 拉丝不锈钢	m²	190.00	390.00	74100.00
7	011302001001	天棚	2.5mm 铝板	m²	610.00	360.00	219600.00
8	011304001001	吊顶灯槽	亚布力板	m²	100.00	350.00	35000.00
		分部分项工程费		元			1640556.00
二			措施项目				
1	011701003001	吊顶脚手架	3.6m 内	m²	700.00	23.00	16100.00
		单价措施项目小计		元			16100.00
		分部分项工程和单价措施项目合计		元			1656656.00

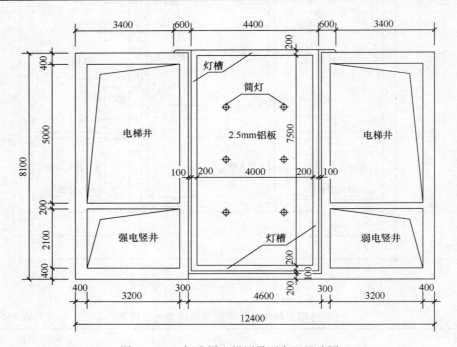

图 16.6.2 标准层电梯厅吊顶布置尺寸图

设计说明：

1. 本写字楼标准层电梯厅共 20 套。
2. 墙面干挂石材高度为 3000mm，其石材外皮距结构面尺寸为 100mm。
3. 弱电竖井门为钢骨架石材装饰门（主材同墙体），其门口不设过门石。
4. 电梯厅墙面装饰做法延展到走廊 600mm。

装修做法，见表 16.6.1。

问题：

1. 根据工程竣工图纸及技术参数，按《房屋建筑与装饰工程工程量计算规范》GB 50854—2013 的计算规则，在答题卡表 16.6.3 "工程量计算表" 中，列式计算该 20 套电梯厅楼地面、墙面（装饰高度 3000mm）、天棚、门和门套等土建装饰分部分项工程的结算工程量（竖井装饰门内的其他项目不考虑）。

工程量计算表　　　　　　　　　　　　　　　　　　　表 16.6.3

序号	项目名称	单位	工程量计算过程	工程量
1	楼地面	m²		
2	波打线	m²		
3	过门石	m²		
4	墙面	m²		
5	竖井装饰门	m²		
6	电梯门套	m²		
7	天棚	m²		
8	吊顶灯槽	m²		
9	吊顶脚手架	m²		

2. 根据问题 1 的计算结果及合同文件中 "分部分项工程和单价措施项目清单与计价表" 的相关内容，按《建设工程工程量清单计价规范》GB 50500—2013 的要求，在答题卡表 16.6.4 "分部分项工程和单价措施项目清单与计价表" 中编制该土建装饰工程结算。

分部分项工程和单价措施项目清单与计价表　　　　　　表 16.6.4

序号	项目编码	项目名称	项目特征	计量单位	工程量	金额（元）	
						综合单价	合价
一			分部分项工程				
1	011102001001	楼地面	干硬性水泥砂浆铺砌米黄大理石	m²			
2	011102001002	波打线	干硬水泥砂浆铺砌啡网纹大理石	m²			
3	011108001001	过门石	干硬水泥砂浆铺砌啡网纹大理石	m²			
4	011204001001	墙面	钢龙骨干挂米黄洞石	m²			
5	020801004001	竖井装饰门	钢龙骨支架米黄洞石	m²			
6	010808004001	电梯门套	2mm 拉丝不锈钢	m²			
7	011302001001	天棚	2.5mm 铝板	m²			
8	011304001001	吊顶灯槽	亚布力板	m²			
		分部分项工程费		元			
二			措施项目				
1	011701003001	吊顶脚手架	3.6m 内	m²			
		单价措施项目小计		元			
		分部分项工程和单价措施项目合计		元			

3. 按该分部分项工程竣工结算金额1600000.00元，单价措施项目清单结算金额为18000.00元，安全文明施工费按分部分项工程结算金额的3.5%计取，其他项目费为零，人工费占分部分项工程及措施项目费的13%，规费按人工费的21%计取，税金按3.48%计取。按《建设工程工程量清单计价规范》GB 50500—2013的要求，在答题卡中列式计算安全文明施工费、措施项目费、规费、税金，并在答题卡表16.6.5"单位工程竣工结算汇总表"中编制该土建装饰工程结算。（计算结果保留2位小数）

单位工程竣工结算汇总表　　　　　　　　　　表 16.6.5

序号	项目名称	金额（元）
1	分部分项工程费	
2	措施项目费	
2.1	单价措施项目费	
2.2	安全文明施工费	
3	其他项目费	
4	规费	
5	税金	
	单位工程合计	

（二）参考解答

1. 列式计算该20套电梯厅楼地面、墙面（装饰高度3000mm）、天棚、门和门套等土建装饰分部分项工程的结算工程量。

【分析】

本题提供了一套标准电梯厅的图纸，包括地面装饰图（平面）、吊顶装饰图（平面）、墙面装饰图（立面）三个部分，电梯厅共20套。

（1）楼地面

工程量计算规则，按《工程量计算规范》GB 50845—2013表L.2"块料面层"的规定，按设计图示尺寸以面积计算。楼地面长7.5m，宽4m，工程量 $(7.5 \times 4) \times 20 = 600.00 m^2$。

（2）波打线

"波打"是英文"boundary"的英译词，即"边界"的意思，就是楼地面装饰的边线。如果对波打线这个名称不熟悉，只要看表中的项目特征"铺砌啡网纹大理石"也会计算。工程量计算规则同"楼地面"。在米黄大理石的四侧，总长 $(7.5+4.4) \times 2 = 23.8m$，宽0.2m，工程量 $(7.5+4.4) \times 2 \times 0.2 \times 20 = 95.20 m^2$。

（3）过门石

工程量计算规则同"楼地面"。只有电梯门的位置才有过门石（强、弱电竖井装饰门无过门石），共4块，过门石长1.1m，宽0.4m，工程量 $(1.1 \times 0.4 \times 4) \times 20 = 35.20 m^2$。

（4）墙面

工程量计算规则，按《工程量计算规范》GB 50845—2013表M.4"墙面块料面层"的规定，按镶贴表面积计算。电梯厅三面有墙，两面长方向的墙向走廊均延伸0.6m $(7.9+0.6=8.5m)$；一面短方向的墙（4.4m），墙高3m。扣除4个电梯门（1.1×2.4）和2个装饰门（1×2.4）的面积。工程量 $[(7.9 \times 2 + 0.6 \times 2 + 4.4) \times 3 - (1.1 \times 2.4 \times 4 + 1 \times 2.4 \times 2)] \times 20 = 976.80 m^2$。

本题墙面工程量的计算较复杂，应注意以下问题：

① 电梯门洞口的顶部和两侧采用不锈钢门套，无干挂石材；装饰门的洞口顶部和两侧并没指明做法，也不考虑干挂石材。

② 短方向的墙只有一面，没有窗户，这和临边的电梯厅一般有外窗的做法不一样。

（5）竖井装饰门

竖井装饰门为钢骨架石材装饰门，主材同墙体（即钢龙骨干挂米黄洞石），按《工程量计算规范》GB 50845—2013 附录 H "门窗工程"没有相对应的项目。根据表 16.6.2 "工程量计算表"，本项的单位为"m^2"，仍采用"按设计图示洞口尺寸以面积计算"洞口高 2.4m，洞口宽 1m，每层 2 套。工程量（2.4×1×2）×20＝96.00m^2。

（6）电梯门套

工程量计算规则，按《工程量计算规范》GB 50845—2013 表 H.8 "门窗套"的规定，以平方米计量，按设计图示尺寸以展开面计算。根据 2-2 剖面图可知，电梯门洞的顶部和两侧均有门套。顶部门套长 1.1m，两侧的门套长均为 2.4m，门套宽 0.4m。工程量[（2.4＋2.4＋1.1）×0.4×4]×20＝188.80m^2。

（7）天棚

工程量计算规则，按《工程量计算规范》GB 50845—2013 表 N.2 "天棚吊顶"的规定，按设计图示尺寸以水平投影面积计算。天棚面中的灯槽及跌级、锯齿形、吊挂式、藻井式天棚面积不展开计算。不扣除间壁墙、检查口、附墙烟囱、柱垛所占面积，扣除单个>0.3m^2 的孔洞，独立柱及与天棚相连的窗帘盒所占的面积。

天棚的面积与"楼地面"的面积是相同的。即工程量为（4×7.5）×20＝600.00m^2。

（8）吊顶灯槽

工程量计算规则，按《工程量计算规范》GB 50845—2013 表 N.4 "天棚其他装饰"的规定，按设计图示尺寸以框外围面积计算。

吊顶灯槽的面积与"波打线"的面积是相同的。即工程量为（7.5＋4.4）×2×0.2×20＝95.20m^2。

（9）吊顶脚手架

此处的脚手架是用于施工吊顶和灯槽的措施，只能是满堂脚手架。工程量计算规则，按《工程量计算规范》GB 50845—2013 表 S.1 "脚手架工程"中"满堂脚手架"的规定，按搭设的水平投影面积（吊顶加灯槽的面积）计算，长 0.2＋7.5＋0.2＝7.9m，宽 0.2＋4＋0.2＝4.4m，工程量（7.9×4.4）×20＝695.20m^2。

【解答】

工程量计算，见表 16.6.3（1）。

工程量计算表　　　　　　　　　　　表 16.6.3（1）

序号	项目名称	单位	工程量计算过程	工程量
1	楼地面	m^2	（7.5×4）×20＝600.00	600.00
2	波打线	m^2	（7.5＋4.4）×2×0.2×20＝95.20	95.20
3	过门石	m^2	（1.1×0.4×4）×20＝35.20	35.20
4	墙面	m^2	[（7.9×2＋0.6×2＋4.4）×3－（1.1×2.4×4＋1×2.4×2）]×20 ＝976.80	976.80

续表

序号	项目名称	单位	工程量计算过程	工程量
5	竖井装饰门	m²	(2.4×1×2)×20＝96.00	96.00
6	电梯门套	m²	[(2.4+2.4+1.1)×0.4×4]×20＝188.80	188.80
7	天棚	m²	(7.5×4)×20＝600.00	600.00
8	吊顶灯槽	m²	(7.5+4.4)×2×0.2×20＝95.20	95.20
9	吊顶脚手架	m²	(7.9×4.4)×20＝695.20	695.20

【注意】

一般情况下，如果没有较大的变更，招标清单给定的工程量与竣工结算的工程量不会有太大的差异。可以将本题计算结果与题目中给定的招标工程量进行比较，对于二者差别较大的项目，应重点复核。

2. 在答题卡表 16.6.4 "分部分项工程和单价措施项目清单与计价表"中编制该土建装饰工程结算。

【分析】

编制结算的"分部分项工程和单价措施项目清单与计价表"，工程量按实际计算（第 1 小题的计算结果）；本题未涉及价格调整，综合单价按承包人中标的综合单价不变，按表 16.6.2 的综合单价。

【解答】

编制分部分项工程和单价措施项目清单与计价表，见表 16.6.4（1）

分部分项工程和单价措施项目清单与计价表　　　　表 16.6.4（1）

序号	项目编码	项目名称	项目特征	计量单位	工程量	金额（元）	
						综合单价	合价
一			分部分项工程				
1	011102001001	楼地面	干硬性水泥砂浆铺砌米黄大理石	m²	600.00	560.00	336000.00
2	011102001002	波打线	干硬水泥砂浆铺砌啡网纹大理石	m²	95.20	660.00	62832.00
3	011108001001	过门石	干硬水泥砂浆铺砌啡网纹大理石	m²	35.20	650.00	22880.00
4	011204001001	墙面	钢龙骨干挂米黄洞石	m²	976.80	810.00	791208.00
5	020801004001	竖井装饰门	钢龙骨支架米黄洞石	m²	96.00	711.00	68256.00
6	010808004001	电梯门套	2mm 拉丝不锈钢	m²	188.80	390.00	73632.00
7	011302001001	天棚	2.5mm 铝板	m²	600.00	360.00	216000.00
8	011304001001	吊顶灯槽	亚布力板	m²	95.20	350.00	33320.00
		分部分项工程费		元			1604128.00
二			措施项目				
1	011701003001	吊顶脚手架	3.6m 内	m²	695.20	23.00	15989.60
		单价措施项目小计		元			15989.60
		分部分项工程和单价措施项目合计		元			1620117.60

3. 在答题卡中列式计算安全文明施工费、措施项目费、规费、税金，并在答题卡表 16.6.5"单位工程竣工结算汇总表"中编制该土建装饰工程结算。

【分析】

分部分项工程费为 1600000.00、单价措施费为 18000.00、其他项目费为 0 是题目中的已知数据。其余费用按题目中的计算规则计算：

（1）"安全文明施工费按分部分项工程结算金额的 3.5% 计取"，即 1600000.00×3.5%＝56000.00 元。

（2）措施费＝单价措施费＋总价措施费（安全文明施工费），即 18000.00＋56000.00＝74000.00 元。

（3）"规费按人工费的 21% 计取"，人工费占分部分项工程及措施项目费的 13%，即 （1600000＋74000）×13%×21%＝45700.20 元。

（4）"税金按 3.48% 计取"，即 （1600000＋74000＋0＋45700.2）×3.48%＝59845.57 元。

【解答】

（1）列式计算安全文明施工费、措施项目费、规费、营业税金及附加费

① 安全文明施工费：1600000×3.5%＝56000.00 元

② 措施费：18000＋56000＝74000.00 元

③ 规费：（1600000＋74000）×13%×21%＝45700.20 元

④ 税金：（1600000＋74000＋0＋45700.20）×3.48%＝59845.57 元

⑤ 单位工程合计：1600000＋74000＋0＋45700.20＋59845.57＝1779545.77 元

（2）编制该土建装饰工程结算汇总表，见表 16.6.5（1）。

单位工程竣工结算汇总表　　　　表 16.6.5（1）

序号	项目名称	金额（元）
1	分部分项工程费	1600000.00
2	措施项目费	74000.00
2.1	单价措施项目费	18000.00
2.2	安全文明施工费	56000.00
3	其他项目费	0.00
4	规费	45700.20
5	税金	59845.57
	单位工程合计	1779545.77

（三）考点总结

1. 工程量的计算（装饰工程量）；
2. 分部分项工程和单价措施项目清单与计价表的填写；
3. 单位工程竣工结算汇总表的填写。

2015 年真题（试题六）

（一）真题（本题 40 分）

某电厂煤仓燃煤架空运输坡道基础平面及相关技术参数如图 15.6.1 "燃煤架空运输

坡道基础平面图"和图 15.6.2"基础详图"所示。

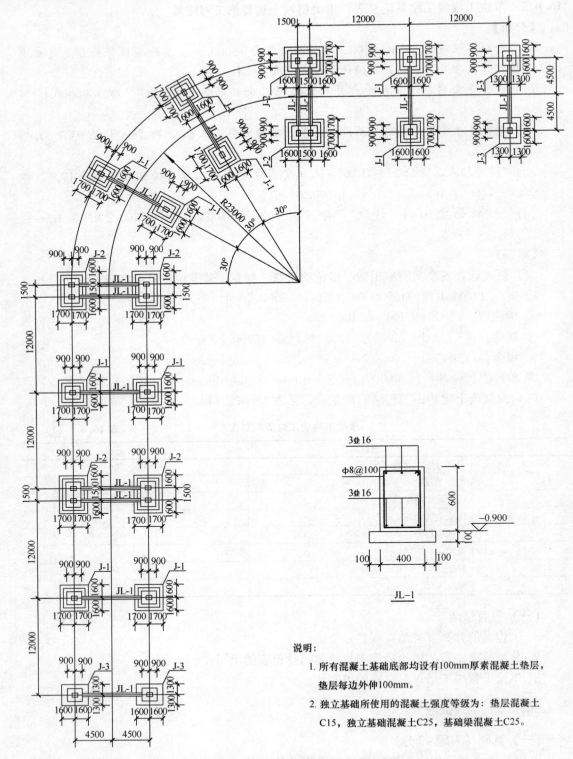

说明：
1. 所有混凝土基础底部均设有100mm厚素混凝土垫层，垫层每边外伸100mm。
2. 独立基础所使用的混凝土强度等级为：垫层混凝土C15，独立基础混凝土C25，基础梁混凝土C25。

图 15.6.1 燃煤架空运输坡道基础平面图

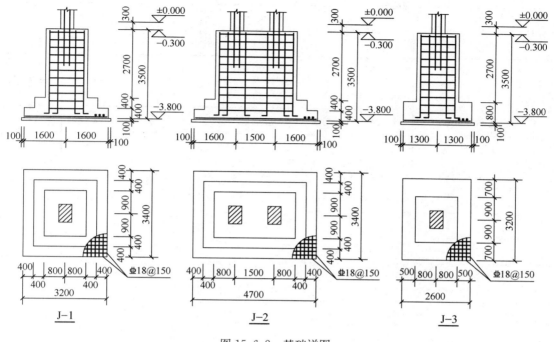

图 15.6.2 基础详图

问题：

1. 根据工程图纸及技术参数，按《房屋建筑与装饰工程量计算规范》GB 50854—2013 的计算规则，在答题卡表 15.6.1 "工程量计算表"中，列式计算现浇混凝土基础垫层、现浇混凝土独立基础（-0.3m 以下部分）、现浇混凝土基础梁、现浇构件钢筋、现浇混凝土模板五项分部分项工程的工程量，根据已有类似项目结算资料测算，各钢筋混凝土基础钢筋参考含量分别为：独立基础 80kg/m³，基础梁 100kg/m³。（基础梁施工是在基础回填土回填至 -1.00m 时再进行基础梁施工）

工程量计算表　　　　　　　　　　　　　　　　　　　　　　　　表 15.6.1

序号	项目名称	单位	计算过程	计算结果
1	现浇混凝土基础垫层 C15	m³		
2	现浇混凝土独立基础 C25	m³		
3	现浇混凝土基础梁 C25	m³		
4	现浇构件钢筋	t		
5	现浇混凝土模板	m²		

2. 根据问题 1 的计算结果及答题卡中给定的项目编码、综合单价，按《建设工程工程量清单计价规范》GB 50500—2013 的要求，在答题卡表 15.6.2 中编制"分部分项工程和单价措施项目清单与计价表"。

分部分项工程和单价措施项目清单与计价表   表15.6.2

序号	项目编码	项目名称	项目特征	计量单位	工程量	金额（元）	
						综合单价	合价
一			分部分项工程				
1	010501001001	现浇混凝土基础垫层	混凝土强度：C15	m³		450.00	
2	010501003001	现浇混凝土独立基础	混凝土强度：C25	m³		530.00	
3	010503001001	现浇混凝土基础梁	混凝土强度：C25	m³		535.00	
4	010515001001	现浇构件钢筋		t		4950	
		分部分项工程小计		元			
二			单价措施项目				
1	011702001001	混凝土基础垫层模板		m²		18.00	
2	011702001002	混凝土独立基础模板		m²		48.00	
3	011702005001	混凝土基础梁模板		m²		69.00	
		单价措施项目小计		元			
		分部分项工程和单价措施项目合计		元			

3. 假如招标工程量清单中，表15.6.2中单价措施项目中模板项目的清单不单独列项，按《房屋建筑与装饰工程工程量计算规范》GB 50854—2013中工作内容的要求，模板费应综合在相应分部分项项目中，根据表15.6.2的计算结果，列式计算相应分部分项工程的综合单价。

4. 根据问题1的计算结果，按定额规定混凝土损耗率1.5%，列式计算该架空运输坡道土建工程基础部分总包方与商品混凝土供应方各种强度等级混凝土的结算用量。

（计算结果保留2位小数）

（二）参考解答

1. 列式计算现浇混凝土基础垫层、现浇混凝土独立基础（-0.3m以下部分）、现浇混凝土基础梁、现浇构件钢筋，现浇混凝土模板五项分部分项工程的工程量。

【分析】

本题提供的是一套简单的独立基础平面图及详图。独立基础J-1共10个；独立基础J-2共6个；独立基础J-3共4个；基础梁JL-1共13根。

（1）现浇混凝土基础垫层

工程量计算规则：按《工程量计算规范》GB 50845—2013表E.1"现浇混凝土基础"的规定，按设计图示尺寸以体积计算。独立基础J-1、J-2、J-3有垫层；基础梁JL-1也有垫层，分别计算再求和。

（2）现浇混凝土基础

工程量计算规则：按《工程量计算规范》GB 50845—2013表E.1"现浇混凝土基础"的规定，按设计图示尺寸以体积计算。独立基础J-1、J-2、J-3按照不同分阶进行计算。

(3) 基础梁

工程量计算规则：按《工程量计算规范》GB 50845—2013 表 E.3 "现浇混凝土梁"的规定，按设计图示尺寸以体积计算，梁与柱相连时，梁长算至柱侧面。

(4) 现浇构件钢筋

题目中分别告知了独立基础和基础梁每 "m^3" 的钢筋含量。用混凝土的体积乘以单位体积的含钢量即可。

(5) 现浇混凝土模板

工程量计算规则，按《工程量计算规范》GB 50845—2013 附录 S.2 条 "混凝土模板及支架（支撑）"的规定，工程量按模板与混凝土的接触面积计算，柱、梁、墙、板相互接触的重叠部分，均不计算模板面积。

本题模板由三部分组成：

① 垫层模板。垫层如果采用原槽浇筑，则不需要模板，题目中并没有明确指出。本书按需要设模板考虑。

② 基础模板。基础模板只有侧模，按基础不同的分阶，分别计算。应特别注意扣除和基础梁相互接触位置的面积，即 $0.4 \times 0.6 = 0.24 m^2$。

③ 基础梁模板。根据题目中的条件"基础梁施工是在基础回填土回填至 $-1.00m$ 时再进行基础梁施工"，再结合 JL-1 的详图，表明 JL-1 在回填土上做垫层，不需要基础梁的底模，只有侧模。

【解答】

工程量计算，见表 15.6.1（1）。

工程量计算表　　　　　　　　　　　　　　　表 15.6.1（1）

序号	项目名称	单位	计算过程	计算结果
1	现浇混凝土基础垫层 C15	m^3	(1) J-1：$(3.6 \times 3.4 \times 0.1) \times 10 = 12.24$ (2) J-2：$(3.6 \times 4.9 \times 0.1) \times 6 = 10.58$ (3) J-3：$(3.4 \times 2.8 \times 0.1) \times 4 = 3.81$ (4) JL-1：$(7.2 \times 0.6 \times 0.1) \times 13 = 5.62$ 合计：$12.24 + 10.58 + 3.81 + 5.62 = 32.25$	32.25
2	现浇混凝土独立基础 C25	m^3	(1) J-1：$[(3.2 \times 3.4 \times 0.4) + (2.4 \times 2.6 \times 0.4) + (1.6 \times 1.8 \times 2.7)] \times 10 = 146.24$ (2) J-2：$[(4.7 \times 3.4 \times 0.4) + (3.9 \times 2.6 \times 0.4) + (3.1 \times 1.8 \times 2.7)] \times 6 = 153.08$ (3) J-3：$[(2.6 \times 3.2 \times 0.8) + (1.6 \times 1.8 \times 2.7)] \times 4 = 57.73$ 合计：$146.24 + 153.08 + 57.73 = 357.05$	357.05
3	现浇混凝土基础梁 C25	m^3	$(0.4 \times 0.6 \times 7.2) \times 13 = 22.46$	22.46
4	现浇构件钢筋	t	(1) 独立基础：$(80/1000) \times 357.05 = 28.56$ (2) 基础梁：$(100/1000) \times 22.46 = 2.25$ 合计：$28.56 + 2.25 = 30.81$	30.81

续表

序号	项目名称	单位	计算过程	计算结果
5	现浇混凝土模板	m²	(1) 垫层模板： J-1：[(3.6+3.4)×2×0.1]×10=14.00 J-2：[(3.6+4.9)×2×0.1]×6=10.20 J-3：[(3.4+2.8)×2×0.1]]×4=4.96 JL-1：(7.2×2×0.1)×13=18.72 垫层模板：小计 14.00+10.20+4.96+18.72=47.88 (2) 独立基础模板： J-1：[(3.2+3.4)×2×0.4+(2.4+2.6)×2×0.4+(1.6+1.8)×2×2.7-0.4×0.6]×10=274.00 J-2：[(4.7+3.4)×2×0.4+(3.9+2.6)×2×0.4+(3.1+1.8)×2×2.7-0.4×0.6×2]×6=225.96 J-3：[(2.6+3.2)×2×0.8+(1.6+1.8)×2×2.7-0.4×0.6]×4=109.60 独立基础模板小计：274.00+225.96+109.60=609.56 (3) 基础梁模板： 7.2×2×0.6×13=112.32 现浇混凝土模板合计：47.88+609.56+112.32=769.76	769.76

2. 编制"分部分项工程和单价措施项目清单与计价表"。

【分析】

综合单价是题目中已知数据，只需将第 1 题中的工程量数据填入表中，即可算得合价。因此，应保证第 1 小题的准确性。

【解答】

编制分部分项工程和单价措施项目清单与计价表，见表 15.6.2（1）。

分部分项工程和单价措施项目清单与计价表　　　　表 15.6.2（1）

序号	项目编码	项目名称	项目特征	计量单位	工程量	金额（元）	
						综合单价	合价
一			分部分项工程				
1	010501001001	现浇混凝土基础垫层	混凝土强度：C15	m³	32.25	450.00	14512.50
2	010501003001	现浇混凝土独立基础	混凝土强度：C25	m³	357.05	530.00	189236.50
3	010503001001	现浇混凝土基础梁	混凝土强度：C25	m³	22.46	535.00	12016.10
4	010515001001	现浇构件钢筋		t	30.81	4950	152509.50
		分部分项工程小计		元			368274.60
二			单价措施项目				
1	011702001001	混凝土基础垫层模板		m²	47.88	18.00	861.84
2	011702001002	混凝土独立基础模板		m²	609.56	48.00	29258.88
3	011702005001	混凝土基础梁模板		m²	112.32	69.00	7750.08
		单价措施项目小计		元			37870.80
		分部分项工程和单价措施项目合计		元			406145.40

3. 假如招标工程量清单中，表 15.6.2 中单价措施项目中模板项目的清单不单独列项，按《房屋建筑与装饰工程工程量计算规范》GB 50854—2013 中工作内容的要求，模板费应综合在相应分部分项项目中，根据表 15.6.2 的计算结果，列式计算相应分部分项工程的综合单价。

【分析】

(1)《工程量计算规范》GB 50854—2013 表 E.1 "现浇混凝土基础"中,关于工作内容的规定为 "1. 模板及支撑制作、安装、拆除、堆放、运输及清理模板内杂物、刷隔离剂等;2. 混凝土制作、运输、浇筑、振捣、养护。"

(2) 如果单价措施项目中模板项目的清单不单独列项,模板费应分摊在相应分部分项中(即包含在相应的现浇混凝土基础中),只需在原来混凝土综合单价基础上加上每 m^3 混凝土增加的模板费用即可,即该项模板的总费用/该项混凝土的总方量。

【解答】

(1) 现浇混凝土基础垫层综合单价:$450+861.84/32.25=476.72$ 元$/m^3$

(2) 现浇混凝土独立基础综合单价:$530+29258.88/357.05=611.95$ 元$/m^3$

(3) 现浇混凝土基础梁综合单价:$535+7750.08/22.46=880.06$ 元$/m^3$

4. 列式计算该架空运输坡道土建工程基础部分总包方与商品混凝土供应方各种强度等级混凝土的结算用量。

【分析】

总包方与商品混凝土供应方的结算用量,只需在第 1 题计算的混凝土工程量(净用量)的基础上,再考虑 1.5% 的损耗即可。

【解答】

(1) C15 混凝土结算用量:$32.25×(1+1.5\%)=32.73m^3$

(2) C25 混凝土结算用量:$(357.05+22.46)×(1+1.5\%)=385.20m^3$

(三)考点总结

1. 工程量的计算(独立基础、钢筋工程量、模板工程量);
2. 分部分项工程和单价措施项目清单与计价表的填写;
3. 综合单价的计算;
4. 材料用量的计算。

2014 年真题(试题六)

(一)真题(本题 40 分)

某大型公共建筑施工土方开挖、基坑支护、止水帷幕的工程图纸及技术参数如图 14.6.1 "基坑支护及止水帷幕方案平面布置示意图"、图 14.6.2 "基坑支护及止水帷幕剖面图"所示。护坡桩施工方案采用泥浆护壁成孔混凝土灌注桩,其相关项目定额预算单价见表 14.6.1。

相关项目定额预算单价(单位:m^3)　　　　　　表 14.6.1

定额编号			3-20		3-24	
项目			泥浆护壁		泥浆护壁混凝土灌注桩	
项目内容	单位	单价(元)	数量	金额(元)	数量	金额(元)
人工	工日	74.30	0.875	65.01	0.736	54.69
C25 预拌混凝土	m^3	390.00			1.167	455.13
其他材料	元			133.37		37.15
机械费	元			146.25		16.80
预算单价	元			344.63		563.77

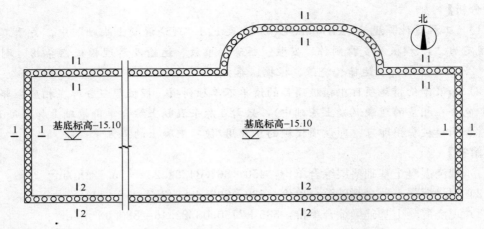

说明：
1. 本图采用相对坐标系，±0.00m＝49.25m，自然地面标高按－0.79m考虑。基坑支护采用砌筑挡墙＋护坡桩＋预应力锚索。
2. 1-1、2-2剖面基底为－15.10m，基坑支护深度为14.31m。
3. 1-1剖面护坡桩直径为800mm，间距为1.50m，共计194根。2-2剖面护坡桩直径为800mm，间距为1.50m，共计156根。
4. 基坑采用旋喷桩止水帷幕。旋喷桩直径为800mm，间距为1.50m，与护坡桩间隔布置，旋喷桩桩顶标高为－7.29m，共计350根。
5. 护坡桩桩顶设置800mm×600mm连梁，1-1、2-2剖面连梁以上2000mm为370mm厚砌筑挡墙。
6. 护坡桩、连梁及压顶梁的混凝土强度设计等级采用C25。
7. 图中标注尺寸以mm，标高以m计。

图14.6.1 基坑支护及止水帷幕方案平面布置示意图

问题：

1. 根据工程图纸及技术参数，按《房屋建筑与装饰工程工程量计算规范》GB 50854—2013的计算规则，在答题纸表14.6.2"工程量计算表"中，列式计算混凝土灌注护坡桩、护坡桩钢筋笼、旋喷桩止水帷幕及长锚索四项分部分项工程的工程量。护坡桩钢筋含量为93.42kg/m³。

工程量计算表 表14.6.2

序号	项目名称	单位	计算过程	计算结果
1	混凝土灌注护坡桩	m³		
2	护坡桩钢筋笼	t		
3	旋喷桩止水帷幕	m		
4	长锚索	m		

2. 混凝土灌注护坡桩在《房屋建筑与装饰工程工程量计算规范》GB 50854—2013中的清单编码为010302001，根据给定数据，列式计算综合单价，填入答题纸14.6.3"综合单价分析表"中，管理费以及人材机费用合计为基数按9%计算，利润以人材机和管理费用合计为基数按7%计算。

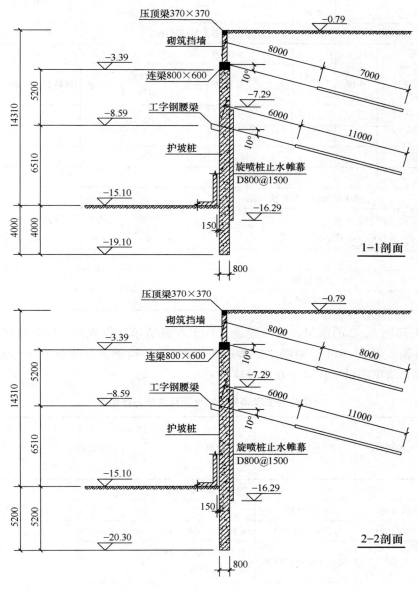

说明：
1. 本图采用相对坐标系，±0.00m＝49.25m；
2. 1-1剖面双重锚索共计190列（380根），2-2剖面双重锚索共计154列（308根）；
3. 图中标注尺寸以mm计，标高以m计。

图 14.6.2 基坑支护及止水帷幕剖面图

综合单价分析表 表 14.6.3

项目编码				项目名称				计量单位		工程量		
清单综合单价组成明细												
定额编号	定额名称	定额单位	数量	单价（元）				合价（元）				
				人工费	材料费	机械费	管理费和利润	人工费	材料费	机械费	管理费和利润	
人工单价					小计							
				未计价材料（元）								
清单子项目综合单价（元）												
材料明细	主要材料名称、规格、型号			单位	数量		单价（元）	合价（元）		暂估单价（元）		暂估合价（元）
	其他材料费											
	材料费小计											

3. 根据问题 1、2 的结果，按《建设工程工程量清单计价规范》GB 50500—2013 的要求，在答题纸表 14.6.4 中编制"分部分项工程和单价措施项目清单与计价表"。（答题纸中已含部分清单项目，仅对空缺部分填写）

分部分项工程和单价措施项目清单与计价表 表 14.6.4

序号	项目编码	项目名称	项目特征	计量单位	工程量	金额（元）		
						综合单价	合价	暂估价
一		分部分项工程						
1	010101001001	平整场地		m²	8000.00	1.58	12640.00	
2	010101004001	挖基坑土方	深 15m，运距 25km	m³	124000.00	46.50	5766000.00	
3		混凝土灌注护坡桩	桩长<17m，桩径 800mm，混凝土 C25	m³				
4	010515004001	护坡桩钢筋笼	直径 8~22	t	6200.00			
5	010201012001	旋喷桩止水帷幕	桩径 800mm，高压喷水，水泥 42.5	m	420.00			
6	010202007001	长锚索	孔深<17m，孔径 100mm 钢索	m	253.00			
7	010503001001	冠梁	混凝土 C25	m³	253.00	793.00	200629.00	
8	010502002001	挡墙构造柱	混凝土 C25	m³	67.00	680.00	45560.00	

续表

序号	项目编码	项目名称	项目特征	计量单位	工程量	金额（元）		
						综合单价	合价	暂估价
9	010503004001	挡墙压顶	混凝土 C25	m³	58.00	700.00	40600.00	
10	010515001001	钢筋		t	25.00	5990.00	149750.00	
		分部分项工程小计						
二			单价措施项目					
1	011702005001	冠梁模板		m²	630.00	45.00	2835.00	
2	011702003001	构造柱模板		m²	50.00	61.00	3050.00	
3	011702008001	压顶模板		m²	316.00	82.00	25912.00	
		单价措施项目小计		元			57312.00	
		分部分项工程和单价措施项目合计		元				

4. 利用以下相关数据，在答题纸表 14.6.5 中编制某单位工程竣工结算汇总表，已知相关数据如下：

① 分部分项工程费用为 16000000.00 元；

② 单价措施费用为 440000.00 元，安全文明施工费为分部分项工程费的 3.82%；

③ 规费为分部分项工程费、措施项目费及其他项目费合计的 3.16%，税金税率为 3.48%。

（计算结果保留 2 位小数）

单位工程竣工结算汇总表　　　　　　　　　　　　　　表 14.6.5

序号	项目名称	金额（元）
1		16000000.00
2	措施项目	
2.1		440000.00
2.2		
3		0.00
4		
5		
	竣工结算总价合计	

（二）参考解答

1. 列式计算混凝土灌注护坡桩、护坡桩钢筋笼、旋喷桩止水帷幕及长锚索四项分部分项工程的工程量。

【分析】

本题提供的是一套基坑支护图，1-1 剖面和 2-2 剖面所示的基坑支护差别在于护坡桩和锚索的长度不一样，其余内容是一样的。桩的数量和锚索的数量在图纸的文字说明中已经给出。

347

(1) 混凝土灌注护坡桩

工程量计算规则，按《工程量计算规范》GB 50845—2013 表 C.2"灌注桩"的规定，以立方米计量，按体积计算。"工程量计算表"中本项的计量单位为"m^3"。1-1 剖面的护坡桩，直径 800mm，长度 19.10－3.39＝15.71m，数量 194 根；2-2 剖面的护坡桩，直径 800mm，长度 20.3－3.39＝16.91m，数量 156 根。

(2) 护坡桩钢筋笼

指的是护坡桩中钢筋的重量，第 1 小题的题干中指明"护坡桩钢筋含量为 93.42kg/m^3"，只需计算出护坡桩的体积，就可以算出护坡桩中钢筋的重量。按质量"t"计算工程量。

(3) 旋喷桩止水帷幕

对于不少读者来说，"旋喷桩止水帷幕"是一个陌生的名词，其实就是用于止水的旋喷桩，仍然按桩的工程量计算规则计算。"工程量计算表"中本项的计量单位为"m"，也给本题工程量计算进行了提示。

根据图纸设计说明可知，旋喷桩是与护坡桩间隔布置的桩，间距 1.5m，长度 16.29－7.29＝9m（1-1 剖面与 2-2 剖面的长度相同），共计 350 根。

(4) 长锚索

工程量计算规则，按《工程量计算规范》GB 50845—2013 表 B.2"基坑与边坡支护"的规定，锚杆（锚索）以米计量，按设计图示尺寸以钻孔深度计算，或以根计算按设计图示数量计算。"工程量计算表"中本项的计量单位为"m"，应按长度计算。

从剖面图可知，护坡桩有两根锚索，1－1 剖面长度 8＋7＝15m 的锚索有 190 根，长度 6＋11＝17m 的锚索有 190 根；2-2 剖面长度 8＋8＝16m 的锚索有 154 根，长度 6＋11＝17m 的锚索有 154 根。

【解答】

工程量计算，见表 14.6.2（1）。

工程量计算表　　　　　　　　　　表 14.6.2（1）

序号	项目名称	单位	计算过程	计算结果
1	混凝土灌注护坡桩	m^3	(1) Ⅰ-Ⅰ剖面： 3.14×0.4²×15.71×194＝1531.18 (2) Ⅱ-Ⅱ剖面： 3.14×0.4²×16.91×156＝1325.31 合计：1531.18＋1325.31＝2856.49	2856.49
2	护坡桩钢筋笼	t	2856.49×93.42/1000＝266.85	266.85
3	旋喷桩止水帷幕	m	(16.29－7.29)×350＝3150.00	3150.00
4	长锚索	m	(1) Ⅰ-Ⅰ剖面： (8＋7＋6＋11)×190＝6080.00 (2) Ⅱ-Ⅱ剖面： (8＋8＋6＋11)×154＝5082.00 合计：6080.00＋5082.00＝11162.00	11162.00

2. 列式计算综合单价，填入答题纸中。

【分析】

(1) 根据《工程量计算规范》GB 50845—2013 第 4.2.2 条规定"工程量清单的项目

编码，应采用十二位阿拉伯数字表示，一至九位应按附录的规定设置，十至十二位应根据拟建工程的工程量清单的项目名称和项目特征设置，同一招标工程的项目编码不得有重码。"题目中给出了混凝土灌注护坡桩的清单编码为010302001，只有九位，这只是该项目在《工程量计算规范》中的编码；还差与实际工程有关的三位编码，可编为001，即010302001001，在本题和第3小题都需要填写此编码。注意不可将题目中的编码010302001直接填入表格中。

（2）综合单价有两个方面的综合，一是工作内容的综合，包含护壁成孔和灌注桩两项内容；二是费用组成的综合，包含人工费、材料费、机械费、管理费和利润。

"综合单价分析表"中"数量"指的是"定额计量单位"和"清单计量单位"之间的换算关系，即清单单位含量，由于二者的计量单位都是"m^3"，换算数量关系为"1"。

单价中的人工费、材料费、机械费只需把定额中相应的数据填入即可，注意灌注桩的材料费包括C25预拌混凝土和其他材料费之和。

护壁的管理费（65.01+133.37+146.25）×9%＝31.017元，利润（65.01+133.37+146.25+31.017）×7%＝26.295元，管理费和利润之和31.017+26.295＝57.31元。

灌注桩的管理费（54.69+492.28+16.8）×9%＝50.739元，利润（54.69+492.28+16.8+50.739）×7%＝43.015元，管理费和利润之和50.739+43.015＝93.75元。

由于清单与定额的数量关系为1，所以"合价"中的人工费、材料费、机械费、管理费和利润与"单价"中的相应项目相同。

【解答】

综合单价计算，见表14.6.3（1）。

综合单价分析表　　　　　　　　　　　　　　　　　　　　表14.6.3（1）

项目编码	010302001001	项目名称	混凝土灌注护坡桩	计量单位	m^3	工程量	2856.49

清单综合单价组成明细											
定额编号	定额名称	定额单位	数量	单价（元）				合价（元）			
				人工费	材料费	机械费	管理费和利润	人工费	材料费	机械费	管理费和利润
3-20	护壁	m^3	1.00	65.01	133.37	146.25	57.31	65.01	133.37	146.25	57.31
3-24	灌桩	m^3	1.00	54.69	492.28	16.80	93.75	54.69	492.28	16.80	93.75
人工单价			小计				119.70	625.65	163.05	151.06	
74.30元/工日			未计价材料（元）						0.00		
清单项目综合单价（元）								1059.46			

材料明细	主要材料名称、规格、型号	单位	数量	单价（元）	合价（元）	暂估单价	暂估合价
	C25预拌混凝土	m^3	1.167	390.00	455.13		
	其他材料费				170.52		
	材料费小计				625.65		

3. 在答题纸表14.6.4中编制"分部分项工程和单价措施项目清单与计价表"。

【分析】

将第1小题"工程量计算表"中四项工程量填入表14.6.4（1）中相应位置，混凝土灌注护坡桩的综合单价采用第 2 小题的计算结果，合价＝工程量×综合单价。

【解答】

编制分部分项工程和单价措施项目清单与计价表，见表 14.6.4（1）。

分部分项工程和单价措施项目清单与计价表　　　　表 14.6.4（1）

序号	项目编码	项目名称	项目特征	计量单位	工程量	金额（元）		
						综合单价	合价	暂估价
一		分部分项工程						
1	010101001001	平整场地		m²	8000.00	1.58	12640.00	
2	010101004001	挖基坑土方	深 15m，运距 25km	m³	124000.00	46.50	5766000.00	
3	010302001001	混凝土灌注护坡桩	桩长<17m，桩径 800mm，混凝土 C25	m³	2856.49	1059.46	3026336.90	
4	010515004001	护坡桩钢筋笼	直径 8～22	t	266.85	6200.00	1654470.00	
5	010201012001	旋喷桩止水幕	桩径 800mm，高压喷水，水泥 42.5	m³	3150.00	420.00	1323000.00	
6	010202007001	长锚索	孔深<17m，孔径 100mm 钢索	m	11162.00	253.00	2823986.00	
7	010503001001	冠梁	混凝土 C25	m³	253.00	793.00	200629.00	
8	010502002001	挡墙构造柱	混凝土 C25	m³	67.00	680.00	45560.00	
9	010503004001	挡墙压顶	混凝土 C25	m³	58.00	700.00	40600.00	
10	010515001001	钢筋		t	25.00	5990.00	149750.00	
		分部分项工程小计		元			15042971.90	
二		单价措施项目						
1	011702005001	冠梁模板		m²	630.00	45.00	28350.00	
2	011702003001	构造柱模板		m²	50.00	61.00	3050.00	
3	011702008001	压顶模板		m²	316.00	82.00	25912.00	
		单价措施项目小计		元			57312.00	
		分部分项工程和单价措施项目合计		元			15100283.90	

4. 在答题纸表 14.6.5 中编制某单位工程竣工结算汇总表。

【分析】

（1）分部分项工程费用为 16000000.00 元（题目中已知数据）。

（2）措施费：

① 单价项目措施费用为 440000.00 元（题目中已知数据）。

② 总价项目措施费只有安全文明施工费一项，为分部分项工程费的 3.82%，即 16000000×3.82%＝611200.00 元。

措施费合计 440000.00＋611200.00＝1051200.00 元。

（3）其他项目费为 0.00，填表时不能缺少这一项。

（4）规费为分部分项工程费、措施项目费及其他项目费合计的 3.16%，即

$(16000000.00+1051200.00+0.00)\times 3.16\%=538817.92$ 元。

(5) 税金税率为 3.48%，税金＝$(16000000.00+1051200.00+0.00+538817.92)\times 3.48\%=612132.62$ 元。

【解答】

编制单位工程竣工结算汇总表，见表 14.6.5（1）。

单位工程竣工结算汇总表　　　　　　　　　　　　表 14.6.5（1）

序号	项目名称	金额（元）
1	分部分项工程	16000000.00
2	措施项目	1051200.00
2.1	单价措施项目	440000.00
2.2	安全文明施工费	611200.00
3	其他项目	0.00
4	规费	538817.92
5	税金	612132.62
	竣工结算总价合计	18202150.54

（三）考点总结

1. 工程量的计算（桩、锚索、钢筋）；
2. 综合单价分析表的填写；
3. 分部分项工程和单价措施项目清单与计价表的填写；
4. 单位工程竣工结算汇总表的编制。

2013 年真题（试题六）

（一）真题（本题 40 分）

某拟建项目机修车间，厂房设计方案采用预制钢筋混凝土排架结构，其上部结构系统如图 13.6.1 所示，结构体系中现场预制标准构件和非标准构件的混凝土强度等级、设计控制参考钢筋含量等见表 13.6.1。

现场预制构件一览表　　　　　　　　　　　　表 13.6.1

序号	构件名称	型号	强度等级	钢筋含量（kg/m³）
1	预制混凝土矩形柱	YZ-1	C30	152.00
2	预制混凝土矩形柱	YZ-2	C30	138.00
3	预制混凝土基础梁	JL-1	C25	95.00
4	预制混凝土基础梁	JL-2	C25	95.00
5	预制混凝土柱顶连系梁	LL-1	C25	84.00
6	预制混凝土柱顶连梁	LL-2	C25	84.00
7	预制混凝土 T 型吊车梁	DL-1	C35	141.00
8	预制混凝土 T 型吊车梁	DL-2	C35	141.00
9	预制混凝土薄腹屋面梁	WL-1	C35	135.00
10	预制混凝土薄腹屋面梁	WL-2	C35	135.00

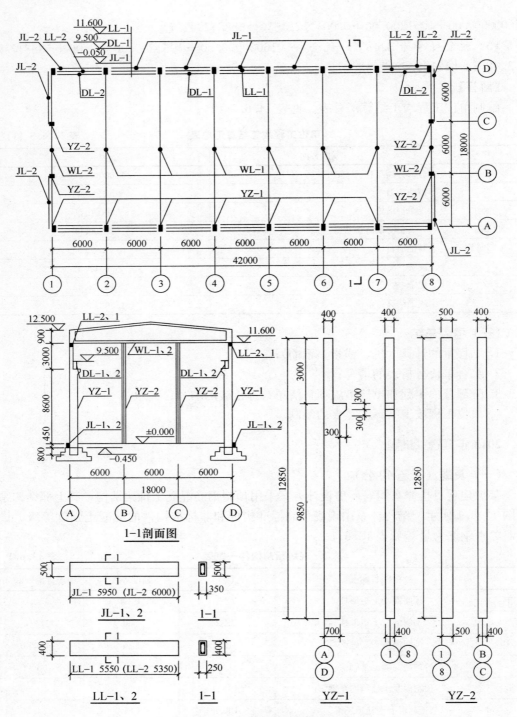

图 13.6.1 结构体系平面布置图

另经查阅国家标准图集，所选用的薄腹屋面梁混凝土用量为 $3.11m^3$/榀（厂房中间与两端山墙处屋面梁的混凝土用量相等，仅预埋铁件不同），所选用 T 型吊车梁混凝土用量，车间两端都为 $1.13m^3$/根，其余为 $1.08m^3$/根。

352

问题：

1. 根据上述条件，按《房屋建筑与装饰工程工程量计算规范》GB 50854—2013 的计算规则，在表 13.6.2 中，列式计算该机修车间上部结构预制混凝土柱、梁工程量及根据设计提供的控制参考钢筋含量计算相关钢筋工程量。

工程量计算表　　　　　　　　　　　　　　　表 13.6.2

序号	项目名称	单位	工程量	计算过程
1	预制混凝土矩形柱	m³		
2	预制混凝土基础梁	m³		
3	预制混凝土柱顶连系梁	m³		
4	预制混凝土 T 型吊车梁	m³		
5	预制混凝土薄腹屋面梁	m³		
6	预制构件钢筋	t		

2. 利用第 1 题的计算结果和以下相关数据，按《建设工程工程量清单计价规范》GB 50854—2013 的要求，在表 13.6.3 中，编制该机修车间上部结构分部分项工程清单与计价表。已知相关数据为：

① 预制混凝土矩形柱的清单编码为 010509001，本车间预制混凝土柱单件体积＜3.5m³；就近插入基础杯口，人材机合计 513.71 元/m³；

② 预制混凝土基础梁的清单编码为 010510001，本车间基础梁就近地面安装，单件体积小于 1.2m³，人材机合计 402.98/m³；

③ 预制混凝土柱顶连系梁的清单编码为 010510001，本车间连系梁单件体积＜0.6m³，安装高度＜12m，人材机合计 423.21 元/m³；

④ 预制混凝土 T 形吊车梁的清单编码为 010510002，本车间 T 形吊车梁单件体积＜1.2m³，安装高度小于 9.5m，人材机合计 530.38 元/m³；

⑤ 预制混凝土薄腹屋面梁的清单编码为 010510003，本车间薄腹屋面梁单件体积＜3.2m³，安装高度 13m，人材机合计 561.35 元/m³；

⑥ 预制混凝土构件钢筋的清单编码为 010515002，本车间构件钢筋直径为 6～25mm，人材机合计 6018.70 元/t。

以上项目管理费均以人材机的基数按 10% 计算，利润均以人材机和管理费合计为基数按 5% 计算。

分部分项工程量清单与计价表　　　　　　　　表 13.6.3

项目编码	项目名称	项目特征描述	计量单位	工程量	金额（元）	
					综合单价	合价
本页小计						
合计						

3. 利用以下相关数据,在表 13.6.4 中,编制该机修车间土建单位工程招标控制价汇总表。已知相关数据为:

① 一般土建分部分项工程费用 785000.00 元;
② 措施项目费用 62800.00 元,其中安全文明施工费 26500.00 元;
③ 其他项目费用为屋顶防水专业分包暂估 70000.00 元;
④ 规费以分部分项工程、措施项目、其他项目之和为基数计取,综合费率为 5.28%;
⑤ 税率为 3.477%。

(注:计算结果保留 2 位小数即可)

单位工程招标控制价汇总表　　　　　　　　　　　表 13.6.4

序号	汇总内容	金额（元）
	招标控制价合计	

(二) 参考解答

1. 在表 13.6.2 中,列式计算该机修车间上部结构预制混凝土柱、梁工程量及根据设计提供的控制参考钢筋含量计算相关钢筋工程量。

【分析】

本题提供了一套简单的工业厂房的图纸。竖直方向构件包括承重柱 YZ-1 和山墙柱 YZ-2;水平方向构件自下而上包括基础梁 JL-1、JL-2,吊车梁 DL-1、DL-2,柱顶连系梁 LL-1、LL-2,屋面预制梁 WL-1、WL-2。

(1) 预制混凝土矩形柱

工程量计算规则,按《工程量计算规范》GB 50845—2013 表 E.9 "预制混凝土柱"的规定,以立方米计量,按设计图示尺寸以体积计算。"工程量计算表"中本项的计量单位为 "m^3"。

YZ-1 共 16 根 (A、B 轴线上),分为上柱、下柱、牛腿 3 个部分分别计算;YZ-2 共 4 根 (1、8 轴线上),是等截面柱。

(2) 预制混凝土梁

工程量计算规则,按《工程量计算规范》GB 50845—2013 表 E.10 "预制混凝土梁"的规定,以立方米计量,按设计图示尺寸以体积计算。预制混凝土基础梁、预制混凝土柱顶连系梁、预制混凝土 T 形吊车梁在 "工程量计算表" 中的计量单位均为 "m^3"。

① 预制混凝土基础梁 JL-1 共 10 根 (A、B 轴线上,两端除外),JL-2 共 8 根 (与四角相交,每个角各 2 根)。单根构件的体积按详图 "JL-1、2" 计算。

② 预制混凝土柱顶连系梁 LL-1 共 10 根 (A、B 轴线上,两端除外),LL-2 共 4 根

(A、B 轴线每个端部各 1 根)。单根构件的体积按详图"LL-1、2"计算。

③ 预制混凝土 T 形吊车梁 DL-1 共 10 根（A、B 轴线上，两端除外），DL-2 共 4 根（A、B 轴线每个端部各 1 根）。单根构件的体积按题目给定的条件计算，即"T 形吊车梁混凝土用量，车间两端都为 $1.13m^3$/根，其余为 $1.08m^3$/根"。

（3）预制混凝土薄腹屋面梁

工程量计算规则，按《工程量计算规范》GB 50845—2013 表 E.11"预制混凝土屋架"（薄腹屋面梁是屋架的一个类型）的规定，以立方米计量，按设计图示尺寸以体积计算。

WL-1 共 6 根（中间轴线 2~7 轴各 1 根），WL-2 共 2 根（端部轴线 1、8 轴各 1 根）。按体积"m^3"计算工程量。单根构件的体积按题目给定的条件计算，即"薄腹屋面梁混凝土用量为 $3.11m^3$/根（厂房中间与两端山墙处屋面梁的混凝土用量相等，仅预埋铁件不同）"。

（4）预制构件钢筋

题目中给出了每种混凝土构件每"m^3"中钢筋的含量，只需计算出每种混凝土构件的体积，就可以计算出该类构件的钢筋质量。按质量"t"计算工程量。

【解答】

工程量计算，见表 13.6.2 (1)。

工程量计算表 表 13.6.2 (1)

序号	项目名称	单位	工程量	计算过程
1	预制混凝土矩形柱	m^3	62.95	YZ-1：$[0.4\times0.4\times3+(0.3\times0.3\times0.4+0.3\times0.3\times1/2\times0.4)+0.7\times0.4\times9.85]\times16=52.67$ YZ-2：$0.5\times0.4\times12.85\times4=10.28$ 合计：$52.67+10.28=62.95$
2	预制混凝土基础梁	m^3	18.81	JL-1：$0.35\times0.5\times5.95\times10=10.41$ JL-2：$0.35\times0.5\times6\times8=8.4$ 合计：$10.41+8.4=18.81$
3	预制混凝土柱顶连系梁	m^3	7.69	LL-1：$0.25\times0.4\times5.55\times10=5.55$ LL-2：$0.25\times0.4\times5.35\times4=2.14$ 合计：$5.55+2.14=7.69$
4	预制混凝土 T 形吊车梁	m^3	15.32	DL-1：$1.08\times10=10.8$ DL-2：$1.13\times4=4.52$ 合计：$10.8+4.52=15.32$
5	预制混凝土薄腹屋面梁	m^3	24.88	WL-1：$3.11\times6=18.66$ WL-2：$3.11\times2=6.22$ 合计：$18.66+6.22=24.88$
6	预制构件钢筋	t	17.38	YZ-1、YZ-2：$52.67\times0.152+10.28\times0.138=9.42$ JL-1、JL-2：$18.81\times0.095=1.79$ LL-1、LL-2：$7.69\times0.084=0.65$ DL-1、DL-2：$15.32\times0.141=2.16$ WL-1、WL-2：$24.88\times0.135=3.36$ 合计：$9.42+1.79+0.65+2.16+3.36=17.38$

2. 在表 13.6.3 中，编制该机修车间上部结构分部分项工程清单与计价表。

【分析】

(1) 项目编码

根据《工程量计算规范》GB 50845—2013 第 4.2.2 条规定"工程量清单的项目编码，应采用十二位阿拉伯数字表示，一至九位应按附录的规定设置，十至十二位应根据拟建工程的工程量清单的项目名称和项目特征设置，同一招标工程的项目编码不得有重码。"题目中给出了清单编码，只有九位，这只是该项目在《工程量计算规范》中的编码；还差与实际工程有关的三位编码，可编为 001、002……不可将题目中的编码直接填入表格中。

注意预制混凝土基础梁和预制混凝柱顶连系梁的清单编码均为 010509001。项目编码应分别为 010509001001、010509001002。

(2) 项目特征

按题目中对每个项目的描述内容，稍加整理，填入即可。

(3) 工程量

采用第 1 小题的计算结果。

(4) 综合单价

综合单价经过计算才能得到。题目中给出了每项的人材机费，还给出了"管理费均以人材机的基数按 10% 计算，利润均以人材机和管理费合计为基数按 5% 计算"。

① 预制混凝土矩形柱的综合单价：$513.71 \times (1+10\%) \times (1+5\%) = 593.34$ 元；
② 预制混凝土基础梁的综合单价：$402.98 \times (1+10\%) \times (1+5\%) = 465.44$ 元；
③ 预制混凝土柱顶连系梁的综合单价：$423.21 \times (1+10\%) \times (1+5\%) = 488.81$ 元；
④ 预制混凝土 T 形吊车梁的综合单价：$530.38 \times (1+10\%) \times (1+5\%) = 612.59$ 元；
⑤ 预制混凝土薄腹屋面梁的综合单价：$561.35 \times (1+10\%) \times (1+5\%) = 648.36$ 元；
⑥ 预制混凝土构件钢筋的综合单价：$6018.70 \times (1+10\%) \times (1+5\%) = 6951.60$ 元。

(5) 合价＝工程量×综合单价

【解答】

编制分部分项工程量清单与计价表，见表 13.6.3（1）。

分部分项工程量清单与计价表　　　　　　表 13.6.3（1）

项目编码	项目名称	项目特征描述	计量单位	工程量	综合单价	合价
					金额（元）	
010509001001	预制混凝土矩形柱	混凝土强度 C30；单件体积<3.5m^3；就近插入基础杯口	m^3	62.95	593.34	37350.75
010510001001	预制混凝土基础梁	混凝土强度 C25；就近地面安装，单件体积小于 1.2m^3	m^3	18.81	465.44	8754.93
010510001002	预制混凝土柱顶连系梁	混凝土强度 C25；单件体积<0.6m^3，安装高度<12m	m^3	7.69	488.81	3758.95

续表

项目编码	项目名称	项目特征描述	计量单位	工程量	金额（元）	
					综合单价	合价
010510002001	预制混凝土T形吊车梁	混凝土强度C35；单件体积<1.2m³，安装高度小于9.5m	m³	15.32	612.59	9384.88
010511003001	预制混凝土薄腹屋面梁	混凝土强度C35；单件体积<3.2m³，安装高度13m	m³	24.88	648.36	16131.20
010515002001	预制构件钢筋	钢筋直径为6～25mm	t	17.38	6951.60	120818.81
合计						196199.52

3. 在表 13.6.4 中，编制该机修车间土建单位工程招标控制价汇总表。

【分析】

单位工程招标控制价包括：分部分项工程费（785000.00 元）、措施项目费（62800.00 元，其中安全文明施工费 26500.00 元）、其他项目费（70000.00 元）、规费和税金。只需计算规费和税金即可。其中：规费为（785000.00＋62800.00＋70000.00）×5.28％＝48459.84 元，税金为（785000.00＋62800.00＋70000.00＋48459.84）×3.477％＝33596.85 元。

【解答】

编制单位工程招标控制价汇总表，见表 13.6.4（1）。

单位工程招标控制价汇总表　　　　　　　　　表 13.6.4（1）

序号	汇总内容	金额（元）
1	分部分项工程费	785000.00
2	措施项目费	62800.00
2.1	其中：安全文明施工费	26500.00
3	其他项目费	70000.00
3.1	其中：屋顶防水专业分包暂估价	70000.00
4	规费	48459.84
5	税金	33596.85
招标控制价合计＝1＋2＋3＋4＋5		999856.69

（三）考点总结

1. 工程量的计算（预制构件工程量）；
2. 分部分项工程和单价措施项目清单与计价表的填写；
3. 单位工程招标控制价汇总表的填写。

2012 年真题（试题六）

（一）真题（本题 40 分）

某钢筋混凝土圆形烟囱基础设计尺如图 12.6.1 所示。其中基础垫层采用 C15 混凝土，圆形满堂基础采用C30混凝土,地基土壤类别为三类土。土开挖底部施工所需的工作面宽度为300mm,放坡系数为1:0.33,放坡自垫层上表面计算。

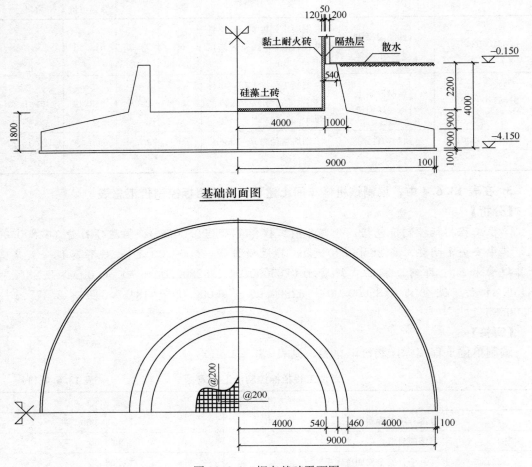

图 12.6.1 烟囱基础平面图

问题:

1. 根据上述条件,按《建设工程工程量清单计价规范》GB 50500—2008)的计算规则,在答题纸表12.6.1"工程量计算表"中,列式计算该烟囱基础的平整场地、挖基础土方、垫层和混凝土基础工程量。平整场地工程量按满堂基础底面积乘2.0系数计算,圆台体体积计算公式为 $V = 1/3 \times h \times \pi \times (r_1^2 + r_2^2 + r_1 r_2)$。

工程量计算表　　　　　　　　　　　表 12.6.1

序号	项目名称	单位	工程量	计算过程
1	平整场地	m²		
2	挖基础土方	m³		
3	C15混凝土基础垫层	m³		
4	C30混凝土满堂基础	m³		

2. 根据工程所在地相关部门发布的现行挖、运土方预算单价，见表12.6.2"挖、运土方预算单价表"。施工方案规定，土方按90%机械开挖、10%人工开挖，用于回填的土方在20m内就近堆存，余土运往5000m范围内指定地点堆放。相关工程的企业管理费按工程直接费的7%计算，利润按工程直接费的6%计算。编制挖基础土方（清单编码为010101003）的清单综合单价，填入答题纸表12.6.3"工程量清单综合单价分析表"。

挖、运土方预算单价表（单位：m³）　　表12.6.2

定额编号	1-7	1-148	1-162
项目名称	人工挖土	机械挖土	机械挖、运土
工作内容	人工挖土装土、20m内就近堆放、整理边坡等	机械挖土就近堆放、整理机下余土等	机械挖土装车，外运5000m内堆放
人工费（元）	12.62	0.27	0.31
材料费（元）	0	0	0
机械费（元）	0	7.31	21.33
基价（元）	12.62	7.58	21.64

工程量清单综合单价分析表　　表12.6.3

项目编码		项目名称		计量单位	

清单综合单价组成明细

定额编号	定额名称	定额单位	数量	单价（元）				合价（元）			
				人工费	材料费	机械费	管理费和利润	人工费	材料费	机械费	管理费和利润
			小计								
		清单项目综合单价（元/m³）									

3. 利用第1、2问题的计算结果和以下相关数据，在答题纸表12.6.4"分部分项工程量清单与计价表"中，编制该烟囱基础分部分项工程量清单与计价表。

已知相关数据为：

① 平整场地，编码010101001，综合单价1.26元/m²；
② 挖基础土方，编码010101003；
③ 土方回填，人工分层夯填，编码010103001，综合单价15.00元/m³；
④ C15混凝土垫层，编码010401006，综合单价460.00元/m³；
⑤ C30混凝土满堂基础，编码010401003，综合单价520.00元/m³。

（计算结果保留2位小数）

分部分项工程量清单与计价表　　　　　　　　　　表 12.6.4

序号	项目编码	项目名称	项目特征	计量单位	工程量	金额（元）	
						综合单价	合价
1							
2							
3							
4							
5							
合计							

（二）参考解答

1. 列式计算该烟囱基础的平整场地、挖基础土方、垫层和混凝土基础工程量。

【分析】

本题提供了一套圆形烟囱的基础图纸。基础埋深 4m。主要施工过程包括场地平整，挖基础土方（含回填土堆放和余土外运），浇筑基础垫层，模板及支架安装，绑扎钢筋，浇筑基础混凝土，基础回填。

（1）平整场地

工程量计算规则，按题目中的条件计算，即"按满堂基础底面积乘 2.0 系数计算。"工程量为 $(3.14 \times 9^2) \times 2 = 508.68 \text{m}^2$。

（2）挖基础土方

土方开挖计算示意图如图 12.6.2 所示。

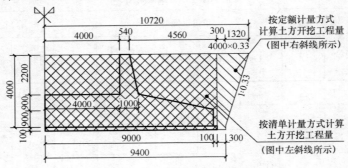

图 12.6.2　土方开挖计算示意图

① 按清单计量方式计算土方开挖的工程量。

工程量计算规则，按《工程量计算规范》GB 50845—2013 表 A.1 "土方工程"中"挖基坑土方"的规定，按设计图示尺寸以基础垫层底面积乘以挖土深度计算。工程量为 $3.14 \times 9.1^2 \times 4.1 = 1066.10 \text{m}^3$。

② 按定额计量方式计算土方开挖的工程量。

实际开挖的工程量为：$3.14 \times 9.4^2 \times 0.1 + 1/3 \times 4 \times 3.14 \times (10.72^2 + 9.4^2 + 10.72 \times 9.4) = 1300.69 \text{m}^3$（用于第 2 小题综合单价分析表中"数量"的计算）。

（3）垫层混凝土

工程量计算规则，按《工程量计算规范》GB 50845—2013 表 E.1 "现浇混凝土基础"中"垫层"的规定，按设计图示尺寸以体积计算。圆形垫层的半径为 $9+0.1=9.1\text{m}$，垫层混凝土厚度 0.1m，工程量为 $3.14×9.1^2×0.1=26.00m^3$。

（4）混凝土基础

工程量计算规则，按《工程量计算规范》GB 50845—2013 表 E.1 "现浇混凝土基础"中"满堂基础"的规定，按设计图示尺寸以体积计算。

基础是异形的，可以分为三部分计算：

① 下部为圆柱，底面半径为 9m，厚度为 0.9m，体积 $V_1=3.14×9^2×0.9=228.906m^3$。

② 中间为圆台，下底半径为 9m，上底半径为 $4+1=5m$，厚度为 0.9m，体积 $V_2=1/3×0.9×3.14×(9^2+5^2+9×5)=142.242m^3$。

③ 上部为圆台并扣除中间的圆柱，下底半径为 $4+1=5m$，上底半径为 $4+0.54=4.54m$，中空圆柱的半径为 4m，厚度为 2.2m，$V_3=1/3×2.2×3.14×(5^2+4.54^2+5×4.54)-3.14×4^2×2.2=46.771m^3$。

C30 混凝土满堂基础：$228.906+142.242+46.771=417.92\ m^3$。

（5）基础土方回填

土方回填计算示意图，如图 12.6.3 所示。

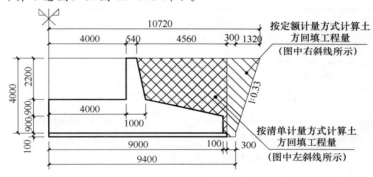

图 12.6.3　土方回填计算示意图

① 按清单计量方式计算土方回填的工程量

工程量计算规则，按《工程量计算规范》GB 50845—2013 表 A.3 "回填"中"基础回填"的规定，挖方清单工程量减去自然地坪以下埋设基础体积（包括基础垫层及其他构筑物）。工程量为 $1066.10-26.00-417.92-3.14×2.2×4^2=511.65m$。（用于第 3 小题分部分项工程量清单与计价表的填写）

② 按定额计量方式计算土方回填的工程量

实际回填的土方量为 $1300.69-26.00-417.92-3.14×2.2×4^2=746.24\ m^3$。（用于第 2 小题计算综合单价分析表中"数量"的计算）

【解答】

工程表计算，见表 12.6.1 (1)。

工程量计算表　　　　　　　　　　　表 12.6.1 (1)

序号	项目名称	单位	工程量	计算过程
1	平整场地	m²	508.68	$(3.14×9^2)×2=508.68$
2	挖基础土方	m³	1066.10	$(3.14×9.1^2)×(4.15-0.15+0.1)=1066.10$
3	C15 混凝土基础垫层	m³	26.00	$(3.14×9.1^2)×0.1=26.00$

续表

序号	项目名称	单位	工程量	计算过程
4	C30混凝土满堂基础	m³	417.92	$[(3.14\times9^2)\times0.9]+[1/3\times0.9\times3.14\times(9^2+5^2+9\times5)]+[1/3\times2.2\times3.14\times(5^2+4.54^2+5\times4.54)-3.14\times2.2\times4^2]=417.92$

2. 编制挖基础土方（清单编码为010101003）的清单综合单价，填入答题纸表12.6.3"工程量清单综合单价分析表"。

【分析】

（1）本项目土方有两种开挖方式，先机械开挖（占90%），再人工开挖（占10%），人工开挖主要用于接近基底标高时，对基坑进行修整，保证基坑尺寸的准确性。

（2）开挖后的土方有两种处理方式。一部分用于回填，回填的土方包括机械开挖就近堆放的土方和人工开挖就近堆放的土方。另一部分是剩余的土方，需要运到5000m以内某个地点丢弃处理。土方的处理可以用表12.6.5"土方组成关系表"表示：

土方组成关系表　　　　表12.6.5

开挖方式	机械挖土		人工挖土
按定额算土方总量1300.69m³	1300.69×90%=1170.621m³		1300.69×10%=130.069m³（定额1-7 人工挖土）
	第一部分：机械挖运土外运，作为弃方处理 1170.621−615.95=554.671m³（定额1-148 机械挖土）	第二部分：机械挖土就近堆放，用于回填 746.24−130.29=615.95m³（定额1-162 机械挖运土）	
		用于回填的土方总量：746.24m³	

（3）综合单价有两个方面的综合，一是工作内容的综合，包括机械挖运土（定额1-148）、机械挖土（定额1-162）、人工挖土（定额1-7）三种挖土方式的综合；二是费用组成的综合，包含人工费、材料费、机械费、管理费和利润。因此，准确把握本项目土方组成关系是计算综合单价的关键。

由于定额和清单两种方式对土方量的计算规则不一样，需要把按定额计算的工程量转化为按清单计算的工程量，即计算清单的单位含量（清单综合单价分析表中的"数量"），才可套用定额中的人材机费用。

表中单价组成的"管理费和利润"按题目中的条件计算，即"管理费按工程直接费的7%计算，利润按工程直接费的6%计算"。直接费为定额中的人工费、材料费和机械费之和。

表中合价的各项数据为数量（清单单位含量）乘以单价中各项的相应数据。

（4）根据《工程量计算规范》GB 50845—2013 第4.2.2条规定"工程量清单的项目编码，应采用十二位阿拉伯数字表示，一至九位应按附录的规定设置，十至十二位应根据拟建工程的工程量清单的项目名称和项目特征设置，同一招标工程的项目编码不得有重码。"题目中给出了清单编码为010101003，项目编码为010101003001。

【解答】

（1）按定额计算挖土方的工程量：

坑底半径$9+0.1+0.3=9.4$m，坑顶半径$(9+0.1+0.3)+0.33\times4=10.72$m；按定额计算挖土方的工程量$3.14\times9.4^2\times0.1+1/3\times4\times3.14\times(10.72^2+9.4^2+10.72\times9.4)=1300.69$m³。

(2) 土方的处理：

① 第一部分：用于回填。按定额计算回填土方的工程量：$1300.69-26.00-417.92-3.14\times2.2^2\times4^2=746.24 m^3$，应优先将人工挖土用于回填，不够部分用机械挖土回填。

人工挖土用于回填的土方：$1300.69\times10\%=130.07 m^3$

机械挖运土用于回填的土方：$746.24-130.07=616.17 m^3$

② 第二部分：余土外运。按定额计算外运土方的工程量：$1300.69-746.24=554.45 m^3$

(3) 计算清单单位含量：

① 人工挖土且就近堆存的清单单位含量（定额1-7）：$130.07/1066.10=0.12$

② 机械挖土且就近堆存的清单单位含量（定额1-148）：$616.17/1066.10=0.58$

③ 机械挖土且外运5000m内的清单单位含量（定额1-162）：$554.45/1066.10=0.52$

编制工程量清单综合单价分析表，见表12.6.3(1)。

工程量清单综合单价分析表 表12.6.3(1)

项目编码	010101003001	项目名称	挖基础土方	计量单位			m^3	
清单综合单价组成明细								
定额编号	定额名称	定额单位	数量	单价（元）				
				人工费	材料费	机械费	管理费和利润	
1-7	人工挖土	m^3	0.12	12.62	0.00	0.00	1.64	
1-148	机械挖土	m^3	0.58	0.27	0.00	7.31	0.99	
1-162	机械挖运土	m^3	0.52	0.31	0.00	21.33	2.81	

定额编号	定额名称	定额单位	数量	合价（元）			
				人工费	材料费	机械费	管理费和利润
1-7	人工挖土	m^3	0.12	1.51	0.00	0.00	0.20
1-148	机械挖土	m^3	0.58	0.16	0.00	4.24	0.57
1-162	机械挖运土	m^3	0.52	0.16	0.00	11.09	1.46
小计				1.83	0.00	15.33	2.23
清单项目综合单价（元/m^3）				19.39			

3. 编制该烟囱基础分部分项工程量清单与计价表。

【分析】

表中各项的工程量采用第1小题的数据，挖基础土方的综合单价采用第2小题的计算数据。合价＝工程量×综合单价。

应特别注意，此处的土方回填工程量应按清单计量方式计算的工程量$511.65 m^3$，不能采用定额计量方式计算的工程量$746.26 m^3$。

【解答】

编制分部分项工程量清单与计价表，见表12.6.4（1）。

分部分项工程量清单与计价表 表12.6.4（1）

序号	项目编码	项目名称	项目特征	计量单位	工程量	金额（元）	
						综合单价	合价
1	010101001001	平整场地	/	m^2	508.68	1.26	640.94
2	010101003001	挖基础土方	三类土，余土外运5000m内	m^3	1066.10	19.39	20671.68
3	010103001001	土方回填	人工分层夯填	m^3	511.65	15.00	7674.75
4	010401006001	C15混凝土垫层	C15预拌混凝土	m^3	26.00	460.00	11960.00
5	010401003001	C30混凝土满堂基础	C30预拌混凝土	m^3	417.92	520.00	217318.40
合计							258265.77

(三) 考点总结

1. 工程量的计算（平整场地、挖土方、基础工程）；
2. 工程量清单综合单价分析表的填写；
3. 分部分项工程量清单与计价表的填写。

2011 年真题（试题六）

(一) 真题（本题 40 分）

某专业设施运行控制楼的一端上部设有一室外楼梯。楼梯主要结构由现浇钢筋混凝土平台梁、平台板、梯梁和踏步板组成，其他部位不考虑。局部结构布置，如图 11.6.1 (1) 和图 11.6.1 (2) 所示，每个楼梯段梯梁侧面的垂直投影面积（包括平台板下部）可按 5.01m² 计算。现浇混凝土强度等级均为 C30，采用 5～20mm 粒径的碎石、中粗砂和 42.5 级硅酸盐水泥拌制。

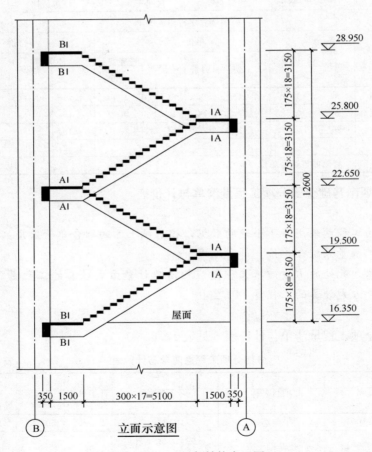

图 11.6.1 (1)　局部结构布置图 (一)

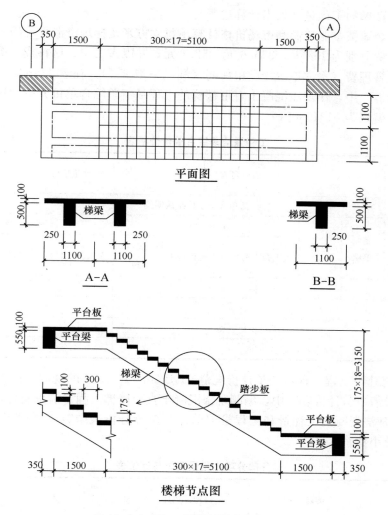

图 11.6.1（2） 局部结构布置图（二）

问题：

1. 按照局部结构布置图 11.6.1，在表 11.6.1"工程量计算表"中，列式计算楼梯的现浇钢筋混凝土体积工程量。

工程量计算表（单位：m³）　　　　　　　　　　　　　　　　　表 11.6.1

序号	分项内容	计算过程	工程量
		合计	

2.（1）按照《建设工程工程量清单计价规范》GB 50500—2008 的规定，列式计算现

浇混凝土直形楼梯的工程量（列出计算过程）。

(2) 施工企业按企业定额和市场价格计算出每立方米楼梯现浇混凝土的人工费、材料费、机械使用费分别为165元、356.6元、52.1元，并以人工费、材料费、机械使用费之和为基数计取管理费（费率取9%）和利润（利润率取4%）。在表11.6.2"工程量清单综合单价分析表"中，作现浇混凝土直形楼梯的工程量清单综合单价分析（现浇混凝土直形楼梯的项目编码为010406001）。

工程量清单综合单价分析表　　　　　　表11.6.2

项目编码		项目名称			计量单位				
清单综合单价组成明细									
定额编号	定额名称	定额单位	数量	单价（元）				合价（元）			
				人工费	材料费	机械费	管理费和利润	人工费	材料费	机械费	管理费和利润
人工单价				小计							
元/工日				未计价材料费							
清单项目综合单价										

3. 按照《建设工程工程量清单计价规范》GB 50500—2008的规定，在表11.6.3"分部分项工程量清单与计价表"中，编制现浇混凝土直形楼梯工程量清单及计价表。
（注：除现浇混凝土工程量和工程量清单综合单价分析表中数量栏保留3位小数外，其余保留2位小数）

分部分项工程量清单与计价表　　　　　　表11.6.3

项目编码	项目名称	项目特征描述	计量单位	工程量	金额（元）	
					综合单价	合价

（二）参考解答

1. 按照局部结构布置图11.6.1，在表11.6.1"工程量计算表"中，列式计算楼梯的现浇钢筋混凝土体积工程量。

【分析】

本题提供的是楼梯图纸，包括平面图、立面图和节点大样图，不是常见的楼梯类型。从剖面图可以看出，楼梯的踏步板置于楼梯梁上，楼梯梁与平台梁相连，平台梁是悬挑梁。看懂楼梯的结构关系是解题的关键。

本图有不明确的地方，没有分别给出不同标高的楼梯平面图（题目中的平面图适合中间梯段的平面）。A-A剖面处的平台梁长$2\times1.1=2.2$m，没争议。按照楼梯的起跑转折关系，B-B剖面处平台梁长有不同理解：如果最上一个梯段靠柱子一侧，最高处平台梁长只需1.1m，最下一个梯段必然在最外侧，平台梁长应为2.2m，才能与柱子相连，楼梯转折关系如图11.6.2所示；如果最下一个梯段靠柱子一侧，最低处平台梁长只需1.1m，最上一个梯段必然在最外侧,平台梁长应为2.2m,才能与柱子相连,楼梯转折关系如图11.6.3所示。

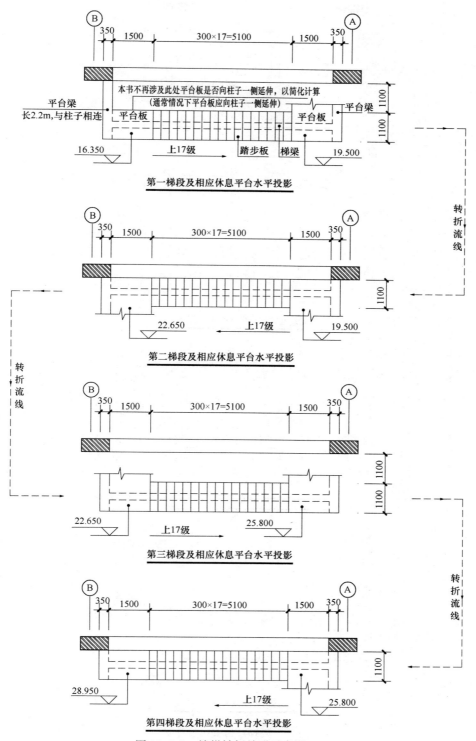

图11.6.2 楼梯转折关系示意图(一)

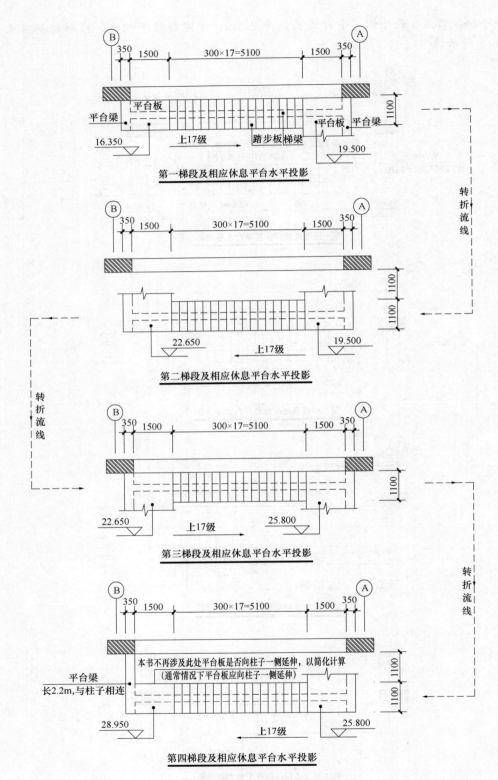

图 11.6.3 楼梯转折关系示意图（二）

综合以上分析，本书采用最高处与最低处的平台梁长之和按3.3m计算（即2.2+1.1＝3.3m，或1.1+2.2＝3.3m）。读者如有其他观点，平台梁长采用其他数据，可参考以下步骤进行解答。

(1) 平台梁现浇混凝土体积。根据《工程量计算规范》GB 50854—2013表E.5"现浇混凝土板"工程量计算规则的规定，有梁板（包括主、次梁与板）按梁、板体积之和计算。本题要求平台梁与平台板工程量分开计算，梁高可取650mm或550mm，相应的平台板宽可取1.50m或1.85m。本书将平台梁高均取650mm，梁宽350mm，A-A剖面处每根平台梁长2.2m，B-B剖面处两根平台梁长之和为3.3m。工程量：$0.35×0.65×2.2×3+0.35×0.65×(1.1+2.2)=2.252m^3$。

(2) 平台板现浇混凝土体积。板厚0.1m，板宽1.5m，A-A剖面处平台板长2.2m，B-B剖面处平台板长1.1m。工程量：$1.5×2.2×0.1×3+1.5×1.1×0.1×2=1.32m^3$。

(3) 梯梁现浇混凝土体积。梯梁的侧面尺寸不规则，按题目条件"每个楼梯段梯梁侧面的垂直投影面积（包括平台板下部）可按$5.01m^2$计算"，梯梁宽0.25m，共4根梯梁。工程量：$5.01×0.25×4=5.010m^3$。

(4) 踏步板现浇混凝土体积。板厚0.1m，板长1.1m，共17×4＝68块板，工程量：$0.3×0.1×1.1×17×4=2.244m^3$。

【解答】

工程量计算，见表11.6.1(1)。

工程量计算表（单位：m^3）　　　　　　　　　　表11.6.1(1)

序号	分项内容	计算过程	工程量
1	平台梁	$0.35×0.65×2.2×3+0.35×0.65×(1.1+2.2)=2.252$ （请注意分析过程中的说明）	2.252
2	平台板	$1.5×2.2×0.1×3+1.5×1.1×0.1×2=1.320$ （请注意分析过程中的说明）	1.320
3	梯梁	$5.01×0.25×4=5.010$	5.010
4	踏步板	$0.3×0.1×1.1×17×4=2.244$	2.244
		合计	10.826

2. (1)列式计算现浇混凝土直形楼梯的工程量(列出计算过程)。

【分析】

工程量计算规则，按《工程量计算规范》GB 50854—2013表E.6"现浇混凝土楼梯"的工程量计算规则规定，(1)以平方米计量，按设计图示尺寸以水平投影面积计算，不扣除宽度≤500mm的楼梯井，伸入墙内部分不计算；(2)以立方米计量，按设计图示尺寸以体积计算。

本题按水平投影的面积，并以"平方米"为单位计算工程量。楼梯共有4个梯段，每个梯段的水平投影长度为5.1m。

【解答】

现浇混凝土直形楼梯的工程量：$[(0.35+1.5)×2+5.1]×2.2×2=38.72m^2$

(2) 在表11.6.2"工程量清单综合单价分析表"中，作现浇混凝土直形楼梯的工程

量清单综合单价分析。

【分析】

本题计算的实质是把混凝土以体积"m³"为单位计价方式,转化为以面积"m²"为单位的计价方式。并考虑管理费和利润。

(1) 工程量的清单单位含量(表中的"数量"):10.826/38.72=0.280。

(2) 单价中的管理费和利润:(165+356.6+52.1)×(0.9+0.4)=74.58元;

合价中的人工费:0.280×165.00=46.20元;

合价中的材料费:0.280×356.60=99.85元;

合价中的机械费:0.280×52.10=14.59元;

合价中的管理费和利润:0.280×74.58=20.88元;

综合单价:46.20+99.85+14.59+20.88=181.52元。

(3) 根据《工程量计算规范》GB 50845—2013 第4.2.2条规定"工程量清单的项目编码,应采用十二位阿拉伯数字表示,一至九位应按按附录的规定设置,十至十二位应根据拟建工程的工程量清单的项目名称和项目特征设置,同一招标工程的项目编码不得有重码。"题目中给出了清单编码为010406001,项目编码为010406001001。

【解答】

现浇混凝土直行楼梯工程量清单综合单价分析表,见表11.6.2(1)。

工程量清单综合单价分析表　　　　　　表11.6.2(1)

项目编码	010406001001	项目名称	现浇混凝土直形楼梯	计量单位	m²

清单综合单价组成明细											
定额编号	定额名称	定额单位	数量	单价(元)				合价(元)			
				人工费	材料费	机械费	管理费和利润	人工费	材料费	机械费	管理费和利润
/	/	m³	0.280	165.00	356.60	52.10	74.58	46.20	99.85	14.59	20.88
人工单价		小计						/	/	/	/
元/工日		未计价材料费						/	/	/	/
		清单项目综合单价							181.52			

3. 在表11.6.3"分部分项工程量清单与计价表"中,编制现浇混凝土直形楼梯工程量清单及计价表。

【分析】

工程量采用第2题第(1)小题的计算结果38.72m²,综合单价采用第2题第(2)小题的计算结果181.52元/m²,合价=38.72×181.52=7028.45元。

【解答】

浇混凝土直形楼梯分部分项工程量清单与计价表,见表11.6.3(1)。

分部分项工程量清单与计价表　　　　表 11.6.3(1)

项目编码	项目名称	项目特征描述	计量单位	工程量	金额（元）	
					综合单价	合价
010406001001	现浇混凝土直形楼梯	（1）混凝土强度等级均为C30 （2）采用 5～20mm 粒径的碎石、中粗砂和 42.5 的硅酸盐水泥拌制	m²	38.72	181.52	7028.45

考点总结

1. 工程量的计算（楼梯梁、板、踏步）；
2. 工程量清单综合单价分析表的填写；
3. 工程量清单与计价表的填写。